高句丽宫殿建筑研究

张明皓
——
著

中国建筑工业出版社

图书在版编目（CIP）数据

高句丽宫殿建筑研究/张明皓著．—北京：中国建筑工业出版社，2019.8
ISBN 978-7-112-23767-8

Ⅰ.①高… Ⅱ.①张… Ⅲ.①高句丽－宫殿－古建筑－研究－中国 Ⅳ.①TU-092.8

中国版本图书馆CIP数据核字（2019）第095846号

责任编辑：易 娜 徐 冉
责任校对：王 瑞

高句丽宫殿建筑研究
张明皓 著
*
中国建筑工业出版社出版、发行（北京海淀三里河路9号）
各地新华书店、建筑书店经销
北京锋尚制版有限公司制版
北京中科印刷有限公司印刷
*
开本：787×1092毫米 1/16 印张：17¼ 字数：453千字
2019年10月第一版 2019年10月第一次印刷
定价：82.00元
ISBN 978-7-112-23767-8
（34068）

版权所有 翻印必究
如有印装质量问题，可寄本社退换
（邮政编码100037）

前言

　　高句丽是我国东北地区古代的一个少数民族地方政权，历史近七百余年，先后与中原地区的十多个王朝同时活跃在历史舞台上，它们之间征战不休，此消彼长，交流密切。同时，由于地缘因素，高句丽与朝鲜半岛的新罗、百济以及日本列岛的联系也相当紧密。因此，高句丽在由古代中国、朝鲜半岛、日本列岛在共同文化基础上相互联结而成的东亚文化圈中，占有十分重要的历史地位。

　　由于种种原因，高句丽的都城在历史上曾经三治两迁，从早期的五女山城、中期的国内城及丸都山城，到后期的平壤城，频繁地迁都使得高句丽的宫殿建筑在形制上发生了较大的变化。本书即针对高句丽建筑中最为重要的类型——宫殿建筑展开研究，在了解其当时产生的社会背景基础上，选取具有代表性的高句丽中期丸都山城和后期安鹤宫为研究对象，分析其所处的地形、地貌，揭示其形制特征与布局特点。同时，结合当时东亚建筑文化圈中的宫殿建筑背景，将高句丽的宫殿与中原、日本的宫殿建筑作比较，试图探讨其产生的源头，并进而研究东亚文化圈中宫殿建筑发展的脉络关系。

　　目前，高句丽宫殿建筑的形象在古坟壁画中尚存为数不多的几例，通过对这几例建筑形象的解读，本书试图探讨构成高句丽宫殿建筑的样式要素，在东亚建筑文化圈中的特点、类型及发展关系，试图弥补高句丽宫殿建筑形象研究的不足。同时，针对这些样式要素所表现的结构特征，尝试构建高句丽宫殿建筑的结构体系，并进而分析其产生的源流与演变关系。此外，对于课题研究中所涉及的重要问题，本书以专题研究的方式加以补充，其内容包括壁画中的莲花纹装饰、高句丽尺度与八角建筑的研究。尽管部分内容与前人的研究成果有交叉，但是将其放入东亚建筑文化圈这一大背景之中，这些内容无疑被赋予了新的活力。

本书改编自笔者的博士学位论文。东南大学的郭湖生先生早年开拓了东亚建筑史研究这一新的课题，而导师张十庆先生则重点关注于东北亚地域，即中国、日本与朝鲜半岛建筑史的关联研究，本文的选题即为东北亚区域建筑史研究中的一个子课题。十余年前，得张十庆先生垂青而进入东南大学建筑学院学习，实为人生路上一个重要的转折点。此后，东南大学建筑历史教研室数十年来严谨踏实的治学风范一直深深地影响着我，也时刻激励着我、鞭策着我直至今日。求学期间曾经有幸聆听朱光亚、陈薇两位史学前辈的多门课程，他们深厚的学识与博大的眼界令人折服，而导师张十庆先生在学术研究中广博的视野、丰富的阅历与大胆的想象也使我真正感受到求学、治学的兴趣与魅力，终身受益。

高句丽作为东亚历史上惟一横跨七百多年的政权，其丰富的历史内涵与物质遗存都为研究者们提供了广阔的研究空间，基于此，我对其中的部分课题进行了浅尝辄止式的研究，并将部分成果汇集，最终形成博士论文。由于东亚范围内的相关建筑遗存偏少，而且多以孤例的形式存在，因此，尽管距离当时博士论文的写作已经告一段落，有很多问题的解释还存在进一步挖掘的空间。此外，日本与韩国学者们对高句丽所处时期的东亚建筑进行了大量卓有成效的研究，但由于条件所限，很多文献资料无法窥得其原貌，加之语言交流方面的困难，因此对文献之原意或仅能得其二三。

博士毕业后，本计划对相关问题进行深入的调研、展开与挖掘，但是由于工作与家庭的琐碎事务加之路途遥远、调研不便等诸多因素的影响，终使这一想法未能得以实现，实为人生憾事。所幸的是，本书的价值在于当时对高句丽的建筑进行了较为系统的拓荒性研究，同时也得以提醒后继学人避免重蹈我所走过的弯路，方可将高句丽的建筑历史研究提升到一个新的高度与层次，尤其是近年来国内有关高句丽建筑的研究成果不断涌现，使我忐忑之心得以慰藉。

在本书的写作与出版过程中还得到了许多人的热心帮助，包括东南大学建筑历史教研室的全体同仁和工作室的同门学友，仅有一面之缘的魏存成、刘晓东先生以及韩国汉阳大学的韩东洙老师，中国建筑工业出版社的徐冉和易娜两位编辑，徐州正源古建园林研究所的孙统义先生和孙继鼎、高晋祥两位先生。此外，中国矿业大学建筑与设计学院的领导和同事们也给予了工作和生活上的很大帮助，使得本书得以出版。更要感谢我的父母、岳父母和姐姐、姐夫，你们帮我分担了很多本该由我所应尽的义务，令我备感关怀！感谢为家庭默默奉献的妻子和活泼可爱、鬼怪机灵的女儿！

最后，引用唐代诗人李白的五绝《高句丽》来表达我对高句丽民族的缅怀与崇敬之情：

"金花折风帽，白马小迟回。翩翩舞广袖，似鸟海东来。"

张明皓
2019年6月于徐州

目录

第 1 章　绪论 1
1.1 高句丽研究简史 1
1.2 高句丽建筑的研究史 6
1.3 高句丽宫殿建筑课题的研究与意义 17
1.4 高句丽宫殿建筑的研究方法 18

第 2 章　课题研究的相关背景 20
2.1 高句丽的历史概况 20
2.2 东北亚背景下高句丽的历史演进 22
2.3 高句丽的经济与文化 28

第 3 章　高句丽的都城背景 43
3.1 高句丽的早期都城——纥升骨城 43
3.2 高句丽的中期都城——国内城与丸都城 46
3.3 高句丽的后期都城——平壤城和长安城 55
3.4 本章小结 63

第 4 章　高句丽中期宫殿建筑研究 64
4.1 中期宫殿建筑的文献考察 64
4.2 中期宫殿建筑遗址现状 65

4.3　丸都山城宫殿址的现状分析 70
　　4.4　丸都山城宫殿址的复原 74
　　4.5　丸都山城宫殿址的形制与源流 78
　　4.6　本章小结 86

第5章　高句丽后期宫殿建筑研究 88

　　5.1　后期宫殿建筑的文献考察 88
　　5.2　安鹤宫宫殿遗址的既往研究 89
　　5.3　安鹤宫宫殿遗址的现状 90
　　5.4　安鹤宫宫殿建筑的形制与特质 93
　　5.5　安鹤宫宫殿的源流与影响 108
　　5.6　本章小结 118

第6章　高句丽宫殿建筑的形象、样式与结构 120

　　6.1　高句丽古坟壁画中的宫殿建筑形象 120
　　6.2　高句丽宫殿建筑的样式要素 129
　　6.3　高句丽宫殿建筑的结构体系 189

第7章　专题研究 200

　　7.1　壁画莲花纹装饰 200
　　7.2　高句丽的营造尺度 213
　　7.3　八角建筑考 236

第8章　结论 250

　　8.1　高句丽中期宫殿建筑的研究 250
　　8.2　高句丽后期宫殿建筑的研究 251
　　8.3　高句丽宫殿建筑的样式要素与结构 251
　　8.4　专题研究 252

插图目录与来源 254
参考文献 261

第 1 章 绪论

1.1 高句丽研究简史

对高句丽历史的研究肇始于好太王碑的发现。1877 年（清光绪三年）怀仁关月山在通沟的荒烟蔓草中发现了好太王碑，由此拉开了高句丽历史研究的序幕。此后，中国金石学家对该碑文争相捶拓，拓本很快广泛流传，对好太王碑及与之有关的高句丽历史问题随即成为当时的热点话题。如罗振玉[1]、王国维[2]、劳干[3]等众多学者相继发表相关论文，金毓黻还实地到集安进行调查，对冉牟墓、五盔坟、太王陵、好太王碑等认真记录，绘制草图并摄影[4]。

此后，好太王碑的碑文拓片于 19 世纪末传入日本，日本学者也开始了对朝鲜半岛历史遗迹尤其是高句丽的研究与踏查，其中以鸟居龙藏、关野贞为突出代表。1905 年，鸟居龙藏在通沟进行了现场调查与研究，此后发表了《南满洲调查报告》[5]，报告中分析了当时通沟的好太王碑及其附近古城、古墓的现状，澄清了日本国内的一些误传误报，可认为是日本学者对高句丽研究的开篇之作。1913 年关野贞、今西龙对高句丽的文物古迹进行调查，这次调查的时间长、覆盖范围广，调查的内容也更为深入，《满洲国辑安县及平壤附近高句丽时代的遗迹》[6]一文就是本次调查的主要成果，文章内容不仅涉及好太王碑，还对集安及平壤附近的一些重要建筑遗址如古墓、宫殿址等进行了初步的梳理，是早期高句丽建筑研究的一篇重要成果。

日本全面占领朝鲜半岛后，又有大批日本学者对高句丽的历史遗迹进行实地调查，其中包括池内宏、滨田耕作、藤田亮策、梅原末治等，他们先后发表了一系列的古迹调查报告，如《大正三年度古迹调查报告》、《昭和七年度古迹调查报告》等，这些调查报告中的部分内容经过汇总与整理，一并收入到由当时朝鲜总督府出版发行的《朝鲜古迹图谱》1-2 的高句丽

---

[1] 罗振玉. 好太王陵砖跋. 罗雪堂合集之唐风楼金石文字跋尾卷[C]. 杭州：西泠印社，2004.
[2] 王国维. 魏毋丘俭丸都山纪功石刻跋. 观堂集林[C]. 石家庄：河北教育出版社，2003.
[3] 劳干，跋高句丽大兄冉牟墓志兼论高句丽都城之位置[C]. 见历史语言研究所集刊（第 11 册）[M]. 北京：中华书局，1987.
[4] 金毓黻. 静晤室日记[M]. 沈阳：辽沈书社，1993.
[5] 鳥居龍藏. 南満洲調查报告[C]. 见鳥居龍藏全集第 10 卷[M]. 東京：朝日新闻社，1976.
[6] 關野貞. 満洲國集安縣に於ける高句麗時代の遺跡[C]. 见朝鲜の建築と藝術[M]. 東京：岩波書店，1942.

部分内容中，可以认为是当时研究高句丽历史遗迹的第一手资料。除此之外，当时日满文化协会出版的《通沟》上[①]下[②]两卷，收录了1935、1936年池内宏、滨田耕作、梅原末治等学者对集安通沟高句丽历史遗迹的调查研究成果，第一次系统性的对集安通沟高句丽的历史遗迹进行调查、搜集与整理，这部书也为今后高句丽历史的研究奠定了坚实的基础。

此后，从日本战败到20世纪80年代末的四十多年中，高句丽的历史研究主要侧重于对遗迹、遗物的发掘与清理，其中又以中国的集安和朝鲜的平壤为中心，对多个重要的高句丽遗迹进行发掘。中国学者对吉林和辽宁地域内的高句丽遗迹进行探查，发表了一系列重要的发掘简报，包括集安东台子建筑遗迹[③]、麻线沟一号墓[④]、通沟十二号墓[⑤]、五盔坟四号和五号墓[⑥]、长川一号[⑦]和二号墓[⑧]、霸王朝山城[⑨]、罗通山城[⑩]等。朝鲜学者则先后对安岳1、2[⑪]、3号墓[⑫]、东明王陵[⑬]、辽东城塚[⑭]等进行发掘，整理了一系列的古坟考古发掘报告。同时，朝鲜学者还先后多次对平壤附近的大城山城、安鹤宫等后期山城址和宫殿址进行调查与发掘，《大城山的高句丽遗迹》[⑮]就是其调查与发掘后整理出版的一项重要成果。这些简报完整、详实地记载了考古发掘情况，传递了高句丽遗迹的历史信息，为此后大规模的考古发掘工作提供了依据，但由于分布的点多、面广，加之由于社会大环境及工作条件所限，发掘成果在当时缺乏系统性的归类与整理。

20世纪90年代至今，高句丽历史研究的热潮又在东北亚逐渐兴起。这一阶段，随着社会环境及工作条件的改善，中国学者开始对境内高句丽遗迹进行系统性的发掘与整理。如1997年对集安市及其附近的高句丽遗迹进行大规模调查，对洞沟古墓群现存古墓数量、形制、规模及保存状况都进行了详尽而深入的调查、测绘和记录[⑯]，这次调查为后来系统性的考古发掘工作提供了初步的依据。而自2000年开始，辽宁省和吉林省考古研究所则针对辽宁和吉林省境内重要的高句丽历史遗迹展开了为期数年的大规模发掘，其中尤以五女山城、丸都山城、

---

① 池内宏. 通沟（卷上）[M]. 东京：日满文化协会，1938.
② 池内宏，梅原末治. 通沟（卷下）[M]. 东京：日满文化协会，1940.
③ 吉林省博物馆. 吉林集安高句丽建筑遗址的清理[J]. 考古，1961，（01）.
④ 吉林省博物馆集安考古队. 吉林集安麻线沟一号壁画墓[J]. 考古，1964，（10）.
⑤ 王承礼，韩淑华. 吉林集安通沟第十二号高句丽壁画墓[J]. 考古，1964，（02）.
⑥ 吉林省博物馆. 吉林集安五盔坟四号和五号墓清理略记[J]. 考古，1964，（01）.
⑦ 吉林省文物工作队，集安县文物保管所. 集安长川一号壁画墓[J]. 东北考古与历史，1982，（01）.
⑧ 陈相伟. 集安长川二号封土墓发掘简记[J]. 考古与文物，1983，（01）.
⑨ 方起东. 吉林集安高句丽霸王朝山城[J]. 考古，1962，（11）.
⑩ 徐瀚煊，张志立，王洪峰. 高句丽罗通山城调查简报[J]. 文物，1985，（02）.
⑪ 연구소조선민주주의인민공화국. 안악 제1호 및 제2호분 발굴보고[M]. 평양：과학원출판사，1960.
⑫ 연구실과학원고고학및민속학. 각지 유적 정리 보고 제3집[M]. 평양：과학원출판사，1963.
⑬ 김일성종합대학. 동명왕릉과 그 부근의 고구려유적[M]. 평양：김일성종합대학출판사，1976.
⑭ 고고학연구소. 고고학자료집제1집[M]. 평양：사회과학출판사，1958.
⑮ 김일성종합대학고고학및민속학강좌집필. 대성산성의고구려유적[M]. 평양：김일성종합대학출판사，1976.
⑯ 吉林省文物考古研究所，集安市博物馆. 洞沟古墓群：1997年调查测绘报告[M]. 北京：科学出版社，2002.

国内城和高句丽王陵为代表。这次大规模的整体性发掘，其成果经过系统的分类与整理后，以考古发掘报告的形式由文物出版社出版了《五女山城》[①]、《国内城》[②]、《丸都山城》[③]和《集安高句丽王陵》[④]等四本专著。

考古发掘取得重大成果的同时，各个有针对性的专题研究也在不断深化，这主要体现在四个方面，即古城研究、古墓研究、壁画研究和文物研究。在高句丽古城的研究方面，以中国学者王绵厚、朝鲜学者蔡熙国和日本学者东潮、田中俊明的成果最有代表性。王绵厚先生认为"高句丽以山城为核心的'城邑'制度，成为高句丽建置制度和社会结构的重要特征之一"，同时"这种'城邑'制度既不完全等同于古代中亚和欧洲的'城邦'制度，又不等同于中国先秦时期的'封邑'制度，高句丽城邑制度的基本结构，具有独特的东夷民族山居文化特征"[⑤]，其专著《高句丽古城研究》[⑥]囊括了高句丽的早中晚期都城、鸭绿江两岸高句丽古城综述、建置分期、分区及其历史背景、构筑特点及其特殊规律、出土文物的考古学断代分析、古城命名的文化内涵、古城古今地理与地名考证、文献中相关史迹的考察等众多内容。同时，该书以古城考古学为研究基础，整合历史文献学、民族学、历史地理学、民族文化史等多学科，既着眼于高句丽古城考古学的研究，又在古城史的研究基础上深入涉及高句丽史、高句丽政权史以及高句丽历史文化与中原汉文化、周边民族文化的关系史，因而该书对于高句丽古城研究具有重要的参考价值。

朝鲜学者蔡熙国在其《高句丽城郭研究》[⑦]一文中，对高句丽城郭的分布和分类、城郭的结构、城防体系、筑城工程与城市管理等方面进行了开创性的研究，也是古城研究的重要参考资料。日本学者东潮、田中俊明则在《高句丽的历史与遗迹》[⑧]中对高句丽的早期王都桓仁及其附近的山城与平地城、中期都城国内城及其周围的防御体系与交通、后期都城平壤城从文献学、地理学的角度进行了分析，内容全面而具体，资料丰富而翔实，具有很高的学术价值。其他很多学者都对高句丽的古城进行过系统的研究和分析，如中国学者魏存成[⑨]、李殿福[⑩]、辛占山[⑪]、董峰[⑫]等。

---

① 辽宁省文物考古研究所. 五女山城——1996~1999、2003年桓仁五女山城调查发掘报告[M]. 北京：文物出版社，2004.
② 吉林省文物考古研究所，集安市博物馆. 国内城——2000~2003年集安国内城与民主遗址试掘报告[M]. 北京：文物出版社，2004.
③ 吉林省文物考古研究所，集安市博物馆. 丸都山城——2001~2003年集安丸都山城调查试掘报告[M]. 北京：文物出版社，2004.
④ 吉林省文物考古研究所，集安市博物馆. 集安高句丽王陵——1990~2003年集安高句丽王陵调查报告[M]. 北京：文物出版社，2004.
⑤ 王绵厚. 高句丽的城邑制度与都城[J]. 辽海文物学刊，1997，(02).
⑥ 王绵厚. 高句丽古城研究[M]. 北京：文物出版社，2002.
⑦ 蔡熙国. 高句丽历史研究[M]. 평양：김일성종합대학출판사，1976.
⑧ 東潮，田中俊明. 高句麗の歴史と遺跡[M]. 東京：中央公論社，1995.
⑨ 魏存成. 高句丽遗迹[M]. 北京：文物出版社，2002.
⑩ 李殿福. 东北考古研究2[M]. 郑州：中州古籍出版社，1994.
⑪ 辛占山. 辽宁境内高句丽城址的考察[J]. 辽海文物学刊，1994，(02).
⑫ 董峰. 东北地区高句丽山城的分类及年代[J]. 博物馆研究，1995，(03).

高句丽的古墓研究也是高句丽历史研究的一个重点内容。由于高句丽古墓数量巨大、对象庞杂，给古墓的分期与类型的研究带来了难度，因此在此问题上很多学者都提出各自的分类、分期的方法，如中国学者魏存成[1]、方起东[2]、李殿福[3]、陈大为[4]，日本学者田村晃一[5]，朝鲜学者李昌恩[6]、李淳镇[7]等。除此之外，高句丽古墓中有很多壁画墓，早期曾是古墓研究的一个分支，目前则逐渐发展成为一个专门的研究课题。该课题以壁画墓的分期研究为主体，其他内容如壁画墓的装饰内容、宗教题材、人物服饰、葬送礼仪等为辅助。对于高句丽壁画墓的分期，很多学者提出不同的分期方法，如杨泓[8]、朱荣宪[9]、朴晋煜[10]、方起东[11]、李殿福[12]、魏存成[13]、东潮[14]等。

特别值得注意的是日本学者东潮在总结现有成果的基础上，根据壁龛、藻井的变化将壁画墓分为五种类型，并根据墓室结构、壁画内容将壁画墓分为三个系统。同时，他运用比较的方法，将集安、平壤地区有代表性的壁画古墓与辽东地区的汉魏壁画墓进行比较，溯本求源，进行了卓有成效的探索，具有独特的开创性，使得高句丽壁画墓的研究更加深入，也进一步拓宽了壁画墓研究的视野。除分期研究外，高句丽古墓壁画同时也为学者们的其他研究提供了丰富的素材，如高句丽的社会经济[15]与生活状况[16]、军队与战争[17]、舞乐[18]、壁画人物服饰[19]等等。此外，壁画中丰富的装饰纹样也为学者们所关注，如壁画墓中的莲花图案[20]、龙的

---

[1] 魏存成．高句丽积石墓的类型和演变[J]．考古学报，1987，（03）．
[2] 方起东．高句丽石墓的演进[J]．博物馆研究，1985，（02）．
[3] 李殿福．集安高句丽墓研究[J]．考古学报，1980，（02）．
[4] 陈大为．试论桓仁高句丽积石墓的类型年代及其演变[A]．见辽宁省考古、博物馆学会成立大会[C]．沈阳：辽宁省考古，博物馆学会，1981．
[5] 田村晃一．高句麗積石塚の構造と分類について[J]．考古学雑誌，1982，第68卷（01）．
[6] 李昌恩．在最近调查发掘鸭绿江流域积石墓时引起人们注意的几个问题[J]．朝鲜考古研究，1991，（03）．
[7] 李淳镇．关于乐浪区一带的高句丽封土石室墓[J]．朝鲜考古研究，1990，（04）．
[8] 杨泓．高句丽壁画石墓[J]．文物参考资料，1958，第04卷．
[9] 朱栄憲．高句麗の壁画古墳[M]．永島暉臣慎译．东京：学生社，1972．
[10] 朴晋煜．高句麗壁畵무덤의 類型變遷과 編年에 관한 研究[C]．见 고구려연구회编．고구려연구 제4집[M]．서울：학연문화사，1997．
[11] 方起东．集安长川一号壁画墓[J]．东北考古与历史，1982，（01）．
[12] 李殿福．集安高句丽墓研究[J]．考古学报，1980，（02）．
[13] 魏存成．高句丽遗迹[M]．北京：文物出版社，2002．
[14] 東潮，田中俊明．高句麗の歷史と遺跡[M]．東京：中央公論社，1995．
[15] 耿铁华．高句丽壁画中的社会经济[J]．北方文物，1986，（03）．
[16] 耿铁华，李淑英．高句丽壁画中的贵族生活[J]．博物馆研究，1987，第02卷．
[17] 耿铁华，李淑英．从高句丽壁画中的战争题材看高句丽军队与战争[J]．北方文物，1987，（03）．
[18] 方起东．集安高句丽墓壁画中的舞乐[J]．文物，1980，（07）．
[19] 李歆．高句丽冬寿夫妇像[J]．通化师范学院学报，2001，（03）．
[20] 孙仁杰．谈高句丽壁画墓中的莲花图案[J]．北方文物，1986，（04）．

形象①、天文星像②等等，由此而引起学者们对于高句丽社会中宗教信仰③、天文学状况④的讨论等等。

高句丽的文物研究包括对好太王碑的专门研究以及对其他出土文物的一般研究。好太王碑一直是高句丽学术研讨的重中之重，国内外也曾为此专门举行学术会议对其进行讨论，其专项研究书籍也有很多，同时好太王碑的研究史由于篇幅较多且与本文关系较小，在此不赘述，可参考《古代中国高句丽历史续论》⑤中的有关章节。多年来，高句丽各类遗址发掘出为数众多的各类文物，其中大致可以分为陶器、马具与兵器、建筑构件、生活用具等几类。围绕出土的高句丽陶器，耿铁华⑥、魏存成⑦、乔梁⑧、郑元喆⑨先后发表论文，他们的研究多采用考古学中类型学的方法来探讨出土陶器的分类、分期问题，各自观点也有所不同。高句丽由于战事不断，战争中使用的马具和兵器也很多，对此类文物也有不少学者进行研究，如杨泓⑩、魏存成⑪、耿铁华⑫、董峰⑬等，他们研究发现高句丽马具明显受到中原或慕容鲜卑马具的影响，同时，高句丽的马具又传播到整个朝鲜半岛，直至日本。高句丽出土的建筑构件，如瓦当、柱础等数量也很多，但是涉及此类的文章相对较少，李殿福⑭、林至德⑮等人曾先后进行研究，耿铁华还出版《高句丽瓦当研究》⑯的专著专门对其进行研究，书中以中国、朝鲜、韩国和日本收录的高句丽瓦当为研究对象，将其进行分类、分期研究，并对高句丽瓦当的用途、价值、渊源及艺术特点进行研究，资料丰富、内容全面。其他一些文物的研究，学者们所关注得比较少，如金饰⑰、铜印⑱、铜钉鞋⑲等等，内容与本书相关度较小，在此也不详述。

---

① 刘宣棠. 五盔坟四号墓壁画中的龙[N]. 吉林文物.
② 이준걸. 高句麗古墳壁畵를 通해 본 高句麗의 天文學 發展에 대한 硏究[C]. 见고구려연구 제4집[M]. 학연문화사：서울，1997.
③ 深津行德. 高句麗 古墳壁畵를 通해서 본 宗教와 사상에 관한 연구[C]. 见고구려연구 제4집[M]. 학연문화사：서울，1997.
④ 张碧波. 高句丽壁画墓四神图像与中国的天文学、神话学[J]. 北方文物，2005，(01).
⑤ 马大正，耿铁华，李大龙等. 古代中国高句丽历史续论[M]. 北京：中国社会科学出版社，2003.
⑥ 耿铁华，林至德. 集安高句丽陶器的初步研究[J]. 文物，1984，(01).
⑦ 魏存成. 高句丽四耳展沿壶的演变及有关的几个问题[J]. 文物，1985，(05).
⑧ 乔梁. 高句丽陶器的编年与分期[J]. 北方文物，1999，(04).
⑨ 郑元喆. 高句丽陶器研究[D]. 长春：吉林大学，2005.
⑩ 杨泓. 中国古代马具的发展和对外影响[C]. 见汉唐美术考古和佛教艺术[M]. 北京：科学出版社，2000.
⑪ 魏存成. 高句丽马具的发现与研究[J]. 北方文物，1991，(04).
⑫ 耿铁华，孙仁杰，迟勇. 高句丽兵器研究[C]. 见高句丽研究文集[M]. 延吉：延边大学出版社，1993.
⑬ 董峰. 3至6世纪慕容鲜卑、高句丽、朝鲜、日本马具之比较研究[J]. 文物，1995，(10).
⑭ 李殿福. 集安卷云纹铭文瓦当考辨[J]. 社会科学战线，1984，(04).
⑮ 林至德，耿铁华. 集安出土的高句丽瓦当及年代[J]. 考古，1975，(07).
⑯ 耿铁华，尹国有. 高句丽瓦当研究[M]. 长春：吉林人民出版社，2001.
⑰ 孙仁杰. 集安出土的高句丽金饰[J]. 博物馆研究，1985，(01).
⑱ 华岩，杰勇. 吉林集安出土的几方铜印[J]. 北方文物，1985，(04).
⑲ 远生. 高句丽鎏金铜钉鞋[J]. 博物馆研究，1983，(01).

1.2 高句丽建筑的研究史

回顾19世纪末至今高句丽历史的研究历程，学者们多把目光聚焦于古城、古墓、壁画和文物等等，这些文化现象在不同层次相互影响、互为因果、互相交流，折射出高句丽千姿百态的历史文化，但是，建筑——这一历史文化载体在其中发挥的重要作用往往为学者们所忽视。无论是古城、古墓抑或壁画、文物，它们所包容的历史信息往往都通过建筑表现出来，同时建筑本身也是文化的一种存在形式，因此对高句丽建筑进行研究，必然能接触其文化内核，反映其文化特点。尤其在当前提倡多学科多专业系统研究历史与考古学课题的大背景下，从建筑学的角度对高句丽建筑历史的发展与特点进行梳理，无疑会大大提高高句丽历史研究的广度与深度。另外，值得注意的是，高句丽处于东北亚的核心圈内，作为其中一个重要的政治实体，她的发展进程与同时期中原、百济、新罗、日本等息息相关，他们之间存在某种特殊的联动性。而这一特点在建筑上也是存在的，高句丽作为朝鲜半岛的三国之一，不但自身吸收中原北朝的建筑文化，而且对于同时期百济、新罗以及日本的建筑文化均有着或多或少的影响，从这一点来说，高句丽的建筑研究对于搞清东北亚建筑文化的渊源与脉络起着十分重要的作用，是东北亚文化圈中不可或缺的重要一环。

目前已知的高句丽建筑遗存数量众多、分布范围广且类型复杂，这都给高句丽的建筑研究带来了一定的难度，同时针对高句丽历史发展而产生的诸多纷争（如分期、归属等问题）对其也有不同程度的影响。在这种情况下，东北亚国家的学者们仍能对高句丽建筑进行深入调查，并取得以下几方面的成果。

1.2.1 宏观上以城市研究为主体，以都城研究为突破口

宏观上的城市发展状况无疑是最能体现高句丽整体建筑水平的重要内容之一，这其中又以都城的研究为重点，辅以数量众多的山城研究，力图再现当时整个高句丽的城市面貌与社会发展状况。在高句丽705年的历史发展中，都城三置两迁，公元前37年都纥升骨城，公元3年迁至国内城，公元427年再迁至平壤城。围绕高句丽的城市，学者们主要探讨了以下几个内容：

1.2.1.1 各时期都城位置的论争

高句丽的早期都城在文献中称为"卒本"、"忽本"或"纥升骨城"，其位置学术界有一定的争论。很多学者经过调查初步认为辽宁省桓仁县的五女山城和下古城子土城具有高句丽早期都城的特征，因此可能是"卒本"的所在地，持此观点的如鸟居龙藏[1]、李殿福[2]、魏存成[3]、王绵厚[4]等，日本学者田中俊明虽不否认此观点，但他在对文献研究和现状分析的基础上进一步提出"高句丽平原城和山城相结合的都城形式作为高句丽都城制度的传统形式，产生于高句丽前期，而高句丽前期王都的中心，可能位于五女山城的东侧，西侧下古城子土城不能作

---

[1] 鳥居龍藏. 南満洲調查報告[C]. 见鳥居龍藏全集第10卷[M]. 东京: 朝日新聞社, 1976.
[2] 李殿福. 东北考古研究2[M]. 郑州: 中州古籍出版社, 1994.
[3] 魏存成. 高句丽初、中期的都城[J]. 北方文物, 1985, (02).
[4] 王绵厚. 高句丽的城邑制度与都城[J]. 辽海文物学刊, 1997, (02).

为王都的主体"①的观点。

然而也有学者对此持否定态度，如耿铁华认为早期都城"纥升骨城"不一定是山城，有可能是下古城子，而五女山城则是其卫城②，李淑英也从交通、供给、自然环境和史料分析中推断五女山城不是纥升骨城③。近年来五女山城经过多次考古发掘，发现山城内有五期文化遗存，其中第三、四期文化时代大体分别属于高句丽早期和中期④，这也就为五女山城成为高句丽早期都城提供了新的素材，有待于学者们进一步研究论证。

高句丽的中期都城"丸都山城"和"国内城"，曾经也是学者们争论的焦点。20世纪30年代，日本学者关野贞推断其位置在榆树林子附近⑤，中国学者金毓黻则认为"集安县城，旧名通沟，即丸都及国内城之所在也。集安县城东门外有古宫殿遗址，当为国内城之所在，其城西北十五里，有城子山，尚有古城，当为丸都之所在……"⑥，劳干也认为通沟为国内城，丸都为其周边山城⑦。其后，王健群曾对此提出异议⑧，但国内外诸多学者对金毓黻和劳干先生的推断表示赞同。2001—2003年针对丸都山城和国内城的考古发掘⑨，也有力地论证了国内城即集安城内古城、丸都山城即其附近山城子山城的推论。

高句丽的后期都城，文献记载有"平壤城"和"长安城"，通过考古勘察还发现了大城山城、安鹤宫和清岩里土城等附近几个重要城址。对于这些城址的方位、性质及其之间的关系，迄今尚有较大的分歧，这主要体现在以下几个方面。

分歧一在于东川王平壤城。《三国史记》第一次出现平壤城的名称在东川王二十一年（公元247年）"王以丸都经乱，不可复都，筑平壤城，移民及庙社"，王绵厚认为"东川王所筑平壤城，就是今国内城，不仅有别于后来大同江流域的后期平壤城……"⑩，魏存成⑪、耿铁华⑫在其论著中也同意此观点。对此观点存有异议的学者则认为"此平壤城就是后期平壤城，高句丽在迁都平壤城之前不断向其移民或对其进行建设，是经过精心策划和准备的"⑬，更有学者

---

① 田中俊明. 高句丽前期王都卒本的营筑[C]. 见东北亚考古资料译文集（高句丽、渤海专号）[M]. 长春：北方文物出版社，2001.
② 耿铁华. 中国高句丽史[M]. 长春：吉林人民出版社，2002.
③ 李淑英. 五女山城不是纥升骨城[J]. 通化师范学院学报，2001，第22卷（1）.
④ 辽宁省文物考古研究所. 五女山城——1996～1999、2003年桓仁五女山城调查发掘报告[M]. 北京：文物出版社，2004.
⑤ 關野貞. 丸都城考[C]. 见朝鮮の建築と藝術[M]. 东京：岩波书店，1942.
⑥ 金毓黻. 东北通史[M]. 五十年代出版社（翻印），1981.
⑦ 劳干. 跋高句丽大兄冉牟墓志兼论高句丽都城之位置[C]. 见历史语言研究所集刊（第11册）[M]. 北京：中华书局，1987.
⑧ 王健群. 玄菟郡的西迁和高句丽的发展[J]. 社会科学战线，1987，（02）. "作者认为国内即不耐，尉那岩是防卫城，推断应在朝鲜东部近海地区".
⑨ 吉林省文物考古研究所，集安市博物馆. 丸都山城——2001～2003集安丸都山城调查试掘报告[M]. 北京：文物出版社，2004.
⑩ 王绵厚. 高句丽古城研究[M]. 北京：文物出版社，2002.
⑪ 魏存成. 高句丽初、中期的都城[J]. 北方文物，1985，（02）.
⑫ 耿铁华. 中国高句丽史[M]. 长春：吉林人民出版社，2002.
⑬ 高福顺.《高丽记》所记平壤城考[J]. 长春师范学院学报，2004，（08）.

提出此平壤乃集安城东北之良民古城[1]。

分歧二则是长寿王平壤城，文献载"（长寿王）十五年，移都平壤"，学界大多以该平壤即现大同江畔的朝鲜首都平壤，而非东川王迁都的平壤，持此观点的学者颇多，如关野贞、耿铁华、王绵厚、田中俊明等，而近来熊义民则提出此平壤仍位于集安县城，长寿王只不过将都城从黄城（东台子山城）迁回到原都城平壤城而已[2]。

分歧三在于"平壤城"和"长安城"的具体位置，这也就涉及青岩里土城、大城山城和安鹤宫的城市性质问题。高句丽阳原王八年（公元552年）筑长安城，平原王二十八年移都长安城。据《北史·高丽传》载"（高句丽）其王好修宫室，都平壤城，亦曰长安城"，其他正史高句丽传中也有类似的记载。虽然学者们多数对正史记载无异议，但是对于两城的具体位置提出了各自的看法，日本学者多认为平壤城的地域范围大致在大城山城和青岩里土城一带，安鹤宫的年代相对较迟，如关野贞[3]、田中俊明[4]等，而朝鲜学者则认为平壤城应指大城山城和安鹤宫[5]，有的学者认为平壤城分为前期和后期，前期指大城山城和安鹤宫，后期则指平壤旧城[6]。中国学者对此意见不一，耿铁华认为"平壤城"即现朝鲜首都平壤，也就是长安城[7]，而王绵厚则提出平壤旧土城与大城山城一并统称为"平壤城"或"长安城"，同时他认为高句丽后期都城存在"三城一宫的形式，即平壤城和大城山城为后期长安城平原城和山地城结合的形式，清岩里土城则为平壤东黄城，安鹤宫为后期的宅宫"的观点[8]。有关高句丽的后期都城还有很多其他的争论，如安鹤宫遗址的年代与性质等，这都有待于学者们今后进一步的研究与讨论。

1.2.1.2 高句丽都城的源流

东亚都城特别是日本都城的源流问题一直以来都是学者们进行研究的重点内容，如王仲殊[9]、宿白[10]、傅熹年[11]、郭湖生[12]、王维坤[13]、刘晓东[14]、关野贞[15]、岸俊男[16]等，上述学者的研究重点

---

[1] 张福有. 好太王碑中的"平壤城"考实[J]. 社会科学战线，2007，（04）.
[2] 熊义民. 高句丽长寿王迁都之平壤非今平壤辨[J]. 中国史研究，2002，（04）.
[3] 關野貞. 高句麗の平壤城及び長安城に就いて[C]. 見朝鮮の建築と藝術[M]. 東京：岩波書店，1942.
[4] 田中俊明. 高句麗の平壤遷都[J]. 朝鮮學報，2004，第190輯卷.
[5] 김일성종합대학고고학및민속학강좌집필. 대성산성의고구려유적[M]. 평양：김일성종합대학출판사，1976.
[6] 朴晋煜. 朝鲜考古学全书（中世篇·高句丽）[M]. 平壤：朝鲜科学与百科辞典综合出版社，1991.
[7] 耿铁华. 中国高句丽史[M]. 长春：吉林人民出版社，2002.
[8] 王绵厚. 高句丽的城邑制度与都城[J]. 辽海文物学刊，1997，（02）.
[9] 王仲舒. 关于日本古代都城制度的源流[J]. 考古，1982，（05）.
[10] 宿白. 隋唐长安城和洛阳城[J]. 考古，1978，（06）.
[11] 傅熹年. 中国古代建筑史第二卷：两晋、南北朝、隋唐、五代建筑[M]. 北京：中国建筑工业出版社，2001.
[12] 郭湖生. 中华古都[M]. 台北：空间出版社，1997.
[13] 王维坤. 隋唐长安城与日本平城京的比较研究——中日古代都城研究之一[J]. 西北大学学报（哲学社会科学版），1990，（01）.
[14] 刘晓东. 日本古代都城形制渊源考察——兼谈唐渤海国都城形制渊源[J]. 北方文物，1999，（04）.
[15] 関野貞. 平城京及大内裏考[C]. 見東京帝国大学紀要[M]. 東京：東京帝国大学，1907.
[16] 岸俊男. 日本の宮都と中国の都城[C]. 見都城[M]. 東京：社会思想社，1976.

集中在中日两国都城,如隋唐长安、洛阳、日本藤原京、难波京、平城京、平安京的研究,而有关朝鲜半岛国家都城的源流及其在整个东亚都城体系中的作用尚无显著的研究成果。

近年来,学者们在东亚都城体系这个研究的大框架下,逐渐重视对高句丽、百济、新罗等国家城市的研究。20世纪90年代,高桥诚一(日)关注于东亚都城的形态研究,他认为东亚世界,因各国、各地域之异,其都城规划及形状也各具特色。在对东亚各国都城进行数据分析与形态比较的基础上,他提出高句丽和百济都城形成的原因在于朝鲜式都城希望将人工难以控制的大河流与山城这两种因素都纳入都城规划当中,这就造成了朝鲜都城的形态出现不规整形状,如高句丽大城山城、百济南北汉山城和新罗的吐含山都是如此,而日本的平城京和平安京周围的河流由于多为人工所造,因此其形状呈直线形[1]。

方学凤则将重点放在中国古代都城里坊制对朝鲜半岛的影响上。经过建都年代的分析与比对,他认为隋唐长安城的里坊制对高句丽都城并没有影响,对平壤城里坊制的实施最有影响的可能是邺城和洛阳城。同时,高句丽是朝鲜半岛都城中最早设置里坊的政权,此后影响到后期新罗的都城庆州[2]。

王绵厚、崔莉等认为高句丽后期都城受到北魏洛阳的影响。王绵厚提出"高句丽后期宫殿建筑之安鹤宫的整体布局,与中国传统宫城建筑中"帝王之居,建立中极,坐北朝南,中轴对称,前朝后寝,左祖右社"的规制基本相合,可谓中国古代宫城制度在高句丽后期都城建筑中的缩影"[3]。安鹤宫的整体布局,应仿自魏晋以来的邺城和北魏洛阳等中原王城的布局,而且这种布局在大同江畔的平壤土城上也有所反映[4]。崔莉在其学位论文中也认为高句丽后期长安城表现出明显的汉文化因素,如内城置王室、中城置官署、外城置居民,街道里坊规划整齐等,同时北魏洛阳都城中官署、库储地位的提升这一新的特征也影响到长安城[5]。

而牛润珍则认为邺城才是高句丽都城模仿的对象,这表现在高句丽长安城外郭城的建筑,宫城、皇城呈"回"字形环环相套、宫城置于都城北部偏西、棋盘式街区与里坊设置等方面。同时朝鲜的古代都城注重风水地理,注意与自然环境相适宜,形成了自己的特色。在此基础上,他认为公元4、5世纪高句丽首先借鉴了邺城的规划格局,其后将之推广于朝鲜半岛,百济王城、新罗庆州王京、高丽开城王京与朝鲜汉阳城等都受其影响[6]。

1.2.1.3 古城中的防御性特征

高句丽古城研究中,需要特别注意的是其都城与山城中的防御性设施以及众多古城所构筑的都城防御性体系。以军事防御为主的山城内的防御设施,在很多学者的研究论文中都有所涉及,大致包括以下几种,即带瓮门或"关墙"拱卫的城门,高大城垣上的角楼、望台、女

---

[1] 高桥诚一. 东亚的都城与山城——以高句丽的都城遗址为中心[J]. 日本研究,1993,(04).
[2] 方学凤. 中国古代都城制对朝鲜、日本古代都城制的影响[J]. 延边大学学报(社会科学版),1997,(01).
[3] 王绵厚. 高句丽的城邑制度与都城[J]. 辽海文物学刊,1997,(02).
[4] 王绵厚. 关于高句丽后期都城平壤"三城一宫"的地理考证[C]. 见历史地理第14辑[M]. 上海:上海人民出版社,1998.
[5] 崔莉. 高句丽都城历史演变体系研究[D]. 长春:东北林业大学,2005.
[6] 牛润珍. 邺与中世纪东亚都城城制系统[J]. 河北学刊,2006,第26卷(05).

墙设施，与城壁相连的"马面"及环城的"马道"，有的城墙上部还专设有供防卫用的立木柱洞（滚木雷石之用）等。陈大为在此基础上，还补充了几种山城外的防御设施，包括拦马墙、城外城、城外台、翼墙、弧形土壁等①。蔡熙国（朝）曾就此问题作过专门研究，他将防御设施分为城壁、城门、瓮城·敌台·马面、角楼·望楼·讲台·行营·兵营·仓库、水池·水井、烽燧井等七项②，同时举出很多实例对每一项内容加以论证，内容翔实而具体。

近年来，学者们转换思路与扩大视角，逐渐关注于都城和古城所共同构筑的高句丽城市防御体系。李殿福曾谈及高句丽的城市防御③，其中还特别强调了关马墙和望波岭关隘对前期高句丽都城国内城的防御功能，遗憾的是未能进一步展开。朴晋煜（朝）认为高句丽古城存在卫城和外郭两种防御体系，其中卫城体系体现在平壤城周围修筑的青龙山城、黄龙山城、纥骨山城、黄州山城，从而构筑起坚固的要塞，而外郭防御体系则用于保卫都城，在卫城体系之外修筑首阳山城、雉壤山城，便于在距都城较远处抗击来犯之敌④。蔡熙国（朝）认为其城防体系可以分为前沿防御体系、纵深防御体系和卫星防御体系。前沿防御体系位于国境线附近，多个城市彼此关联，有效地将敌人拒于国门之外，如史书记载在辽河一线的辽东城、安市城、白岩城等纵深防御体系，在通往国内城及平壤城的通路上均有设置，如新城、关马墙山城、凤凰城等卫星防御体系，如国内城周边即由通沟城和山城子山城构成，平壤城由大城山城和安鹤宫构成⑤。

1.2.1.4 高句丽与渤海城市之关联

高句丽和渤海先后在以中国东北地区为主的广大地域里都留下了丰富的文化遗存。高句丽705年的历史中，史载有都城纥升骨城、国内城、丸都城、平壤城和长安城，而渤海的228年中，也有都城东牟山、旧国、中京显德府、上京龙泉府和东京龙原府。这两者的都城之间是否有直接的继承关系，对此学者们也展开了讨论。李殿福以渤海上京龙泉府为例，将其与唐长安城相比较，认为两者极其相似，不同之处仅在于规模大小的不同，因此渤海都城仿效唐制是非常明显的⑥。

对此持相反观点的学者则认为渤海都城与高句丽都城存在某种继承关系。朝鲜学者大多认为渤海初期不仅原样利用了高句丽时期的一些城址，而且继承了高句丽的建城技术，同时也继承了高句丽山地城和平原城结合的城防体系⑦。中国学者魏存成也从高句丽与渤海文化发展的角度提出高句丽都城的特点在于山城和平原城相结合，而渤海初期的都城敦化东牟山山城和敖东城也是如此，渤海初期有可能受到高句丽的影响。而在山城内的建筑及其布局方面，两者又有明显的区别。高句丽都城的山地城中发现有大型宫殿建筑址和驻兵建筑址，渤海初

---

① 陈大为. 辽宁高句丽山城再探[J]. 北方文物，1995，（03）.
② 蔡熙国. 高句丽历史研究[M]. 평양：김일성종합대학출판사，1976：p137-233.
③ 李殿福. 东北考古研究2[M]. 郑州：中州古籍出版社，1994.
④ 朴晋煜. 朝鲜考古学全书（中世篇·高句丽）[M]. 平壤：朝鲜科学与百科辞典综合出版社，1991.
⑤ 蔡熙国. 高句丽历史研究[M]. 평양：김일성종합대학출판사，1976：p137-233.
⑥ 李殿福. 从考古学上看唐代渤海文化[C]. 见东北考古研究2[M]. 郑州：中州古籍出版社，1994.
⑦ 承圣浩著. 关于渤海初期的城和墓[J]. 吕双林译. 历史与考古信息·东北亚，2000，（01）.

期的山城仅发现半地穴居住坑，究其缘由则是两者的民族习俗和历史形势的差别[①]。朴润武则在对高句丽和渤海都城进行比较的基础上，提出两者在形制特征上有共同之处，也有不同的一面。其相似之处在于，高句丽与渤海兴亡更替，统治地区大部分重合，所辖人口互有从属，决定了他们在文化方面必然有联系和影响，同时高句丽都城的某些特征在渤海都城上也确实有所体现[②]。

1.2.2 微观上注重建筑专题的研究

目前，对高句丽从建筑学的角度进行的研究论著与其为数众多的遗址相比仍然较少，但是很多学者的论著中都曾经直接或间接地涉及高句丽建筑，这些论文主要可以归结为以下几类。

1.2.2.1 对建筑遗址的追本溯源

对高句丽建筑遗址的研究，往往通过考古发掘初步探明其平面布局、配置与形制，从而进一步推测该建筑所处的年代与性质。据现有资料，学者们主要关注于以下几个重要的建筑遗址。

1. 东台子建筑遗址

该遗址曾经被多位学者所调查与研究，它位于集安县城东门外0.5km处的一个宽阔平坦的黄土台地上。日占时期，关野贞先生曾经踏查过该遗址，在论文中提及此处尚存十余个柱础石，同时他对柱础石还进行了实测，但是没有对该建筑遗址的平面布局作进一步的研究[③]。其后，池内宏博士也曾经调查过该遗址，除发现一些瓦当、八角柱等建筑构件外，并无太大收获[④]。1961年，吉林省博物馆对该遗址进行了考古发掘。通过进一步的清理与发掘，该遗址的平面布局逐渐显露出来，该建筑平面布局规整，共分为四个建筑单体，其中1、2两室保存尚好，3、4两室遗址有一定程度的破坏。1室平面长方形，2室近正方形，这两室外围有一条室外廊道将其包围，同时通过该廊道与3、4室相连。需要特别注意的是，在1室中发现一个突出地面的圆基方柱形石座，1、2两室也均发现有火炕的痕迹。这次清理，还发掘出很多板瓦、筒瓦、柱础石等建筑构件，但对建筑遗址的性质仅作初步推测，并没有展开论证[⑤]。

在这次清理的基础上，方起东先生专门撰写论文对该建筑遗址的性质与年代进行研究。他认为该建筑就规模和布局来看，显然非一般的民用房舍。同时，论文主要研究的对象即1室的长方形巨石，他认为该巨石与东北地区古代的"巨石崇拜"有一定的关联性，在此基础上推测巨石是当年的社主，1室是祀奉地母的社址，2室则可能是供奉农神——稷的地方[⑥]。方

---

① 魏存成. 高句丽、渤海文化之发展及其关系[J]. 吉林大学社会科学学报，1989，(04).
② 朴润武. 高句丽都城与渤海都城的比较[C]. 见中国考古集成东北卷—两晋至隋唐2[M]. 北京：北京出版社，1994；
③ 關野貞. 滿洲國集安縣に於ける高句麗時代の遺跡[C]. 見朝鮮の建築と藝術[M]. 东京：岩波书店，1942.
④ 池内宏. 通沟（卷上）[M]. 东京：日满文化协会，1938.
⑤ 吉林省博物馆. 吉林集安高句丽建筑遗址的清理[J]. 考古，1961，(01).
⑥ 方起东. 集安东台子高句丽建筑遗址的性质和年代[J]. 东北考古与历史，1982，(01).

起东先生的论文,虽没有从建筑学的角度对遗址作分析,但是他能抓住遗址的特殊性并从东北及高句丽的宗教文化上着手研究其性质,这为今后的研究打开了思路,开拓了研究的视角。

近年来,金度庆先生(韩)对该遗址进行研究,提出了新的观点。在回顾已有研究成果与介绍遗址状况的基础上,他对建筑遗址的平面构成、火炕的功能、建筑结构和外观等几个方面作了深入探讨,并对建筑平面可能的构成形式以及外墙壁的结构形式则作了重点分析,绘制了东西两室的结构推测图和墙壁构造推测图。在将该遗址与渤海上京龙泉府第5宫殿西殿址相比较的基础上,认为两者之间可能存在某种继承关系。最终,他强调东台子遗址所特有的内外两重结构体系可能是高句丽时代重要的建筑结构体系之一[①]。

2. 民主建筑遗址

其次,民主建筑遗址是高句丽考古新发现的建筑遗址。民主建筑址位于集安市经济开发区太王镇民主村,东距国内城城址约1.5km。民主遗址的发现缘于民主石柱,日占时期关野贞和池内宏对该石柱均有所记录[②],1984年出版的《集安县文物志》也曾对该石柱有所记载,并推测石柱偏西北40m处存在高句丽时期的大型建筑遗址。2003年,吉林省文物考古研究所对该遗址进行发掘与清理,并收录在《国内城》考古发掘报告中。韩国学者徐廷昊先生专门介绍此次遗址的发掘情况,同时还从建筑学的角度对遗址进行分析。如1号建筑址发掘出八角形柱座,而在高句丽的早期古坟中(安岳3号墓、辽东城冢等)也曾发现过类似的建筑构件。根据八角形的特殊性以及1号建筑址的规模,他认为1号建筑是一座大型建筑物,而八角形柱座所在部分应为建筑物的门址。2号、3号建筑遗址,该学者也对其进行了初步的分析与定性[③]。

3. 山城中的建筑遗址

山城中发掘出的建筑遗址也是研究山城及其附近遗址的极好素材。如朝鲜长寿山城共发现多处建筑遗址,崔永泽先生就对其中的1号建筑址进行分析。1号建筑址的平面布局为开间5间,进深2间,面积为450m^2,与其他建筑址相比规模较大。建筑平面中间没有柱子,使得内部空间较为宽敞,这与安鹤宫的建筑手法相类似。建筑址周围配有回廊设施,这在高句丽建筑平面中也是一种只有王宫、贵族才能享有的布局形式。另外,根据建筑址周围的哨所址、水井设施以及建筑址在城内所处的地位,推测1号建筑址是为高句丽国王而设置的。建筑物年代则可根据遗址中出土的红瓦和灰砖所处的大致年代来推断,尤其是红瓦层中出土的"永嘉七年"铭文砖,据此崔永泽认为该建筑址的年代大致在公元4世纪[④]。

另外,值得一提的是《高句丽墓上建筑及其性质》[⑤],耿铁华先生在考察中发现集安高句丽的几座重要古坟如太王陵、将军坟等均出土了大量建筑用瓦当与文字砖,因此他认为这些墓

---

① 김도경. 集安 東臺子遺蹟의 建築的 特性에 關한 研究[C]. 見 대한건축학회 논문집[M]. 서울: 대한건축학회, 2003.
② 關野貞. 滿洲國集安縣に於ける高句麗時代の遺跡[C]. 見朝鮮の建築と藝術[M]. 東京: 岩波書店, 1942.
③ 서정호. 집안민주유적 건물지의 성격에 관한 연구[C]. 見고구려연구 제19집[M]. 서울: 학연문화사, 2005.
④ 崔永泽著. 关于长寿山城1号建筑址[J]. 郑仙华译. 历史与考古信息·东北亚, 1994, (02).
⑤ 耿铁华. 高句丽墓上建筑及其性质[C]. 见高句丽研究文集[M]. 延吉: 延边大学出版社, 1993.

上存有建筑的痕迹。同时，对比于中原地区商周以来墓上建筑的存在，他认为在这六座古墓方坛阶梯顶层的"墓上建筑"，其性质有可能是因袭于秦汉陵寝制度的"寝殿"，这一解读对于高句丽王陵陵寝制度的研究具有很高的参考价值。

1.2.2.2 壁画古坟中的建筑文化研究

一直以来，学者们对高句丽古坟壁画中的建筑文化进行广泛研究，这其中又以壁画中所表现出的建筑形象及结构为重点。日占时期，关野贞在朝鲜半岛调查时就关注过高句丽的古坟，同时对重要的古坟及其壁画进行了详细的测绘与拍照记录[①]，可惜他没有对古坟或壁画中的建筑形象进一步展开研究。

1958年张驭寰先生关注于集安附近的高句丽遗迹，包括国内城、好太王碑和古坟等，对古坟壁画中的建筑形象也作了细致的分析。他不仅对壁画古坟中的城门、城楼、房屋的建筑进行了形象的描述，同时还对其中的建筑构件进行分类研究，包括柱础、斗栱、梁枋、天花、幔帐等[②]，虽然内容不甚丰富，但却是对高句丽建筑形象研究的最早尝试。

此后，韩国学者在此方面贡献良多。1969年，金正基先生在整理高句丽壁画墓中出现的城郭、宫殿及其他附属建筑资料的基础上，对其中出现的建筑细部及建筑结构进行解析，同时整理了壁画中出现的斗栱形式并对此进行初步的分期研究[③]。其后，金东贤先生在对中国早期斗栱文献如"山节藻棁"解释的基础上，将高句丽壁画古坟中的斗栱与中原汉魏时期的斗栱相比较，从斗栱的类型与细部特征入手，将壁画古坟中出现的斗栱分为柱头式、两斗式、三斗式、重复三斗式和无斗翼工式五种类型，同时着眼于柱头、挑檐与栱眼的细部特征[④]，此后针对高句丽建筑技术特别是斗栱构件进行研究的还有張慶浩[⑤]、尹張燮[⑥]等多位韩国建筑学者，他们研究的成果也具有重要的参考价值。

近年来，金宝德在其学位论文中重点分析高句丽古坟壁画中所出现的各种建筑要素，并与日本飞鸟时期的建筑要素相比较，值得注意的是他的研究采用图表分析的方法，将高句丽古坟壁画中的建筑类型、斗栱做法、结构细部特征等归类总结，成果一目了然[⑦]。而金度庆先生则以双楹冢为案例，对古坟中的建筑布局与壁画中的建筑形象进行了分析。他认为双楹冢的平面形式与建筑结构形象均是对墓主人现实生活的反映，平面中的前室来源于宫殿建筑中的回廊，而后室则体现了宫殿建筑的生活空间，同时对于壁画中所表现的内外室建筑构件如

---

① 關野貞. 平壤附近に於ける高句麗時代の墳墓及繪畫[C]. 见朝鮮の建築と藝術[M]. 東京：岩波書店，1942.
② 张驭寰. 集安附近高句丽时代的建筑[J]. 文物参考资料，1958,(04).
③ 金正基. 高句麗 壁畫古墳에서보이는 木造建築[C]. 见 김재원박사회갑기념논총[M]. 서울：을유문화사，1969.
④ 金東賢. 高句麗壁畫古墳的拱包性格[C]. 见三佛金元龍教授停退任紀念論叢[M]. 首尔：一志社，1987；
⑤ 張慶浩. 韓國의傳統建築[M]. 서울：문예출판사，1996.
⑥ 尹張燮.（新版）韓國建築史[M]. 서울：동명사，2003.
⑦ 김버들. 高句麗 古墳壁畫에 나타난 建築要素에 關한 研究[D]. 서울：東國大學校，2001.

斗栱、叉手等做法也作了详细的比较与解析①。

除了建筑形象及结构的研究之外，部分壁画中还反映了高句丽城市及居住建筑文化。针对壁画所体现的城市形象，如三室冢、辽东城冢、龙冈大墓、药水里古墓中的城市城楼、城墙等，虽为数不多但为高句丽古城及城楼建筑的研究提供了丰富的素材，在这一方面徐吉洙先生（韩）就曾专门进行讨论②。而徐廷昊先生则以安岳3号墓、德兴里古墓等壁画墓为中心，重点讨论了高句丽人的生活方式、居住建筑文化以及础石、八角柱、斗栱、瓦当等有关建筑构件的特点③。此外，全虎兑先生提出的高句丽古坟壁画研究方法论的问题④，虽然没有与壁画建筑研究有直接的关联，但是注重于时代观、地域观、认识与表现、样式技法与材料等方法的研究，为今后古坟壁画中的建筑研究提供了一个更广阔的视野。

1.2.2.3　东亚文化圈中的建筑交流

高句丽由于地缘因素的影响，与其周边的政权不断进行各种形式的交流，而其中的建筑文化交流则体现得更为明显。这个课题的研究，主要包括三个方向，即与中原、日本以及朝鲜半岛内部的建筑交流。

有关高句丽与中原的建筑交流，金东贤先生在其论著中仔细分析高句丽古坟壁画中的建筑形象，并将其与中原汉魏画像砖、画像石、石阙及敦煌早期壁画中的建筑相比对，分析高句丽建筑及其构件与中原的渊源关系⑤。

在论及高句丽与日本建筑的关联性方面，日本学者关口欣也先生在1976年以朝鲜半岛三国对中国文化的摄取为基础，细致分析了高句丽古坟壁画中所体现的建筑样式，从高句丽的柱、斗栱、人字栱等方面提炼出高句丽建筑的特征，在此基础上他将高句丽、百济的建筑与法隆寺金堂的建筑样式进行比较，最后认为法隆寺金堂与高句丽、百济在建筑细部方面有着很深的渊源，而中原汉代与南北朝的建筑文化无疑对其有很大的影响⑥。

金宝德以日本法隆寺、法起寺和法轮寺的细部构造为中心内容，讨论了高句丽和日本建筑在台基、柱子和斗栱方面的关联性⑦。金度庆先生则详细比较了高句丽建筑与法隆寺建筑构件，包括柱、皿板、云栱、间柱与栏杆，同时他还特别关注于人字形叉手与建筑构架的内容。在此基础上他认为学界通常所认为法隆寺飞鸟式建筑受百济的影响较大的观点，由于目前尚无翔实的百济建筑形象来确定两者之间的关联程度，因此这一观点尚存疑点。而通过高句丽

---

① 김도경. 주남철, 쌍영총에 묘사된 목조건축의 구조에 관한 연구[C]. 见 대한건축학회 논문집[M]. 서울: 대한건축학회, 2003.
② 서길수, 여호규. 고구려 벽화에 나타난 고구려의 성과 축성술[J]. 고구려연구, 2004, (17).
③ 서정호, 이병건. 벽화를 통해 본 고구려 집문화(住居文化)[J]. 고구려연구, 2004, (17).
④ 전호태. 高句麗 고분벽화 연구방법론[C]. 见 高句麗 고분벽화의 세계[M]. 서울: 서울대학교출판부, 2004.
⑤ 金東賢. 高句麗 建築의 對中交涉[C]. 见 高句麗 美術의 對外交涉[M]. 예경: 서울, 1996.
⑥ 關口欣也. 朝鮮三國時代建築と法隆寺金堂の樣式の系統[C]. 见太田博太郎還曆紀念論文集[M]. 東京: 巖波書店, 1976.
⑦ 김버들. 조정식, 고대 일본건축과 고구려건축의 관련성[C]. 见대한건축학회 논문집[M]. 서울: 대한건축학회, 2001.

与飞鸟建筑之间的比较研究则可以确认两者在建筑构造、细部样式上有很多相似点,虽然两者之间有一些细部样式不尽相同,但是考虑到各自趣味性和时代性的差异,这仍然是可以容忍的[①]。

在朝鲜半岛建筑文化之间的交流方面,徐廷昊先生关注于高句丽与百济之间的建筑文化,如他以丸都山城、五女山城、国内城及百济公山城中发现的建筑遗址与构件为例,研究两者在宫阙建筑上的联系,将高句丽定陵寺址、土城里寺址与百济弥勒寺址、金刚寺址作比较,探讨两者在寺刹伽蓝布局方面的关联,而在论及居住建筑时,又以集安东台子遗址、安岳三号墓及百济扶苏山城中的建筑遗址为例分析两者居住建筑的异同[②]。辛光洙先生则讨论了高句丽与百济之间的城郭文化,在分别总结高句丽与百济山城现状、特征的基础上,比较了高句丽与百济山城之间的筑城技术[③]。

1.2.2.4 注重于建筑技术的研究

高句丽的建筑技术能体现出她当时的生产力水平与状况,因而也是高句丽研究的一项重要内容。很多学者关注于高句丽山城的砌筑技术,如李殿福先生将高句丽山城的城墙结构总结为四种方式,即石材干打垒、墙皮石材内填土、土石混筑、全用土筑[④]。

徐吉洙先生则对高句丽的筑城法进行过系列研究,其内容包括城墙主体、女墙及柱洞、角台及敌台等。在城墙主体砌筑方面,他关注于城墙的基础砌筑,提出基槽基础法、凿岩基础法、戗筑法等方式,同时对砌筑的石材用料、城墙的高宽及倾斜角度等细部构造都作了详细的分析[⑤]。对于城墙的防御设施,他在对五女山城、高俭地山城、霸王朝山城等现存重要山城遗址考察的基础上,结合李朝时期的华城城役仪轨中的相关内容,总结了高句丽山城中女墙与柱洞的各种类型、与城墙的结合方式及相关的测绘数据[⑥]。另外,他还关注于城墙中雉、角台和敌台,以辽东城冢壁画中出现的雉、角台与敌台为例,结合国内城、石台子山城等山城的实地调研,总结鸭绿江北岸重要山城雉的分布,同时还特别分析雉与城墙结合的各种形式,总结了转角部位的构造方式[⑦]。

杨志红、马玉良先生等则着眼于高句丽的建筑工艺研究[⑧],他们对高句丽的宫殿、寺庙、墓葬与城郭的建筑结构及工艺技法都作了一定程度的分析,最后提出高句丽建筑一方面规模庞大,另一方面则受到地理条件的深刻影响,同时中原的政治、经济和文化对其也有一定的

---

① 김도경. 일본 法隆寺 건축의 고구려적 성격[C]. 见 대한건축학회 논문집[M]. 서울: 대한건축 학회, 2004.
② 서정호. 고구려와 백제 건축문화[J]. 고구려연구, 2005, (20).
③ 심광주. 고구려와 백제의 성곽문화[J]. 고구려연구, 2005, (20).
④ 李殿福, 高句丽山城构造及其变迁[C]. 见东北考古研究2[M]. 郑州: 中州古籍出版社, 1994.
⑤ 서길수송파굉륭. 고구려 축성법 연구(1): 고구려 축성법 연구(1)-석성의 체성(體城) 축조법을 중심으로-(논문), 토론문, 토론번역문[J]. 고구려연구, 1999, (8).
⑥ 서길수. 고구려 축성법 연구(2)[J]. 문화사학, 1999, (11-13).
⑦ 서길수, 왕굉북. 고구려 축성법 연구(3)-치(雉), 각대(角臺), 적대(敵臺)-, 『고구려 축성법 연구(3)』에 대한 토론[J]. 고구려연구, 2001, (12).
⑧ 杨志红, 马玉良, 车海涛. 高句丽的建筑工艺[J]. 通化师范学院学报, 1999, (06).

辐射作用。另外,由于高句丽地理纬度高,因此冬天异常寒冷,高句丽的建筑遗址中出现很多取暖的建筑设施,对此很多学者如徐廷昊[①]、张庆浩[②]等都曾进行过探讨。

1.2.2.5 建筑类型及复原研究

除上述成果之外,学者们还关注于高句丽各个建筑类型及其复原研究,如高床式建筑、城郭门楼建筑、佛教建筑等。高床式建筑,即所谓"桴京",实为一种干阑式建筑,对此李秉建先生关注于高床式建筑的起源、发展与传播现象,他以朝鲜半岛高床式建筑起源为开端,同时结合古坟壁画中出现的"桴京"形象,最终讨论了高句丽桴京在日本及中国东北的传播[③]。在高句丽城郭的门楼研究方面,徐廷昊先生在调研现存高句丽古城城门的基础上,参考古坟壁画城郭图中的门楼建筑形象,对门楼可能的平面结构、支撑体系及部分建筑细部样式都作了推测,对于高句丽古城的复原具有一定的参考价值[④]。

高句丽佛教建筑由于其建筑类型的特殊性,因而成为学者们所关注的重点。1983年田村晃一先生在其论文中介绍了高句丽定陵寺的调查结果,其次则探讨了定陵寺在佛寺布局上的诸多问题,同时试图通过定陵寺所出土瓦当纹饰的研究探讨其创建年代,为高句丽定陵寺的研究提供了思路[⑤]。此后,朴昌勇在其论文中重点关注于高句丽定陵寺,在对其历史背景以及同时期高句丽木造形式分析的基础上,他对定陵寺的建筑进行了相关的复原研究,包括平面配置、斗栱形制及八角塔等,在高句丽佛教建筑复原方面进行了初步的探索[⑥]。

1995年东潮、田中俊明先生在其合著的《高句丽的历史与遗迹》一书中,也谈及高句丽的佛寺建筑,在从文献入手分析高句丽佛教的源流之后,他们对现存的高句丽佛寺遗址进行一一分析,最终认为高句丽的寺院伽蓝基本配置或为一塔三金堂式,但是也不排除有例外的情况,同时今后还将关注于朝鲜半岛与日本在伽蓝配置方面谱系关系的研究[⑦]。韩国学者金圣雨先生对高句丽的佛寺建筑进行了一系列卓有成效的研究。他在对上五里寺址、青岩里寺址及定陵寺址进行对比与分析的基础上[⑧],研究了5世纪前后高句丽佛教伽蓝配置的变迁[⑨],同时

---

① 서정호. 고구려 난방 시설의 과학적인 특징에 관한 연구[J]. 고구려연구, 2001, (11).
② 張慶浩. 우리나라의 煖房施設인 溫突(구들) 形成에 對한 研究[J]. 미술사학연구(구 고고미술), 1985, (165).
③ 이병건. 高句麗 建築의 起源에 關한 考察[EB/OL]. http://www.palhae.org/zb4/view.php?id=pds2&no=273,2009-02-02.
④ 서정호. 고구려시대 성곽 문루에 관한 연구[J]. 고구려연구, 2000, (9).
⑤ 田村晃一著. 有关高句丽寺院遗址的若干考察[J]. 李云铎译. 历史与考古信息·东北亚, 1985, (04).
⑥ 박창열. 고구려 정릉사지의 건축조영에 관한 복원적 고찰[D]: . 서울: 연세대학교, 1999.
⑦ 東潮,田中俊明. 高句麗の歴史と遺跡[M]. 東京: 中央公論社, 1995.
⑧ 김성우. 고구려 불사계획의 변천 - 상오리사지를 중심으로[J]. 대한건축학회 논문집, 1988, 第4卷(5).
⑨ 김성우. 고구려사지를 중심으로 고찰한 5세기전후 불사계획의 변화[J]. 건축역사연구, 1996, 第5卷(1).

针对一塔一金堂①、三金堂形式②等伽蓝布局形式的起源、发展与特质进行了详细的解析。

除上述内容之外，相关的高句丽建筑研究还有很多其他成果，如古坟、山城与都城等都可以纳入广义建筑学的研究范畴，与这些内容相关的研究资料与研究综述还有很多，在此不一一赘述。回顾几十年来学者们对高句丽建筑的研究成果，可以用"百家争鸣"一词来形容，从早期基础资料的搜集，到对建筑样式、类型的分析与整理，进而发展到对高句丽建筑内涵的挖掘，取得如此之丰硕成果实属不易。而考其缘由，应该说离不开高句丽这一研究课题的大背景，没有高句丽丰富多彩的发展进程，没有其博大精深的历史内涵，没有其留下的众多难解之谜，也就不可能有各类研究的丰硕成果。

1.3 高句丽宫殿建筑课题的研究与意义

高句丽政权是我国古代东北地区的一个少数民族地方政权，建国于公元前37年，灭亡于公元668年，经二十八代王，历时705年。它与我国中原地区的西汉、东汉、魏（三国）、西晋、东晋、南朝的宋、齐、梁、陈和北朝的前燕、前秦、后燕、北魏、东魏、北齐、北周及隋、唐诸王朝同时活跃在历史舞台上，它们之间征战不休，此消彼长，交流密切。同时，由于地缘方面的因素，高句丽与朝鲜半岛的新罗、百济以及日本列岛的联系也相当紧密。因此，高句丽在由古代中国、朝鲜半岛、日本列岛在共同文化基础上相互联结而成的东亚文化圈中，占有十分重要的历史地位。

高句丽历史上的多次迁都，使其历史遗存分布在我国吉林、辽宁两省以及朝鲜的广大地区，因此高句丽历史地位的研究成为一门国际性的学术课题。国内多数学者往往从政治、经济、文化、历史等方面强调高句丽的中国主体性，而忽视了对高句丽建筑史的研究。因此，本课题可以加强我国对高句丽的历史主体地位，同时还可以弥补国内高句丽历史研究的空白，并作为中国建筑史的重要组成部分加以补充，借以弘扬我国的优秀建筑文化遗产。

就高句丽建筑本身而言，高句丽建筑史的研究也是非常有价值的。在长达700余年的历史里，高句丽发展了众多的建筑类型，包括山城、陵墓、宫殿、佛寺等等，同时还遗留有大量的遗迹和遗物，它们都为高句丽建筑史的研究提供了大量的素材和有利的先决条件。同时，由于地缘因素的影响，高句丽与中原王朝以及朝鲜半岛的新罗、百济相接壤，与日本列岛隔海相望，因此，在东亚建筑文化交流方面，高句丽建筑是不可忽视的重要一环，往往被认为起到桥梁和老师的作用③。在历史文化传承方面，高句丽一方面继承了中原汉魏时期东北地区的建筑文化并加以发展，另一方面又对其后的渤海建筑有着很大的传承及影响关系，渤海国建国者大祚荣本为"高丽之别种"，同时渤海国的疆域基本上承袭了高句丽的故土，它的建筑形制和技术也深受高句丽建筑的影响，从这个方面来说，高句丽建筑对于我国东北地区建筑文化的发展起着承上启下的作用。

郭湖生先生生前所开创的东方建筑研究这一大课题，经过多位前辈学者的努力经营，迄

---

① 김성우. 일탑 일금당 형식의 발전[J]. 대한건축학회 논문집, 1989, 第5卷（6）.
② 김성우. 삼금당 형식의 전개[J]. 대한건축학회 논문집, 1990, 第6卷（1）.
③ 张十庆. 东方建筑研究－中日古代建筑大木技术的源流与变迁[M]. 天津：天津大学出版社，1992：p6.

今已取得了丰硕的研究成果，如中日古代建筑之间的交流与影响①、西域文明与华夏建筑的变迁②、东南亚建筑文化圈的研究③，此后又逐渐拓展其他课题的研究，如福建地区宋元建筑研究④等。这些子课题的研究大大丰富了东方建筑研究的文化内涵与底蕴，是中国建筑历史研究的重要补充。但是值得注意的是，这些课题的研究多关注于东南亚或中国南方建筑在东亚建筑体系中的作用与影响，而东北亚建筑的研究则尚未有所斩获。作为东北亚建筑中的重要子课题，对高句丽宫殿建筑的研究，不仅可厘清高句丽建筑的发展历程、技术水平及其宫殿建筑的基本形制与布局，并通过对比中、日、韩三国的相关文献与实物资料，揭示三者之间建筑文化交流的现象与规律，而且对于完善东方建筑研究的体系与整体性，诠释早期东亚建筑文化圈的各种现象来说，都是十分必要的。

1.4 高句丽宫殿建筑的研究方法

与其他历史研究相似，建筑历史的研究也是用现代人的观点去推测古代的历史，并试图最大限度地接近历史，而这一过程的实现势必要借助于多种方法与手段，梁思成和刘敦桢先生很早就提出了"文献结合实物"这一建筑历史研究的方法，这也为本课题所沿用，即借助图像、文字和实物等各方面资料，通过对这些资料进行梳理、归纳、总结和对比，尽可能还原高句丽宫殿建筑的最初面貌。同时，由于地域、时间所限，本研究还表现了一定的特殊性，这主要表现在以下几个方面：

第一、文献资料的异常缺乏。处于东北一隅的高句丽，所处历史年代较早，加之其文化根基薄弱，因此早期的文献基本没有流传至今，而成书于高丽时期的《三国史纪》及其后的《三国遗事》则成为高句丽历史记载的最直接文献资料。另外，从《三国志》开始，中国正史和一些重要历史文献如《通典》、《资治通鉴》等中也都有不同长短的篇章记载高句丽的相关史实，尽管这些文献雷同之处甚多，但是在缺乏其他参考文献的情况下，也只得依据现有的文献资料与实物相印证。

第二、图像资料的丰富。与文献资料异常缺乏不同的是，高句丽墓葬壁画中表现建筑形象的内容十分丰富。仅目前已知的高句丽壁画墓就有上百处，这些墓室壁画表现内容庞杂，但是在墓室的四壁往往都有建筑形象的表现，或为梁，或为柱，或为斗栱，推测应该是早期"视死如视生"观念的影响结果。这些内容丰富的壁画建筑形象，对于了解高句丽当时的建筑技术、结构及建筑样式，都是一笔不可多得的宝贵财富。另外，我国北朝现存的石窟、壁画等图像资料，对于研究北朝与高句丽两者之间的建筑源流，也起到重要的补充作用。

第三、宫殿建筑实例的缺乏。课题中的高句丽宫殿建筑，其现存的主要实例仅有两处，一处位于中国国内集安丸都山城，另一处则位于朝鲜平壤大城山脚下的安鹤宫，前者代表了高句丽中期宫殿建筑，后者则代表了高句丽后期宫殿建筑，两者均为宫殿建筑中的"孤例"。尽管建筑历史研究中有"孤例不足以为证"的共识，但考虑到这两例均为高句丽中期和后期

---

① 张十庆．中日古代建筑大木技术的源流与变迁[M]．天津：天津大学出版社，1992．
② 常青．西域文明与华夏建筑的变迁[M]．长沙：湖南教育出版社，1992．
③ 杨昌鸣．东南亚与中国西南少数民族建筑文化探析[M]．天津：天津大学出版社，2004．
④ 谢鸿权．东亚视野之福建宋元建筑研究[D]．南京：东南大学，2009．

重要的宫殿建筑遗址，具有不可复制性，同时从这两个孤例中也可以进一步引申出更多的文化内涵，因此或可将这两例作为其所处时期的典型代表来进行研究，推测其形制与来源。

　　第四、语言及地理条件的不便。目前，高句丽历史遗存所处的地理位置给课题研究带来了很多不便，其早期和中期历史遗存大多集中于我国辽宁和吉林省境内，但其后期的历史遗存则集中在朝鲜首都平壤一带。由于特殊的原因，对高句丽后期的历史遗存进行实地的踏查有很大的阻碍，这也为获得相关的第一手资料带来了难题。所幸的是，日本学者对于朝鲜半岛关注度甚高，从日占时期的田野考古调查报告、《朝鲜古迹图谱》到如今的《朝鲜学报》，这些都大大充实了本课题的研究资料库，对于本课题的研究提供了一定的便利条件。

第 2 章 课题研究的相关背景

2.1 高句丽的历史概况
2.1.1 高句丽的起源与建国

高句丽,也作"高句骊",是起源于我国东北地区的古老少数民族之一,该词最早见于《汉书·地理志》,"高句骊,莽曰下句骊,属幽州"[①],"玄菟、乐浪,武帝时置,皆朝鲜、濊貊、句骊蛮夷"[②]。对于高句骊民族的起源,《后汉书》曾记载"为扶余别种,故言语法则多同",然而由于民族本源、融合及发展的复杂性,加之年代久远,国内学者们提出不同的观点,如濊貊说[③]、扶余说[④]、高夷说[⑤]、炎帝说[⑥]、商人说[⑦],韩国的学者也提出貊系主体论[⑧]、扶余系主体论[⑨]等观点,对此问题学术界仍存较大争议,本文在此不赘述。

汉武帝时期(元封三年,即公元前108年),为了加强东北地区的边防,汉武帝在朝鲜半岛汉江以北地区设置"汉四郡",即乐浪、玄菟、临屯、真番四郡。《后汉书》记载,"武帝灭朝鲜,以高句骊为县,使属玄菟,赐鼓吹伎人"[⑩],此时的高句骊民族也第一次被纳入汉的郡县制度之下,成为汉王朝治下的编户齐民,接受汉王朝中央到地方官吏的统治和管理,也逐渐从原始的、家族部落式管理进入封建的郡县制管理。"汉四郡"设立后不久,汉王朝在东北的郡县管理体制就不断遭到以高句丽为首的部落联盟的反抗和打击。昭帝始元五年(公元前82年),汉王朝被迫废除真番、临屯二郡,将原归属二郡的各县归乐浪、玄菟管辖,其后七年(公元前75年),玄菟郡由于高句丽势力的攻打而被迫转移郡治。

在同西汉王朝的抗击中,高句丽势力不断发展壮大,于汉建昭二年(公元前37年)正式

---

① (东汉)班固. 汉书[M]. 北京:中华书局,1962:玄菟郡条.
② (东汉)班固. 汉书[M]. 北京:中华书局,1962:玄菟,乐浪条.
③ 张博泉. 东北地方史稿[M]. 长春:吉林大学出版社,1985:p10.
④ 王健群. 高句丽族属探源[J]. 学习与探索,1987,(06):p138.
⑤ 刘子敏. 高句丽历史研究[M]. 延吉:延边大学出版社,1996:p9-13.
⑥ 李德山. 高句丽族称及其族属考辨[J]. 社会科学战线,1992,(01):p226.
⑦ 耿铁华. 中国高句丽史[M]. 长春:吉林人民出版社,2002:p43.
⑧ (韩)朴京哲. 高句丽和貊:高句丽的居民和文化系统[J]. 白山学报(韩),1997,第48卷.
⑨ (韩)卢泰敦. 扶余国的疆域及变迁[J]. 国史馆论丛(韩),1989,第04卷.
⑩ (南朝宋)范晔. 后汉书[M]. 北京:中华书局,1965:东夷列传·高句丽条.

建立高句丽王国。高句丽建国的传说，最早见于王充的《论衡·吉验篇》，其后又多次出现在正史中，如《魏书》、《梁书》、《北史》等，公元414年的好太王碑和公元1145年高丽金富轼所撰的《三国史记》中也有相关记载。据其创始传说，北扶余族的朱蒙（也称"东明"）受扶余王的追杀而率人自扶余南下，沿途收纳贤人，至纥升骨城后以此为都城，建立高句丽国。

2.1.2 高句丽的王系

高句丽政权自公元前37年创始之日起，至公元668年为唐所灭，共经705年，传二十八代王。根据《三国史记》中高句丽诸王的传承顺序，同时辅以《后汉书》、《三国志》等正史中的记载，可知高句丽王系的传承如表2-1所示。

高句丽历代王系表　　　　　　　　　　　　　　　　表2-1

次序	高句丽王号	别称	在位时间	次序	高句丽王号	别称	在位时间
1	东明王	朱蒙	公元前37—公元前19年	15	美川王	乙弗	公元300—331年
2	琉璃明王	孺留	公元前19—公元18年	16	故国原王	斯由	公元331—371年
3	大武神王	无恤	公元18—公元44年	17	小兽林王	丘夫	公元371—384年
4	闵中王	解色朱	公元44—48年	18	故国壤王	伊连	公元384—391年
5	慕本王	解忧	公元48—53年	19	广开土王	谈德	公元391—412年
6	太祖大王	于漱	公元53—146年	20	长寿王	巨连	公元413—491年
7	次大王	遂成	公元146—165年	21	文咨明王	罗云	公元492—519年
8	新大王	伯固	公元165—179年	22	安臧王	兴安	公元519—531年
9	故国川王	男武	公元179—197年	23	安原王	宝延	公元531—545年
10	山上王	延优	公元197—227年	24	阳原王	平成	公元545—559年
11	东川王	忧位居	公元227—248年	25	平原王	阳成	公元559—590年
12	中川王	然弗	公元248—270年	26	婴阳王	元	公元590—618年
13	西川王	药卢	公元270—292年	27	荣留王	建武	公元618—642年
14	烽上王	相夫	公元292—300年	28	宝藏王	臧	公元642—668年

2.1.3 高句丽的历史分期研究

高句丽由于其存在时间长达705年，年代跨度极大，超过了中原地区任何一个王朝的统治时期，因此有必要分阶段对其进行研究。目前，学界研究高句丽的历史存在两种分期方法，一种以中原王朝所处的时代为界，划分为两汉、魏晋、南北朝、隋和唐等多个时间段，研究这些王朝与高句丽之间的相互关系。这种分期的方式，对于研究中原和高句丽的相互关系，进而分析两者之间的社会、经济、文化交流是十分有益的，但由于主体的改变使得这种分期方法对高句丽来说并不合适。而另一种方式则根据高句丽的三个都城，即卒本、国内城、平壤城，以其立都的年代为基点将其历史划分为前期、中期和后期，这种分期的方法也被国内外大多数学者所采用,如在中国学者魏存成、耿铁华,日本学者东潮等人的著作中均采用这种分期方法。本书以高句丽都城、宫殿建筑为研究核心,因此笔者认为采用第二种分期方法应是比较合适的。

2.2 东北亚背景下高句丽的历史演进

高句丽自公元前37年建国至公元668年为唐所灭,在长达705年的时间中它与中原王朝、朝鲜半岛的新罗、百济以及日本列岛的倭国之间联系十分紧密,它们之间或联合,或争斗,或纷扰,或臣服,交流频繁地发生,相互关系也因此而错综复杂,间接地促进了相互之间建筑文化的交流,因此有必要首先理顺高句丽与东北亚国家及政权之间的关系,才能理解高句丽建筑文化在东北亚建筑文化圈中所处的历史地位。

2.2.1 高句丽的初起

汉建昭二年(公元前37年)高句丽正式建国,自此高句丽不断与周边的国家产生纷争,试图进一步发展、巩固与壮大自己的力量,这种情况一直持续到公元227年东汉政权结束。高句丽建国初期,西汉王朝正陷于国内此起彼伏的农民起义中,无力确保边境的安全,因此对高句丽着重施以安抚政策。公元9年王莽篡位夺权后,出于显示新政权的权威以及对边疆异族的欺压政策,"发句骊兵以伐匈奴,其人不欲行,彊迫遣之","令其将严尤击之,诱句骊侯驺入塞,斩之",最终"更名高句骊王为下句骊侯","于是貊人寇边愈甚"[1]。

公元25年东汉王朝建立后,"建武八年,高句丽遣使朝贡,光武复其王号",使得高句丽与中原王朝的紧张关系得以缓和。在西方与中原王朝发展关系的同时,高句丽在东方则不断兼并周围的小国,如"王命扶尉伐北沃沮,灭之"[2],"冬十月,王亲征盖马国……以其地为郡县"[3],"秋七月,伐东沃沮,取其土地为城邑……"[4],占有沃沮、盖马等众多小国后,高句丽的国力得到显著提高,也为向西扩张做好了准备。东汉和帝元兴元年,高句丽"复入辽东,寇略六县,太守耿夔击破之。安帝永初五年,宫遣使贡献,求属玄菟"[5],又于"元初五年,复与濊貊寇玄菟,攻华丽城",东汉王朝在被高句丽屡次袭扰之后,终于在建光元年(公元121年),"幽州刺史冯焕、玄菟太守姚光、辽东太守蔡讽等将兵出塞击之",然却出师不利,导致辽东太守蔡讽战死,玄菟、辽东二郡城郭被焚,死亡两千人。其后东汉王朝又同高句丽北部的扶余结成军事同盟,共同对付高句丽,"扶余遣子尉仇台领兵二万,与汉兵并力拒战,我军大败"[6]。东汉质、桓帝之间,高句丽又复犯辽东西安平,杀带方令。"东汉建宁二年,玄菟太守耿临讨之,斩首数百级,伯固降服,乞属玄菟"[7]。东汉后期,高句丽与东汉王朝一直处于打

---

[1] (南朝宋)范晔. 后汉书[M]. 北京:中华书局,1965:卷85·东夷列传·高句丽条.
[2] (高丽)金富轼. 三国史记[M]. 长春:吉林文史出版社,2003:高句丽本纪·始祖东明圣王条.
[3] (高丽)金富轼. 三国史记[M]. 长春:吉林文史出版社,2003:高句丽本纪·大武神王条.
[4] (高丽)金富轼. 三国史记[M]. 长春:吉林文史出版社,2003:高句丽本纪·大祖大王条.
[5] (南朝宋)范晔. 后汉书[M]. 北京:中华书局,1965:卷85·东夷列传·高句丽条.
[6] (高丽)金富轼. 三国史记[M]. 长春:吉林文史出版社,2003:高句丽本纪·大祖大王条.
[7] (南朝宋)范晔. 后汉书[M]. 北京:中华书局,1965:卷85·东夷列传·高句丽条.

打停停的胶着状态，直到高句丽故国川王、山上王继位之后才相安无事。

正当高句丽在西方向汉王朝扩张势力时，朝鲜半岛汉江以南地区，兴起了百济、新罗和伽倻，它们的前身是朝鲜半岛三韩，即马韩、辰韩和牟韩三个部落联盟。《三国志》记载"韩在带方之南，东西以海为限，南与倭接，方可四千里。有三种，一曰马韩，二曰辰韩，三曰牟韩"①。由于与日本列岛相近，因此早期有大批三韩居民分批迁入日本列岛，使得日本列岛得以从蛮夷阶段过渡到以农业经济为特征的文明阶段，而早期迁入日本的三韩居民也被日本人称为"渡来人"。

与此同时，三韩部落通过乐浪郡、带方郡，与中原地区的封建王朝结成朝贡册封关系。中原王朝对朝鲜半岛的殖民统治一方面促进了半岛社会的经济发展，而另一方面却严重阻碍了其政治上的进一步成长，因此到了东汉末年，三韩地区的不断壮大与反抗的加剧，使得东汉的乐浪郡对其已失去了统治的能力。公元3世纪，以马韩、辰韩、牟韩部落为基础，形成了百济、新罗和伽倻三个国家，分布在朝鲜半岛的东南、西南和南部。此时的高句丽由于忙于与两汉王朝争夺辽东地区，无暇顾及朝鲜半岛南部，因此与这三个国家的接触也相对较少。

2.2.2 高句丽的扩张

东汉之后的三国时期，高句丽继续向辽东扩张，与三国中的东吴通好，而与管辖幽州的曹魏对峙，此后又与崛起于辽西的慕容燕政权相抗衡，此时的高句丽已经由一个带有原始性质的封建国家过渡到军事性质的封建王国。

东汉末年，辽东太守公孙康妄图将辽东变为独立王国，替代东汉王朝控制朝鲜半岛，他在原乐浪郡下另设带方郡，其势力日渐壮大，因而与同样觊觎辽东的高句丽不断发生摩擦。公元220年，东汉灭亡后，中原形成三国鼎立的新局面，三国中势力最强的曹魏由于忙于对付吴、蜀联盟无暇东顾公孙政权和高句丽，仅以怀柔、册封等外交手段，使其臣服于己。时任辽东太守的公孙渊一方面表示臣服曹魏，一方面却与东吴往来，妄图挑起吴魏之争，使魏军无暇东顾。"权遣使张弥、许晏等，携金玉珍宝，立渊为燕王。渊亦恐权远不可恃……悉斩送弥、晏等首，明帝于是拜渊大司马"②，一同出使的孙权使者出逃后到达高句丽，"因宣诏于句骊王宫及其主簿，诏言有赐为辽东所攻夺。宫等大喜，即受诏……奏表称臣，贡貂皮千枚，鹖鸡皮十具"③。此后，东吴又派使臣拜高句丽王宫为单于，希望能与高句丽相互沟通，并相约共袭辽东，但高句丽面对曹魏在政治、军事方面的强大压力，不敢轻举妄动。

魏明帝景初元年，高句丽在扣留东吴使者数月之后，将其斩首并传首至魏，断绝了与东吴的来往，一心依附曹魏。景初二年，"魏太傅司马宣王率众讨公孙渊，（高句丽）王遣主簿大加将兵千人助之"④，公孙集团在魏和高句丽的联合攻击下灭亡。剿灭公孙政权的同时，曹魏秘密由海路占领乐浪、带方二郡，至此原属公孙政权的辽东、玄菟、乐浪、带方诸郡全都转归于魏国。此后，高句丽与曹魏在辽东地区的矛盾逐渐加深，魏齐王正始三年（公元242年），

---

① （晋）陈寿. 三国志[M]. 北京：中华书局，1959：第30卷·韩条.
② （晋）陈寿. 三国志[M]. 北京：中华书局，1959：第8卷·公孙渊条.
③ （晋）陈寿. 三国志[M]. 北京：中华书局，1959：卷47·嘉禾二年条引注.
④ （高丽）金富轼. 三国史记[M]. 长春：吉林文史出版社，2003：高句丽本纪·东川王条.

高句丽"遣将悉破辽东西安平,其五年,为幽州刺史毋丘俭所破"①。毋丘俭征讨高句丽一战,攻下了高句丽当时的都城丸都城,屠城杀戮,对高句丽的打击很大,使其在很长时间内都没有力量在辽东与曹魏相抗衡。

公元265年,司马炎废魏创晋,史称西晋。公元280年,西晋灭吴,重新统一中原。然而,西晋的政权极其不稳固。一方面皇室贵族与门阀世族相互割据,在建国初始即进行了长达16年的战争,史称"八王之乱",同时由于西晋政权的反动统治,各地人民的反抗斗争不断。另一方面,由于西晋政权不断歧视和压迫少数民族,也激起了进入中原地区的匈奴族、羯族、羌族、氐族等少数民族的武装反抗。公元316年,西晋终于为匈奴族所灭。翌年,西晋司马睿退到建康(今南京)建立东晋王朝,而北方则出现了很多少数民族政权,史称"五胡十六国"。

此时,慕容鲜卑建立的前燕政权在东北崛起,与高句丽在辽东地区相抗衡。高句丽烽上王时期,慕容廆兵马强壮,多次主动进攻高句丽,而烽上王却大兴土木,置百姓困苦于不顾,使国力受到损害。因此,直到美川王即位,这种被动防御的局面才有所改善。美川王任用贤良,推行改革,国力有所恢复。他在位32年间,向辽东、玄菟、乐浪和带方郡用兵多达十余次,多次入侵乐浪和带方郡。故国原王即位后,不断加强军事防御,修葺丸都城、筑国内城,更试图与慕容皝结盟,以为军事准备赢得时间。然而慕容皝称燕王以后,一心想称霸东北,表面上答应高句丽,暗中却加强军事实力以图辽东。公元342年,慕容皝向高句丽攻击,"发美川王墓,载其尸,收其府库累世之宝,携男女五万余口,烧其宫室,毁丸都城而还"②,高句丽的都城丸都城再一次遭到巨大打击,国家的实力也有所下降。

小兽林王统治高句丽后,实行改革,以恢复和发展为主,使国力有了很大的提高。一方面继续与前燕政权争夺辽东,另一方面则与前秦苻坚政权相互来往,交流增多。而此时的前燕慕容政权由于内外矛盾不断,国力明显由盛转衰。故国襄王继位以后,由于国力富足,军事力量增强,因此在与前燕政权对辽东的争夺中略占上风。广开土王继故国襄王之后统治高句丽,向西攻占了辽东和玄菟郡,向南则打败了百济和新罗,同时驱逐了倭寇。此时的高句丽国富民殷,兵强马壮,国土疆域也得到空前的扩大。因此,广开土王死后被尊为"国冈上广开土境平安好太王",并专门立"好太王碑"以铭其功绩。

鉴于辽东地区当时的形势,高句丽与前秦通好,对于两者而言都稳固了后方,在此基础上,高句丽转而向朝鲜半岛南部进行扩张,这就使得它与百济之间的关系越来越紧张。公元314年,高句丽攻打带方郡时,百济为了自保出手相助带方郡,而公元371年,百济近肖古王入侵高句丽平壤城,使得两者的矛盾不断激化,在其后的几年中,两者还发生过多次战争。另外,日本列岛的倭国从朝鲜半岛南部的伽倻不断输入各种物资,为了阻止新罗在半岛南部的扩张,两者结成同盟关系。而公元367年,百济首次派使臣至日本倭国,"百济王使久氐、祢州流、莫古,令朝贡"③,试图引入日本倭国的武力,与新罗相对抗。面对百济、伽倻与日本倭国的联盟,新罗不得不借助于高句丽的武力,从而达到牵制百济,继而与倭国相抗衡的目的。

---

① (晋)陈寿. 三国志[M]. 北京:中华书局,1959:第30卷·高句丽条.
② (高丽)金富轼. 三国史记[M]. 长春:吉林文史出版社,2003:高句丽本纪·故国原王条.
③ 舍人亲王等著. 日本书纪[M]. 坂本太郎校注. 东京:岩波书店,1994:第9卷·神功皇后四十七年条.

前秦苻坚政权溃败之后，高句丽广开土王在北方同后燕争夺辽东，与此同时为了打击百济与倭国的联盟，高句丽也曾多次大举入侵朝鲜半岛南部。"公元392年，南伐百济，拔十城……冬十月攻陷百济关弥城，其城四面峭绝，海水环绕，王分军七道，攻击二十日乃拔"[①]，高句丽的铁骑使得百济的大片领土沦陷，但其仍企图与日本倭国重整旗鼓。公元396年，广开土王亲率大军进攻百济，一直攻至百济首都汉城，百济王不得不发誓"从此后永为奴客"，战事方才结束。然而仅过三年，百济与日本倭国又攻占新罗多座城池，应新罗王的请求，广开土王发动大军将入侵新罗的军队予以歼灭。此后数年间，百济又多次引入倭国的军队入侵朝鲜半岛，但均为高句丽所灭。在多年的征战中，高句丽不仅击败了对手，而且趁机攻占了汉江西北地区，此时高句丽的势力已经北至松花江，南至朝鲜半岛礼成江，西至辽河，东至日本海，成为当时东北亚地区势力最强大的王国。

2.2.3 高句丽的发展

魏晋之后，中原南方东晋政权被刘宋王朝所代，其后继之以齐、梁、陈，史称"南朝"，而北方自北魏统一后，经东魏与西魏、北齐与北周的对峙，至公元581年隋代北周，史称"北朝"。与此同时，高句丽自广开土王之后继续巩固自己的势力范围，同时它以东北朝鲜半岛大国的姿态与中原政权接触频繁、和睦相处，不断获得其册封与认同，两者关系始终处于相对稳定的社会环境之下。

高句丽长寿王即位后，便试图凭借其强大势力与中原南北王朝全方位进行通交，一方面派遣使者出使东晋，并被册封为"使持节都督营州诸军事征东将军高句丽王乐浪公"，刘宋代东晋之后，甚至加封其为"车骑大将军开府仪同三司"这一高级别的封号。其后的齐、梁、陈等王朝也延用前朝的策略，继续将高句丽加封为"开府仪同三司"，试图在与北朝的斗争中得到高句丽的声援。另一方面，高句丽也向新崛起的北方强国北魏进行朝贡，北魏也册封其为"都督辽海诸军事征东将军领护东夷中郎将辽东郡开国公高句丽王"[②]，承认高句丽在东北地区的强大势力。

北魏灭北燕之后，北燕王冯弘流亡高句丽，受到长寿王的袒护而北魏多次索要未果。但由于冯弘态度傲慢，加之私通刘宋，同时慑于北魏的强大势力，最终长寿王将其杀死，以示尊从北魏之意，两者之间的纠葛才被解除。此后数年，两者之间一直保持着牢固的友好关系，而这对于保证双方的后方安全都是有利的，在此基础上，北魏率大军进攻南朝刘宋政权，使其国力大大削弱。在北魏分裂为东西魏后，高句丽主要同近邻东魏通好，北齐取代东魏后，也继续前朝的政策，进一步巩固两国之间的友好关系。值得注意的是，北周建立后，经济与军事实力都得到了很大的增长，为了进攻北齐却又担忧与其关系良好的高句丽支援北齐，北周武帝破例也授予高句丽平原王"开府仪同三司"的爵位。此后北周灭北齐，统一了中原的北方地区，与高句丽所采取的中立、不干涉政策有很大的联系。

与中原多个王朝均保持牢固的友好关系，使得西北边疆得以保持安定，随之高句丽继续对朝鲜半岛南部进行扩张，尤其是对百济进行大规模的入侵。此时长寿王将都城由朝鲜半岛

---

① （高丽）金富轼．三国史记[M]．长春：吉林文史出版社，2003：高句丽本纪·广开土王条．
② （高丽）金富轼．三国史记[M]．长春：吉林文史出版社，2003：高句丽本纪·长寿王条．

西北部的丸都城迁至中心部位的平壤城，以适应这一战略目标。面对高句丽的强大进攻态势，百济不得不四处求援。由于相隔甚远且隔海相望，南朝一时难以出手相助，而日本倭国由于受到高句丽广开土王余威所慑，也不敢出手相助，因此百济只得求助于与高句丽关系良好的北魏，但北魏断然拒绝了向百济出兵的要求。公元 475 年，在长寿王的直接指挥下，高句丽终"陷百济王所都汉城，杀其王扶余庆，掳男女八千而归"[①]，百济文周王不得不将都城迁至熊津城。此次高句丽的大规模南侵，使得其领土扩张至汉江流域。

高句丽在朝鲜半岛中部的侵略扩张，不仅严重威胁百济，而且与早期盟国新罗之间的摩擦渐起，因而此时的百济与新罗也开始联合以对付共同的敌人高句丽。公元 481 年之后的几年中，高句丽数次入侵百济或新罗的边境，但由于罗济同盟相互支援，高句丽所获并不大。新罗一方面在北方抵抗高句丽的侵略，另一方面则吞并了南方的伽倻，这对于与之结盟的百济和日本倭国而言都是一个沉重的打击。公元 551 年，新罗联合百济北伐，收复了高句丽占领的汉江流域，百济占领汉江下游，而新罗占领汉江上游，但仅过两年新罗便夺取了百济占领的汉江下游地区，导致罗济同盟彻底破裂。此后，高句丽国家实力由长寿王期间的巅峰状态逐渐下滑，而新罗则实力渐增，陆续攻占了百济和高句丽的大片领土，使得百济和高句丽这一对宿敌不得不联合起来，对付共同的敌人新罗，而新罗也在东北亚受到空前的孤立。为了改变这种不利形势，新罗真兴王先后向北朝的北齐与南朝的陈派遣使者，试图得到中原王朝的强大支持，这种状态一直延续到隋朝的建立。

2.2.4 高句丽的衰败

公元 581 年，北周丞相杨坚自立为帝，改国号为隋，建都长安，其后隋灭陈，统一了全国，结束了自东汉以来全国的混乱局面。公元 618 年，隋王朝被推翻，李渊、李世民建立起强大的唐王朝，中原的封建社会进入了一个空前巩固和发展的历史时期。

作为北方一个强大的民族政权，高句丽向中原朝贡的传统自长寿王以来就一直延续，在隋朝刚建立的初期，高句丽平原王便遣使臣入隋朝贡，确立臣属关系，"（平原王）十二月，遣使入隋朝贡，高祖授王大将军辽东郡公"[②]。隋灭陈后，"平原王闻陈亡大惧，理兵积谷，为据守之策"，隋文帝为了安抚高句丽，赐其玺书，责以"虽称藩附，诚节未尽""修理兵器，意欲不臧"，以陈国为例，警示高句丽王[③]。高句丽婴阳王即位后，起初仍入隋朝贡，但在公元 598 年，其率靺鞨之众万余入侵辽西，被营州总管韦冲率军击退。隋文帝大怒，其后命水陆 30 万大军征讨高句丽。"婴阳王亦恐惧，遣使谢罪，上表称辽东粪土臣某"，隋文帝于是罢兵，待之如初。

隋炀帝大业三年，为了宣扬国威与王化，炀帝驾车巡榆林郡，会见突厥启民可汗。但此时高句丽使者亦在启民之所，启民不敢隐瞒，令高句丽使者朝见炀帝。高句丽作为北方一个强大势力，未入隋朝却朝见启民，这一举动引起了隋朝君臣的注意。"高昌王、突厥启人可汗并亲诣阙贡献，于是征元（婴阳王）入朝。元惧，藩礼颇阙"[④]，这终于激怒了隋炀帝，并于隋

---

① （高丽）金富轼. 三国史记[M]. 长春：吉林文史出版社，2003：高句丽本纪·长寿王条.
② （高丽）金富轼. 三国史记[M]. 长春：吉林文史出版社，2003：高句丽本纪·平原王条.
③ （唐）魏征. 隋书[M]. 北京：中华书局，1973：卷 81·高丽传.
④ （唐）魏征. 隋书[M]. 北京：中华书局，1973：卷 81·高丽传.

大业八年、九年、十年，三征高句丽。这也标志着中原王朝对高句丽从安抚走向军事征讨政策的重大转变。三征高句丽虽客观上导致隋朝的灭亡，但是也使高句丽的实力遭到巨大的打击，国力也因此而衰落。

隋朝与高句丽之间矛盾的激化，使得高句丽的宿敌百济和新罗有机可乘，它们一方面积极同隋朝联系，另一方面则借着高句丽西北边疆的不稳，大肆在其南部边境进行骚扰与入侵。如公元598年，隋出兵辽西征讨高句丽，而百济王昌则"遣使奉表，请为军导……（高句丽）王知其事，侵掠百济之境"[①]，公元611年，新罗王"遣使隋，奉表请师，隋炀帝许之"[②]。高句丽在坚壁清野多次击退隋军之余，还对唆使隋军入侵的新罗和百济进行打击，尤其是对新罗进行多次打击并占领了多座城池，而百济也借此机会进攻新罗，试图获取渔翁之利。日本列岛的倭国作为高句丽的宿敌，此时也站在了隋朝的一边，其首脑圣德太子先后多次派遣使臣到隋朝朝贡，试图获得隋朝的信任以取代宿敌高句丽在东北亚的地位。

公元618年，唐朝建立，而高句丽婴阳王辞世，荣留王即位。即位初始，他便制定了亲唐政策，多次入唐朝贡，试图加深与唐王朝的联系，希望恢复自长寿王以来与中原王朝的良好关系，以缓和两者之间的矛盾，使得西部边疆得到暂时的安宁。在此基础上，两个政权也开始医治隋征高句丽的创伤，"唐高祖感隋末战士多陷于此……彼处有此国人者，王可放还，务尽抚育之方，共弘仁恕之道。于是，悉搜括华人以送之，数至万余。高祖大喜"[③]。在荣留王统治的25年中，高句丽与唐没有发生军事冲突，辽东地区社会稳定，生产得到恢复，高句丽的军事、经济实力也有所增强。而到了公元642年，高句丽东部大人盖苏文杀死荣留王，立宝藏王，国家大权均落入盖苏文之手。盖苏文政变后，对内肃清了亲唐势力，对外则采取强硬态度，这种做法引起了唐王朝的不满。

北方对抗唐王朝的同时，在南方高句丽仍不断进攻新罗，以报新罗趁隙夺取高句丽五百里地的一剑之仇。作为高句丽盟国的百济此时也仿效盖苏文，在内部肃清了亲唐势力，并同高句丽一道加入了讨伐新罗的行列。面对高句丽和百济的猛烈进攻，新罗有些招架不住，只得求助于与新罗保持良好关系的唐王朝。唐王朝因此对高句丽和百济进行外交劝谕和武力威压，但均遭到失败。在此情形下，考虑到盟友新罗的求助，收复辽东故土使天下安定以及征讨盖苏文弑逆之罪等多方面的影响，唐太宗最终决定征讨高句丽。公元645年、647年、648年，唐太宗先后三次东征高句丽，虽然未能灭亡高句丽，却也大大削弱了高句丽的军事实力，使其疲于奔命。这三次征讨，占领了高句丽10多座城，辽河以东、鸭绿江以西的广大地区都为唐军所占，高句丽的经济实力也遭到巨大打击，失去了与唐抗衡的能力。唐高宗即位后，降玺书于百济，对百济和高句丽的同盟进行武力恐吓，但是收效不大。

公元655年，不顾唐朝日益加深的武力威吓，高句丽、百济联兵大举入侵新罗，夺取很多城池，使新罗陷入严重危机而不得不再次求助于唐王朝。于是，唐王朝决定再次出兵干预朝鲜半岛。在吸取前几次进攻高句丽失败教训的基础上，唐王朝决定联合新罗，使用偏师袭扰高句丽，而集中力量攻击相对较弱的百济，从而达到各个击破的目的。公元660年，在唐

[①]（高丽）金富轼. 三国史记[M]. 长春：吉林文史出版社，2003：高句丽本纪·婴阳王条.
[②]（高丽）金富轼. 三国史记[M]. 长春：吉林文史出版社，2003：新罗本纪·真平王条.
[③]（高丽）金富轼. 三国史记[M]. 长春：吉林文史出版社，2003：高句丽本纪·荣留王条.

与新罗联军的攻击下，百济首先灭亡，高句丽愈加孤立无援。公元 668 年，在外部强敌入侵，内部争夺权利的情形下，高句丽也终于被唐军所破。至此，东北和朝鲜半岛地区存在了 705 年的少数民族政权灭亡了。

2.2.5 高句丽历史演进综论

纵观高句丽这 700 余年的发展历程，它作为东北亚文化圈中的重要一员，占据着重要的历史地位。高句丽在早期重视辽东地区的经营，并不畏惧强大的汉王朝，借着中原地区的战乱纷争而逐渐控制住了辽东地区，使得自己的国力与军事实力大大增强。其后，由于国都丸都城多次遭中原军队的毁灭性打击，高句丽认识到进一步向西扩张的严重性，加之辽东地区此时相对比较稳定，而朝鲜半岛中、南部地区百济、新罗两国实力较弱，发展条件相对较好，因此转而向朝鲜半岛南部进行扩张。在南扩过程中，高句丽受到罗济两国的联合抵抗，但是由于其国力异常强大并不畏惧两者的联盟，相反为了巩固后方稳定的局面，高句丽不得不多次向中原强大势力进行朝贡。到了长寿王时期，高句丽的国力达到了顶峰，其疆域甚至一度扩张到了汉江流域，成为朝鲜半岛中仅次于中原的一支强大力量。

长寿王之后，高句丽的国力逐渐下降，而新罗则由于在之前的罗济联盟中占尽便宜，同时吞并了伽倻国而实力猛增，逐渐在三国竞争中崭露头角。此时的百济不仅加强同日本倭国的联盟，还一度与宿敌高句丽结成同盟关系，共同抵抗新罗的入侵。处于这种空前孤立状态的新罗，加强了同中原王朝之间的联系，而自北魏以来高句丽与中原王朝的联盟随之也土崩瓦解。由于担心东北亚地区出现另一个强大势力危及自身安全，隋唐两朝借盟国新罗求援之机多次对高句丽与百济进行攻击，使得这两个政权最终处于内外交困的境地而灭亡。

在这 700 余年中，东北亚国家之间的关系可以用"此消彼长"来形容，在朝鲜半岛的三国体现得尤为突出。当高句丽强大时，百济新罗形成同盟关系，而当新罗与中原王朝结为同盟时，高句丽和百济又联合起来与之相抗衡。然而，朝鲜半岛的国家在争斗中为了处于优势地位，都争相希望获得强大的中原封建王朝的支持，而与之相冲突甚至有战争发生的一方则明显处于劣势地位，因此在早期的东北亚国家中，中原封建王朝无疑占据主导地位，而朝鲜半岛及日本列岛则居于从属地位，这种关系不仅反映于政治层面上，而且也反映在经济与文化层面上。

2.3 高句丽的经济与文化

朝鲜半岛三国中高句丽无疑是军事实力最为强大的，其强盛的国力离不开社会经济的有力支持与文化的繁荣，因此高句丽的经济文化状况实为其国家繁荣富强或衰败灭亡的决定性因素。

2.3.1 高句丽的经济

高句丽位于我国东北及朝鲜半岛的北部，那里山地森林繁茂，物产丰富，但易于耕种的平原相对较少，同时所处之地江河较多便于渔猎，因此在这种地理位置下，高句丽形成了以农业为主兼营渔猎的综合经济类型[①]。

---

① 耿铁华. 中国高句丽史 [M]. 长春：吉林人民出版社，2002：p399.

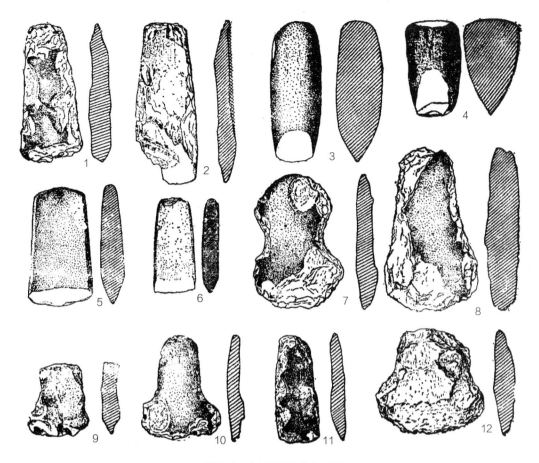

图 2-1 高句丽遗存农业工具

农业为主兼营渔猎是高句丽经济的主要发展方式。高句丽政权建立之初,这两种经济已经初步形成,但此时仍然处于以打制石器为主要工具的初级阶段,因此生产力发展的水平仍然比较低下。目前,在高句丽早期遗址中发现的打制石器有石斧、石刀、石凿、石镞[①]等,这些工具仅能进行简单的农业生产,勉强糊口度日,如图 2-1。另外,在一些遗址中发现有陶网坠和石网坠等用于原始渔猎的生产工具。两汉以后,随着铁制工具的传入,高句丽社会的生产工具也有了很大的转变,从原始石制工具发展成为铁制和石制工具并存的局面,但此时铁制工具并没有得到广泛的应用,仍然有"无良田,虽力佃作,不足以实口腹"的情况出现。

高句丽山上王时期(约中原魏晋时期),铁制工具得到了广泛的应用,使得其生产方式也产生了质的飞跃。此时铁制工具不仅种类多样,如在集安境内发现的铁犁铧、铁锸、铁镰、铁铲等,而且配合这些工具的使用也引入了更为先进的生产方式,如铁犁铧配合耕牛使得劳作的范围更广,时间也更长,因此其劳作的成果也更为丰富。生产工具的变革和技术的进步,使得高句丽的人们丰衣足食,不再为食物而担忧,如文献中记载"家家自有小仓,名之为桴

---

① 耿铁华. 集安高句丽农业考古概述[J]. 农业考古, 1989, (01): p102.

京",而麻线沟一号墓壁画中也绘制有仓廪图,如图6-23,这些都说明当时高句丽至少有相当多的居民已经依靠构筑粮仓来储存多余的粮食。

粮食充足的同时,高句丽捕鱼狩猎经济也得到了较快的发展。铁制工具的传入也影响了传统渔猎工具,从早期的陶网坠、石网坠发展到后期的铁鱼钩等捕鱼工具,从早期的石矛、石镞发展到后来的铁矛、铁镞、铁刀等多样的狩猎工具,使得捕鱼、狩猎的效率得到很大的提高。高句丽古坟壁画中的渔猎图也从侧面表现出当时人们生活水平的提高,表现捕鱼的内容不多,如三室塚中绘有鹳鹊啄鱼图,角觝塚和舞俑塚壁画中的厨房内绘有厨师剥鱼图等,而表现山林狩猎的场景则有很多,如舞俑墓北壁狩猎图、长川一号墓前室北壁逐猎图等,这些场景再现了墓主人的日常捕猎生活。

随着两汉时期铁制工具及冶铁技术的传入,高句丽国内的手工业技术也得到了极大的提高。在金属的加工与制造方面,高句丽人不仅能够生产铜器、铁器,而且在金银器和鎏金工艺方面都具有较高的水平。早在中华人民共和国成立之初,高句丽先人就能制造出青铜器皿,如在桓仁、集安、通化等地先后出土青铜短剑、铜斧、铜钺、铜镜等青铜器皿,在经历了短暂的青铜器时代之后,随着中原冶铁技术的传入,高句丽人转而生产硬度更大,技术更先进的铁器工具,包括生产工具、军事用具、生活用品、车马用具等铁器都已经开始大批量的生产,这些用品在中后期高句丽的墓葬和遗址中屡有发现。另外,在朝鲜江原道铁岭遗址中还出土了一批铸铁动物雕像,有铁马、铁虎、铁龙、铁鸟等众多铁兽,这批铸铁雕像整齐生动,体现了当时高句丽较高的冶铁工艺水平[1]。

文献记载的高句丽"金银以自饰"[2]表明高句丽人有着用黄金制作各种装饰品的传统习俗,而随着手工业水平的提高,高句丽人对金银饰品的要求也越来越高,其金银制作及鎏金工艺的水平也不断得到提高。如集安禹山墓区曾出土一枚金顶针[3],其后还出土过与之相配的一枚金针,出土时在金针的后部穿孔还有金丝线,做工相当精美。值得注意的是,高句丽不仅将金饰品作为装饰,而且将其等级化,如《旧唐书》记载"唯王五彩……其冠及带,咸以金饰,官之贵者……以金银为饰",贵族们死后也将生前的金银器作为陪葬品,因此在高句丽的贵族墓葬中普遍有大量的金银器具,这也从侧面说明当时金银器制造技术的水平较高。鎏金工艺是有别于金银器制造的一种特殊工艺,在这方面高句丽的技术也较为突出,其主要鎏金的器具包括鎏金鞋、冠、头饰、马具等。如高句丽的钉鞋在集安博物馆、韩国的一些博物馆中均有收藏,其形制大致相似,在鞋底下方有长长短短的多个鞋钉,鞋底和鞋钉均表面鎏金,推测为冬季防滑之用,如图2-2。再如高句丽遗址中出土的一些马具,如马鞍桥、马镫、衔镳等多带有装饰纹样,同时还镶嵌有各种饰物,制作精细且特色鲜明。

尽管高句丽的经济在同时代的北方诸国中处于领先地位,但是有学者认为其社会经济发展并不平衡。这表现在"社会生产各部门在布局上的不平衡,农业生产仅在几处较大的冲积平原上有所发展,其他地区则耕地面积较小。而渔猎生产,也往往受到自然环境和条件的限制,手工业部门则多集中于城市的左近。整个国家统治范围内,社会经济发展的中心地区是

---

[1] (朝)李淳镇.关于江原道铁岭遗址出土的高句丽骑马模型[J].常白杉译.东北亚历史与考古信息,1996,(02).
[2] (南朝宋)范晔.后汉书[M].北京:中华书局,1965:卷85·东夷列传·高句丽条.
[3] 孙仁杰.集安出土的高句丽金饰[J].博物馆研究,1985,(01):p15.

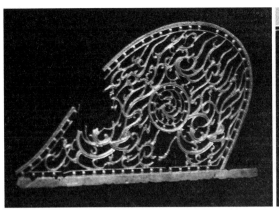
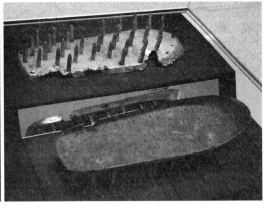

图 2-2　金铜透雕装饰板和金铜饰屐

高句丽的都城近畿一带。其次是社会经济各部门之间发展情况不平衡，农业虽已使用了铁工具，推广了牛耕，但由于可耕地面积有限，生产发展的速度往往受到自然条件的限制而落后于手工业。手工业在高句丽社会经济各部门中起步较晚，但由于中原先进技术和工艺不断传入，国内矿物资源丰富，加之军事生活的需要，大大促进了手工业生产发展的速度"[①]。

2.3.2　高句丽的文化

中原先进技术与文化的影响，不仅使高句丽的经济实力大增，而且也促进了高句丽国内社会文化的发展与进步，其文化内涵通过文学艺术、歌舞百戏、宗教思想、民族风俗等多个方面表现出来，由于篇幅所限，本节仅讨论与建筑相关的高句丽文化。

2.3.2.1　佛教文化的传入

西汉末年至东汉初年，佛教经中亚传入中国，文献记载"（西汉）汉哀帝元寿元年，博士弟子景卢受大月王使伊存口授《浮屠经》"[②]，而学界多以东汉明帝梦见金人，遣使求法，为佛教之初传，"昔汉孝明皇帝，夜梦见神人，身体有金色，项有日光，飞在殿前……有通人付毅曰'臣闻天竺有得道者，号曰佛，轻举能飞，殆将其神也'。于是，上悟，遣使者张骞，羽林郎中秦景，博士弟子王遵等十二人，于大月氏写佛经四十二章，藏在兰台石室第十四间。时于洛阳城西雍门外起佛寺，于其壁画千乘万骑绕塔三匝。又于南宫清凉台，及开阳城门上作佛像，明帝存时，预修造寿陵，陵曰显节，亦于其上作佛图像"[③]，汉明帝的使者取回的《四十二章经》或为最早的汉译佛经，此后佛教得到进一步的发展，从帝王贵族到普通百姓，佛教信仰者的数量不断增加。由于统治者的支持与信奉，佛教的规模进一步扩大，修寺、建塔、法会等活动也逐步增多。而南朝的梁朝，其佛教尤其盛行，全国广建寺院，仅京师一地就有500余所。隋、唐是中国佛教鼎盛时期，不仅翻译了大量的佛经，而且出现了不同的佛

---

① 耿铁华. 高句丽古墓壁画研究 [M]. 长春：吉林大学出版社，2008：p172.
②（晋）陈寿. 三国志 [M]. 北京：中华书局，1959：东夷传引注.
③ 赖永海主编. 四十二章经 [M]. 尚荣译注. 北京：中华书局，2009：见四十二章经序.

教宗派，同时西域僧人来华传法和日本僧人求法的情况也多有出现，此时的佛教已经完成了"中国化"的过程。

当中原地区佛教如火如荼展开之际，远在朝鲜半岛的高句丽、百济和新罗三国的佛教也开始逐渐发展起来，在佛教传入时间上，高句丽最早，百济次之，新罗最晚。《三国史记》记载"小兽林王二年夏六月（公元372年），秦王苻坚遣使及浮屠顺道送佛像、经文，王遣使回谢。以供方物，立大学，教育子弟"，"四年，僧阿道来"，"五年春二月，始创肖门寺，以置顺道。又创伊弗兰寺，以置阿道，此海东佛法之始"①。这段史料表明，在小兽林王执政期间，与高句丽关系良好的前秦苻坚派佛僧顺道传授佛法，而高句丽的贵族不仅接受了佛教而且还大力提倡和普及。值得注意的是，关于佛教在高句丽传道之始，还有不同的解释。"遁后与高丽道人书云'上座竺法深，中州刘公之弟子。体德贞峻，道俗纶综。往在京邑，维持法网，内外俱瞻，弘道之匠也'"②，"释昙始，关中人。自出家以后，多有异迹。晋孝武太元之末，赍经律数十部，往辽东宣化，显授三乘，立以归戒，盖高句丽闻道之始也"③。这两段文献均来源于《高僧传》，其中东晋高僧支遁（314—366年）曾给高丽僧人寄过介绍竺法深的书信，因此有学者认为当时高句丽国内已经有佛教僧人进行传法④，而第二段文献中释昙始赍经律来辽东宣化，给高句丽带去了众多的佛教典籍，在当时也是具有重要意义的。

此后，公元392年高句丽故国壤王"下诏崇信佛法求福"，次年，广开土王"创九寺于平壤"，文咨明王七年则"创金刚寺"。自佛教传入后，高句丽大力发展佛教，倡导民众信奉佛法，派出了很多的传法僧与求法僧，这些僧人不畏艰险求佛法于中国，学成后回国传法。同时，他们传法并不仅局限在高句丽，而且在百济和新罗甚至日本列岛中也可见他们的足迹，如文献记载"新罗真兴王十二年（公元551年），至是，惠亮法师领其徒出路上，居柒夫下马，以军礼揖拜……于是居柒夫同载以归，见之于王，王以为僧统，始置百座讲会及八关之法"⑤，"日本敏达天皇十三年（公元584年），使于四方、访觅修行者。于是唯于播磨国、得僧还俗者，名高丽惠便，大臣乃以为师"⑥，"日本推古天皇三年（公元595年），高丽僧惠慈归化，则皇太子师之"⑦等。这些传法僧到了百济、新罗及日本列岛，都为当时的皇权贵族阶层所重视，他们或成为僧众首领，或成为国师，这不仅使得佛教经典、思想得以东传，而且与佛教相关的建筑文化、技术与工艺等也得以传播，他们的传法活动对东亚的文化交流来说功不可没。

佛教传入高句丽之后，为了达到宣扬教化、弘扬佛法的目的，高句丽的皇权贵族们采用了多种方式，如塑造佛像、广建寺院等。目前留存至今的高句丽佛像分为金铜佛像、石制佛像、泥制佛像和摩崖雕刻的佛像几大类，这其中又以金铜佛像居多。这些金铜佛像又各有特色，如金铜弥勒半跏思惟像、菩萨立像、菩萨三尊像、释迦三尊佛、如来坐佛、如来立像等，

---

① （高丽）金富轼. 三国史记[M]. 长春：吉林文史出版社，2003：高句丽本纪·小兽林王条.
② （梁）释慧皎. 高僧传[M]. 北京：中华书局，1992：卷四·竺法潜条.
③ （梁）释慧皎. 高僧传[M]. 北京：中华书局，1992：卷十·释昙始条.
④ 潘畅和，李海涛. 佛教在高句丽、百济和新罗的传播足迹考[J]. 延边大学学报，2009，第42卷（01）：p63.
⑤ （高丽）金富轼. 三国史记[M]. 长春：吉林文史出版社，2003：新罗本纪·真兴王条.
⑥ 舍人亲王等著. 日本书纪[M]. 坂本太郎校注. 东京：岩波书店，1994：卷20·敏达天皇条.
⑦ 舍人亲王等著. 日本书纪[M]. 坂本太郎校注. 东京：岩波书店，1994：卷22·推古天皇条.

〈사진 1〉辛卯銘　　〈사진 2〉傳集安市出土　〈사진 3〉元五里出土　〈사진 4〉延嘉七年銘
金銅三尊佛像　　　金銅如來立像　　　　泥造菩薩立像　　　　金銅如來立像

图 2-3　高句丽出土的佛像

而其中还有多座带有纪年的铭文，如延嘉七年铭金铜如来立像、金铜辛卯铭三尊佛、建兴五年铭金铜释迦三尊佛光背等，如图 2-3。这些不同类型的佛像造像，不仅表现了高句丽佛教造像的精美艺术与技术，而且也从侧面表明当时高句丽国内对佛教信仰的痴迷程度。具有纪年铭文的佛像，大多沿用中原王朝的纪年年号，这也揭示了高句丽佛教来源于中原地区这一不争的事实。

在建造佛教寺院方面，高句丽皇权贵族们更是不吝钱财，大肆兴建。佛教初传之始，小兽林王即兴建肖门寺与伊弗兰寺，其后当处于鼎盛时期时，广开土王又一次性地在国都平壤兴建九座大寺，即使在中原王朝的国都，相信也很难在一时之内完成这种规模的佛寺建设，侧面上也表明了高句丽皇族对佛寺建筑的重视程度，而现存至今的佛寺遗址也再现了当时高句丽佛寺的宏大规模。目前，高句丽比较重要的佛寺遗址包括清岩里废寺址、上五里废寺址、定陵寺址、元五里废寺址和土城里寺址，这些遗址大多位于平壤城一带，当是高句丽迁都平壤后修建的，其中又以定陵寺址规模最大，如图 7-29。定陵寺东西 233m，南北 132.8m，遗址共分为 5 大区域，10 座规模较大的建筑址，不同区域与建筑之间以回廊相连，形成一个规模庞大的建筑群。位于该建筑群的中心部位有一个八角形建筑遗址，其周围还有五座方形建筑址，推测该遗址可能为一座八角塔或八角堂之类的建筑。而类似的八角形建筑在清岩里废寺、上五里废寺址和土城里废寺址中都有发现，这或为当时高句丽佛教寺院的一个显著特点。

2.3.2.2　道教文化的迅速崛起与衰败

唐朝建立之后，唐朝皇权贵族们信奉道教之风也传播到了高句丽，高句丽先后两次遣使入唐，求学黄老，均得到李唐的支持。唐高祖武德七年（公元 624 年），"遣前刑部尚书沈叔安往册建武为上柱国、辽东郡王、高丽王，仍将天尊像及道士往彼，为之讲老子，其王及道俗等观听者数千人"[①]。翌年，高句丽荣留王"遣人入唐，求学佛老法，帝许之"，此时的高句

---

① （后晋）刘昫. 旧唐书 [M]. 北京：中华书局，1975：卷 199 上·高丽条.

丽派遣使者入唐朝,将佛教和道教的经法一并学习,始开道教宣化之风。《通典》则记载"诏沈叔安将天尊像并道士至其国,讲五千文,开释元宗,自是始崇重之,化行于国,有逾释典"①,此时对高句丽来说,道教仍然是个新兴的事物,虽不能和已传入数百年的佛教同日而语,但对其后发展的影响不可小觑。

高句丽宝藏王二年(公元643年),"苏文告王曰'三教譬如鼎足,阙一不可,今儒释并兴,而道教未盛,非所谓备天下之道术者也。伏请遣使于唐,求道教以训国人',大王深然之,奉表陈情,太宗遣叔达等八人,并赐老子《道德经》。王喜,取僧寺馆之"②。此时的中原已经出现儒、道、释三教并兴的局面,此情况被高句丽贵族所获悉之后,他们也试图效仿中原的三教并兴,然而此时高句丽国内的道教并不如儒、释二教般兴盛,因此高句丽希望从李唐引入道教的道士与经书。而当这些道士进入高句丽之后,道教的势力得到不断地提升,"道士等行镇国内有名山川,古平壤城,势新月城也,道士等咒敕南河龙,加筑为满月城,因名龙堰堵。作谶曰龙堰堵,且云千年宝藏堵。或凿破灵石"③。重视道教的结果,自然是佛教地位不断下降,此后高句丽"以佛寺为道馆,尊道士坐儒士之上",将原有的佛寺改为道观,提升了道士的地位,降低了僧人、儒士的身份,使得这一时期很多僧人出走异国他乡,如"宝藏王九年夏六月,盘龙寺普德和尚以国家奉道,不信佛法,南移完山孤大山",类似的例子还有很多。另外,在集安高句丽五盔坟4号墓的壁画中,有一个绘制八卦图的人物形象,身着羽衣,或为一位道士,这也从侧面体现了当时墓主人对道教文化的重视。

道教在高句丽后期迅速崛起,又迅速地衰退。盖苏文死后,其子男建据城固守以退唐军,但其"以军事委浮图信诚",将如此重要的军事大权委托给一位僧人而非道士,这从侧面表明了当时僧人如此受宠,相反道士的地位则自然下降。"贞观十九年,高句丽白岩城降唐,城中父老、僧尼贡夷酪、昆布、米饼、芜荑豉等,帝悉少受,而赐之以帛",此时投降唐军并贡献方物之人,非道士而代之以僧尼,或也表明当时道士在高句丽社会中地位的下降。道教兴起于高句丽中后期,而又随着高句丽政权的覆灭而灭亡,所经历的时间甚短。

尽管如此,在其兴盛阶段,道教的繁盛之势甚至超过了有数百年根基的佛教,产生这种状况的历史根源或与中原唐王朝道教地位的攀升有关。唐朝建国之初,为了抬高自身的门第,与道教始祖老子李聃攀上关系,同时宣布儒道释三教的地位关系,即道先、儒次、佛末。高句丽此时急于修复与唐的关系,因此投其所好派遣使者,引入道士及道教经书,在国内也提升了道教的地位,使得道教甚至超过了佛教的地位,这也从侧面向唐朝表达了愿意臣服的意愿。此后,两朝互有使者往来,关系也渐趋稳定,道教作为两者的连接纽带无疑发挥了重要的作用。而当两朝关系恶化,甚至发生战争之后,高句丽国内的道教地位也不断下滑,渐趋衰败,这也是历史发展的必然。

2.3.3 东北亚文化圈内的交流

东北亚早期文化圈中,中原、朝鲜半岛三国和日本列岛之间交流频繁、关系错综复杂,

---

① (唐)杜佑. 通典[M]. 北京:中华书局,2007:卷186·边防二·东夷下·高句丽条.
② (高丽)金富轼. 三国史记[M]. 长春:吉林文史出版社,2003:高句丽本纪·宝藏王条.
③ (高丽)一然. 三国遗事[M]. 孙文范校. 吉林:吉林文史出版社,2003:卷3.

但有一点可以肯定的是，中原作为文化的主要输出地占据着重要的主导地位，而朝鲜半岛和日本列岛则成为文化的接受方处于从属地位。中原地区、朝鲜半岛以及日本列岛的战争及其所导致的移民是东北亚文化交流频繁的一个不可忽视的重要因素。因此本节以此为主线，试图诠释早期东北亚文化圈中的移民现象及其所产生的文化交流方面的内容。

2.3.3.1 东北亚文化圈内的战争与移民

自公元前37年建国初始至公元668年灭亡，高句丽政权存在了长达705年之久。这一阶段也是东北亚三国战争频繁发生的时期，包括中原地区东汉末至隋初的长期战乱、朝鲜半岛三国之间的纷争以及百济、倭联盟对新罗之间的战争等，都是具有突出代表性的战争。这些战争不仅战事持续时间长，而且往往具有跨地域的特点，同时战争也产生了大量流离失所的人民。为了寻觅相对安定的生活环境，这些人不得不进行迁徙，移民即随之而产生，移民所附着的文化交流也随之而形成。这些移民中又以中原向东北地区避难性移民和朝鲜半岛内部掳掠性移民为主体。

1. 中原地区向东北迁徙的移民

中原地区东汉末至隋初的战争，导致政权频繁更替，社会动荡不安，人民饱受战乱之苦，在两汉交替之际、东汉末三国初、西晋末至南朝初、隋唐更替等社会大动荡时期这一现象尤其突出。在此情况下，人民纷纷逃到外地以躲避战乱，由此而发生了大规模的移民现象，比较著名如西晋末的"北人南迁"。来自中原的移民，其目的地主要有三个大的方向，即江南地区、西北地区和东北地区。由于山高路远，战乱影响相对较小，因此东北地区一直以来就成为中原人口迁移的一个重要目的地。

早在秦末，"陈涉起兵，天下崩溃，燕人卫满避地朝鲜，因王其国"[①]，"汉初大乱，燕、齐、赵人往避地者数万口"[②]，史书记载当时移民的来源位于今山东、河北、辽宁等与东北地区相近的地域，迁移的方式主要以陆路和海路两方面为主，如汉初七国之乱时，"济北王兴居反，欲委兵师仲，仲惧祸及，乃浮海东奔乐浪山中"[③]。其后汉武帝元封三年，灭朝鲜，分置北方四郡，加强了汉王朝对东北地区的统治，也对当地的汉人移民加以管理。秦汉时期，中原移民甚至曾一直到达朝鲜半岛的南部，如辰韩"耆老自言秦之亡人，避苦役，适韩国，马韩割东界地与之"[④]。

东汉末与三国时期，中原长时期的战乱导致了移民大量涌入东北地区，如"灵帝末，韩、濊并盛，郡县不能制，百姓苦乱，多流亡入韩者"[⑤]，高句丽故国川王十九年（公元197年），"中国大乱，汉人避乱来投者甚多，是汉献帝建安二年"[⑥]，"秋八月，汉平州人夏瑶以百姓一千余家来投，王纳之"[⑦]等。高句丽不断掳掠人口向国内进行移民的同时，其国内人口由于战争

---

① （南朝宋）范晔. 后汉书[M]. 北京：中华书局，1965：卷85·东夷列传.
② （南朝宋）范晔. 后汉书[M]. 北京：中华书局，1965：卷85·东夷列传·濊北条.
③ （南朝宋）范晔. 后汉书[M]. 北京：中华书局，1965：卷76·循吏传·王景条.
④ （南朝宋）范晔. 后汉书[M]. 北京：中华书局，1965：卷85·东夷传·辰韩条.
⑤ （南朝宋）范晔. 后汉书[M]. 北京：中华书局，1965：卷85·东夷传·弁韩条.
⑥ （高丽）金富轼. 三国史记[M]. 长春：吉林文史出版社，2003：高句丽本纪·故国川王条.
⑦ （高丽）金富轼. 三国史记[M]. 长春：吉林文史出版社，2003：高句丽本纪·山上王条.

也经常被外来势力所掳掠，如前燕慕容皝"掘钊父墓，载其尸，并略其母妻、珍宝、男女五万余口"①；故国壤王七年，"百济遣达率真嘉谟攻破都押城，掳二百人以归"②；广开土王九年，"（燕）拔新城、南苏二城，拓地七百余里，徙五千余户而还"③；长寿王五十九年，"民奴各等奔降于魏，各赐田宅"④等。

魏晋时期，由于高句丽与曹魏、前燕边境战事频繁，因此来自中原地区的移民多被前燕政权招抚，如"初，幽、冀流民多来投，（燕慕容）农以范阳庞渊为辽东太守，招抚之"⑤，此时的中原移民主要以被高句丽掳掠的方式间接进行迁徙（详见 2.3.3.2 节），如故国壤王二年，"我军击败之，遂陷辽东、玄菟，掳男女一万口而还"⑥。北魏至隋初，中原北方政权与高句丽关系良好，两者之间战事也较少，边境人民生活比较稳定，因此这一时期迁徙的移民相对较少。隋唐以后，高句丽与两朝的关系时好时坏，两方人民迁徙的情况也时有发生，为了取悦于强大的唐王朝，高句丽甚至还将之前掳掠而来的移民一并送还，"荣留王五年……于是，悉搜括华人以送之，数至万余，高祖大喜"⑦。

除了由于战事迁徙的移民之外，由于高句丽鼎盛时期势力的强大，使得朝鲜半岛的百济、新罗及东北地区扶余等小国投奔高句丽的移民数量逐渐增加，如长寿王六十六年，百济燕信来投⑧；文咨明王三年，扶余王及妻孥以国来降，八年，"百济民饥，二千人来投"⑨，而这反过来又促进了高句丽国内社会与势力的进一步增长。

2. 朝鲜半岛内部的掳掠性移民

由于高句丽的早期扩张方向为辽东地区，因此其掳掠的移民多以东汉、曹魏、前燕的中原政权以及高句丽周边的小国为主。如大祖大王六十九年，"潜遣三千人，攻玄菟、辽东二郡，焚其城郭，杀获二千余人"，九十四年，"袭汉辽东西安平县，杀带方令，掠得乐浪太守妻子"⑩；美川王三年，"王率兵三万侵玄菟郡，虏获八千人，移之平壤"，十四年，"侵乐浪郡，虏获男女二千余石"，十六年，"攻破玄菟城，杀获甚众"⑪。对周围的小国家，如大组大王二十年，"遣贯那部沛者达贾伐藻那，掳其王"，二十二年，"遣恒那部沛者薛儒伐朱那，掳其王子乙音为古邹加"⑫；西川王十一年，"拔檀卢城，杀酋长，迁六百余家于扶余南乌川，降部落六、七所，以为附庸"⑬。

中后期，高句丽将发展的战略方向调整为朝鲜半岛的中南部地区，因此其掳掠的对象则

---

① （北齐）魏收. 魏书[M]. 中华书局，1974：卷100·高句丽传.
② （高丽）金富轼. 三国史记[M]. 长春：吉林文史出版社，2003：高句丽本纪·故国壤王条.
③ （高丽）金富轼. 三国史记[M]. 长春：吉林文史出版社，2003：高句丽本纪·广开土王条.
④ （高丽）金富轼. 三国史记[M]. 长春：吉林文史出版社，2003：高句丽本纪·长寿王条.
⑤ （高丽）金富轼. 三国史记[M]. 长春：吉林文史出版社，2003：高句丽本纪·故国壤王条.
⑥ （高丽）金富轼. 三国史记[M]. 长春：吉林文史出版社，2003：高句丽本纪·故国壤王条.
⑦ （高丽）金富轼. 三国史记[M]. 长春：吉林文史出版社，2003：高句丽本纪·荣留王条.
⑧ （高丽）金富轼. 三国史记[M]. 长春：吉林文史出版社，2003：高句丽本纪·长寿王条.
⑨ （高丽）金富轼. 三国史记[M]. 长春：吉林文史出版社，2003：高句丽本纪·文咨明王条.
⑩ （高丽）金富轼. 三国史记[M]. 长春：吉林文史出版社，2003：高句丽本纪·大祖大王条.
⑪ （高丽）金富轼. 三国史记[M]. 长春：吉林文史出版社，2003：高句丽本纪·美川王条.
⑫ （高丽）金富轼. 三国史记[M]. 长春：吉林文史出版社，2003：高句丽本纪·大祖大王条.
⑬ （高丽）金富轼. 三国史记[M]. 长春：吉林文史出版社，2003：高句丽本纪·西川王条.

以朝鲜半岛的百济、新罗为主，如广开土王四年，"王与百济战于坝水之上，大败之，虏获八千余级"，六十三年，"王帅兵三万侵百济，陷王所都汉城，杀其王扶余庆，掳男女八千而归"[①]；文咨明王二十一年，"侵百济陷加弗、圆山二城，虏获男女一千余口"[②]；安臧王十一年，"王与百济战于五谷，克之，杀获二千余级"[③]；婴阳王十九年，"命将袭新罗北境，虏获八千人"[④]。到了与隋唐交恶之后的晚期，高句丽和百济联合对抗新罗与隋唐王朝的联盟，致使朝鲜半岛战事不断，每次战争获胜后高句丽大多要掳获战俘，这也间接给高句丽带来了移民，如新罗真智王三十年，"高句丽侵北境，虏获八千人"[⑤]；新罗善德王七年，"高句丽侵北边七重城，百姓惊扰，入山谷"[⑥]等。

2.3.3.2 东北亚文化圈内移民的迁徙路线

东北亚文化圈中，中国大陆的北部地区与朝鲜半岛的北部接壤，朝鲜半岛的南部与日本列岛、中国大陆的胶东半岛均隔海相望，在早期交通条件不发达的情况下，文化圈内的人们主要通过陆路和海路两条主要的交通路线进行迁徙。

陆路交通是东北亚地区传统的交通方式，秦朝时就曾在燕齐故地开辟"驰道"作为官道，"秦为驰道于天下，东穷燕齐，南极吴楚，江湖之上，濒海之观毕至"[⑦]，秦始皇也曾多次出巡至东北南部的辽东、辽西地区。汉四郡建立之后，至东北的陆路交通又延伸至这四郡，"莽策命曰'普天之下，迄于四表，靡所不至'，其东出者，至玄菟、乐浪、高句骊、夫馀"[⑧]，此时燕地东出的交通，实际上包括两个方向，包括正东出玄菟、乐浪郡，东北出扶余、高句丽故地。有学者认为自战国以来东北陆路的交通均以辽东郡治"襄平"（今辽阳）为中心，在此基础上开通了襄平南行杳氏道、襄平西行辽队道、襄平东行去乐浪郡道和玄菟郡北行扶余道等东北早期重要的几条陆路交通要道[⑨]。一旦发生战乱，中原的大批移民就涌入东北地区，并通过这几条交通要道迁徙至东北各地。

魏晋南北朝时，由中原出塞往辽西和东北腹地的陆路干线，多继承于汉魏。而在此前襄平东行去乐浪郡和玄菟郡的交通道上，开辟了一条经"新城"、"木底"等重要交通城镇，直达高句丽故都丸都城的交通支线。高句丽国内也开辟了南道与北道两条交通路线，便于加强其政权内部重要城镇的交通联系，此外中原王朝与东北地区的勿吉、豆莫、乌洛等少数民族也开辟了多条交通道，使得中原移民进入东北地区的路线更多，分布范围也更广。

隋唐时期对高句丽的多次东征，其陆路通道也多采用了旧有道路，新拓道路不多。值得注意的是，中原至东北地区陆路交通的终点非朝鲜半岛，越过朝鲜半岛与日本列岛之间的大

---

① （高丽）金富轼. 三国史记 [M]. 长春：吉林文史出版社，2003：高句丽本纪·广开土王条.
② （高丽）金富轼. 三国史记 [M]. 长春：吉林文史出版社，2003：高句丽本纪·文咨明王条.
③ （高丽）金富轼. 三国史记 [M]. 长春：吉林文史出版社，2003：高句丽本纪·安臧王条.
④ （高丽）金富轼. 三国史记 [M]. 长春：吉林文史出版社，2003：高句丽本纪·婴阳王条.
⑤ （高丽）金富轼. 三国史记 [M]. 长春：吉林文史出版社，2003：新罗本纪·真智王条.
⑥ （高丽）金富轼. 三国史记 [M]. 长春：吉林文史出版社，2003：新罗本纪·善德王条.
⑦ （东汉）班固. 汉书 [M]. 北京：中华书局，1962：卷51·贾山传.
⑧ （东汉）班固. 汉书 [M]. 北京：中华书局，1962：卷99·王莽传中.
⑨ 王绵厚，李健才. 东北古代交通 [M]. 沈阳：沈阳出版社，1990：p31.

海，这条陆路交通道可一直延伸至日本，而这也是历代沟通东北、朝鲜半岛与日本倭国的重要交通干线。《汉书·地理志》记载，"乐浪海中有倭人，分为百余国，以岁时来献见云"①，而《文献通考》则记载，"倭人初通中国也，实自辽东而来"②，日本学者木宫泰彦在其《日中文化交流史》中也认为早期日中之间的交通线路可能不走海路，而取道陆路辽东③。

在海路交通方面，新石器时期的考古发掘资料表明，辽东与胶东半岛之间在当时或已经存在古代海上交通的可能，而且就现代自然地理来看，胶东半岛北端与辽东半岛南端最近之处仅40km左右，因此古人在良好天然条件的基础上，借助原始的交通工具完全可能来往于两个半岛。汉魏时期，辽东半岛与中原地区的海路交通来往频繁，历史文献中也可见相关记载，"蓬萌字子康，北海郡都昌人也……时王莽杀其子宇，萌谓友人曰：'三纲绝矣！不去，祸将及人'。即解冠挂东都城门，归，将家属浮海，客于辽东"④，王莽杀了蓬萌的儿子，由于担心祸及自身，因此蓬萌从胶东半岛的北海郡漂洋过海来到辽东，这段文献是关于海路交通最具代表性的一个例子。

通过海路交通，日本列岛的倭国与中国汉魏政权有所联系，"倭人在带方东南大海之中……旧有百余国，汉时有朝见者至，今使译所通三十余国。从郡至国，循海岸水行，历韩国"⑤，三国时期与曹魏政权相联系的日本列岛上政权有三十多个，他们之间相互的交流循海岸水行，其间还经过朝鲜半岛的马韩、辰韩等国，通过该段文献可知当时除了胶东与辽东半岛之间直达的海路交通之外，还存在一条沿朝鲜半岛西岸、环绕渤海湾直达中原的一条海上交通道。此后，日本向中原王朝派遣了大量的使臣，其航线也是以海上交通道为主，但鉴于当时的航海条件，估计仍然有可能循旧道先至山东，其后再沿海岸线南下到达建康。"至六朝及宋，则多从南道，浮海入贡及通互市之类，而不自北方，则以辽东非中国土地故也"⑥，这段文献表明经辽东陆路到达中原为北道，自百济横渡黄海到达山东半岛则为南道，而由于当时辽东被高句丽所占领，因此去中原的倭国人大多以南道为主。

2.3.3.3 东北亚文化圈内的文化交流

陆路与海路等交通线路的开拓，加之中原战乱导致大量移民迁徙，使得中原文化源源不断地向东北亚其他国家输出，这些文化涉及社会生活的各个方面，包括佛教文化、墓葬形式、生活用具、壁画等。

马具是东北亚文化圈中一种重要的文化载体，对于驰骋在战场上的骑士来说，装备有精良马具的战马无疑是十分重要的。杨泓先生认为中国在3~4世纪形成了完备的成套马具，而后对海东诸国影响很大。中原地区安阳孝民屯西晋墓和朝阳袁台子晋墓出土的马具，其形制不仅影响了朝鲜半岛北部的高句丽族，而且影响了朝鲜半岛南部的新罗和伽倻。在这两个区域所发现的墓葬中出土的马具与中原地区的马具具有相似的特点，如著名的新罗"天马冢"

---

① （东汉）班固.汉书[M].北京：中华书局，1962：卷28·地理志.
② 马端临.文献通考[M].北京：中华书局，1986：卷324·四裔一·倭条.
③ （日）木宫泰彦.日中文化交流史[M].北京：商务印书馆，1980：p13.
④ （南朝宋）范晔.后汉书[M].北京：中华书局，1965：卷83·逸民传蓬萌条.
⑤ （晋）陈寿.三国志[M].北京：中华书局，1959：卷30·东夷传高句丽条.
⑥ 马端临.文献通考[M].北京：中华书局，1986：卷324·四裔一·倭条.

图 2-4　新罗"天马冢"出土的马具和"金铃冢"出土骑马人物

和"金铃冢"中所出土的马具,如图 2-4。同样的影响,还波及日本列岛,日本 5 世纪古坟中出土的马具也清楚地反映了这一影响①。铜镜、瓷器等生活用具同样也体现了中原文化的影响,在此方面也有诸多学者进行过研究。徐萍芳先生认为日本古国的铜镜来源有两处,一处从中国北方地区通过朝鲜半岛传入日本的方格规矩镜,而另一处则从中国南方经过海路输入的神兽镜和画像镜②,王仲舒先生则论证了日本出土的大量三角缘神兽镜是东渡的吴的工匠在日本所作③,尽管是一种民间行为,但也说明了日本与吴关系的密切。杨泓先生则认为日本古坟时代的须惠器,其渊源在于中国的江南地区,须惠器中的许多"子持壶"在一个大壶上附有四个以上的小壶,这与中国江南地区东汉、吴墓中出土的五联壶是非常相似的④。

墓室的形制与特征也是中原文化东传的重要表现形式,朝鲜半岛百济国武宁王墓就是一个有力的证据。武宁王即百济王余隆,死于梁普通四年,其墓葬是一座带有甬道的大型单室砖室墓,用模印有莲花纹和网纹的砖砌成,墓室左右两壁和后壁都砌有砖雕的直棂窗,窗的上部有灯龛,其形制、结构与南朝的陵墓极为相似,似乎是按照南朝的墓制营造的,而且墓室内的墓志和买地券,均用中文书写,墓志志文中还写有"宁东大将军"字样,与梁朝所封官职吻合,如图 7-27。而朝鲜半岛高句丽的安岳 3 号墓则又可作为中原对北方墓葬影响的一个实例。日本学者东潮先生将目前已知的辽东壁画古墓进行类型学的分析与排比,依据时间及墓葬形制将其划分为 8 个类型,最终认为朝鲜平壤黄海南道附近的安岳 3 号墓是辽东壁画古墓逐渐演变的结果⑤,如图 2-5。值得一提的是,王侯贵族的墓葬需要具有高超技艺的工匠

---

① 杨弘. 汉唐美术考古和佛教艺术[M]. 北京: 科学出版社, 2000: p197-198.
② 徐萍芳. 三国两晋南北朝的铜镜[J]. 考古, 1984, (06): p562.
③ 王仲殊. 日本三角缘神兽镜综论[J]. 考古, 1984, (05): p470.
④ 杨弘. 汉唐美术考古和佛教艺术[M]. 北京: 科学出版社, 2000: p216.
⑤ 東潮, 田中俊明. 高句麗の歴史と遺跡[M]. 東京: 中央公論社, 1995: p260.

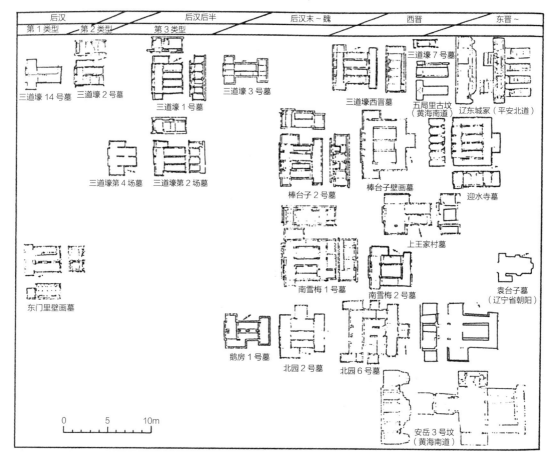

图 2-5　辽阳地区古坟的变迁（《东北亚考古资料译文集·高句丽渤海专号》p84）

才能完成，而这些工匠也是通过海路或陆路的迁徙得以完成的，如百济时多次来到东晋和南朝首都建康，从中国引进了诗书、史籍和经义，宋文帝元嘉二十七年，百济王余毗"上书献方物，私假台使冯野夫西河太守，表求易林、式占、腰弩，太祖并与之"[①]，梁武帝时百济"累遣使献方物，并请涅槃等经义、毛诗博士，并工匠、画师等，敕并给之"[②]，而朝鲜忠清南道公州郡宋山里古坟中则出土了刻有"梁官瓦为师矣"的铭文，也说明了百济引入南朝工匠及其工艺技术的事实。

佛教文化作为联系东北亚文化圈的纽带，更是将这种文化的交流与传播演绎得淋漓尽致。当高句丽国内佛教逐渐盛行之时，百济和新罗两国的佛教也逐步开始得到传播。百济"枕流王一年九月（公元384年），胡僧摩罗难陀自晋至，王迎致宫内礼敬焉，佛法始于此"，"二年春二月，创佛寺于汉山，度僧十人"，这两段文献记载了佛教传入百济的确切时间以及百济王对佛僧的礼遇。在此后的300余年中，佛教发展尤为兴盛，文献记载"僧尼寺塔甚多，而无道

---

① （梁）沈约. 宋书[M]. 北京：中华书局，1974：卷97·夷蛮传·百济国条.
② （唐）姚思廉. 梁书[M]. 北京：中华书局，1973：卷54·东夷百济条.

士"①，体现了佛教文化在百济国内的主导地位，而这对于佛教文化进一步东传至日本列岛也具有十分重要的意义。新罗的佛教传入则相对复杂，文献记载也有一定出入。一般认为，初入新罗的佛僧来自高句丽，文献记载，"衲祇王时，沙门黑胡子自高句丽至一善郡，郡人毛礼于家中作室安置"②，而《三国遗事》则记载，"揆夫东渐之势，必始自丽、济而终乎罗，则衲祇既与兽林世相接也。阿道之辞丽抵罗，宜在衲祇之世"③，尽管在佛教传入新罗的时间上，上述文献有些出入，但是通过"黑胡子"和"阿道"等人的努力，佛教得以在新罗正式传播。而即使在新罗法兴王时期，佛教在经过异次顿舍身弘法事件之后，才得以被皇权贵族所接受。此后，新罗历代君王便大兴佛教，法兴王二十一年伐木天镜林以建精舍，名为大王兴轮寺，为新罗创寺之始。真兴王期间又建造了兴轮寺、皇龙寺等著名寺观，仅皇龙寺铸的佛像就高达一丈六尺，用铜三万五千余金，镀金一百余两。此后的新罗佛教逐渐走上民族化的道路，佛教也由超人间的宗教一变而为世俗社会的道德、伦理规范，并最终通过佛教民族化而形成的强烈护国精神，使得新罗由弱变强，由后进变先进，统一了朝鲜半岛，获得最终的胜利④。朝鲜半岛三国的佛教文化传播进程中，高句丽佛教由陆路交通进入，其所传承的似为北方佛教，其后又进一步传至新罗，而百济佛教与中国南朝关系紧密，推测由海路交通进入百济，因此其接受的或为中国的南方佛教。

日本的佛教也源自中国，但从当时的航海技术条件来看，7世纪之前主要通过朝鲜半岛的百济、高句丽传入，此后随着航海技术的提高，与中国发生频繁的直接往来。佛教传入日本的时间，日本学界一般认为在钦明天皇七年（公元538年），文献记载，"志癸岛天皇（钦明天皇）御世，戊午年十月十二日，百济国主明王，始奉度佛像经教并僧等，敕授苏我稻目宿祢大臣，令兴隆也。"⑤，而《日本书纪》则记载，"钦明天皇十三年（公元552年），冬十月，百济圣明王遣西部姬氏达率怒唎斯致契等献释迦佛金铜想一躯、幡盖若干、经论若干卷……由是百济王臣明，谨遣陪臣怒唎斯致契，奉传帝国，流通畿内，果佛所记：我法东流。是日，天皇闻之，欢喜踊跃。诏使者云：朕从昔来，为曾闻如是微妙之法。然朕不自决，乃历问群臣曰：西藩献佛，相貌端严，全未曾看，可礼以不？苏我大臣稻目宿祢奏曰：西蕃诸国一皆礼之，丰求日本岂独背也。物部大连尾舆、中臣连镰子同奏曰：我国家之王天下者，恒以天地社稷百八十神，春夏秋冬祭拜为事。方今改拜蕃神，恐致国神之怒"⑥，这表明佛教初传日本之时，仍有很多人对佛教持抵制态度，此后由于物部氏的反对，甚至还发生了"乙巳法难"的灭佛事件。当大臣苏我氏灭掉守旧的物部氏之后，法兴寺才得以正式兴建，并于推古四年完成，其间"崇峻天皇元年，百济国遣使并僧惠总、令斤、惠实等，献佛舍利……僧聆照律师令威、惠众、惠宿、道严、令开等；寺工太良未太、文贾古子；炉盘博士将德白昧淳；瓦博士麻奈文奴、阳贵文、陵贵文、昔麻帝弥；画工白加"⑦，百济派遣僧人和炉盘博士、瓦博士等

---

① （唐）令狐德棻．周书[M]．北京：中华书局，1971：卷49·异域·百济条．
② （高丽）金富轼．三国史记[M]．长春：吉林文史出版社，2003：新罗本纪·法兴王条．
③ （高丽）一然．三国遗事[M]．孙文范校．吉林：吉林文史出版社，2003：卷3．
④ 何劲松．论中国佛教的新罗化过程[J]．浙江学刊，1997，(04)：p100．
⑤ 杨曾文．日本佛教史[M]．杭州：浙江人民出版社，1995：转引自该书p18．
⑥ 舍人亲王等著．日本书纪[M]．坂本太郎校注．东京：岩波书店，1994：卷19．
⑦ 舍人亲王等著．日本书纪[M]．坂本太郎校注．东京：岩波书店，1994：卷21．

技术人员赴日本，协助建造法兴寺。圣德太子摄政期间，大力提倡和扶持佛教，使得佛教文化在日本得到迅速传播。而由于高句丽国内道教的兴盛和海路交流的畅通，此时远投日本的高句丽和百济僧人也逐渐增多，如高句丽僧惠慈、僧隆、云聪和百济僧慧聪、观勒等，他们不仅带来了佛教经义，而且带来了各种文化、技术，为日本社会的发展起了推动作用。与此同时，圣德太子还大力兴建佛教寺院，如四天王寺、法隆寺、中宫寺等，对于弘扬佛法与经义也具有重要的意义。圣德太子之后的"大化改新"中，日本皇室和贵族特别重视兴建寺院，先后建造了崇福寺、药师寺、山田寺、兴福寺等一批白凤时代的重要寺院，同时派遣僧尼赴隋、唐留学取经，为日本佛教的进一步发展起了重要的推动作用。

第3章 高句丽的都城背景

高句丽自建国初始至灭亡这705年的时间内，曾经多次迁都。公元前37年，立国都于卒本，即纥升骨城，在此仅40年。此后琉璃明王二十二年（公元3年）迁都于国内城，在国内城经营了156年（此时丸都城是与国内城相拱卫的重要山城）。长寿王十三年（公元427年），由于战争形势的需要又将国都迁至平壤，自此高句丽的活动中心随即转移至平壤一带。根据其国都的所处位置，学界也将高句丽的历史划分为早期纥升骨城时代、中期国内城时代和后期平壤城时代。

3.1 高句丽的早期都城——纥升骨城

高句丽在建国初始即定都卒本，文献记载，"（朱蒙）遂揆其能，各任以事，与之俱至卒本川（魏书云至纥升骨城）。观其土壤肥美，山河险固，遂欲都焉。而未煌作宫室，但结庐于沸流水上居之"[1]，好太王碑上也记载，"惟昔始祖邹牟王之创基也，出自北扶余……于沸流谷忽本西，城山上而建都焉"，此处的卒本，或忽本，即纥升骨城，是高句丽第一代王朱蒙的建都之所。自公元前37年高句丽建都于此，至公元3年迁都国内城，纥升骨城作为高句丽的最初王都，共历时40年。

目前，学界一般认为早期的纥升骨城即位于桓仁满族自治县境内的五女山城，围绕该城展开的考古活动始于20世纪初期。新中国成立前日本学者鸟居龙藏、山上次男先生曾经对五女山城及其周边的高句丽遗迹进行踏查，其目的不仅在于搜集第一手的考古资料，而且也试图探寻高句丽最初王都之所在。新中国成立后，辽宁省的考古工作者对桓仁县及其附近地区浑江、富尔江流域进行考古调查，发现大量高句丽时期的历史遗迹。1985年，对五女山城进行首次发掘，初步探明其城内地形与走势。此后的1996年，对五女山城进行多次考古发掘，发现了五期文化堆积层，并清理和出土了一批高句丽时期的遗迹与遗物，为高句丽早期建都五女山城提供了实物依据，同时将这几次考古发掘的结果加以整理，出版了《五女山城——1996～1999、2003年桓仁五女山城调查发掘报告》，对于五女山城的研究意义重大。

---

[1]（高丽）金富轼. 三国史记[M]. 长春：吉林文史出版社，2003：高句丽本纪·始祖东明圣王条.

3.1.1 五女山城概述

五女山城位于桓仁县城东北,整体山势西高东低,西部和西南部为状如石屏的峰崖和主峰,东部为倾斜的山坡。五女山主峰在山的半腰处,四周崖壁如削,挺拔峻峭,平面呈狭长状的椭圆形,东西两侧略高于中部,地势较平坦。五女山城平面呈不规则长方形,南北两端向东部凸出,东部中段内凹,形状像一只单靴,如图3-1。南北长约1540m,东西宽约350~550m,山城分为上、下两个部分。城内遗址大都分布在山上部分,包括1、2、3号建筑址,兵营遗址,哨所遗址,居住址,蓄水池,瞭望台,城墙等,山下部分遗迹较少,主要以城墙和城门遗址为主。

3.1.2 五女山城的建筑遗址

通过考古发掘,共发现五女山城城内有大型建筑遗址3座,分别位于高句丽早期和中期的文化层堆积中。

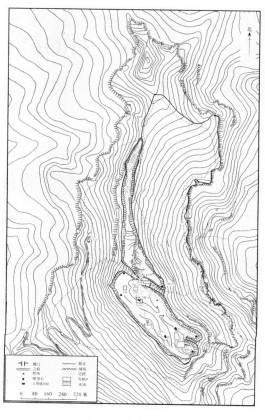

图 3-1 五女山城平面图

1号建筑址,平面呈长方形,如图3-2。南部现存六块础石,呈线状分布,间距也大体相当,石面比较平整,有加工的迹象,平面多呈菱形或不规则四边形。发掘报告还提出在晚期堆积中,发现与之相似的大石5块,推测早期础石被后人所利用。2号建筑址的情况比较复杂,为半地穴式建筑,平面呈长方形,西、南、北三面砌筑石墙,东面直接利用山坡凿出的土坎为壁。石墙分为内外两重,中间有沟相隔,内墙和外墙西北段保存较好,墙体均以石块垒砌而成,如图3-3。3号建筑址建于人工修整的平台上,平台分为大小两部分,两者东西相连,3号建筑址主要部分位于大平台上,共有三排础石,每排9~11块,础石多为自然石块,有的础石下方及周围补垫小石块,形成础石

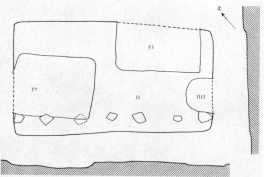

图 3-2 1号建筑址

圈，如图3-3。值得注意的是，在遗址上的局部地方留有厚约1cm的黑色灰烬层，灰烬上散落着大量红烧土块，上有木棒或木条印痕。小平台上也有础石痕迹，但遭到后期破坏，推测为大平台建筑的附属建筑。

以上所发掘出的三处建筑址，尽管仅为五女山城建筑中的一小部分，但也揭示出了早期高句丽建筑的部分特点。1号建筑址推测开间为6间，以偶数开间为主，而且从其规模和形制观察，该建筑在当时是一处等级较高的建筑。这种偶数开间的建筑，在中期丸都山城宫殿址中也可以发现，而且数量很多，这说明至少在高句丽的早、中期，偶数开间的建

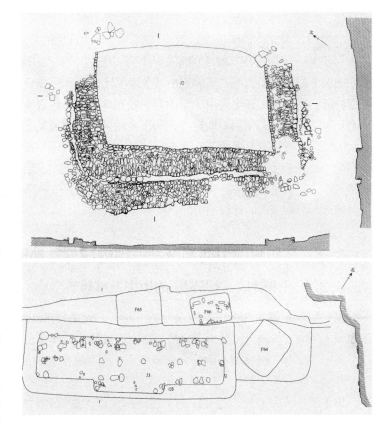

图3-3　五女山城2号（上）、3号（下）建筑址平面图

筑或曾被大量使用，且多用于高等级的建筑中。究其缘由，笔者认为有可能受到来自中原汉文化因素的影响。目前已知的汉代画像砖石中有多组采用偶数开间的建筑图像，尤其以山东地区较为突出，这种形制的建筑很有可能在早期随着汉代在朝鲜半岛建立"汉四郡"，并随迁徙居民的文化交流中传入朝鲜，被其继承并沿用至高句丽的中期。

2、3号建筑址的规模均比较大，其建筑性质尚无定论，发掘报告认为其有可能为粮储建筑，这种推测有一定的合理性。高句丽的山城一般地势比较险恶，易守难攻，战备时期往往需要大量的粮食储备用以抵御外敌，因此这种专门存储粮食的建筑也就有了存在的必要。同时，文献中也可发现这种粮储建筑的记载，如"城内唯积仓储器备寇，贼至日方人固守。王则别为宅于其侧，不常居之"[①]。同时，这一类型的建筑，往往室内开间及进深较小，不能满足人们日常的起居生活，而用作一般性的粮储建筑则较为合适。

3.1.3　五女山城的性质

目前，学界一般认为五女山城是高句丽的初期都城，而经过这次大规模的考古发掘，这种观点的理由更加充分。从高句丽建国立都的物质遗存来看，山城中的1号建筑址尽管与高句丽中、后期宫殿遗址相比，规模较小，但在高句丽的早期山城中出现如此规模的建筑则非

---

① 熊义民. 高句丽长寿王迁都之平壤非今平壤辨[J]. 中国史研究，2002，(04)：p63.

乎寻常，而且该建筑址还发现一些柱础石，与同时期一般民众的居住址相比，明显是一座高等级的建筑。因此，规模较大、等级较高的1号建筑址的发现，或可成为五女山城作为高句丽初期都城的依据。在其城墙的原始构筑形态方面，五女山城的城墙构筑方式与高句丽其他早期山城（如霸王朝山城、高俭地山城）等相比，两者存在一定的共通性，因此也具有明显的早期特征，同时由于其也采用了新的石料及砌筑手段，也表现了它的独特性[1]。另外，山城的周围现存有较多的高句丽早期遗存，如下古城子古城就被学者推测为初期的平原城[2]，再如在五女山城附近发现有高丽墓子、上古城子等众多的高句丽早期墓葬[3]，这些遗存的发现不仅表明高句丽早期五女山城一带人口的聚集和频繁活动，也表明了高句丽早期在当地建立都城已具备深厚的社会基础[4]。尽管目前仍没有确切的证据，但是通过上述多个方面的相互印证，五女山城作为早期高句丽都城的可能性还是相当大的。

3.2 高句丽的中期都城——国内城与丸都城

3.2.1 国内城、尉那岩城的历史发展轨迹

高句丽早期都纥升骨城，西汉元始三年（公元3年）迁都国内城，同时筑尉那岩城作为国内城的卫城，与国内城呈拱卫之势，直至北魏始光四年（公元427年）迁都平壤。自公元3年至公元427年，国内城与尉那岩城成为高句丽王朝前期的政治、经济和文化中心。《三国史记·琉璃王本纪》记载，"二十一年，春三月，郊豕逸。王命掌牲薛支逐之，至国内尉那岩得之，拘于国内人家养之。返见王曰'臣逐豕至国内尉那岩，见其山水深险，地宜五谷，又多麋鹿鱼鳖之产。王若移都，则不唯民利之无穷，又可免兵革之患也'"、"九月，王如国内观地势……二十二年，冬十月，王迁都于国内，筑尉那岩城"[5]。关于这次迁都的缘由，史书记载，"二十八年，春三月，王遣人谓解明曰'吾迁都，欲安民以固邦业，汝不我随，而恃刚力，结怨于邻国，为子之道，其若是乎'"。这表明此时的高句丽刚建国不久，自身实力尚有待发展，对于周边邻国多以和亲、结交等手段为主，同时国内尉那岩这一地区，物产丰富、资源肥美、地势险要、腹地深阔等，比较适合建立新都，另外考虑到其地理位置远离汉玄菟郡治，汉王朝的控制相对较弱，加之国内城有尉那岩城与之相拱卫，平原城与山城相结合有利于防御外部突袭。

建都之后，国内城和尉那岩城曾先后遭受过几次外敌的入侵，如"高句丽大武神王十一年，秋七月，汉辽东太守将兵来伐……入尉那岩城，固守数旬，汉兵围不解。王以力尽兵疲谓豆智曰'势不能守，为之奈何'。豆智曰'汉人谓我岩石之地，无水泉，是以，长围以待

---

[1] 辽宁省文物考古研究所. 五女山城——1996~1999、2003年桓仁五女山城调查发掘报告[M]. 北京：文物出版社，2004：p291.
[2] 苏长青. 高句丽早期平原城——下古城子[C]. 见辽宁省考古博物馆学会. 辽宁省本溪、丹东地区考古会议论文集[M]. 沈阳，1985.
[3] 陈大为. 桓仁县考古调查发掘报告[J]. 考古，1964，(10)：p10.
[4] 辽宁省文物考古研究所. 五女山城——1996~1999、2003年桓仁五女山城调查发掘报告[M]. 北京：文物出版社，2004：p294.
[5] （高丽）金富轼. 三国史记[M]. 长春：吉林文史出版社，2003：高句丽本纪·琉璃王条.

吾人之困。宜取池中鲤鱼，包以水草，兼旨酒若干，致犒汉军'。王从之……于是，汉将谓城内有水，不可猝拔……遂引退"①，再如"建安中，公孙康出军击之，破其国，焚烧邑落②"。此后由于受到公孙家族的破坏，高句丽山上王"二年，筑丸都城……十三年，王移都于丸都"③。学者们一般认为前期尉那岩城是为都之前所称，而丸都城则是为都之后所称，两者实为一座城④。

在这之后，国内城和丸都城作为高句丽的政治中心，一直成为外敌入侵的重点，自山上王十三年（公元 209 年）移都丸都城至长寿王十三年（公元 427 年）迁都平壤的二百多年中，丸都城又曾先后遭遇过两次较大的外敌入侵，甚至曾经被损毁殆尽。"东川王二十年（公元246 年），魏遣幽州刺史毌丘俭，将万人，出玄菟来侵……冬十月，俭攻陷丸都城屠之……是役也，魏将到肃慎南界，刻石纪功，又到丸都山，铭不耐城而归"⑤。"二十一年（公元247年），王以丸都城经乱，不可复都，筑平壤城，移民及庙社"，这次魏将毌丘俭的入侵，使得多年经营的丸都城毁于一旦，高句丽的国力也遭受了巨大的打击。

此后的几位高句丽王虽然先后修筑了平壤城、新城等重要据点，但是国内城、丸都城在高句丽中的地位并没有改变，而且在原有基础上修理并新建了部分宫室，如"烽上王七年，王增营宫室，颇极奢丽，民饥且困，群臣骤谏，不从"，"九年，王发国内男女年十五以上，修理宫室，民乏于食，困于役，因之以流亡"⑥。此后，故国原王十二年春（公元 342 年），又一次"修葺丸都城，又筑国内城"⑦，并于同年八月，移居丸都城。但是，同年十月燕王慕容皝迁都龙城，图谋高句丽，并于十一月出兵九万同时从南北两道入侵高句丽。在侵入丸都城后，慕容军"发美川王墓，载其尸，收其府库累世之宝，掳男女五万余口，烧其宫室，毁丸都城而还"⑧，这次入侵对于国内城、丸都城的毁坏不亚于魏将毌丘俭的入侵，并使得故国原王不得不移居平壤东黄城。此后的高句丽在小兽林王、故国壤王和广开土王的经营之下，国力日渐强大。同时在辽东地区高句丽不断发展与中原北魏王朝的良好关系，因此高句丽的军事重点也逐渐从辽东地区转向朝鲜半岛南部的百济、新罗地区。而国内城、丸都城由于受到重创尚未恢复元气，同时地处朝鲜半岛北侧不利于军事重点南移的策略，因此长寿王十三年（公元 427 年）移都平壤，国内城、丸都城遂失去了国都的地位。

3.2.2 国内城、丸都城的既往研究

3.2.2.1 国内城的既往研究

对国内城最早进行研究的当属日本人关野贞，1914 年他在日本的《考古学杂志》第五卷第三号中发表《满洲国集安县に於ける高句丽时代の遗迹》一文，他认为当时的通沟城即国内

---

① （高丽）金富轼. 三国史记[M]. 长春：吉林文史出版社，2003：高句丽本纪·大武神王条.
② （晋）陈寿. 三国志[M]. 北京：中华书局，1959：卷30·高句丽条.
③ （高丽）金富轼. 三国史记[M]. 长春：吉林文史出版社，2003：高句丽本纪·山上王条.
④ 魏存成. 高句丽遗迹[M]. 北京：文物出版社，2002：p36.
⑤ （高丽）金富轼. 三国史记[M]. 长春：吉林文史出版社，2003：高句丽本纪·东川王条.
⑥ （高丽）金富轼. 三国史记[M]. 长春：吉林文史出版社，2003：高句丽本纪·烽上王条.
⑦ （高丽）金富轼. 三国史记[M]. 长春：吉林文史出版社，2003：高句丽本纪·故国原王条.
⑧ （高丽）金富轼. 三国史记[M]. 长春：吉林文史出版社，2003：高句丽本纪·故国原王条.

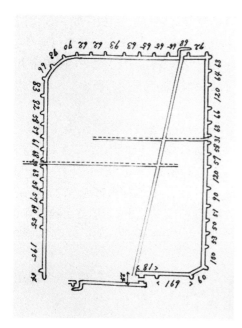 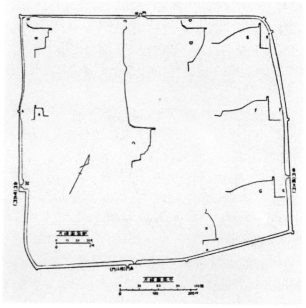

图 3-4　关野贞所绘国内城图　　　　　图 3-5　日本人池内宏所绘国内城平面图

城，而山城子山城则是尉那岩城，在此基础上他调研了国内城并绘制了第一份国内城的平面图，这是目前所能见到的有关国内城城址最早的平面图纸资料，也是最直接的原始资料，如图 3-4。当时他测得该城东西长七町半，南北长约五町半。城墙的东北角和西南角非直角，呈弧状或折角状，城墙每隔一段距离就有雉城（马面）突出，城墙之外则有壕沟痕迹。靠近城墙的根基处，厚可达三丈，高二丈多，中腰以下渐外出其石，且增以高，以谋坚固。平面图中，标注城门五座及西北角的城墙豁口，关野贞认为东西城墙上的门是国内城旧有城门，且西墙上的门有两座，均为带有瓮城的城门。城内有集安县衙署，除此之外还有住民约 150 户。此外，在东台子附近采集到瓦当、柱础等遗物，带有雄浑的莲瓣，似具有南北朝时期的特征[①]。该论文后又收录在关野贞《朝鲜の建築と藝術》论文集中，所绘制的国内城平面图也被朝鲜总督府收录到《朝鲜古迹图谱》[②]（第一册）中。

民国十年，成友善曾征民夫五百余人，对国内城进行了大规模的维修，这次维修改变了国内城的部分面貌。

1936 年，池内宏在《考古学杂志》第二十八卷第三号中，发表了《滿洲國安東省集安縣に於ける高句麗の遺跡》，同年出版了价值极高的高句丽考古遗迹报告《通沟》。在这两部著述中，池内宏博士都引用了一幅当时他实测的国内城城址平面图，这也是学术界可利用的最原始的国内城实测图，如图 3-5。将池内宏与关野贞绘制的国内城平面图相比较，两者相差较大，池内宏业在书中提及，"城周约二十四町，面各六町许。裁石积累，略为方城。此所谓

---

① 關野貞．滿洲國集安縣に於ける高句麗時代の遺跡[C] 见朝鮮の建築と藝術[M]．东京：岩波书店，1942：p278．
② 朝鲜总督府．朝鲜古迹图谱[M]．东京：青云堂，1914．

东西,非严义。依江之流,偏倾东南也。城东西南各一门,东曰辑文,西曰安武、南曰襟江。北无门,是非旧观。从外而察,北墙中央有迹,往辟而今塞也。此如关野博士所见。惟尔时别有小北门,今并无之。博士又云,南门亦堵,则今襟江门,民国十年复辟者。东之辑文,西之安武,皆偏于南。盖东西本各二门,一南一北。博士言'西门有二,南者但龃龉城壁以为瓮城,北者瓮城如常制,东门南者今存,北者仅余其迹'。今存三门,皆无瓮城。西门北似尝有门处,阜土特薄,仅容测想。东城北相当处,并痕迹亦不存。二十余年而城门变迁已若是甚,知民国十年之修缮,殊不肤泛"①。因此,仅仅在二十余年之后池内宏所调查的与关野贞所调查的国内城就出现了很大的不同,推测民国十年的维修使得国内城的原有面貌有较大的改变,因而池内宏感慨"秉笔之间,参阅关野博士所记,仅二十余年,而旧态存者盖鲜,为可慨矣"。

1984 年,集安县文管所再一次对国内城城址进行了调查,重新绘制了新的平面图,如图 3-6。此时距离池内宏的调查已经相隔近 50 年,这期间经历中华人民共和国成立前的战争与中华人民共和国成立后的发展,国内城城内已广建房屋,在遗址的布局方面只能结合相关建设所提供的零星资料加以推测,因此此次调查的重点在于对城墙遗址的发掘与调查。

此时的国内城略呈方形,方向 155°,长度为东墙 554.7m、西墙 664.6m、南墙 751.5、北墙 715.2m,城周边总长 2686m。城墙西北角、西南角和东南角略呈直角,

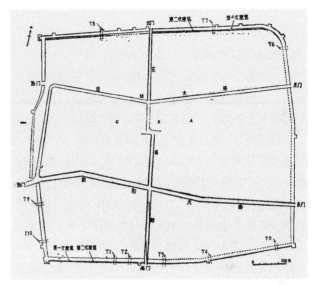

图 3-6 1984 年所测国内城平面图

拐角处均建有凸出墙面的方台,似为角楼建筑的遗迹。四面墙垣每间隔一定距离修筑马面,四面的马面数量不等,北墙 8 个,其他各面各 2 个,共 14 个。城内现有的街道是东西走向的胜利路,东接辑文门,西连安武门。胜利路北面的团结路,其东西两端正是东墙和西墙偏北侧的两处门址,这两条路可能是高句丽时国内城中的古道。南北走向的东盛街两端,是国内城的南门和北门。

此次还调查了国内城遗址南、北两面的城墙结构,发现国内城城垣底部有一道剖面呈弓形的土筑墙垣,推测应为国内城建筑的最初基础,大致确定了后来国内城的规模,根据土垣中的出土遗物,大致可以推定该土垣的修筑年代在战国至高句丽建国前,有可能是汉代高句丽县治所。在城墙的结构方面,高句丽时期的城墙均用花岗岩石材垒筑,石材为大头小尾的长方形。垒筑时,石材小头朝里,大头向外,由下至上逐层收分,每层内缩 10~15cm,使墙面呈阶梯状。几面城墙的阶梯层次和高度不一,最低 4 层,高约 1m,最高 11 层,高约 2.4m。

---

① 池内宏. 通沟(卷上)[M]. 东京:日满文化协会,1938:p90.

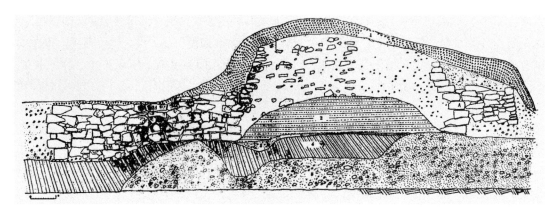

图 3-7　1984 年所测国内城剖面图

在阶梯状的基部再往上，是直砌墙，由于石材加工规格大体一致，墙身结构严密，墙面整齐美观，如图 3-7。除此之外，在西墙的外边还发现有一个涵洞，而石筑城垣的基部都没有发现涵洞，推测这个涵洞年代或早于石筑城垣，属于土垣基部的设施，则国内城西墙北段，在由土垣改筑为石墙的时候已经东移，而这种原因，可能与通沟河水不断侵蚀城墙西北部有关[①]。

时隔近 20 年之后的 2000~2003 年，吉林省文物考古研究所对国内城的西、北城墙部分区段进行了考古调查，同时对国内城城内的多处地点进行了考古发掘，包括民主遗址、石柱遗址等，并将这一阶段的考古发掘整理为《国内城——2000~2003 年集安国内城与民主遗址试掘报告》。这一阶段，对国内城的西、北、东北角、西北角、西南角城墙，以及北门、西门的门址等遗迹进行了清理。这次发掘主要包括以下几个方面的成果。

首先，国内城北城墙的解剖，表明墙体横剖面北半部石筑墙体是一次性构筑而成的，它与外侧马面的构筑年代相同，可能出于防御性考虑，而南半部夯土墙体中的土层也没有发现间歇夯筑的迹象，这些结论推翻了 1984 年发掘报告的推论，即国内城石筑城墙下叠压战国至高句丽建国时期的土垣，且石筑城墙经历两次修葺。

其次，北城墙中门遗址的发掘，表明原有城门两侧实际为马面遗址，这与学界所认为的国内城各个城门均设瓮城的观点不一致，或许以往的学者将马面废墟也视为了瓮城遗迹而得出错误的认识。

第三，长期以来学界一直认为北墙仅有一门，即中门，当地称为城墙豁口，这次清理发现了北墙的另一处门址，即西门门址。在中门、西门的两侧各构筑有一个马面，从防御功能上来分析，这种方式或许可以发挥与瓮城相近的作用。另外，北城墙西门的门址基石上发现有打凿用以安放地栿的凹槽，门柱两边的下方也发现有门枢的凹槽，种种遗迹表明该门在使用时存在地上木构建筑。

第四，国内城西城墙在门址基础上发现一条不规则长条石打凿而成的门柱础石，该础石与北城墙西门的门柱础石形制相同，同时门道外低里高，或为斜坡式门道，增加了入城的难度。门柱础石上存在的梯形凹槽推测也与地栿有关，因此推断该门址也存在地上木构建筑。

---

① 阎毅之，林志德. 集安高句丽国内城址的调查与试掘[J]. 文物，1984，(01)：p54.

西墙城门并不是按常规门横向切城墙而建,城门面南而辟,这一结构特点,导致城门南北两侧的西城墙东西错位,出入有悖常理。城门西侧存在一个凸出于城门之外的马面,马面与城门东侧的城墙在门前形成了一个类似瓮城的空间,推测这与防备通沟河汛期泛滥或者突出城门军事防御的功能有关。

第五,在国内城城墙的西南角,关野贞曾经标注此处修有马面,此次清理则证明标注有误。通过本次发掘,发现城墙西南角楼沿城墙转角的外轮廓而修建,整个角楼的外轮廓呈现不规则四边形,其外框使用形体较大、比较厚重的石块垒砌而成,层与层之间自下而上略为内收,在外框以内填充河卵石,其营建方式与马面存在明显差别,作为国内城目前通过考古发现的惟一一处高句丽时期的城墙角楼孤例,其价值还有待进一步研究。另外,角楼上清理出一座石块垒砌的建筑基址,其形似马面,规格较小,推测其为后世修补城墙时形成的建筑。

第六,对西墙外侧排水涵洞的清理可以确认是一道南北走向石筑墙体的墙内设施,其目前已经脱离西墙而独立存在,从发现遗物可确认为高句丽时期所建。国内城城墙的西北角现已破坏殆尽,因此在高句丽的某一段时期曾以涵洞所处的城墙作为国内城的西墙,可能在历经后世修葺之后,出现了西墙北部墙体向内凹入的城墙形制[①]。

3.2.2.2 丸都城的既往研究

丸都城,早期称为尉那岩城,也称山城子山城,作为与国内城相拱卫的重要山城,一直以来为学界所关注。最早对其进行详细研究的是日本学者关野贞,1917 年他在朝鲜总督府编辑的《大正六年度古迹调查报告》[②]中发表了《丸都城考》一文,在论文中他以历史文献为基础,结合地理位置的测算,将丸都城的具体位置考证在榆树林子附近,后来该论文又被收录进《朝鲜の建築と藝術》的论文集中。目前的考古发掘材料表明关野贞的推测是有错误的,但他的论证在当时无疑也是具有一定积极意义的。

同时在《滿洲國集安縣に於ける高句麗時代の遺跡》一文中,他也关注了山城子山城的一些情况,如山城子山城位于通沟河峡谷的上方约三十町,险峻的山脊围绕形成了中间的山谷,其上设石筑的城壁,在南方低处有城门,由于城壁的坚固,使其成为一个易守难攻的要冲。其城墙上的女墙高三尺厚三尺,城墙的筑造方法与通沟城壁相似。城内散落着瓦片,其手法纹样与洞沟及东台子所发现的也比较相似,推测属于高句丽时期[③]。对丸都城在榆树林一带的观点,中国多位学者曾经有不同观点,早期如金毓黻先生认为,"集安县城,旧名通沟,即丸都及国内城之所在也。集安县城东门外有古宫殿遗址,当为国内城之所在,其城西北十五里,有城子山,尚有古城,当为丸都之所在……"[④],劳干先生也认为通沟为国内城,丸都

---

① 吉林省文物考古研究所,集安市博物馆. 国内城——2000~2003 年集安国内城与民主遗址试掘报告[M]. 北京:文物出版社,2004. 本段总结根据该书 p12~52 内容综合而成.
② 朝鲜总督府. 大正六年度古迹调查报告[M]. 朝鲜总督府,1917:p553.
③ 關野貞. 滿洲國集安縣に於ける高句麗時代の遺跡[C]. 见朝鲜の建築と藝術[M]. 东京:岩波书店,1942:p279.
④ 金毓黻. 东北通史[M]. 五十年代出版社(翻印),1981.

为其周边山城①，持有此观点的学者还有很多，在此不一一提及。这些学者的观点，对于丸都城此后的调查与研究无疑发挥了重要的作用。

1936年，池内宏和水野清一、三上次男等人对丸都山城进行多次踏查，对南门附近的城壁和城内主要遗迹进行了实测，最终成果被收录入《通沟》一书中。这次调查发现"山城之所筑，西北最高险，山脊波起出东西，环抱广陂与少许平地，南门居最低，石垒补缀山脊之缺。城周约二里，与平壤之大圣山城相伯仲。入城取径于右，行三町余，有小池，俗称饮马池，池后高阜即城内最高地。其南端有堆石，高二丈一，径可十数间，俗名点将台。阜上东西五、六间，南北七、八间，今貌稼穑，赭瓦散布，遗础七八、非复原位，必古有营造，望楼之属。他们也发现了城内的重要遗址——宫殿址，在台东北中陂颇宽平地，地为上下二阶，散见瓦片及大小础石，由其排列之状推之，其宫殿遗址也。下阶之前，亦有贮水池，下阶之中，巨础二十余，左右复多，皆较小。盖中者正殿，左右庑翼也。上阶亦础石成列，其后宫欤"②。

1982年李殿福先生发表《高句丽丸都山城》的论文，第一次比较翔实地介绍了丸都山城的基本概况。丸都山城，是凭借自然山峰的脊梁修筑城垣，东、西、北三面城垣，垒筑在形如半圆的峰脊上，外临陡峭的绝壁。平面不甚规整、呈椭圆形，东、北墙山脊略平坦，多以石垒筑城垣，西墙山脊起伏较大，中有一高峰，其两翼山势险峻，以自然山脊为墙。各墙均有女墙，女墙内壁底下均有柱洞。全城共有五处门址，东、北墙各有门二，南有一瓮城门，西墙无门。南城门设于南墙正中曲折内缩处，是古今通入丸都城的重要通道。丸都城内有建筑遗址三处，古蓄水池遗址1处，墓葬37座。其中建筑址分别为宫殿遗址、瞭望台遗址和戍卒住地遗址。宫殿遗址呈三层阶地，阶各高1m左右，每层阶地都有础石多个，排列有序，形制不明。瞭望台遗址在宫殿遗址前距离瓮城门约200m的台地上，是以石垒砌的高台建筑，逐层向上堆垒。戍卒住地遗址在高台瞭望遗址北15m的平地上，推测是守卫瞭望台的士卒住地遗址③。

2001～2003年吉林省文物考古研究所对丸都山城进行了全面的测绘、调查和试掘，并出版了名为《丸都山城》的考古发掘报告④。这次调查与发掘是规模最大，同时也是发掘最为全面的一次，先后清理、发掘了宫殿址、瞭望台、蓄水池、1号门址、2号门址和3号门址等多处遗址，搞清了城门构造、砌筑方式、城墙堆砌方式和宫殿的布局，从而对整个丸都山城的规划和布局有了较为清楚的认识。

这次发掘的成果可概况为如下两方面：首先是城门址部分，清理了3处门址，其中重点发掘了1号门址和2号门址，弄清了城门址的整体结构，如1号门址平地起筑，阻断为城，东西两侧墙体与瓮城的墙体浑然一体，延伸至南谷口形成内瓮城；清理了城门址的排水涵洞，了解其结构特点和其主要功能；同时通过对遗址的总体把握并结合相关出土遗物的分析，认为1号和2号门址上应建有体量较大的木构建筑。其次是城墙部分，全面了解丸都山城的保

---

① 劳干. 跋高句丽大兄冉牟墓志兼论高句丽都城之位置[C]. 见历史语言研究所集刊（第11册）. 北京：中华书局，1987：p85.

② 池内宏. 通沟（卷上）[M]. 东京：日满文化协会，1938：p93.

③ 李殿福. 高句丽丸都山城[J]. 文物，1982，（06）：p84.

④ 吉林省文物考古研究所，集安市博物馆. 丸都山城——2001～2003年集安丸都山城调查试掘报告[M]. 北京：文物出版社，2004. 根据发掘报告内容综合而成。

存现状和城墙上遗存的分布情况,对城墙的走势、结构、砌筑方式、破坏原因及补砌情况有了较为充分的认识,对其中的重点部分还进行了深入的研究与清理工作。

这次发掘的主要成果则是宫殿址部分,对宫殿址进行了全面揭露,并对其中的西宫墙、北宫墙、南宫墙、东宫墙,以及1号、2号、3号台基与4号台基的大部进行了发掘,共发掘面积约9100m^2,发掘出的宫殿址建筑遗迹包括宫墙、排水系统、建筑台基、建筑址、宫门、中心广场及宫殿附属设施等。除此之外,对宫殿址外的2处附属建筑也进行了清理,但由于遗迹残损严重,缺乏判断遗存性质的遗物,因此这两处建筑址的性质尚难以确定。最后,对瞭望台的主体建筑遗址和依附于主体建筑的阶梯、戍卒居住址和蓄水池遗址也进行了详细的测绘与清理,发掘出了瓦当、铁器等遗物。这次发掘的意义重大,不仅使人们对丸都山城的城墙、城门结构等有了更深入的认识,同时第一次探明了山城中的宫殿布局清楚,其学术研究价值很高。

3.2.3 国内城与丸都山城的性质与布局

1. 国内城

国内城作为高句丽中期的平原城国都,其历史地位与研究价值都非同寻常,但是由于它在高句丽灭亡之后又相继为其他朝代所沿用,尤其是清至民国年间的修缮,使得高句丽时代国内城的整体布局与建筑分布受到了很大的破坏。因此,自20世纪初日本学者关注于国内城直至现在,已历经近100年的时间,学者们对国内城的研究内容仍然停留在对城墙、城门等较为坚固的城池设施方面,而对于国内城内部的建筑布局状况却由于缺少文献与考古资料而停滞不前。

然而2000~2003年对国内城的大规模发掘,为我们研究其城内的建筑布局状况提供了新的素材。在这一阶段发掘中,共清理出19处建筑遗址,这些建筑遗址大多仅为原有建筑的一部分,或为建筑的某一拐角,或为建筑的排水涵洞,它们对于整体建筑的布局研究并无太大的实际意义。但其中位于吉林省集安市内体育场、门球场附近的建筑遗址研究价值较高。体育场建筑遗址共发现4处较大的院落,其中2、3、4号建筑址都采用内外两重墙的形式,如图3-8。这几处发掘的遗址仅为墙的下部基址,其上部的结构部分推测以木、石或混合结构为主。内外两重墙的回字形布局,使得内侧空间成为使用空间,外侧空间包裹内部空间,因此有可能是回廊。这几处建筑址相互结合,形成了一组规模较大的建筑群。同时,在这些遗址中出土了带有龙纹的砖,如图3-9。龙纹在古时一般代表了王权,因此这也表明体育场一带

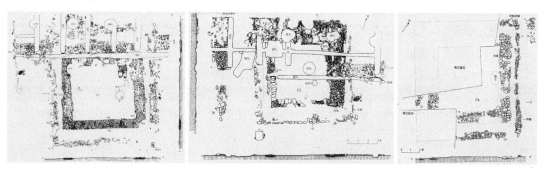

图3-8 国内城体育场2、3、4号建筑址

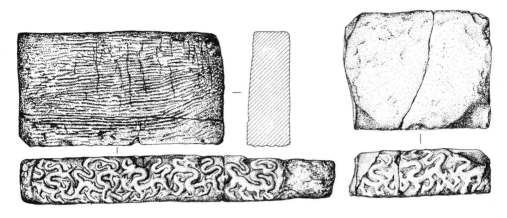

图3-9 国内城出土龙纹砖

在整个国内城中或处于相对重要的地位。对比体育场一带的重重院落，门球场所发现的建筑规模要明显小于体育场遗址，建筑遗址仅表现出一重墙，非类似体育场的内外两重墙，说明该建筑至少在空间上要比体育场遗址简单，或许在建筑等级上也要次于体育场建筑遗址。除此之外，门球场的遗址中还发现了多个础石，这也表明当时的建筑结构技术采用了木结构或木、石混合的结构技术。

体育场一带的区域有可能是国内城重要的宫殿区，它位于国内城的中部偏西南，在国内城中也处于核心区域。这一阶段发掘出的内容已算是国内城城内发掘中规模较大的一次，但是仅依靠这一次发掘所取得的材料，就将国内城中的城市布局情况搞清楚还是很困难的。另外，由于受到当地的客观条件所限，对国内城进行彻头彻尾的系统性发掘难度更大。因此，只有对国内城进行持续的考察、发掘与积累，今后才有可能对国内城布局进行整体研究。

2. 丸都山城

与国内城几乎同时见于文献的高句丽中期都城，就是"丸都城"，即今丸都山城。作为山城，该城充分体现了高句丽山城善于利用自然条件的特点。据现有的考古调查资料，大部分的高句丽山城都依据山势的自然走向而修筑，因此其建筑的布局形式与格局在很大程度上受到地理、自然环境的制约。在平面的布局上，无论是矩形、多边形、椭圆形或簸箕形等，都随山就谷呈"不规则形"[①]，丸都山城同样也是如此。山城的地势北高南低，形成向南倾斜的簸箕状。东、西、北三面城垣筑在环抱的山脊上，外缘临陡峭的绝壁，内侧则为广阔的山坡。结合内部的缓坡，修筑了供王宫贵族使用的宫殿，在其附近的高地还设置了点将台，便于更好地观察敌情。因此，与其他高句丽山城相比，良好的地理条件是丸都山城的一大优势，其背山面水的地理环境，不仅有利于战时的守卫，而且对于日常居住与起居也都是相当有利的。

丸都山城同时还是一座用于战时的具有守卫性质的都城，其城防体系也比其他高句丽山城要严密得多。在自然地形上，丸都山城的四周多为高山峡谷，山势比较险峻，多峭壁，同时整座山峦形成一种环抱的态势，将山城中的核心——宫殿围绕其中，这种布局方式易守难攻，便于战时的守卫与防御，如图3-10。同时，在山城的城防设施上，丸都山城也更加完备。

---

① 王绵厚. 高句丽古城研究[M]. 北京：文物出版社，2002：p157.

图 3-10　日本人所摄丸都山城全景图

山城共有 5 处城门，南墙正中有一处瓮门，东、北墙各有 2 个门。南瓮门设于墙正中曲折内凹处，门外对着平坦的通沟河谷，是进入丸都山城的主要通道，位置险要。门的西侧有长方形的平台，或为巨大瓮城的遗址。同时，瓮门下还有涵洞的遗迹，城内溪水从此向外流入通沟河。瓮门是高句丽山城防御的主要设施，在一些高句丽大型山城，如罗通山城等都可见其踪迹，但是在瓮门的规模方面，丸都山城的南瓮门址无疑是最大的。这样大规模的瓮门址，与其山城整体的规模相匹配，从而凸显出其山城的气势。

城内的其他设施，如泉水池、点将台等，丸都山城也是颇具特色。由于山城规模巨大，丸都山城的用水已经不局限于某一处泉水池，而是利用城中的多条山谷冲沟，这种地理上的构造为山城内生活的人们带来了丰富的水源，这种集水的方式也非高句丽其他山城中的泉眼、贮水池等设施所能媲美。而山城内点将台的位置更是一处绝佳的高地，站在点将台上向下可见南瓮门周边环境，向上则可操练兵士，对于整座山城来说，该点将台是除宫殿址之外又一处核心区域。结合对上述种种城防设施及布局的分析，丸都山城的都城性质都表现得淋漓尽致，而这也远非一般高句丽山城所能相比的。

3.3　高句丽的后期都城——平壤城和长安城

自公元 427 年高句丽长寿王迁都平壤之后，公元 586 年平原王又迁都于长安城，因此以其都城所在又可以将高句丽后期划分为平壤城时代（今平壤东北郊大城山一带）和长安城时代（今朝鲜首都平壤市区内古城），学界一般称之为前期平壤城和后期平壤城。

3.3.1　前期平壤城的研究

平壤城作为高句丽后期的重要都城，一直以来都为学界所关注，但"平壤城"在《三国史记》中出现很多处，其所处的时代跨度较大，将其前后相印证，学界在平壤城的方位、具体所指等诸多方面存在很大争论，如文献中共记载有"平壤城"、"南平壤"、"平壤东黄城"等多处字眼，这些"平壤"是否为同一座城？再如"故国原王四年，增筑平壤城"、"长寿王十三年，移都平壤"，这两座不同时代的平壤城又是否为同一座城？这些问题，都是值得进一步推敲的。因此，厘清各种文献中所记载的平壤城，是对其进行下一步研究的关键所在。

3.3.1.1　文献中的平壤城

《三国史记》中关于"平壤城"的记载有很多处，其中最早记载的当属东川王二十一年（公元 247 年）"春二月，王以丸都城经乱，不可复都，筑平壤城，移民及庙社。平壤者，本仙人王俭之宅也,或云王之都王俭",其后在美川王、故国原王、广开土王、长寿王本纪中也有记载,另外在百济、新罗及地理志中也有关于平壤城的记载,择其重要条目总结于表3-1:

关于"平壤城"与"长安城"的重要文献记载(按时间顺序)　　表 3-1

序号	本纪、杂志或列传	纪年	相关内容	来源
1	高句丽	东川王二十一年(247年)	春二月,王以丸都城经乱,不可复都,筑平壤城,移民及庙社。平壤者,本仙人王俭之宅也,或云王之都王俭	《三》卷17
2	高句丽	美川王三年(302年)	秋九月,王率兵三万侵玄菟郡,虏获八千人,移之平壤	
3	高句丽	故国原王四年(334年)	秋八月,增筑平壤城	
4	高句丽	故国原王十三年(343年)	秋七月,移居平壤东黄城,城在今西京东木觅山中	《三》18卷
5	高句丽	故国原王四十一年(371年)	冬十月,百济王率兵三万,来攻平壤城	
6	百济	近肖古王二十六年(371年)	冬,王与太子率精兵三万,侵高句丽,攻平壤城。丽王斯由力战,拒之,中流矢死,王引军退。移都汉山	《三》24卷
7	高句丽	小兽林王七年(377年)	冬十月,百济将兵三万,来侵平壤城	《三》18卷
8	百济	近仇首王三年(377年)	冬十月,王将兵三万侵高句丽平壤城	《三》24卷
9	高句丽	广开土王二年(393年)	秋八月,百济侵南边,命将拒之。创九寺于平壤	
10	高句丽	广开土王十八年(409年)	秋七月,筑国东秃山等六城,移平壤民户	《三》18卷
11	高句丽	长寿王十三年(427年)	移都平壤	
12	高句丽传	公元435年	(李)敖至其所居平壤城,访其事,云:"辽东南一千余里,东至栅城,南至小海,北至旧扶余,民户三倍于前"	《魏书》
13	高句丽	平原王二十八年(586年)	移都长安城	《三》19卷
14	高句丽	婴阳王九年(598年)	夏六月,……周罗自东莱泛海,趣平壤城,亦遭风,船多漂没	
15	高句丽	婴阳王二十三年(612年)	春正月壬午,……络绎引途,总集平壤	
16	高句丽	婴阳王二十三年(612年)	六月已未,……浮海先进,入自浿水,去平壤六十里。……于是遂进,东济萨水,去平壤城三十里,因山为营。……不可复战,又平壤城险固,度难猝拔,遂因其诈而还	《三》20卷
17	高句丽	婴阳王二十四年(613年)	夏四月,车驾度辽,遣宇文述与杨义臣趣平壤	
18	高句丽	荣留王二十四年(641年)	……别遣舟师,出东莱,自海道趋平壤,水陆合势,取之不难	
19	高句丽	宝藏王三年(644年)	十一月,……以刑部尚书张亮为平壤道行军大总管…… 其后还有类似数条记载,此处省略	《三》21卷

续表

序号	本纪、杂志或列传	纪年	相关内容	来源
20	高句丽	宝藏王十九年（660年）	秋七月，平壤河水血色，凡三日	《三》22卷
21	新罗	文武王元年（661年）	冬十月二十九日，……传敕旨：输平壤军粮……	《三》6卷
22	新罗	文武王二年（662年）	春正月，……租二万二千余石，赴平壤……距平壤三万六千步	《三》6卷
23	新罗	文武王七年（667年）	秋七月，……从多谷、海谷二道以会平壤。……冬十月二日，英公到平壤城北二百里，……	《三》6卷
24	新罗	文武王八年（668年）	九月二十一日，与大军合围平壤，……冬十月二十二日，……平壤城内杀军主……	《三》6卷
25	新罗	文武王十一年（671年）	大王报书云："……我平定两国，平壤已南，百济土地……"，其后还有类似数条记载，此处省略	《三》7卷
26	新罗	圣德王三十六年（736年）	冬十一月，……检察平壤、牛头二州地势……	《三》8卷
27	新罗	宪德王十七年（825年）	春正月，宪昌子梵文与高达山贼寿神等百余人同谋叛，欲立都于平壤，攻北汉山城。……平壤，今杨州也。太祖制庄义寺斋文，有高丽旧壤，平壤名山之句	《三》10卷
28	地理志	汉阳郡条	汉阳郡，本高句丽北汉山郡（一云平壤）	《三》35卷
29	地理志	高句丽条	……都国内，历四百二十五年；长寿王十年，移都平壤，历一百五十六年；平原王二十八年，移都长安城，历八十三年……平壤城似今西京，而浿水则大同江是也……唐书云"平壤城，汉乐浪郡也……"又隋炀帝东征诏曰："……横绝浿江，遥造平壤"以此言之，今大同江为浿水明矣。则西京之为平壤，亦可知矣	《三》37卷
30	地理志	汉山州条	……北汉山郡，一云平壤……	
31	地理志	百济条	至十三世近肖古王，取高句丽南平壤，都汉城	
32	异域传		（高句丽）治平壤城。其城东西六里，南临浿水，城内唯积仓储备，寇贼至日方固守。王则另为宅于其侧，不常居之。其外有国内城及汉城，亦别都也	周书
33	高丽传		其王好修宫室，都平壤城，亦曰长安城，东西六里，随山屈曲，南临浿水。城内唯积仓储器备，寇贼至日，方入固守。其国中呼为三京	北史
34	高丽传		（高句丽）都于平壤城，亦曰长安城，东西六里，随山屈曲，南临浿水	隋书
35	高丽传		其君居平壤城，汉乐浪郡也，去京师五千里而赢，随山缭为郭，南涯浿水	新唐书

备注：表内《三》为《三国史记》的简称。

根据表 3-1 中所记载的文献，可知有关平壤城的记录有很多处，它们之间的关系看似比较混乱，具体所指也比较模糊，但是可以采取定时间界标点的方式逐一进行确定。首先，第一个时间界标点就是"长寿王十三年（公元 427 年）移都平壤"，其中的平壤城推测就在目前朝鲜人民民主共和国首都平壤一带，这一观点学界大多并无异议，仅熊义民认为该平壤城仍在集安国内城附近[①]。从当时的社会背景来分析，高句丽在北方已经基本结束了与中原的敌对状态，与北魏交好，而其重心此时也转移至朝鲜半岛的内部，迁都至目前朝鲜境内的平壤将有利于更好地贯彻其南进战略，因此，长寿王迁都的平壤在目前朝鲜境内平壤一带应有较大可能。以长寿王迁都（公元 427 年）为时间界标点，此后文献中所记载的平壤应与此相呼应，包括隋唐时期与中原发生战争的平壤城，两者应该均指同一地点，即目前朝鲜首都平壤一带。

其次，第二处时间界标点即公元 371 年，此时"高句丽故国原王四十一年，百济王率兵三万，来攻平壤城"，而文献记载，"百济近肖古王二十六年，王与太子率精兵三万，侵高句丽，攻平壤城。丽王斯由力战，拒之，中流矢死，王引军退。移都汉山"，同时《三国史记·地理志》中还记载，"至十三世近肖古王，取高句丽南平壤，都汉城"，即表 3-1 中第 5、6、31 条。这几条文献相互印证，记录的是同一件事，即百济近肖古王率兵进攻高句丽，攻下其所属平壤城，高句丽王斯由与其相抗衡，但中流矢而亡，高句丽随即退军，百济因此而将其都城迁移至汉山。地理志中的记载，表明此时的平壤城为南平壤，这也是文献中唯一一条关于南平壤的记载，它的位置或位于今韩国首都首尔一带，其周围有北汉山与南汉山，而百济定都的汉山即位于此处。

同时，表 3-1 中第 30 条记载，"北汉山郡，一云平壤"，因此汉城周边的南北汉山一带或为当时的高句丽"南平壤"。在名称上，南平壤与北平壤是相对的，南平壤的存在或说明北平壤也是存在的，因此位于朝鲜首都平壤一带的"北平壤"在公元 371 年左右或已为高句丽所占领，而此时高句丽由于国力尚未强大，因此在首尔这一"南平壤"地域与百济展开了攻防战，最终由于实力不济而退让至"北平壤"。而到了高句丽广开土王这一鼎盛时期，又重新夺回南平壤，使得百济不断向南迁都，如泗沘、熊津等，及至长寿王时期。为了适应这一南进策略，同时考虑到北平壤已远离与百济战争的前线，因此最终将都城迁至今朝鲜平壤一带。

再次，在公元 371 年之前，仍然有多处平壤城的记载。其中，"故国原王十三年（公元 343 年），移居平壤东黄城，城在今西京木觅山中"，这其中涉及了平壤东边的黄城，此处的平壤又所指为何呢？《三国史记》作者金富轼认为该城在当时（高丽）的西京木觅山一带。高丽时期，木觅山文献中有记载，"在府东四里，有黄城古址，一名□城。世传高句丽故国原王居丸都城，为慕容□所败，移居于此"[②]，此后 19 世纪朝鲜著名地理地图学家金正浩在其《大东地志》中也记载，"木觅山，东南十里，大同江南"[③]，这几条文献相互印证，或可认为金富轼着书之时认为故国原王所移居的平壤东黄城位于今朝鲜国首都平壤东部的木觅山一带。但是，在《三国史记·地理志》中却又记载，"而或云故国原王十三年，移居平壤东黄城，城在今西京东木觅山中，不可知其然否"[④]，说明该平壤城的具体所指在高丽时期即已失传，经过一番研究，金

---

① 熊义民. 高句丽长寿王迁都之平壤非今平壤辨[J]. 中国史研究, 2002, (04): p66.
② 卢思慎, 李荇新增. 新增东国舆地胜览[M]. 奎章阁嘉靖刊本: 卷 51·平壤·山川条.
③ 金正浩. 大东地志[M]. 奎章阁嘉靖刊本: 卷 2·平安道·平壤·山水条.
④（高丽）金富轼. 三国史记[M]. 长春: 吉林文史出版社, 2003: 卷 37·高句丽条.

富轼认为其很有可能位于平壤东部的木觅山一带,该平壤城或也为今朝鲜国的首都平壤。

此外,表3-1中第1、2、3条中还有三条关于平壤城的记载,分别处于东川王、美川王和故国原王时代。"东川王二十一年(公元247年),王以丸都城经乱,不可复都,筑平壤城,移民及庙社。平壤者,本仙人王俭之宅也,或云王之都王俭"和"美川王三年(公元302年),王率兵三万侵玄菟郡,虏获八千人,移之平壤",这两条文献中的平壤城所处的时代相对较早,而此时高句丽的主要精力仍然集中在与中原政权争夺辽东地域,其国力或尚未达到东南方朝鲜半岛内陆的平壤一带,因此此处的平壤或指高句丽中期都城国内城、尉那岩城一带。

而魏存成先生也认为高句丽攻占乐浪郡在公元313年,高句丽王被封为乐浪公,也是在此后的故国原王二十五年(公元353年),因此在公元313年之前,就不可能有高句丽以原乐浪郡治所在为都之事[①]。原乐浪郡治所在为平壤,而该郡早期一度处于高句丽和朝鲜半岛之间,因此高句丽尚未占领乐浪郡,也就谈不上迁都平壤。据此,东川王和美川王时代的平壤或应指的是集安国内城一带。至于表中第3条,故国原王四年增筑的平壤城,魏存成先生认为与前两条一样,均为国内城,因为采用了"增筑"的文字作为修饰,应该是在原有平壤城的基础上对其采取加固的措施。但是仅9年后的十三年,却又出现了平壤东黄城的词,其位置或在朝鲜首都平壤一带,因此笔者认为故国原王四年所增筑的平壤城,大致有两种可能,一种位于国内城,另一种则位于今平壤一带,而仅通过文字表述似乎很难判定其具体所指,因此该条文献中平壤的位置还有待商榷。

3.3.1.2 平壤城的位置、现状及特点

本节所表述的平壤城,并不是现在的朝鲜首都平壤市区,而是位于其东北郊外的大城山一带,目前这一区域中现存有大城山城、清岩里土城和安鹤宫三处大型城市或宫殿遗址。

这三处遗址中,有关安鹤宫的介绍详见第5章,在此不赘述。大城山城位于安鹤宫后山,南由大同江所围,北依青龙山,其东西南三侧面临平地,只北部连接山脉。大城山南侧,大同江从东向西流过,城的西侧为南北走向的合掌江,东部也是南北走向的长寿川,因此大城山的三面均为大江小川,北依险峻的山脉,使得大城山成为一处易守难攻的天然要冲。大城山上共有六个山峰,"苏文峰"、"乙支峰"、"长寿峰"、"北将台"、"明临峰"和"朱雀峰",最高峰为"乙支峰"。6座山峰由高高的山脊线相接而形成近似的椭圆形,如图3-11。在此基础上,

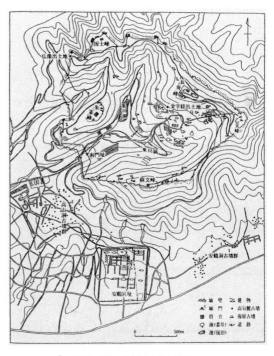

图3-11 大城山城地形图

---

① 魏存成. 高句丽遗迹[M]. 北京:文物出版社,2002:p42.

大城山城便由这六座山峰的山脊线相围绕而成，其平面大体为五角形。城内朱雀峰和苏文峰之间的山谷，为山城内的水流汇聚之处，是山城内最低的地方。

大城山城共发现有20个城门，但其中仅有东、西、南、北四个门为日常出入的门，其他城门为不易察觉或紧急时使用的"暗门"。城门中最具有代表性的当属大城山的正门，也即南门。南门的两侧连接着城壁，在以南门为中心约220m的区间，形成平地城。南门附近的城壁，由两层构成，这种形式的城门址在高句丽的其他山城中较为少见。暗门中较为典型的是苏文峰的城门，城门两侧的城壁彼此错开，形成较长的双行，两个城壁间有城门遗址，推测平时封堵，仅作战时用作暗门。距该门不远处即有马面，作为守卫该暗门的防御设施。

大城山的城壁上共发现有65个马面，主要多在城壁呈直线的部位，在城壁的尖端转弯处，也可发现。与高句丽其他山城相比，大城山城的马面或可认为在数量上是最多的，这也从侧面说明当时的高句丽王对该座山城的重视程度。此外，在大城山城的内部还发现有20多处建筑址，建筑址都比较狭长，并形成前后多层的台地，推测是保卫山城军队的兵营，也有部分建筑址推测为粮仓和武器库。大城山城内部发现了多达170处的水池址，这也是高句丽山城中水池数量最多的，可知当时大城山城作为一座易守难攻的山城，其防御性及耐久性都是相当高的[①]。

有关这三处遗址的性质问题，学界目前对此仍有很大的争议。大城山城是这三座遗址中唯一一座山城，因此在高句丽所特有的山城与平原城这一都城体系中，一般被认为是其中具有防御性质的山城，这一观点为广大学者们所接受，但对于这一体系中的平原城究竟是清岩里土城，还是安鹤宫，学者们对此争论不休。朝鲜学者们一般认为安鹤宫应为当时平壤城的王宫，而非清岩里土城，如蔡熙国的《대성산 일대의 고구레 유적에 관한 연구》[②]和《대성산성의고구려유적》的考古发掘报告[③]中均认为大城山城是长寿王迁都的平壤城，同时批判了关野贞认为王都为清岩里土城的观点。中国学者耿铁华、王绵厚先生也对此表示赞同，同时王绵厚先生还认为清岩里土城为"平壤东黄城"的所在[④]，而魏存成先生则对此观点相对谨慎，他认为安鹤宫有可能从开始修建，到后来包括高句丽王迁到今平壤市区内古城长安城为都时，仍在使用[⑤]，实际上也间接承认了安鹤宫年代较早的观点。

但是，日本学者们对这种观点普遍持有异议，前辈关野贞先生在早期踏查中最初认为安鹤宫为王宫，不久又更改为清岩里土城，其改变的依据主要在于安鹤宫遗址中出土的瓦，在高句丽瓦当中形式是最晚的，或属于高句丽末期，而清岩里土城出土的瓦比乐浪土城东边及附近出土的最早的瓦要稍晚一些，而比今平壤出土的所有的瓦早[⑥]。田村晃一则通过对比高句丽定陵寺、安鹤宫及大城山所出土的瓦当，认为定陵寺与大城山城的瓦当相似性较高，而安

---

① 朴晋煜著. 朝鲜考古学全书（中世篇·高句丽）[M]. 李云铎译. 平壤：朝鲜科学与百科辞典综合出版社，1991. 转自《历史与考古信息》总第36期.
② 제희국. 대성산 일대의 고구레 유적에 관한 연구 [M]. 평양：사회 과학원 출판사，1964.
③ 김일성종합대학고고학및민속학강좌집필. 대성산성의고구려유적 [M]. 평양：김일성종합대학출판사，1976.
④ 王绵厚. 高句丽古城研究 [M]. 北京：文物出版社，2002：p63.
⑤ 魏存成. 高句丽遗迹 [M]. 北京：文物出版社，2002：p56.
⑥ 关野贞. 朝鲜の建築と芸術 [M]. 东京：岩波书店，1941：p349-352.

鹤宫的瓦当则比较晚，说明安鹤宫的时代较晚[①]。此外日本学者如谷丰信[②]、千田刚道[③]、田中俊明[④]等也持上述观点。

对于安鹤宫的年代问题，遗址所出土的瓦当是其年代较晚的一个证据，但仅仅根据这些瓦当还不充分。笔者认为安鹤宫从其遗址所出土的鸱尾样式上，也可以证明其年代较晚，而且与隋唐中原地区所发现的样式年代或比较接近，详见6.2.1.4节。同时，从其宫殿布局形制来看，安鹤宫的宫殿内部结构比较明晰，空间划分也更加丰富，这可能继承了北魏以来都城的一些特征，其后又受到邺南城与隋唐大兴宫殿的较大影响，因此从这方面内容分析，安鹤宫应该也处于一个相对较晚的年代，详见5.5节。另外，安鹤宫遗址地层下方仅120cm处，就发现有三个石室墓的墓底，说明这些墓的上半部在修宫殿时遭到破坏，而这些墓朝鲜学者认为属于3世纪前期，日本学者认为或在5世纪末至6世纪初[⑤]，因此，如果日本学者推论成立的话，安鹤宫的修筑年代也不会早于6世纪。基于上述种种情况来综合分析，安鹤宫的遗址年代或与大城山城、清岩里土城相异，且要晚于这两处遗址，因此前期平壤城的山城与平原城组合或为大城山城和清岩里土城。

3.3.2 后期平壤城的背景

"高句丽阳原王八年（公元552年），筑长安城"，并于"平原王二十八年（586年），移都长安城"[⑥]。此时的长安城，学者们大多认为位于今朝鲜的首都平壤市，如关野贞[⑦]、王绵厚[⑧]、田中俊明[⑨]及朝鲜的部分学者[⑩]，笔者也对此持同一观点。

《三国史记》中高句丽的条目对有关长安城的记载并不能体现其城市的特点，但是在新罗的条目中有关唐罗联军进攻高句丽的一些记载中，可了解长安城当时的一部分城内设施。"汉山州少监朴京汉，平壤城内杀军主……黑岳令宣极平壤城大门战功第一……誓幢幢主金遁山，平壤军营战功第一……军师南汉山北渠，平壤城北门战功第一……军师斧壤仇杞，平壤南桥战功第一……假军师比列忽世活，平壤少城战功第一……"[⑪]，从文献中可知，长安城当时有"大门、北门、南桥、少城"等设施，通过这些城市防御设施，高句丽王族试图抵御外敌的入侵。实际上，朝鲜学者们的考古发掘表明，长安城的城防体系远比文献中所记载的要强大，

---

① 田村晃一著. 有关高句丽寺院遗址的若干考察[J]. 李云铎译. 历史与考古信息（东北亚），1985，（04）：p39.
② 谷丰信. 关于四至五世纪高句丽瓦的若干考察[C]. 见东洋文化研究所纪要（108）. 东京：东京大学东洋文化研究所，1989.
③ 千田刚道. 高句麗·高麗の瓦—平壤地域を中心として[C]. 见朝鲜の古瓦を考える. 奈良：帝塚山考古学研究所，1996.
④ 田中俊明. 高句麗の平壤遷都[J]. 朝鮮學報，2004，第190辑卷.
⑤ 东潮. 高句丽考古学研究[M]. 东京：吉川弘文馆，1997.
⑥ （高丽）金富轼. 三国史记[M]. 长春：吉林文史出版社，2003.
⑦ 關野貞. 高句麗の平壤城及び長安城に就いて[C]. 见朝鲜の建筑と藝術[M]. 东京：岩波书店，1942.
⑧ 王绵厚. 高句丽古城研究[M]. 北京：文物出版社，2002：p57.
⑨ 田中俊明. 高句麗長安城の位置と遷都の有無[J]. 史林，1984，第67卷（04）.
⑩ 朴晋煜. 朝鲜考古学全书（中世篇·高句丽）[M]. 平壤：朝鲜科学与百科辞典综合出版社，1991.
⑪ （高丽）金富轼. 三国史记[M]. 长春：吉林文史出版社，2003：卷6，p86.

也更为体系化，如图3-12。图中的长安城，也就是如今的平壤旧城，地处朝鲜大同江和普通江的交汇处，围绕着两条江水及其支流布置成一个口袋状，其南侧为平原，北侧则为山地和绝壁，如牡丹峰、乙密台和万寿台。因此，整座长安城中北部为高地，南部为平地，易守难攻，加之两侧有江水环绕，可谓占尽了地利。

除此之外，长安城在城市营造方面也颇为讲究，整个平壤城又划分为4个小城。其中，内城包括从万寿台西南端，沿丘陵南进，从新岩洞向东转，到大同江岸的平壤城东壁，再向北拐到乙密台地区。中城利用内城南壁南侧东西并排的解放山、苍光山、安山等自然地势，从大同桥起到安山的东西横贯而围筑。外城是以中城南壁为北界，包括其南侧部分的城。北城则是从乙密台向北围绕牡丹峰、文峰、武峰，再向东南，经浮碧

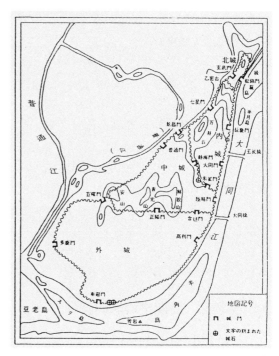

图3-12 平壤城平面图

楼、过转锦门，沿清流碧山梁到达东暗门的城[①]。另外，据朝鲜学者调查，长安城在城壁上还构筑有马面、瓮城等设施，这些设施目前在城址上还留有部分遗迹。城内还设有将台，如乙密台、万寿台，这些将台实际就是高地，不仅便于操练兵士，而且可以起到眺望与观察敌情的作用。

相对于高句丽其他时期的都城，如纥升骨城、国内城与丸都山城、大城山城与清岩里土城，长安城的营造有其独特性。首先，长安城在都城位置的选择上考虑较多，也更加善于利用地形。城北侧为险峻的山地，东、西、南三面均为河流，高山与河流成为一道城市防御的天然屏障，同时背山面水也符合东方传统城市营造的理念。

其次，高句丽中后期所特有的平原城和山城结合的方式，在长安城中仍然得到了保留，长安城南侧为外城和中城，都是平原城，后侧的内城和北城则为山地城，王宫贵族们多居于内城，这样整座长安城就形成了一组平原城和山地城结合的布局。另外，内城不仅外有天然河流作为防御，而且其南部的外城和中城相当于又增加了两道防护，北侧也类似增加了一座北城作为防护。因此，对于内城而言，长安城的整体防御性都得到了极大的提高。

最后，长安城这种有异于其他高句丽都城的布局方式，学者们认为它受到了中原都城的影响。魏存成先生认为它受到了北魏洛阳城的影响。考古发现，北魏洛阳在城西北角的高地上另修了三个相连的小城——金镛城，该城是仿邺城三台而建，以加强宫室防御。而高句丽长安城为了加强内城防御，在内城之北的山峰上又另修北城，使人很容易联想到北魏洛阳

---

① 朴晋煜. 朝鲜考古学全书（中世篇·高句丽）[M]. 平壤：朝鲜科学与百科辞典综合出版社，1991：p75.

城旁的金镛城。他认为高句丽长安城是在原山城和平原城互相配合的传统基础上，又吸收北魏洛阳城的规划特点之后形成的新布局。它既保留了原山城利于防御的优势，又改变了山城和平原城分离两处的不便，将山城和平原城融为一体，使战时防御和平时居住达到了合理的统一[1]。

3.4 本章小结

在长达705年的时间内，高句丽曾经多次迁都，早期曾定都于纥升骨城，此处学界一般认为即五女山城，城内目前所发现的建筑遗址大多规模较小、形制简单，体现了早期的特征。同时，在山城内部发现了双开间的建筑，推测与中原地区双开间的建筑存在一定的历史渊源，因此不排除高句丽早期建筑即受到中原建筑的影响。结合多方面的资料，五女山城作为高句丽早期宫殿的所在地，这种可能性相当大。

高句丽中期迁都于国内城，周围辅以尉那岩城即丸都山城，目前的国内城由于内部遗迹遭到后期较大的破坏，城内的宫殿建筑布局情况很难确定。丸都山城作为一座战时高句丽王族们的居所，具有了高句丽山城所应具备的特点与要素，而丸都山城内部所发现的宫殿建筑遗址规模较大，这是一般的高句丽山城所不能与之相比的，因此对该宫殿建筑的研究或可推知国内城宫殿的情况。

平壤城作为高句丽中后期的治所，由于文献上的混乱，使得学者们对该城的具体所指存在较大争议。笔者归纳出其中的重要文献条目，根据这些条目采用倒叙的方法，同时结合有关的时代背景，逐条进行分析与整理，将文献中有关"平壤城"的名词分类化，初步厘清了这些平壤城的具体位置。此外，由于后期的宫殿代表——安鹤宫也位于平壤城的附近，因此对平壤城的整体布局、城市营造等相关内容进行了简要的描述，为后面的章节内容作铺垫。

---

[1] 魏存成. 高句丽遗迹[M]. 北京：文物出版社，2002：p63.

第4章 高句丽中期宫殿建筑研究

国内城和丸都山城作为高句丽的中期王都，具有突出的历史地位，而供高句丽各代王居住的，处于都城核心位置的宫殿建筑，其历史价值与重要性更是不言而喻。这一时期的宫殿建筑，是否继承了早期建都卒本时宫殿的某些特性，同时又是否影响了后期建都平壤时的宫殿形制，中原王朝重要都城与其是否存在某种联系，这些问题都是值得进一步深入研究与探讨的。本章就拟对近来丸都山城所发现宫殿建筑遗址的性质、布局和形制等问题进行探讨。

4.1 中期宫殿建筑的文献考察

自琉璃明王二十二年（公元3年）迁都国内、筑尉那岩城，至长寿王十三年（公元427年）迁都平壤，这段时期内的高句丽各代王不仅多次修复了损毁的国内城和丸都山城，对城内的宫殿建筑也曾多次营建、修复。如"烽上王七年（公元298年）冬十月，王增营宫室，颇极侈丽，民饥且困，群臣骤谏，不从。九年（公元300年）八月，王发国内男女年十五以上，修理宫室，民乏于食，困于役，因之以流亡……王愠曰'君者，百姓之所瞻望也。宫室不壮丽，无以示威重'"[1]，高句丽烽上王喜好营宫室，但是由于当时国力尚不充足，民众饥饿且穷困，大家对此均有所怨言，群臣谏之，烽上王不仅不听从，还拿出西汉初萧何营宫室的缘由"宫室不壮丽，无以示威重"来反诘，此后也正由此而导致众叛亲离的下场。再如"广开土王十六年（公元40年）春二月，增修宫阙"[2]，广开土王时期是高句丽国力比较强盛的时期，此时的广开土王不仅对外积极入侵，而且在国内也广修宫阙以显示国力的强大。

另外，中国的一些正史中也曾记载"（高句丽）其王好治宫室"[3]，尽管《三国史记》中对于其他高句丽王营建宫室并没有文字记载，但是推测作为特权阶级的高句丽王公贵族们也必定喜好营建宫室，因为这不仅能体现国家的实力，而且也可以通过宫室体现贵族与平民百姓之间的等级差异。《新唐书·高句丽传》记载"高句丽居依山谷，以草茨屋，惟王宫、官府、佛庐以瓦"，从这一段文献可知，当时高句丽在建筑形制上是有等级之分的，重要建筑如宫殿、官府和佛寺等才可以使用瓦，而普通的民宅则只能以茅草作为屋顶的建筑材料。

---

[1] （高丽）金富轼. 三国史记[M]. 长春：吉林文史出版社，2003：高句丽本纪·烽上王条.
[2] （高丽）金富轼. 三国史记[M]. 长春：吉林文史出版社，2003：高句丽本纪·广开土王条.
[3] （北齐）魏收. 魏书[M]. 中华书局，1974：列传第88.

值得说明的是，目前已搜集到的史料中，有关高句丽中期宫殿的文献记载非常少，多集中在《三国史记》等几部正史中，而且这些文献大多仅仅笼统的记载诸如"何时增建宫室"等史实，而有关中期宫殿的布局、形制等宫殿制度方面的记载几乎没有，因此对于高句丽中期宫殿建筑的研究，其主要工作只能以现存实例遗址为对象，辅助以部分文献，推测当时可能存在的一些宫殿制度与形制。

4.2 中期宫殿建筑遗址现状

4.2.1 中期宫殿建筑遗址概况

国内城在高句丽灭亡后一直被后世所沿用，城内遗址不仅在一千多年的长期使用中有所破坏，而且近年来经济建设的发展，更加速了城内建筑遗址的毁灭。目前，城内关于宫殿建筑遗址所留存的历史信息很少，尽管在2000—2003年对国内城曾经开展过大规模的发掘，但此次发掘也仅清理出民主建筑、石柱建筑等遗址，其性质还有待于进一步的确定。这些建筑遗址对于研究国内城城市的布局情况提供了较丰富的历史信息，但对于研究国内城内的宫殿布局、形制等则远远不足，因此国内城内的宫殿建筑研究在目前看来还有一定的局限性。

与此相反，丸都山城虽然也曾被后世所沿用，但是由于位置的偏僻及地形的险要而人迹罕至，其城内建筑遗址破坏的程度较小，以至于关野贞当年去丸都山城调查时还能发现大量的高句丽瓦当、柱础等建筑构件。2001—2003年针对丸都山城的大规模发掘则更进一步探明了高句丽宫殿建筑遗址的总体布局、建筑形制等相关情况。在此次发掘中，与宫殿建筑遗址有关的主要成果可以概括为如下几点。

首先，搞清了宫殿址的基本布局。整个宫殿址依山势而建，坐东向西，东高西低，由西向东依次分布着四层人工修筑的台基。台基呈长方形，西、南、北三面作块石垒砌护坡。每座台基的宽度不尽相同，在台基上修筑有不同规格的建筑，共11座，如图4-1。从现存遗迹看，宫殿址有两座宫门，均位于西宫墙上，1号门址位于宫墙的中部，与3号台基所存石筑踏步处于同一条轴线上，结合2号台基残留的石筑踏步的迹象推测，宫殿的正门与各台基的踏步构成整座宫殿址的中轴线。2号门址位于1号门址北17米，位置与6号建筑址的门道相对应。两座门址现均已遭破坏，石材缺损情况较为严重。

其次，宫殿址中的建筑遗址共有11座。1号建筑址面阔、进深均为2间，周围有石砌散水，类似这一布局形式的还有4、5号建筑址。2、3号建筑址形制比较特殊，根据础石排列的结构推测为八角形建筑，其中内圈为方形，外圈为八边形，在中间还有一排附柱，形制特殊。6-11号建筑址均为大型建筑遗址，其中6号建筑址，位于1号台基的北侧，长方形，共发现础石37个，推测该建筑址是进深2间，面阔8间的建筑。7号建筑址，规模比较大，紧靠6号建筑址，共发现础石78个，推测为进深2间，面阔17间的建筑。8号建筑址位于第二层台基上，介于2号、4号建筑址之间，是宫殿址中除2、3号建筑址进深最宽的一组建筑，共发现础石60个，推测其为进深3间，面阔10间的建筑。9号建筑址是宫殿址中进深最窄的一组建筑，础石的移位现象比较严重，推测其为进深1间的廊庑建筑。10号建筑址共发现础石28个，推测为进深2间、面阔4间的建筑。11号建筑址是宫殿址中最长的一组建筑群，结构比较复杂，共有础石85个，推测其为进深2间、面阔15间的建筑。

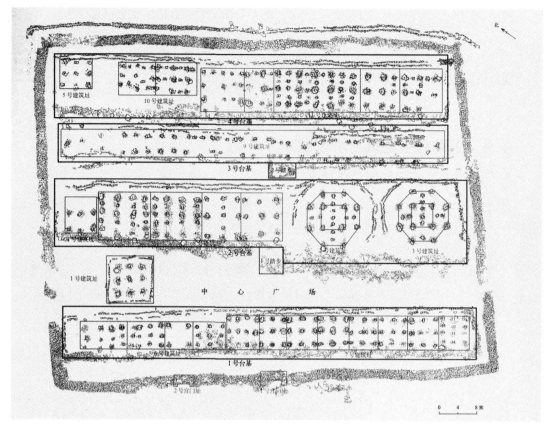

图 4-1 丸都山城宫殿址平面图

最后，在宫殿建筑址外还发现有附属建筑 2 处，由于遭到较为严重的破坏，遗迹残损严重，缺乏判断遗存性质的遗物，这两处建筑址的性质难以确定。在宫殿址的周围，还发现有人工排水和自然排水两类排水设施，其中每层台基上均有人工修筑的排水沟，而在南北宫墙和各个台基之间则形成自东向西，由高而低的自然排水系统。另外，在宫殿建筑址上还发现有大量的建筑构件，包括瓦当、筒瓦、板瓦和部分特殊构件。瓦当，包括兽面纹、莲花纹和忍冬纹三类，板瓦和筒瓦数量较多，特殊构件呈拱形，似为鬼瓦的一段。

4.2.2 丸都山城宫殿址的现状

2001—2003 年对丸都山城的大规模发掘，第一次揭露出了丸都山城宫殿建筑遗址的建筑形制与布局情况。针对考古发掘报告所描述的内容，可以对丸都山城的基本情况作如下分析。

4.2.2.1 丸都山城宫殿址的地形特点

考古发掘报告在第 5 和第 6 页分别绘制了丸都山城的地形图和遗迹分布图，将两者结合在一起，我们不难发现丸都山城宫殿址的地形特点，如图 4-2。丸都山城基本坐落在 254 标高处，山城的北部、西北部地势都很高，有的地方甚至高出丸都山城几百米以上。另外，从地形图上看，这些区域的等高线密集显示地势陡峭。

山城的西北方向有两条山谷间的冲沟，这两条冲沟一方面可以作为平时登上北部城墙的通道，另一方面则将山上溪流引入宫殿址南面的溪流中。宫殿址西南方向距离较远的地方地势逐渐上升，等高线密集，部分地段呈悬崖峭壁状。因此，丸都山城宫殿址基本上呈现一种半包围状的围合态势。紧靠宫殿址的西南方不远处地势比较平坦、落差不大，在下方一处凸起的制高点上因地制宜地建设了点将台，以利于观察战事或操练兵士。在宫殿的正南方向，发现了一座城门址，两侧地势高于城门入口约20m左右，同时山体呈现出内倾的态势，可以说是一座天然的瓮城，因此此处是丸都山城最重要的交通关隘。

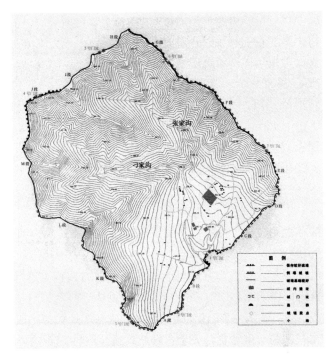

图4-2 丸都山城地形图

另外，山上的溪流也经此处顺流而下汇聚于前方的通沟河。

初步分析表明，丸都山城的选址是经过认真考虑的，这表现在以下几个方面：首先，宫殿址作为整个山城最为核心的部分，其所处的地势总体上比较平坦，有利于宫殿建筑的展开。其次，宫殿址周围高山环绕，易守难攻，这种地利对于山城来说再好不过。再次，宫殿址的下方就有通沟河经过，同时山城内部冲沟可以将山中泉水引下，并汇聚到山下的溪流中，水源问题的解决对于山城的防守也是相当有利的。最后，在整个山城的布局上，体现了因地制宜的特点，如点将台正好处在平坦地势的高处，山城正门的瓮城建设结合了天然的地形等。总体上来说，丸都山城宫殿处于一种背山面水的地形之中，符合早期人们地形选址的一般要求，同时结合地形而建设的城墙、瓮城、水源、瞭望台等设施，使得丸都山城处于一种进可攻、退可守的理想状态，对于确保其中宫殿的安全也具有不可忽视的作用。

4.2.2.2 丸都山城宫殿址中的建筑遗址[①]

1. 1、2、3号建筑遗址

1号建筑址的遗迹保存相对完好，根据考古发掘报告可知是一座进深2间，面阔2间的方形建筑，其中每开间大约在2m左右，四周有散水，边长在9~9.5m左右。其地基经过人工夯筑，厚15cm左右，在夯筑层之上是少量红烧土与黑色粉状土，其中夹杂大量灰烬，土

[①] 吉林省文物考古研究所，集安市博物馆．丸都山城——2001~2003年集安丸都山城调查试掘报告[M]．北京：文物出版社，2004．本节参考该书相关章节内容。

质酥松,据此可以推知该建
筑上方应是木制建筑,后因
火而焚毁殆尽。建筑遗址的
础石共有9个,其下均有
圆形础石坑,直径1m,深
0.3~0.45m。在遗址周围发
现有兽面纹、莲花纹瓦当,
另外还发现有一些铁器,如
图4-3。

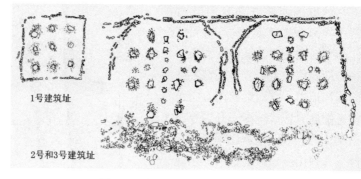

图4-3 丸都山城1、2、3号建筑址

  2、3号建筑址的遗迹
保存也比较好,据考古发掘报告可知该组建筑是由两座八角形建筑组成的,外围础石呈八边
形状分布,边长基本相等,长约3.2m,内圈则呈方形分布,边长也基本相等,长3.1m左右。
发掘报告认为内圈方形可能非支立木柱的础石,笔者认为此四个础石的上部也应支立木柱,
其缘由详见4.4.3节。另外,在建筑址中还有两排附柱础石,每排7个,位于八角形建筑的轴
线位置,间距为0.8米。建筑址中的础石坑规模都比较大,呈圆形,直径一般1.5m,深0.45m
左右,这一尺寸要略大于1号建筑址。附柱础石的础石坑较小,一般直径0.9m,深0.35m。
这组建筑的周边发现了比较丰富的出土遗物,如兽面纹、莲花纹瓦当和带有刻划纹符号的筒
瓦、板瓦等。

2. 4、5号建筑遗址

  4号建筑址实际仅发现6个础石,如图4-4。发掘报告根据东侧台基建筑遗址的破坏情况,
推测建筑址的东侧可能也存在3个础石,这样就形成了开间、进深均2间的建筑,其形制与
1号建筑址相似。但其建筑规模上要远小于1号建筑址,发掘报告称长6m,宽4.5m,虽然没
有具体说明所指,但根据图纸上的比例可知上述尺寸不包括推测的三个柱础石。

  5号建筑址与1、4号建筑址平面布局相似,发现九个础石,间距大致相等为2.8m(发掘
报告为1.8m,或有误),础石分布呈正方形,边长5.6m。础石坑呈圆形,直径1.1m,深0.45m。

  4、5号建筑址的周边所留存的遗物较少,仅发现少量的筒瓦和板瓦残片。

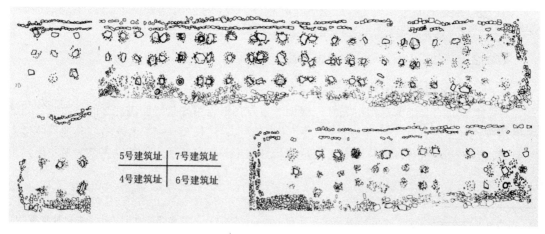

图4-4 丸都山城4、5、6、7号建筑址

3. 6、7号建筑遗址

6号建筑址共发现础石37个，如图4.2.2-3，但础石的缺失、移位现象严重，其中发现两个础石编号为z29、z34，制作精细，似经过雕琢而成，其余大多或有缺损或仅存础石坑。础石东西向分为3排，间距大致相同，南北向则有13列，其中的间距则不尽相同。发掘报告以类似1号建筑址础石排列的方形建筑为基本单元，可将6号建筑址分为4组。第1、2组均由12个础石组成，第3组由4个础石组成，第4组由9个础石组成，其中由于第3组与2号宫门址相近，推测其应为一座通道。除此之外，6号建筑址的周围还发现了丰富的遗留物，如兽面纹、莲花纹瓦当，带有文字和刻画纹符号的筒瓦、板瓦以及铁器等。

7号建筑址虽与6号建筑址同处一台基上，但规模要大于后者。建筑址共发现础石78个，其础石分布东西向也为3排，间距大致在1.2~1.8m，南北向则有25列，间距基本一致。其中位于1号宫门址附近的础石，呈八角覆斗形，制作精细。其余础石南向缺失比较严重，大多仅见础石坑，北向础石则保存相对完好，础石坑为圆形，直径1.65m，深0.35m。发掘报告推测制作精细的础石与1号宫门址联系紧密。同样以类似1号建筑址础石排列的方形建筑为基本单元，7号建筑址可分为8组，最北侧一组开间为3开间，其余各组开间均为2开间，最南侧一组进深为3间，其余各组进深均为2间，因此或许该建筑址的南北两端建筑与中间部分的相异。

4. 8号建筑遗址

8号建筑址位于2号台基上，在2号建筑址和4号建筑址之间，如图4-5，它是整座宫殿中除2、3号建筑址外进深最宽的一组建筑。该建筑长39m，宽8.7m，共发现有础石60个，础石保存状况良好。以类似1号建筑址础石排列的方形建筑为基本单元，8号建筑址可分为4组。位于北侧的第1组建筑共有础石20个，其中12个大础石，间距2.2m，8个小础石，间距0.5m。第2组建筑结构与第1组完全相同，两者之间边缘础石间距明显小于大础石之间的距离，仅为1m。第3组建筑共有11个础石，中间3个础石的间隔处各有1个小础石，间距

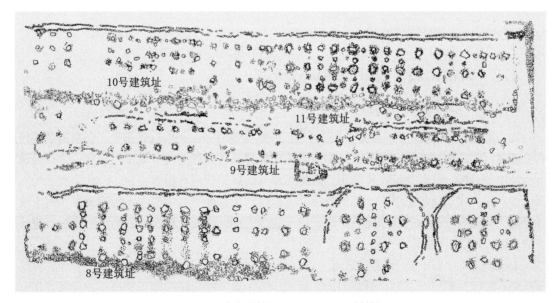

图4-5 丸都山城8、9、10、11号建筑址

基本相等，为 1m。第 4 组共有 9 个础石，间距基本相同，为 2.4m。这组建筑由于体量比较大，因此它的建筑性质、布局形制等都需要重点研究，详见 4.3.1 节。

5. 9 号建筑遗址

9 号建筑址的结构相对简单，础石分布呈长方形，长 84.5m，宽 4m，进深是宫殿址中进深最窄的一组建筑，如图 4-4。台基上共发现础石和础石坑 63 个，础石的保存状况比较差，缺失、移位现象严重，从中间一段保存较好的础石坑排列状态看，础石的间距大体相等，为 2m。础石大多制作粗糙，表面略经加工，惟独 z58 础石加工较为精细，表面呈八角覆斗形。建筑址附近出土的遗物很少，仅有一些瓦当、筒瓦和板瓦残片，根据现有遗迹信息，发掘报告认为其是进深 1 间的建筑。

6. 10、11 号建筑遗址

10、11 号建筑址和 5 号建筑址同处于 4 号台基上，其中 5 号建筑址体量最小，10 号建筑址略大，11 号建筑址最大，如图 4-4。10 号建筑址共发现础石 28 个，从图纸看移位现象比较严重。础石排列大致呈长方形，东西向 3 排，间距 2m，南北向 6 列，间距不等（注：发掘报告在此处或有笔误），础石形状不规则，表面没有精细的雕琢。在建筑址的周围，出土的遗物也较少，主要有瓦当、筒瓦和板瓦等。

11 号建筑是整座宫殿址中最长的一组建筑址，长 55m，宽 8m，结构比较复杂。建筑址共有础石 85 个，以类似 1 号建筑址础石排列的方形建筑为基本单元，11 号建筑址可分为 5 组。位于最北端第 1 组位于北部有 13 个础石，其中 9 个大础石，南北向分为 3 排，间距 3.4m。在大础石的中间有的有间距相等的小础石，有的则没有，与此具有类似础石分布状态的还有位于最南端的第 5 组，发掘报告中将这种分布形态称为建筑的减柱结构。第 2 组建筑共有础石 10 个，大础石东西等距排列，间距 2m。第 3 组共有础石 38 个，东西向 3 排分布，础石间距 1.6m，大础石间均有等距小础石，间距 1m。第 4 组由 9 块大型础石构成主体，这些础石大体呈等距分布，距离为 2.2m，其间小础石分布似无规律可循。整座建筑址周围有丰富的出土遗物，如兽面纹、莲花纹瓦当，饰有刻划纹符号和文字的筒瓦、板瓦及铁器等。发掘报告中将该建筑址分为 5 组，但是从其平面形态上来看，有部分分组的界限似乎存有矛盾，因此笔者拟对该建筑址重新进行分析。

4.3 丸都山城宫殿址的现状分析

4.3.1 宫殿建筑址的分析

如 4.2.2.2 节所述，丸都山城考古工作者们在翔实的考古发掘资料基础上，对宫殿建筑址的遗迹进行了详细地介绍与分析，其中的很多内容都是可以确定的，如 1、2、3、4、5 号建筑遗址中的分析，这些建筑规模较小、形制简单，而且保存现状相对完整，因此笔者认为发掘报告对这些建筑遗址的平面推测是合理的。但是对于其他一些规模较大的建筑址，由于遗迹经过扰动而导致移位的现象比较严重，对于这些遗迹有必要从建筑学的角度对其进行进一步的分析，如图 4-6 和图 4-7。

6 号建筑址与 2 号宫门址距离较近，巧合的是，6 号建筑址中的一组础石仅有 4 个，且这一组础石所围合的空间正对 2 号宫门址，因此从这一点上推测该组础石所构成的空间或许是进入 2 号宫门址后的门道。这个门道的开间和进深都是 1 间，它左、右两侧的础石排列显示

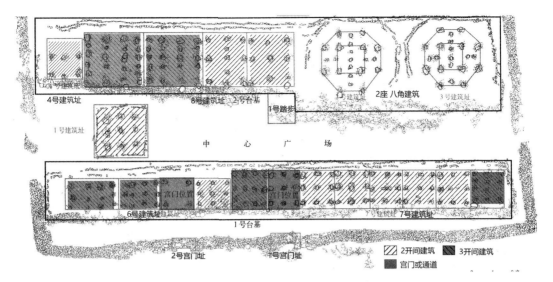

图 4-6 丸都山城宫殿址前朝区

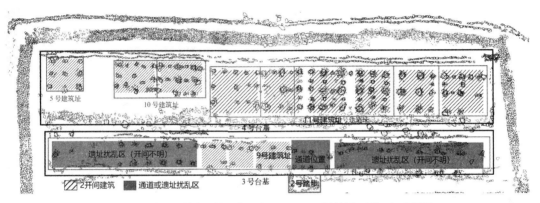

图 4-7 丸都山城宫殿址后寝区（9、10、11 建筑址）建筑开间分析图

建筑的进深都是 2 间，从这一点上也可以将两者加以区别。最北侧的建筑遗迹移位比较严重，发掘报告上将其划分为两座 3 开间的建筑，这也是比较合理的，如图 4-6 所示。在丸都山城宫殿址中两座形制相似的建筑相互紧挨的现象比较多，如 8 号建筑址北侧、11 号建筑址中间、7 号建筑址的中间部位等等。

7 号建筑址与 1 号宫门址相对，因此考虑其中也应有一个门道与之相呼应，如图 4-6 所示。发掘报告根据础石分布将其分为 8 组建筑，这也是比较合理的，这是因为在这组建筑址中础石分布有一些特点，在中间部位每两间建筑可视为一个建筑单元，单元与单元之间的础石距离很近，因此将每一个建筑单元划分为一组是比较合适的。7 号建筑址划分为 8 组建筑，其中中间六组建筑均是这种建筑单元，而南、北两侧的端头建筑规模都比较大，北侧一组开间为 3 间，南侧一组进深为 3 间，这两组建筑的功能或许与中间六组建筑在功能上有所差异。

8 号建筑址是宫殿建筑址中规模最大的，发掘报告将其础石划分为 4 组，其中北侧两组建筑形制相似，南侧两组建筑形制相似，而形制相似的建筑成对出现，是丸都山城宫殿建筑址中的一个显著特点，如图 4-6 所示。从发掘报告上来看，北侧两组建筑础石分布要比南侧建筑相对密集，在进深方向有 5 组础石，而南侧建筑进深方向似有 3 组础石，因此从这一点上推测南侧两组建筑开间和进深均为 2 间，而北侧建筑进深为 4 间，开间为 3 间。另外，北侧建筑的础石在进深方向呈现大小相间的情况，因此北侧建筑也有可能开间 3 间，进深 2 间，进深方向以大础石上柱子的支撑结构为主，小础石上的柱子仅在木地板下起到辅助支撑的作用。

9 号建筑址中础石移位、缺损的情况比较严重，以横向长方形建筑为主，其开间数目比较多，从保存完好的 13、14、15、16 号础石可以看出，该建筑进深仅 1 间。发掘报告将该建筑仅分为 1 组，笔者认为还可以根据建筑遗迹进一步进行分组。9 号建筑址的中部发现有 2 号踏步址，其东侧又有 11 号建筑址，因此 2 号踏步址应为进入 3、4 号台基上建筑的关键通道。同时，正对 2 号踏步址的是 9 号建筑址的中间部位，推测此处有可能存在一个门道，通过该门道到达 11 号建筑址。

另外，发掘报告中提及 9 号建筑址中发现有 3 处两组础石成组分布的现象，认为与该建筑的结构有关，笔者认为这恰恰为 9 号建筑址分组提供了有价值的线索。7 号建筑址中每 2 间建筑可视为一个建筑单元，推测 9 号建筑址中的情况也应与此类似，在成组础石的部分将建筑划分为左右两个建筑单元，如 22 和 24 号础石处、27 和 28 号础石处、32 和 34 号础石处，而 22 础石的北侧 17 和 19 础石处，似乎也存在成组础石的现象，因此或许也可以分为 1 组。17 号础石的北侧遗迹中没有出现成组础石的现象，因此可以分为 1 大组建筑。2 号踏步位置正对 32 和 34 础石处，因此 34 号础石以南推测可能存在建筑通道，但是遗憾的是这一段建筑遗址移位、缺失现象很严重，对南侧建筑的分组有很大影响，在目前的条件下将其暂列为 1 大组。结合上述分析，可以将 9 号建筑址进行分组，如图 4-7 所示。

10 号建筑址从规模上看，是一座中型建筑，该建筑遗址上础石移位的现象也比较严重。从遗址的发掘状况来分析，该建筑址似由 2 组长方形建筑单元组成，每一组建筑单元进深 2 间，开间 2 间。值得注意的是，在每一组开间方向的大础石中还间隔有小础石，大础石上的柱子构成结构的主体，而小础石上的则作为支撑木地板的辅助结构，这样也就形成了一个开间、进深均为 2 间的长方形建筑平面。这 2 组建筑虽然在础石数量上有所不同，但它们所组成的建筑形制，与丸都山城宫殿址中其他建筑址上所发现的成对建筑也是相一致的。

11 号建筑址是仅次于 8 号建筑址规模的一座建筑，其础石数目比较多，且移位、缺失现象也比较严重，因此对于它的分组比较难以把握。发掘报告将其划分为 5 组，在开间方向最北侧建筑从 1 至 11 础石，其次为 14 至 21 础石，再次为 24 至 58 础石，第四组为 63 至 69 础石，最南侧为 73 至 84 础石。笔者认为发掘报告的分组有误，特别是在 18 至 24 础石之间划分了一条分隔线，而 18 至 24 础石之间仅存在一个小的础石，这种小础石从结构上来分析是不能起到支撑作用的，类似的情况如 10 号、8 号等建筑址均未见以小础石作为分组建筑的边界，因此发掘报告在这一组建筑的分组上存在一定的误区。根据建筑遗迹中的础石分布情况，笔者将其分为 3 大组建筑，在大组建筑之间还存在着小的分隔空间，如图 4-7 所示。由于 11 和 14 础石距离非常近，因此笔者认为，最北侧一组在开间方向上从 1 之 11 础石，这一组建筑形成了开间、进深均为 2 间的长方形建筑，最南侧一组则从 84 至 73 础石，这一组建筑与最北侧建筑形制相似，中间的础石则可划分为一大组建筑。在开间方向上从 14 至 69 础石的这一大组建筑又可以划分几个小的空间，即 14 至 24 础石、24 至 42 础石、42 至 58 础石、58 至 69 础石，每个空间的开间数依次为 2、2、2、3 开间。

4.3.2 建筑性质及类型的推测

根据上述发掘报告，可知丸都山城宫殿址中存在多种不同类型的建筑，其中可能会存在哪些类型的建筑，对于丸都山城平面布局的复原也比较重要。

4.3.2.1 文献记载中的建筑类型

丸都山城作为山城，它具有高句丽山城的某些重要特征。高句丽山城其显著的特征就是具有比较完善的军事防御体系，这表现在山城大多有城墙、瓮城等城墙防御设施，同时山城内也具有望台（点将台）、水池、建筑址、居住址等以防御为目的的建筑遗址，如高尔山城、罗通山城、凤凰山山城、龙潭山山城、霸王朝山城等重要的高句丽山城中大都存在上述建筑。丸都山城内也有瞭望台、蓄水池、戍卒居住址以及众多城门遗址，这些要素是与高句丽山城的构成特征相一致的。但是作为与国内城相拱卫的山城都城，它是高句丽都城体系中的一个重要组成部分，具有其他高句丽山城所不具有的重要建筑，即宫殿建筑。

关于高句丽的早期宫殿建筑，《三国志·高句丽传》中就记载"其俗节食，好治宫室，于所居之左右立大屋，祭鬼神，又祀零星、社稷"，又记载"无大仓库，家家自有小仓，名之为桴京"[①]。从这一段中可以看出当时高句丽的王族对于宫室建筑十分重视，不仅特别建造了用于祭祀的大屋，以祭祀鬼神、社稷和零星，而且高句丽的户民家家都建造名为"桴京"的小仓库，用以储备粮食。《三国志》中的内容反映了当时高句丽社会发展中的一些历史信息，据此或可以推测高句丽当时的宫室建筑中很可能存在祭祀、仓储等重要建筑类型。

4.3.2.2 高句丽壁画中的建筑类型

除了历史文献所提供的两种重要建筑类型之外，高句丽数量众多的古坟壁画中也提供了大量而丰富的历史信息。以安岳三号墓为例，在该墓的东侧室东壁北面上绘有三种类型的建筑，即厨房、肉库和车库，在东侧室南壁和西壁还绘有马厩和牛舍两种附属建筑，如图6-22。墓中的壁画在一定程度上再现了墓主人当时的生活场景，墓主人冬寿虽不是高句丽的王族，但也是有一定地位的特权阶层，他们所营造的建筑虽然在规模上要逊于王族，但是在建筑的性质上或许存在一定的相似性。除此之外，通沟12号墓、药水里古墓中也都有表现马厩或牛舍的建筑形象。

龙冈大墓中所描绘的建筑，虽然没有表现宫殿建筑的具体性质，但是却反映出宫殿建筑周围的防御性建筑，如角楼、门楼等，如图6-3。另外，麻线沟1号墓中有一幅表现谷仓（也称为"桴京"）的建筑图像，该建筑为一种底层架空的干阑式建筑，中间又采用井干式结构加以围合，建筑形制特殊。同时，该墓中也有一幅表现肉库的建筑形象，单檐庑殿顶，建筑主体的支撑体系为简单的柱梁结构，如图6-3。此外，这种干阑式的仓储建筑在八清里古墓中也有出现。综上所述，笔者认为厨房、肉库、马厩、牛舍、车库和仓库等类型的建筑，是高句丽的贵族和平民使用或储存最基本的生活资料的场所，因此推测它们也是日常生活中较为重要的建筑类型。同时，高句丽的王族往往在重要位置，如城墙拐角、城门入口等处建造角楼或门楼，用以保卫其宫殿建筑或抵御外来势力的入侵。

---

① （晋）陈寿. 三国志[M]. 北京：中华书局，1959：卷30·高句丽条.

上述从文献、壁画等方面的分析，或可以推测出丸都山城宫殿遗址中可能存在的建筑类型，笔者认为主要包括高句丽王族使用的宫室、祭祀建筑以及附属的武库、仓库、厨房等次要建筑，另外在其宫殿周围的城墙附近也可能存在一些防御性的设施。

4.4 丸都山城宫殿址的复原

根据4.3.2节中对高句丽文献及壁画中所表现出的建筑类型的推测，同时结合4.3.1节对丸都山城宫殿建筑遗址的分析，笔者对丸都山城宫殿建筑遗址进行了平面的复原。

4.4.1 丸都山城宫殿址的空间格局

中国古代高等级的建筑，往往都伴随着一定的礼仪形式，因而也都具有一定的功能需求，这就需要相应的建筑空间与之相匹配，笔者认为丸都山城宫殿址也不例外。就其整体建筑址的分布情况来看，其空间分布状况表现为一种前松后紧式的格局，即位于前部1、2号台基之间的空间较大，而位于后部3、4号台基的空间则比较小。根据这两种空间大小，笔者将丸都山城宫殿址分为前朝区和后寝区，如图4-8。

前朝区域，以发掘报告中推测的中心广场为中心，四周被1、6、7、8号建筑址所围合，其南侧还有2、3号建筑址形成另一小块独特的建筑空间。后寝区域，则通过9号建筑址将前

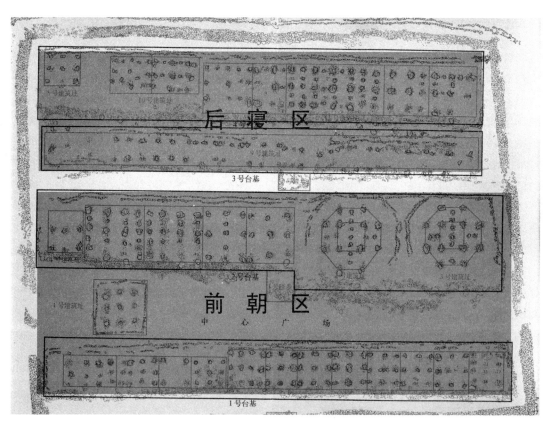

图4-8 丸都山城宫殿址空间格局划分

朝与后寝区域相隔，同时5、10、11和9号建筑址，共同围合成与前朝开敞、宽阔空间相对的闭塞、狭小空间。从空间的大小分布上，或可推测前朝区域为丸都山城宫殿址的核心部位，高句丽王日常的起居与办公均在此处，而后寝区域几乎没有较宽阔的空间，推测其中体量较大的11号建筑址为中心建筑，作为高句丽王、后的寝室，其他则有可能为防御建筑或肉库、厨房等次要建筑。

4.4.2 丸都山城宫殿址的平面复原

4.4.2.1 前朝区

在宫殿址的前朝空间中，位于中心广场一侧的1号建筑址，无疑是整个前朝空间的中心，地位应该比较特殊。同时，其建筑形制也比较方正，开间进深均为2间，体量在整座宫殿址中也比较大，类似的方形建筑在汉画像砖石中也曾出现，如图4-14，因此笔者推测该建筑是高句丽王在丸都山城宫殿址中举行重要仪式，或可称之为"堂"，而其一侧的中心广场或成为大臣们举行朝拜、集会的礼仪场所。

位于1号建筑址南侧的2、3号建筑址，其形制比较特殊，笔者认为这两座建筑或带有宗教祭祀性质（详见7.3节）。高句丽王有可能以这两座建筑为中心，举行祭祀性的礼仪或仪式，因此这两座建筑周围的空间也应带有某种祭祀功能，这一空间与西侧空间相结合，形成了较大的中心广场，成为前朝区的核心区域。

1号建筑址的西南侧为7号建筑址，多组双开间建筑连在一起，建筑体量要比1号建筑址小。在该建筑址的最南端，为一个三开间的建筑，位于整座宫殿的角部，体量在整组建筑址上要减小很多，基于其所处的位置，笔者推测该建筑为整座宫城的角楼，带有一定的防御性。在该建筑址的北部，有一座双开间建筑，其西侧正对宫殿的台阶，因此推测应为一座门楼。而紧挨该门楼北侧的也是一座三开间的建筑，紧靠西侧的宫墙，且处于两座台阶之间，因此笔者推测该建筑也是一座防御性的角楼，用于正面抵御外来的入侵。7号建筑址门楼与南侧角楼之间，有5座双开间建筑，东侧正对2、3号建筑址，因此笔者推测这5座建筑有可能是2、3号宗教建筑的附属建筑，与这两座建筑共同构成了一个带有祭祀性质的空间

1号建筑址的东侧为8号建筑址，有两组较大的建筑，体量是整座宫殿址中最大的，因此笔者认为这两座建筑主要是为高句丽王所使用的。该组建筑中南侧一组的两个单元，紧挨2号台基的台阶，西侧正对中心广场，应该与该中心广场的关系比较紧密，笔者推测这两座建筑有可能是高句丽王处理日常政务的场所。而该建筑北侧的两个单元，由于位置偏于一侧，相对比较隐秘，因此笔者认为有可能是用于高句丽王临时性休息的场所，在此处稍事歇息，便于此后进入南侧建筑，与大臣们商议政务。相对而言，在建筑的功能方面，1号建筑址更具有象征性的意义，用于举行各类仪式，而8号建筑址上的建筑则用于处理日常的政务，使用频率比较高，其功能或类比于周礼中的"大朝"与"常朝"，但就此认为丸都山城宫殿址存在周礼所说的三朝制度，笔者认为尚无确切的根据。

1号建筑址的西侧为6号建筑址，建筑的体量比较小，其中间部位有一处双开间的建筑，外部西侧正对宫殿的台阶，因此此处应有一座门楼。门楼的南侧是一座双开间的建筑，体量较小且正对东侧中心广场，笔者认为此处可能为高句丽国内重臣日常议政时的场所。门楼的北侧还有两座三开间的建筑，由于此处地理位置十分重要，紧挨外侧的宫墙，同时还有一座

门楼供出入宫殿，因此笔者推测最北端一座仍然可能为带有防御色彩的角楼建筑，而紧挨门楼的一座有可能为防御建筑，也有可能为朝中重臣所使用。

4.4.2.2 后寝区

前朝区域的东侧是后寝区，与前朝区相比，后寝区的空间要狭窄很多。后寝区由3、4号台基组成，这两座大台基上几乎布满了建筑，建筑所围合的外部空间很小，因此不具备举行各种仪式的空间。此外，丸都山城在本质上是一座山城，需要与平原城相拱卫，遇到较大的战争或外敌入侵，高句丽王或都逃至于此，以御外敌，因此宫殿址中有储存大量粮食、肉等生活必需品的必要，也有必要储存一些战时需要用的武器等。如6.1.3节中所述，现存的高句丽古坟壁画中也反映出当时的高句丽人有储存这些生活、生产必须品的习俗。结合上述几方面内容，笔者推测后寝区的建筑，除了体量较大的建筑可能为高句丽王、后的寝殿之外，大部分小体量建筑往往多为储藏类建筑，用于为高句丽王族储藏一些生活必需品。

后寝区内比较重要的建筑当属11号建筑址，该建筑体量较大，在整座宫殿址似乎仅次于8号建筑址，同时在后寝区内占据较为重要的位置。此外，9号建筑中的一座通道正对的也是11号建筑址，此通道使得11号建筑址与8号建筑址联系比较紧密，因此笔者认为11号建筑址有可能成为丸都山城宫殿中的寝殿，即高句丽王或后休息的场所。在地位上虽不及1、8号建筑址，但也是一座相当重要的建筑。根据现有的础石分布状况，笔者将11号建筑址划分为5个部分，中间的四开间建筑为高句丽王的寝殿，左右各有两间双开间建筑，或为高句丽的后、妃所使用。

9号建筑址位于后寝区与前朝区的交界处，形制比较简单，进深仅为1开间，但开间数比较多。关于其具体功能，由于形制简单、体量较小，而且开间数目比较多，因此笔者认为这一建筑有可能为储藏类建筑，用于储存宫殿建筑所需的肉、粮食、武器等。开间数较多，方便将这些生活用品进行合理的空间划分，同时也增加了储存的数量。

4号台基上除了11号建筑址外还有5、10号建筑址。5号建筑址位于整座宫殿址的东北角，地势比较高，础石没有大小间隔的现象，进深与开间也均为2间，体量比较小，因此该建筑成为储藏类建筑的可能性不大，而笔者认为该建筑有可能为一座带有防御性质的建筑，或为一座角楼，利用其较高的地势及处于角部的有利地形条件，观察宫殿址周围的各类敌情。至于10号建筑址，该建筑在体量上要小于11号建筑址，其地面的柱础石大小相间，共有2个建筑单元，每个单元开间、进深均为2间，与前朝区域的建筑单元形制相似。笔者认为该建筑有可能为后寝区仅次于11号建筑址的一座建筑，也有可能为用于储存重要物品的建筑。

根据上述分析内容，笔者将丸都山城宫殿址建筑平面进行了复原，如图4-9所示。

4.4.3 丸都山城宫殿址的结构技术

4.4.2节所复原出的建筑平面图，与丸都山城宫殿址的考古发掘平面相比，在础石分布上有一些出入，这其中复原图中的础石相对较少，而考古发掘出的础石则较多，如8号建筑址，2、3号建筑址，11号建筑址和10号建筑址等。这些建筑址在复原图中，采用了考古发掘出的较大础石作为建筑柱子下方的础石，并没有将大础石间隔的小础石一并采用，这主要基于以下几个方面的考虑。

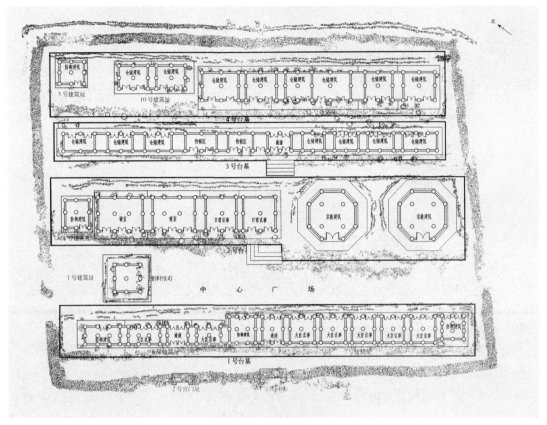

图 4-9 丸都山城宫殿址复原平面图

首先,大小础石相间隔的布局方式,并不能准确反映出原有的建筑平面布局。宫殿址中的大小础石间隔尺度不大,若每个础石上都有一根柱子作支撑,那整座建筑的使用空间就会相当狭小,不利于高句丽王权贵族们日常生活的使用,因此这种大小础石相间的布局在前朝区等一些需要较大空间的重要建筑上几乎不可见,而大多数使用在后寝区。

其次,建筑使用的础石数量较多,或反映其上部所承受的荷载较大,因此需要使用数量较多的柱子来承托上部的荷载,这也就随即产生了较多的柱础石。但是,其建筑中起到主要支撑作用的仍然是位于较大础石上的粗柱,小础石上的柱子断面也较小,所起到的支撑结构作用有限。考虑到高句丽壁画中曾经出现的底层架空式建筑,推测丸都山城宫殿址中的储藏类建筑也有可能存在类似的结构形式,结合其础石分布状况,或可能存在如图 4-10 的建筑结构方式。

最后,对于一些重要的建筑址,如 2、3 号宗教建筑,不排除这些建筑具有特殊的功能要求,需要下方有大小间隔形式的础石对上部建筑进行支撑。另外,这些建筑由于为王族与贵族们所使用,其内部或有较多地使用器具、侍候宫女等,也有可能这些人

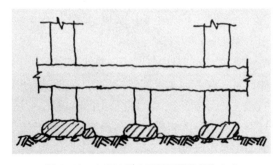

图 4-10 丸都山城宫殿址可能的结构方式

员、器具的荷载较大,需要在建筑底部进行支撑加固的措施。

4.5 丸都山城宫殿址的形制与源流

4.4 节对丸都山城宫殿址的复原,初步厘清了丸都山城宫殿址的分布情况,本节将讨论丸都山城宫殿的布局、形制,并进一步探讨其与中原宫殿之间的源流关系。

4.5.1 丸都山城宫殿的形制

通过丸都山城宫殿址复原平面图 4-9,结合 4.4.2 节的复原分析,可知丸都山城宫殿在建筑配置、轴线关系、宫殿布局等形制方面均有其独特性。

4.5.1.1 宫殿布局

丸都山城宫殿体现了早期宫殿建筑分散式布局的特点,由复原平面可知,整座宫殿大致可分为前朝区与后寝区,这种区域划分是以区域内的空间格局为基础的,前朝区域相对较大,中心有一个广场,而后寝区域相对较小,且没有较大的空间,因此就整座宫殿建筑的分布而言,前朝区的重要性似乎要高于后寝区。

在前朝区的内部,又可划分为两个部分,即左侧的朝政区和右侧的祭祀区。这两个区域总体上呈现分散式布局的特点,同时又体现了一定的集中性。左侧的朝政区,以 1 号建筑址为中心,作为举行仪式及处理日常朝政的所在,其活动的区域主要在中心广场。右侧的祭祀区,则以 2、3 号两座八角形建筑为中心,八角形建筑作为宫殿址中特殊的建筑平面,应该具有某种宗教特质(详见 7.3 节)。左右两侧区域与中心广场相结合,形成一个整体。整体而言,前朝区分为左右两个小区域,每个区域都有其中心建筑,而左右区域又通过中心广场加以结合,因此前朝区是一个以分散式为主,同时带有部分集中式特点的区域。

后寝区域,由于其内部空间狭小,可供举行仪式的空间不大,因此并没有表现出集中式布局的特点。其内部建筑的分布比较均匀,尽管寝殿的体量较大,占据了大部分区域,但从整体上而言,后寝区建筑的分散式分布方式仍然比较明显。

4.5.1.2 轴线关系

尽管丸都山城宫殿址中的建筑呈现出分散式布局的特点,但是似乎仍然可发现轴线关系的端倪。发掘报告中认为宫殿址的中轴线位于宫门 1、2 号台基的台阶、3 号台基的台阶一线,如图 4-11 中的轴线 1。这种轴线关系,强化了位于中心广场东侧 3、4 号台基上建筑的重要性,而弱化了位于中心广场周边建筑的重要性。笔者认为这种轴线关系并不妥当,这主要基于下面几方面的考虑。

首先,如 4.4.1 节所述,整座宫殿址在中心广场上有较大空间,此处适合于举行仪式或处理日常朝政,而 1 号建筑址位于中心广场的一侧,地位比较独特,重要性或要明显高于两侧的建筑。而位于 3、4 号台基上的建筑之间几乎没有太大的空间,不能举行各类仪式,尽管 11 号建筑有可能为寝殿,但在重要性方面仍然不及 1 号建筑,因此宫殿址的轴线有很大可能是围绕 1 号建筑址——这一宫殿址中地位最为突出的建筑而设定的。

其次,实地勘测不难发现,1 号建筑址的北侧正对一座突兀的山头,这座山头凸显了一股

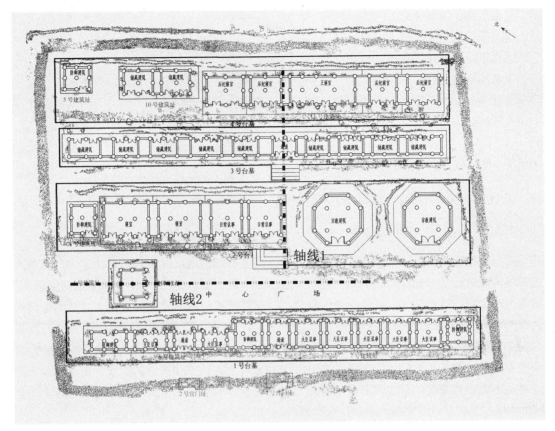

图 4-11　丸都山城宫殿址轴线关系分析图

王气，或从侧面体现了以 1 号建筑址为核心的轴线关系，如 4.5.2.1 节所述。

再次，就每座单体建筑而言，1 号建筑址及其周围的 2、3、8 号建筑址，其内部空间较大，很有可能是为了满足高句丽王族的日常使用要求。而东侧的 9、10 号建筑址内部空间都比较狭小，与之相比，前者更有可能成为轴线上或轴线两侧的建筑。

结合上述分析，笔者认为宫殿址中有可能存在一条轴线，以 1 号建筑址为中心，南侧穿过中心广场，两侧则为 6、7、8 号建筑，同时这条轴线或一直向北延伸至北侧的山头，与地形达到完美的结合，如图 4-11 中的轴线 2。

4.5.1.3　建筑配置

丸都山城宫殿址中的多数重要单体建筑也有其独特性，即仍然保持了早期的偶数开间。偶数开间建筑在中原地区的早期建筑中并不少见，它在先秦时期就已经出现，如河南偃师二里头商代殿堂为 8 开间，陕西岐山凤雏村西周遗址的宗庙也为 6 开间，即使到了汉代之后，偶数开间的建筑也仍然存在，如汉代长安南郊礼制建筑，四面均为 8 开间，再如汉长安的建章宫，其中殿也为 12 间[①]，汉代的画像砖石中也有这种偶数开间的形象，如山东沂南画像砖

---

① （北魏）郦道元. 水经注 [M]. 北京：中华书局，2009：卷 19·引注.

石中的院落图,如图 4-13。张良皋先生认为汉代之后的南朝宋、齐、梁、陈四代的重要礼制建筑也都采用的是偶数开间建筑,"足见中国礼制建筑之用双开间,可谓源远流长,到隋唐之后,才真正成了单开间的一统天下"[①]。

丸都山城宫殿址,作为高句丽中期的重要宫殿建筑,推测受到中原地区汉魏建筑文化的影响(详见 4.5.2.3 节),因此中原的偶数开间建筑也很有可能流传至此,并为当时的高句丽上层贵族所采纳与重视。在丸都山城宫殿址中,其前朝区域的重要建筑大量使用了偶数开间,如 1 号、6 号、7 号和 8 号建筑址,这些建筑都围绕着中心广场分散布置,强化了中心广场的礼制性空间,同时也加强了中心广场的重要地位。

4.5.2 丸都山城宫殿的成因与源流

4.5.2.1 宫殿址的地形影响

对于一个国家来说,都城是其立国之根本,因此都城的选址并不是随意决定的,高句丽建都国内城时也是如此,文献记载"琉璃明王二十一年,返见王曰:'臣逐豕至国内尉那岩,见其山水深险,地宜五谷,又多麋鹿鱼鳖之产,王若移都,则不唯民利之无穷,又可免兵革之患也'……九月,王如国内观地势……"[②],可知国内城周边的有利地形是最初从卒本迁都国内的重要因素之一,而丸都山城作为与平原城国内城相拱卫的山城都城,在地形的选择方面或更为重要。前文第 3.2.3 节已详述丸都山城宫殿址在整座山城中所处的位置,不仅如此,经过对现场地形的勘察,笔者认为可以作为一座山城类型的都城,宫殿址周边的地理环境与宫殿址内的建筑分布也有密切的联系。

宫殿址南侧,视野比较开阔,便于登高望远,因此 1 号台基的南侧推测有角楼建筑,用以观察整座山城下方的各种情况。与之相反,宫殿址的东侧为一大片陡峭的坡地,坡地之上还有山城的城门与城墙守卫,因此相对比较安全,此处也就没有设置防卫性角楼建筑的必要。另外,宫殿址北侧的一处山头,左右各有一条冲沟,因此显得这座山头尤为突兀,如图 4-12。宫殿址中与之相对的,却正好是位于中心广场一侧的 1 号方形建筑。宫殿址中的轴线 2 穿过 1 号建筑,并向北延伸至此处。另外,从宫殿址所在的整体大环境考虑,或可认为中心广场呈现一种横向的礼制格局,即宫殿址中的中心广场,有可能为举行礼仪的空间场所,而该空间北侧的 1 号建筑址则为礼仪中的重要建筑,其背后的突兀山头不仅作为 1 号建筑址的背景,衬托出 1 号建筑,而且体现出一种王气,更加突出了其在整座宫殿址中的重要地位。因此,结合丸都山城

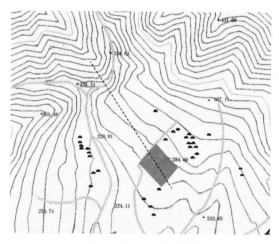

图 4-12 丸都山城宫殿址周围环境

[①] 张良皋. 匠学七说[M]. 北京:中国建筑工业出版社,2002:p89.
[②] (高丽) 金富轼. 三国史记[M]. 长春:吉林文史出版社,2003:高句丽本纪·琉璃明王条.

宫殿址的周边环境，笔者认为1号建筑址在整座宫殿址中的重要性是不言而喻的。

4.5.2.2 汉代庭院建筑类型的影响

除了高句丽古坟中的壁画，中原地区汉魏时期的画像砖石也能反映出当时的一些庭院建筑格局。山东沂南汉画像石墓中就曾出土一副表现汉代庭院的画像石，如图4-13。图中的庭院有两进，呈日字状。大门外有两座院阙，左侧院阙旁有一个挂猪头、牲腿的肉架，右侧院阙旁则有一个挂鼓的鼓架。院落的左侧前后各设一个角楼，而院落的后侧则建有一个小屋，屋旁似有家养的小鸡。后院的正屋有栏杆，中间夹着一个带有斗栱的中柱，下有台阶。前院正屋也有栏杆，其中有两扇带铺首的门，一门微开，门下也有台阶。总体上看，该院落规模不大，呈中轴线对称状布局。

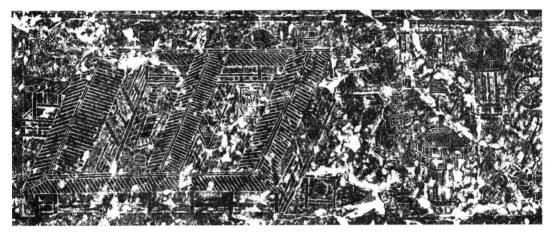

图4-13 沂南汉画像石墓中的汉代庭院建筑

而同在山东地区的曲阜画像石又表现出另一种庭院布局情况，如图4-14。该画面中下方为院落的正门，两侧有双阙，以突出正门的重要地位。正门之后也表现了两进院落，第一进院落以一个方形的建筑为主体，院落中央有伎人倒立，似为方形建筑内的人而表演杂记。方形建筑四面开门，门下有台阶，或可称为"堂"。堂的后方又是另一进院落，该院落以中央的组合式建筑为主体，该建筑在平面上呈凹字形布局，两端突向前方，而两位主人则在正中交谈。在这两进院落的一侧是蜿蜒曲折的回廊，回廊中间还开有侧门通向外面的院落。总体上，该幅画像表现出一组自由松散的平面布局，没有如沂南画像般严谨的轴线关系，整个图像表现出了当时地主、贵族阶层生活的场景。

另外一个比较重要且知名度较高的画像是四川成都画像砖中所表现的庭院布局形象，如图4-15。在该图像中，庭院被回廊分隔为四个部分，左下角为院落的正门，正门之后是第一进院落，其后则是第二进院落。在该院落的正中央有一个主屋，屋内有两人似乎正在交谈，主屋开间三间，明间有台阶，山面的结构显示该主屋为抬梁式结构。在主屋旁的一个院落内，有一个高大的阙状建筑，在一层开有一个小门，门内有楼梯直通顶部。在该建筑的中间部分，显示了它的结构形式，即柱梁结构的中间每隔一段就采用类似叉手的桁架结构予以加固，在此基础上阙状建筑似有三层之高，第三层还开有两个小窗便于观察。阙状建筑的屋顶则采用

图 4-14 汉画像石中的方形建筑　　　　图 4-15 四川成都画像砖中的庭院建筑

一斗三升的结构加以支撑,其上的屋顶形式似为庑殿顶,分为两段,或许是由支撑屋顶的椽子结构所决定。阙状建筑所在的下方则又是另一进院落,该院落中有立柱两个,其上悬挂有衣物或猪肉等物品,旁边还有一口井,因此该院落或属于生活性质的院落。

上述三幅汉代画像石中的画像都表现了汉代一般地主、权贵阶层的生活场景,同时反映了汉代庭院建筑的组合形式。在总体布局上,有呈轴线状对称分布的院落,如图 4-13 和图 4-15,同时也有呈分散式布局的院落,如图 4-14。曲阜画像石和四川画像石中的庭院画像表明,一般建筑中都有一座占有主要地位的主屋,该建筑的性质往往用于会见宾朋,招待客人,而在主屋的附近则多存在一座次要建筑,该建筑可能为具有防御性或礼节性的高台建筑,也可能是一座小型且具有娱乐性的方形建筑。另外,在这两座主要建筑的旁边则可能存在具有生活性质的庭院,庭院中的建筑可能有仓库、肉库等等,而往往使用回廊将这些建筑相互联系起来。高句丽在西汉末期建国,在其建国之初由于频繁与汉四郡相接触,因此推测受到了大量中原早期汉代文化的影响,而高句丽王族所使用的宫殿在一定程度上可类比于贵族的庭院,因此高句丽宫殿的布局形式或许会受到汉代庭院建筑布局的影响。

4.5.2.3 中原宫殿建筑文化的影响

高句丽自其政权建立以来,就一直受到中原地区汉魏文化的影响,并且这些影响渗透进其社会的方方面面,在装饰纹样、政治阶层、社会生活等方面都可见到中原汉魏文化的影子,建筑当然也不例外。高句丽壁画中的建筑很多方面都与中原汉魏文化具有惊人的相似性(详见 6.2 节中的内容),因此中原地区汉魏宫殿或庭院建筑也会在一定程度上影响高句丽。丸都山城建立于高句丽历史发展的早中期阶段,与之处于同时期的中原汉魏重要宫殿建筑,有西汉长安宫殿、东汉洛阳宫殿、北魏平城宫殿与洛阳宫殿。

1. 西汉长安宫殿

两汉时期，高句丽政权在西汉（公元前 206 年至公元 8 年）末期才建立，此时经过多年营建的西汉长安宫室经过赤眉起义之后，已是"宫室营寺，焚灭无余"，即使东汉光武帝即位之初，曾多次诏令修整西汉陵寝宫殿，终难以恢复往日旧观，此时的西汉宫殿毁坏殆尽，对高句丽早期的影响并不太大。

2. 东汉洛阳宫殿

东汉（公元 25 年至公元 220 年）建都于洛阳，并在此建立了东汉洛阳宫殿。东汉洛阳宫殿分为南宫和北宫，南宫早在西汉时期就已经存在，《汉书·高帝纪（下）》记载"上居南宫，从复道上见诸将往往耦语"[①]，可见刘邦在迁都长安之前，就居住在此，该宫殿建立的年代文献中并无详细记载，《舆地志》云洛阳"秦时已有南、北两宫"，因此有学者推测该宫建于秦代或更早[②]。东汉光武帝刘秀于建武元年"入洛阳，幸南宫却非殿，遂定都焉"[③]。南宫的建筑，目前没有详细的考古发掘资料，仅从文献中可知其主殿为前殿，另有嘉德殿、却非殿、宣室殿、广德殿等众多殿阁，宫城四面各有门阙，南垣为朱雀阙，北阙为玄武阙，东阙为苍龙阙，西阙为白虎阙。关于东汉洛阳北宫，《后汉书·明帝纪》记载"永平三年（公元 60 年）……起北宫及诸官府。八年十月，北宫成"，北宫面积较南宫大，其四周也各有四座门阙，北宫的主殿为德阳殿，文献载曰"德阳殿周旋容万人，陛高二丈，皆文石作坛，激沼水于殿下，画屋朱梁，玉阶金柱，刻镂作宫掖之好，厕以青翡翠，一柱三带，韬以赤缇。天子正旦节会，朝百官于此。自偃师，去宫四十三里，望朱雀五阙，德阳其上，郁嵂与天连"[④]。东汉洛阳城与西汉长安城布局上显然有所不同，西汉长安主要宫室为长乐宫和未央宫，东西横列，以东门为正门，而东汉洛阳宫主要宫室为南宫和北宫，南北纵列，以南门为正门。两者在宫城布局上都设有储藏粮食和兵器的太仓和武库，可知当时对粮食和武器的重视。

将丸都山城宫殿址与东汉洛阳相比较，从文献中来看，东汉洛阳宫殿无论南宫还是北宫，其宫殿的建筑规模都要远大于丸都山城的宫殿，如《元和郡县图志·洛阳县》引《洛阳记》曰"洛阳城东西七里，南北九里，内宫殿、台观、府藏、寺舍，晋魏之代，凡有一万一千二百一十九门"[⑤]。洛阳北宫"德阳殿周旋容万人"则可知德阳殿建筑周围空间之广，而"望朱雀五阙，德阳其上，郁嵂与天连"表明德阳殿前有朱雀五阙，高耸入云，从四十里外即可望见，可见其气势之雄伟。另外，在尺度上，德阳殿台基高二丈（汉代十尺合丈，1 尺合今约 23.1cm）约 2.3m，比丸都山城宫殿址台基要高大得多。东汉时期，汉辽东四郡与高句丽纷争不断，两者经常发生战事。此时的高句丽由于刚建都国内城不久，其经济、军事实力都不具有与东汉王朝相抗衡的能力，高句丽也仅仅希望利用地利，并通过战争巩固刚建立的政权。同时，两者之间基本没有外交人员的往来，因此尽管可以通过掳掠人口获知东汉宫殿的部分信息，然而要全面模仿东汉宫殿建筑还是有很大距离的。

---

① （东汉）班固. 汉书 [M]. 北京：中华书局，1962：卷 1·高帝纪下.
② 刘叙杰. 中国古代建筑史（第一卷）[M]. 北京：中国建筑工业出版社，2003：p413.
③ （南朝宋）范晔. 后汉书 [M]. 北京：中华书局，1965：卷 1·光武帝纪上.
④ （宋）徐天麟. 东汉会要 [M]. 上海：上海古籍出版社，2006：卷 6.
⑤ （唐）李吉甫. 元和郡县图志 [M]. 北京：中华书局，1983：卷 5·河南道一.

3. 北魏平城与洛阳宫殿

北魏一朝，曾经先后两次迁都，从早期盛乐迁都至平城，后北魏孝文帝又将都城迁至洛阳。由于与北魏交流频繁、联系紧密，因此平城宫殿与洛阳宫殿或对高句丽有一定的影响。北魏洛阳宫殿由于在北魏文帝太和十七年（公元493年）才开始大规模建设，时代上要晚于丸都山城宫殿，因而本节对其不予讨论。因此，北魏平城宫殿或成为当时影响高句丽的一个重要因素。平城在汉代仅是一个县城，其被正式定为都城是在北魏天兴元年（公元398年），北魏道武帝拓跋珪"迁都平城，始营宫室，建宗庙，立社稷"。作为北魏的第二个都城，平城被沿用了近一百年，直至北魏孝文帝迁都洛阳。在此期间，平城经历过多次较大规模的建设，但迄今为止平城遗址尚未经过勘察发掘，其宫殿布局的情况仅可通过文献窥知一二。

早在平城未定都之前，北魏穆帝就曾修故平城为南都，又在平城南百里筑新平城[①]，此时由于拓跋部尚处在游牧阶段，因此平城或仅为其游牧进程中的一处临时休息所，此时的建筑规模和形制应处于草创阶段，无法与南朝相比。即使在北魏道武帝建都平城之时，"始都平城，犹逐水草，无城郭"[②]，此后道武帝"欲广宫室，规度平城四方数十里，将模邺、雒、长安之制，运材木数百万根"[③]，天赐三年（公元406年）"发八部五百里内男丁筑漯南宫，门阙高十余丈，引沟穿池，广苑囿，规立外城，方二十里，分置市里，经涂洞达，三十日罢"。这两次是文献中记载对平城规模较大的建设活动。在此期间还有很多修造门阙、殿宇之事，如天兴二年"秋七月，起天华殿……增启京师十二门……作西武库"，天兴三年"秋七月……起中天殿及云母堂，金华室"，天兴四年"夏四月……起紫极殿，玄武楼，凉风观，石池，鹿苑台"[④]等等。

明元帝之后的北魏太武帝拓跋焘即位后，北魏政权进入极盛期，此时的平城规模在经过道武帝、明元帝两朝的建设其规模已经逐渐形成，布局也相对比较完备。文献记载"（太武帝）截平城西为宫城，四角起楼，女墙，门不施屋，城又无堑。南门外立二土门，内立庙，开四门，各随方色，凡五庙，一世一间，瓦屋。其西立太社。佛狸所居云母等三殿，又立重屋，居其上。饮食厨名'阿真厨'，在西，皇后可孙恒出此厨求食……殿西铠仗库屋四十余间，殿北丝绵布绢库土屋一十余间。伪太子宫在城东，亦开四门，瓦屋，四角起楼。妃妾住皆土屋……又有悬食瓦屋数十间，置尚方作铁及木……伪太子别有仓库"，"正殿西筑土台，谓之白楼，万民禅位后，常游观其上，台南又有伺星楼。正殿西又有祠屋，琉璃为瓦。宫门稍覆以屋，犹不知为重楼"[⑤]。此后在孝文帝时期，平城又经历了另一次大规模的建设，"太和十六年（公元492年），破安昌诸殿，造太极殿东、西堂及朝堂，夹建象魏、乾元、中阳、端门、东、西二掖门、云龙、神虎、中华诸门，皆饰以观阁……"，此时高句丽已迁都平壤，因此这次大规模的建设或许对后来的平壤宫城有所影响，而对中期丸都山城宫殿址没有影响。

迄今为止，北魏平城宫殿的全貌尚未经过整体的考古勘探，其宫城布局的形制也不甚明朗，但是从上述的历史文献中我们可推知早期平城宫殿的一些特点。此时的平城，东宫和西

---

① （北齐）魏收. 魏书[M]. 北京：中华书局，1974：卷1·穆皇帝六年条.
② （梁）萧子显. 南齐书[M]. 北京：中华书局，2003：卷57·魏虏传.
③ （北齐）魏收. 魏书[M]. 北京：中华书局，1974：卷23·莫含传.
④ （北齐）魏收. 魏书[M]. 北京：中华书局，1974：卷2·太祖纪.
⑤ （梁）萧子显. 南齐书[M]. 北京：中华书局，2003：卷57·魏虏传.

宫并列，夹以仓库，宫前建"左祖右社"。在宫城周围建立城墙并设立女墙、角楼等防御性设施，在城内则立庙及社，以作祭祀之用。在其居住的云母殿周围有厨房、库房、食库、绢库等储存日常所需之建筑。在云母殿的周围还筑有高台，不仅可以起到防御作用，而且也可以在上面游观，这一习俗保留了秦汉以前高台建筑的遗风。正殿的西侧建有祭祀用的祠屋，以当时不多见的琉璃为屋面，表明了祠屋在其中的重要地位。此时宫城的正门并非类似南朝的重楼建筑，可知当时宫门在宫城建筑中不太突出，形制也比较简单。总体上，平城的宫殿和都城仅可以满足立国的实际需要，宫城内的主殿和一些次要建筑相互夹杂，殿宇多为土筑瓦屋，宫城城门也仅有一层，带有强烈的地方色彩和游牧民族的特点。同时，《南齐书》的记载也表明，在当时的南朝人眼中，北魏的宫室规模、形制等仍然比较粗犷朴实，无论在礼制或建筑技术方面都不能与代表中原文化的南朝宫室相比。值得注意的是，尽管此时的平城宫室未及南朝的水平，但经过北魏三代近百年的建设，平城已经进入了宫室发展的繁盛阶段，与早期"犹逐水草，无城郭"的阶段相比，无论在宫室规模上还是建筑形制上都有了较大的飞跃。

将北魏平城宫殿与丸都山城宫殿相比，前者在规模上要远大于后者，如明元帝时期西宫"起外垣墙，周回二十里"，明显大于丸都山城宫殿。就两者的建筑类型而言，两者则似乎具有某种相似性，这表现在以下几方面。首先，平城的宫城周围有城墙维护，四角还有角楼，门楼比较简单，并非重楼的形制。丸都山城宫殿址周围的城墙体量也并不大，在靠近西南和东北的地方都有一组体量较小的建筑，或许这可能就是角楼的建筑遗址，其1、2号宫门址的规模和体量也比较小。

其次，平城宫殿中除主殿之外，还有居住用的云母殿，其周围还有厨房、库房、食库、绢库等建筑；高句丽的宫殿建筑不仅在文献和古坟壁画中都曾提及厨房、库房之类附属建筑，而且就丸都山城的遗址而言，在正中央主体建筑的东侧3、4号台基上均有几组规模较小的遗址，其中有一组可能为寝殿，功能与云母殿相似，其他与宫殿址中心的主殿相比体量明显要小很多，推测这几组建筑或许就是这一类附属建筑。

第三，平城宫殿中文献提及有类似高台建筑的存在，而丸都山城宫殿址中紧挨主殿的一侧有一个方形建筑址，这一建筑址从结构上分析不可能是类似汉代土木混合结构的高台，但是就其在宫殿中的位置来分析，不排除是一座重层类似楼阁建筑的可能。

第四，平城宫殿中存在庙、社两种祭祀性的建筑，而丸都山城宫殿址中两座八角建筑，形制比较特殊，且呈轴线性对称布局，以高句丽人信鬼神的特点，这一组建筑也有可能属于祭祀性建筑。

通过上述几方面的比较，笔者认为平城宫殿与丸都山城的宫殿存在某种渊源关系，这尤其表现在建筑类型的相似性方面。究其缘由，笔者认为至少存在以下几个方面：

其一在于高句丽族和北魏拓跋族同属北方民族，具有相似的民族性格，早期都无固定生活场所，以掠夺性生活为主，其后逐渐发展出各自的势力范围，建立各自的早期都城。中后期，两者都积极向当时代表先进生产力的中原文化学习，不断发展壮大各自的国力，在都城与宫殿建筑营建方面，也以中原文化的长安、洛阳为对象，积极模仿其布局规模与建筑形制，在此过程中结合本民族的各自特点，形成各自的都城布局形式。

其二，在高句丽长达700年的历史进程中，独有北魏一朝与高句丽处于相当稳定的状态，两个政权之间交流紧密，高句丽几乎年年向北魏称臣朝贡，而且北魏还试图与高句丽联姻，虽未获成功，但也显示出两者之间关系并不一般。在此种状态下，高句丽借朝贡的机会向北魏学习当时领先的先进技术与文化，这种可能性是很大的。

其三，北魏道武帝定都平城之后，曾经"徙山东六州民吏及徒何、高丽杂夷三十六万，百工伎巧十万余口，以充京师"[①]，这种迁徙方式实际上是北魏鲜卑族的传统掳掠方式，通过这种方式将掳掠所得的大量汉族和少数族人为其进行农耕、手工业和畜牧生产，这其中高句丽也有很多人被其掳掠至平城，这些被掳掠的高句丽人一旦逃回故土，势必会对北魏都城平城的一些情况作详细的描述，随之北魏平城的先进技术、文化与社会情况等就逐渐传入高句丽，并影响了高句丽社会的发展与进程。

值得说明的是，丸都山城作为一座与平原城国内城相拱卫的山城，一般只是在战争状态下才会频繁使用，因而丸都山城上的宫殿建筑无论在建筑类型、数量或平面布局的规模方面都远逊于国内城中的宫殿建筑。在高句丽迁都平壤之前，其城市中受到北魏较大影响的应是当时的平原城国内城，而丸都山城中的宫殿建筑作为躲避战争的临时处所或许仅是国内城宫殿的一个缩影。尽管丸都山城与北魏平城宫殿在某些方面存在相似性，但是在建筑数量、类型与规模方面，丸都山城中的宫殿与北魏平城的宫殿建筑并不具备可比性。

4.6 本章小结

丸都山城宫殿址作为高句丽中期阶段的一座宫殿建筑遗址，无论在其历史价值抑或建筑研究价值方面都是十分重要的。以吉林省考古研究所对该遗址的发掘报告《丸都山城》为基础，本文对丸都山城的宫殿址进行了研究，主要内容包括以下几个方面：

首先，基于考古发掘报告中的内容，从建筑学的角度对宫殿建筑遗址进行分析，调整了发掘报告中部分遗址的开间、进深内容，同时结合文献及高句丽壁画中的内容，对宫殿址中的建筑类型及性质进行了推测。

其次，笔者认为丸都山城宫殿址中的空间格局大致可分为前朝区和后寝区，其中前朝区以1号建筑址为中心，而后寝区则以11号建筑址较为重要。前朝区中1号建筑址作为宫殿址中的"堂"，承担着举行各种重要仪式的功能，而其东侧的8号建筑址则为高句丽王日常议事的所在，这两者的关系或可类比于"大朝"与"常朝"。这两座建筑的中心广场，是前朝区举行仪式的重要活动空间，而广场南侧的2、3号建筑址，推测带有宗教性质，在整座宫殿址中也是不可或缺的。这两座建筑一侧的7号建筑址，由于与其联系紧密，因此推测可能是为这两座建筑的附属建筑。后寝区域内的11号建筑址体量较大，推测为高句丽王、后及妃的休息寝殿，其余建筑由于体量都比较小，因此推测以储藏类建筑为主。根据这些推测，笔者绘制了丸都山城宫殿址的复原平面图。

第三，根据复原的平面图，丸都山城的形制特点也比较明显，在宫殿布局上形成前朝后寝的格局，或许类似于中原前朝后寝式的分布。在建筑配置上，丸都山城的建筑体现出了双开间的特点，这与汉代中原的双开间建筑有可能也存在历史渊源。此外，发掘报告认为宫殿址中存在一条东西走向的轴线，但是经过实地踏查及对遗址现场的勘测，笔者认为宫殿址中

[①]（北齐）魏收. 魏书[M]. 北京：中华书局，1974：卷2·太祖纪.

的轴线关系或为南北走向,即通过1号建筑址,以中心广场为重要活动空间,这种轴线关系加强了1号建筑址的核心地位,同时这条轴线与遗址周边的环境结合也比较紧密。

最后,对于丸都山城宫殿址的成因,笔者认为存在多方面的影响。地形上的考虑体现了高句丽国都、宫殿选址的一贯性思维,而中原早期汉代建筑文化的影响在丸都山城宫殿址中仍然存在。此外,北魏的平城宫殿尽管目前全貌尚未得知,但是根据相关文献记载,笔者认为平城宫殿与丸都山城宫殿在某些方面的相似度可能比较高,但这两者在宫殿的规模、形制的等级等方面仍然具有一定的差异性。

第 5 章 高句丽后期宫殿建筑研究

高句丽后期的宫殿建筑，在现存历史文献中并无太多记载，目前学界一般认为高句丽后期宫殿建筑的典型代表是位于朝鲜半岛北部平壤市东北的安鹤宫宫殿建筑址。安鹤宫宫殿址所处的年代及历史地位比较特殊，与高句丽中期丸都山城宫殿址相比，两者在宫殿形制、整体规模、平面布局上都存在很大的差异性。除此之外，安鹤宫宫殿本身在宫殿形制、尺度规模及单体建筑等方面也具有重要的研究价值，其产生的历史渊源与当时东亚范围的历史大背景有很深的关系，与当时的中原宫殿、日本宫殿等也存在着一定的关联。本章将以安鹤宫宫殿址为对象在社会发展的大背景下探讨中原、日本及安鹤宫宫殿之间的联系。

5.1 后期宫殿建筑的文献考察

前文已述，自公元 427 年迁都平壤之后，高句丽不断向南对百济、新罗发动战争，试图扩大其在朝鲜半岛的势力范围，其整体实力也因此而得到较大增长。实力的增长，或使得高句丽王族们营建宫室之风渐增，同时借浩大的宫室炫耀自己的势力。文献中也有一些记载，如"文咨明王二十七年三月，暴风拔木、王宫南门自毁"[1]，"平原王三年，异鸟集宫庭……十三年八月，重修宫室"[2] 等。平原王二十八年时，再次从平壤城移都至相距不远的长安城，此后的文献记载宫殿的部分极少，而将大部篇幅集中于隋、唐攻占高句丽的部分。尽管文献中对高句丽后期宫室着墨不多，但是从上述文献中仍然可知，高句丽后期宫殿或也呈院落式布局，而且宫殿的南门在整个宫殿中的地位或比较重要，不然不会因为南门毁坏而特别在正史中记载下来。

所幸的是，在平壤大城山城附近仍然保存着一处高句丽后期的宫殿建筑遗址，即安鹤宫宫殿址。关于该宫殿址，文献中不见相关的记载，但是从该宫殿遗址所出土的遗物，如瓦当、鸱尾等，可知该遗址所属时代为高句丽时期，因此作为高句丽后期宫殿遗址的代表实例，安鹤宫宫殿址凸显其重要的研究价值，这也是本章所关注的重点内容。

---

[1] （高丽）金富轼. 三国史记 [M]. 长春：吉林文史出版社，2003：高句丽本纪·文咨明王条.
[2] （高丽）金富轼. 三国史记 [M]. 长春：吉林文史出版社，2003：高句丽本纪·平原王条.

5.2 安鹤宫宫殿遗址的既往研究

迄今为止，安鹤宫的宫殿建筑遗址经过几次规模不等的发掘，而这几次发掘的成果也经整理后出版发行，比较重要的有以下几部：

1. 20世纪30年代，日本学者关野贞对安鹤宫址进行实地考察，对多处遗迹进行探查，并运用史籍考证和实地踏查相验证的方法，论述高句丽平壤城与长安城，同时针对所发现的瓦当，认为现存的安鹤宫应当是高句丽末期的宫殿遗址，他的论文收录在其《朝鲜の建築と芸術》一书中。

2. 1958—1961年的3年时间中，朝鲜考古工作者对平壤大城山一带的高句丽遗迹进行考古发掘和清理工作。这次的发掘工作着重于现场的调研和清理，为今后的发掘打基础，本次发掘后，出版了名为《대성산 일대의 고구레 유적에 관한 연구（大城山一带高句丽遗迹的关联研究）》的发掘报告。

3. 1958年至1973年间，由金日成综合大学主导对大城山一带的高句丽遗迹进行发掘，其成果发表于1973年出版的《대성산성의 고구려 유적（大城山的高句丽遗迹）》一书，此次发掘的成果非常丰硕，对安鹤宫整体布局形式进行了详细的测绘，对于其宫殿布局、结构研究具有非同一般的研究价值。

4. 朝鲜和韩国的学者针对高句丽遗迹研究中发现的众多问题，于2006年初对高句丽的一些遗迹进行重新踏查，并出版了名为《南北共同学术调查报告书（2）》的考察报告。报告中对安鹤宫的建筑址进行测量，修正了1973年测绘时的一些数据。

除此之外，由于安鹤宫发掘报告（特别是1973年版）传播范围较小，加之语言困难及朝鲜的国情所限，因此国内外学者对安鹤宫宫殿建筑遗址的研究成果也比较少。但是，就目前已搜集到的情况来看，仍然有部分学者对其进行了较为深入的研究。《안학궁유적과 일본에 있는 고구려관계 유적，유물》[①]是一本关于安鹤宫建筑遗址研究的专著，书中对安鹤宫的建筑遗址进行了较为详细的分析，总结了其建筑的性质及年代，并通过遗址中的出土文物分析了高句丽与日本在建筑技术之间的历史渊源。另外，该书试图运用图示语言的表达方式分析安鹤宫整体宫殿布局的形式与特性，认为南宫主体建筑是整座安鹤宫宫殿的核心，并以其为圆心，中宫与北宫主体建筑为端点，可作多个同心圆。而《高句麗 安鶴宮 中央 建築群에 대한 考察》[②]一文中则关注于安鹤宫南宫、中宫与北宫中的主体宫殿建筑，认为安鹤宫前殿中的高台建筑与汉代未央宫的高台建筑具有某种历史渊源，同时推测前期国内城宫殿建筑中也存在类似的高台建筑。此外，《高句丽文化》[③]一书在最后一章对安鹤宫的南门建筑址进行了分析，在对比渤海上京龙泉府宫城南门址、高丽宫城南门址及李朝宫殿勤政殿的建筑平面的基础上，对安鹤宫宫殿南门建筑进行了初步复原。

---

① 전제헌，준박사. 고구려력사연구－안학궁유적과 일본에 있는 고구려관계 유적，유물[M]. 서울：벡산자료원，1991.
② 梁正锡. 高句麗安鶴宮中央建築群에대한考察[J]. 中国史研究，2008，第56卷.
③ 朝鲜民主主义人民共和国社会科学院考古学研究所编，呂南喆，金洪圭共訳. 高句麗の文化[M]. 京都：同朋舎出版，1982.

5.3 安鹤宫宫殿遗址的现状

现存的安鹤宫宫殿遗址，大致可分为南宫、中宫、北宫、东宫和西宫五个部分，除此之外还有两处庭院址、若干处城壁与城门址，如图5-1。这些内容都记录在1976年出版的《대성산성의 고구려 유적（大城山的高句丽遗迹）》一书中，其中重要部分大致如下[①]：

5.3.1 安鹤宫宫城及城壁的现状

发掘报告对安鹤宫宫城的20处城壁进行调查，发现这20处城壁的构造大体相同，仅存在些微小差异。同时对安鹤宫宫城的城门，包括东门、西门、北门、南门、东南门和西南门进行了发掘，了解了城门的基本结构、城门遗址及建造技术等相关情况，同时对门址

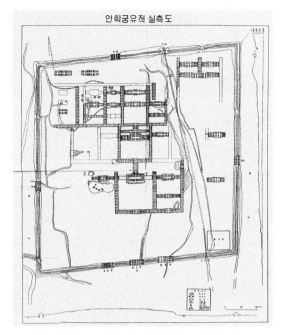

图5-1　安鹤宫实测图

附近的水口门和城壕等也作了调查。位于宫殿正南向的南门、东南门和西南门又成为其中的重点，南门是宫城的正门，开间7间约45.6m，两侧开间大小呈对称状布局，进深2间约5m左右。东南门与南门规模及形制相似，其规模也为7间×2间，而西南门则为6间×2间，东南门也是所有城门址中开间最大的一座。其余三个方向的城门，包括东门、西门和北门，规模较小，开间为5间，进深为2间，这些城门的结构构造、城壁与城门结合方式等内容均大体相似。

5.3.2 安鹤宫宫殿遗址的现状

宫殿址安鹤宫整体发掘的重要内容，1976年版的发掘报告对安鹤宫内38万m^2区域内的调查情况进行了披露，其中包括所有发掘的52座建筑遗址。

宫城内的地形东、南方低，中部和北方、西方高，东方和西方高差约1.7m，南方和北方高差约2.5m。宫城内靠北部的地方为一人造山丘，疑为宫苑。整个宫殿址大致可以分为5个建筑群，宫殿的配置比较规则方正，整然有序，有轴线关系。按轴线的南北关系，宫殿址可以分为南宫、中宫和北宫，北宫的两侧分别还有东宫和西宫，其中北宫、东宫和西宫建筑配置较南宫和中宫相对简单。宫殿址以回廊相连接，使整个宫殿群显得很有气势。

5.3.2.1 南宫

南宫总面积为88500m^2，是5个建筑群中最大的。主要有3个宫殿建筑址。

1号宫殿址由中心建筑物和两肋的回廊组成。中心建筑物全长57.1米，宽27.3m，现存

[①] 김일성종합대학고고학및민속학강좌집필. 대성산성의고구려유적[M]. 평양：김일성종합대학출판사，1976. 本节内容部分摘自该书相关章节。

柱础石41个，缺失10个，由平面现状可知建筑物开间11间共49m，进深4间共16.3m。建筑基础的构造方式和城门相似。中心建筑物东西回廊全长114.5m，宽13.8m，由现状平面可知共27开间110.7m，进深2间共8.5m。中心建筑物前有南门，两侧也有回廊。南门位于回廊的中心部位，与中心建筑物成南北轴线关系。南门面阔5间，进深2间。

2号宫殿址位于1号宫殿址的东面50m，宫殿址由中心建筑物、前门、侧门和回廊组成。东回廊全长161m，宽4.25m，每开间均为4.25m。南向的回廊共有两条，其中北侧回廊的中央部位有一宫殿建筑址，面阔3间，柱础之间间距分别为4.7+5+4.7m。

3号宫殿址与2号宫殿址相对称，位于1号宫殿址西约50m处。宫殿随地形变化而变化，总体呈三角形状。宫殿址主体建筑全长33m，宽19m，和2号宫殿中心建筑物的规模相同。宫殿的前方留存有当时庭园的遗迹，西面有高的山丘。

5.3.2.2　中宫

中宫位于南宫的北侧，也是安鹤宫城的中心部位。中宫的中心建筑址和南宫1号宫殿址相似，也位于中宫的南北轴线上，周围围以回廊。中宫主要有以下3个宫殿建筑址。

1号宫殿址即中宫的中心建筑物，也是安鹤宫的中心建筑物。建筑的规模比较大，平面构成也比较特殊。宫殿由主体建筑和其北部的附属建筑组成，遗构总长90.5m，宽33m，共残留有140个柱础。主体建筑形制特殊，由一座大型建筑加上两座侧翼建筑构成，共有20列柱础。大型建筑面阔7间共32m，进深5间共16.6m，两侧建筑则面阔5间共23m，进深4间共11.5m。北部的附属建筑中央部位面阔7间共28.5m、进深1间共4m，中部面阔3间共11.2m、进深1间3.75m，两侧最小面阔2间共8.5m。

2号宫殿址与1号宫殿的东回廊相接，形制也是主体建筑加翼形建筑的形式。主体建筑全长141m，宽10.75m。翼形建筑开间4间共13.35m，进深3间共8.45m。宫殿的现存柱础总数为48个，保存相对完好。

3号宫殿址与2号宫殿址相对称，破坏较为严重。

5.3.2.3　北宫

北宫位于安鹤宫城内土丘的前端，共发现有7座宫殿建筑址。其中1、2号宫殿址位于中央，东南方位3、4号宫殿址，东北方为5号宫殿址，西方为6、7号宫殿址。

1号宫殿址也类似为主体加两侧翼的形制，遗构全长68m，宽15.5m，主体建筑面阔5间共15.05m长，进深4间共12m，侧翼建筑则开间3间，进深4间。建筑址尚有大量础石残存，其主体建筑柱间距依次为6.2+4.2+4.25+4.2+6.2m，梁间距为3m。

2号宫殿址位于整个安鹤宫中轴线的末端，遗构全长67.5m，宽14.5m，平面形制为主体建筑加侧翼建筑。主体建筑面阔3间共7.3m，进深3间共10.5m。侧翼建筑向外出了两次，第一出侧翼建筑面阔4间，进深3间东侧9.25m、西侧9.5m，第二出也类似，但进深略小于第一出，东西侧均为8.75m。

3号宫殿址位于1号宫殿址的正东向，平面形制也为主体建筑加侧翼建筑。主体建筑面阔3间共13.12m，进深13.5m，两侧建筑东侧面阔3间共8.2m，西侧面阔4间共12.8m，进深均为8m。

4号宫殿址位于3号宫殿址的南面，形制与3号宫殿址类似，面阔总长44m，进深7m。柱础石残余3个，基础则残留21个，柱的间距分为4m和3.5m两种。

5号宫殿址位于3号宫殿址的北面，东西向长，南北向短，比较特殊。面阔全长47.7m，进深6.4m，面阔柱间距分为4.5m和4.2m两种，进深柱间距则为3.2m。

6号宫殿址和1、3号宫殿址位于同一直线上，与3号宫殿址呈轴线对称状。平面形制也为主体建筑加侧翼建筑，主体建筑面阔进深均为3间，侧翼建筑面阔3间、进深1间。

7号宫殿址位于6号宫殿址的北面，和2号宫殿址位于同一直线上。面阔总长35.5m，主体建筑面阔9m，侧翼建筑为5m。

5.3.2.4 东宫

东宫位于安鹤宫城内东北地势较低的地区，主要有4座宫殿址，呈两条东西向直线分布，其中1号宫殿址位于西南方，其北部为2号宫殿址，3号位于东南方，其北部为4号宫殿址。宫殿址之间以回廊加以联系。在东宫建筑群的东南方，还存有5号、6号建筑址。

1号宫殿址全长55m，宽15.3m，由3个部分构成。主体建筑面阔3间共16.5m，进深4间共11m，侧翼建筑西侧面阔4间共13.2m、进深3间共10.5m，东侧面阔3间共11.3m、进深4间共10.5m，从西至东建筑依次往南向外凸出两次。

2号宫殿址位于1号宫殿址的北面，形制为主体建筑加两侧翼建筑。主体建筑面阔3间共16m，进深3间共11m。东西两侧翼建筑均面阔4间，进深3间，柱的间距略有不同。

3号宫殿址位于1号宫殿址东侧，与其相隔2个回廊间隔。平面与1号宫殿址相同，建筑从东向西依次向南外凸2次。主体建筑面阔3间共16m，进深4间共10.5m。西侧翼建筑面阔2间共11.5m、进深4间共10.5m，东侧建筑面阔3间共13m、进深3间共9.5m。

4号宫殿址位于3号宫殿址的北面，其形制与2号基本相同。

5号宫殿址位于3号宫殿址南160m处，距离东城壁57m。建筑全长53.25m，宽16.2m，面阔总长47.25m、进深总长10.1m。平面也为主体建筑加侧翼的形制。主体建筑面阔、进深均为3间，面阔长17.05m，进深长10.5m。东侧翼建筑面阔2间共6.9m、进深3间共10.1m，西侧翼建筑面阔、进深均为3间，面阔长13.8m、进深长10.1m。

6号宫殿址位于5号的南方120m处，距离东城壁也为57m。平面形制类似5号宫殿址。主体建筑面阔总长16.75m，进深11.4m，西侧翼建筑面阔13.5m，进深10.6m，东侧翼建筑面阔8m，进深10.6m。

5.3.2.5 西宫

西宫位于北宫以西，主要由4座宫殿建筑址，分布在3个区域中。

1号宫殿址位于北宫的西侧回廊以西，与北宫的1、3号宫殿址位于同一直线上。其主体建筑面阔5间共21m，进深4间共13m。

2号宫殿址位于1号宫殿址南回廊以西，其后还有2座宫殿址的痕迹，但破损严重。建筑的全长21.25m，宽10m，面阔5间、进深3间。可识别柱的遗迹24个，保存完好。

3号宫殿址和4号宫殿址均位于城内北部土丘的西侧。形制均为主体建筑加两侧翼建筑。其中3号主体建筑面阔、进深均为3间，面阔总长15.9m、进深总长10.2m。东侧翼建筑面阔3间，西侧翼建筑面阔4间。4号宫殿址的形态与3号相似。

除此之外，在安鹤宫宫址上出土了大量的遗物，包括板瓦、筒瓦、佛像等，瓦当的装饰纹样多种多样，形态各异，佛像则相对较小，与当时的佛教造像风格相一致。同时，在宫殿址上还发掘出了4个鸱尾和13个鬼瓦。4个鸱尾中有3个形态相同，体量较大，形态秀美，另外一个则粗壮有力，且鸱尾身还带有鱼鳞状的纹样，详见6.2.1.4节内容。

1973年出版的考古发掘报告，是安鹤宫历次发掘中出土遗物最多、意义最重要的一次，不仅反映了整座宫城的结构状况，而且对高句丽后期宫殿建筑的平面形制、组合方式、布局形式等均有重要的参考价值。

5.4 安鹤宫宫殿建筑的形制与特质

5.4.1 宫殿址的整体尺度

以目前发掘的资料来看，安鹤宫的四周城壁所围合的平面非传统的正方形，而表现为一个菱形的平面，但是其内部建筑并非按照菱形的平面配置，而是仍然表现出传统的方正特点，因此在内部建筑的配置方面安鹤宫的宫室布局与传统的东亚宫殿建筑是一致的。傅熹年先生曾经对中原的城市、宫殿及单体建筑进行分析，认为它们在尺度上经过缜密的规划与单体设计，而安鹤宫宫殿建筑是否也存在这方面的考虑呢，本节将对安鹤宫的整体宫殿尺度进行一些分析。

5.4.1.1 宫殿尺度的既往研究

韩国学者전제헌于1998年就曾对安鹤宫的平面形式进行过几何图式的分析，如图5-2。图中，韩国学者以安鹤宫的南宫主殿作为圆心，分别以南宫正殿至南宫殿门、南宫正殿至中宫后殿、南宫正殿至宫城正门为半径，绘制了三个大圆。安鹤宫中内部的主要宫殿均与这三个大圆发生过或多或少的关系，有的主要宫殿还位于这三个大圆上。通过这种几何图式的布局分析，韩国学者试图理解处于安鹤宫中心位置的南宫正殿对于整个宫城的特殊意义，并试图找出其他宫殿与南宫正殿之间的相互关系。

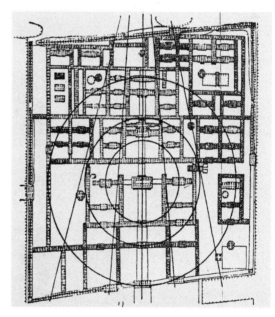

图 5-2 전제헌对安鹤宫的图式分析

尽管从单纯的图示语言上能够反映安鹤宫内部宫殿之间的布局关系，但是这种方法明显没有考虑到古代东方传统建筑的布局方式。古代东方的传统建筑营造，尤其是在城市的营造方面，很少采用类似的定圆心与半径的手法，而往往采用"寸、尺、丈、里"与有关的尺度来进行布局，如文献记载"旧阁基址南北阔八丈，今增九丈三尺……自土际达阁板高一丈二尺，今增至一丈四尺……中柱北上耸于屋脊长二丈四尺，今增至三丈一尺，旧正阁通鬼首东西六间长七丈五尺，今增至七间，共长八丈六尺，阔三丈五尺"[1]。

---

[1]（清）董诰. 全唐文（标点校勘本）[M]. 太原：山西教育出版社，2002：卷747·重修滕王阁记.

根据这些文献，傅熹年先生认为"在面阔、进深和高度上都是以尺计长度的，而且基本都是以尺为单位，而以半尺为补充，没有零星的寸数"，并根据单体建筑研究所用的折算尺长的方法，用到对建筑群布局的分析研究中，也有所发现。傅熹年先生在城市规划方面，把明清北京、隋唐长安、洛阳中发现的线索在其他都城总平面图上检验，也得到了近似的结果，表明坊、宫城和都城在面积上有一定的模数关系。最终，经过多年的研究，他认为"古代中国在城市规划、建筑群布局和单体建筑设计中，最突出的共同特点是用模数控制规划、设计，使其在规模、体量和比例上有明显的隐晦关系，以利于在表现建筑群组、建筑物个性的同时，仍能达到统一协调、浑然一体的整体效果"[①]。

5.4.1.2 安鹤宫的尺度研究

以傅熹年先生的这种研究方法为基础，笔者对安鹤宫宫城址也作了研究。首先，需要解决的是安鹤宫时代的尺长。本专著的专题研究之一，即高句丽用尺研究，已对该问题做过探讨，认为早期朝鲜半岛存在下列三种尺长，即每尺0.356m，每尺0.294m和每尺0.269m，实际也就是三种尺（高丽尺、唐尺和朝鲜半岛尺）。在建筑群的组合中，以"尺"为单位相对较小，而多以"丈"为单位。以每尺0.356m为单位，则10丈的长度=10×10尺=35.6m，以每尺0.294m为单位，10丈的长度为29.4m，以每尺0.269m为单位，则10丈的长度为26.9m。以安鹤宫的实测总平面为基准，安鹤宫址的中轴线为标尺，以10丈为方格网模数对其进行排布，可以得出下列三种方格网布局形式。

1. 以尺长为0.356m的宫殿址

以每尺0.356m为单位，10丈为模数的方格网对安鹤宫宫殿址进行排布，似乎两者之间的匹配度并不高，如图5-3。这表现在以下几个方面。首先，南宫主殿庭院为30丈×30丈，匹配较好，但是主殿两侧的东西配殿则不能匹配为10丈的整数模数。其次，中宫庭院的尺度近似为25丈×30丈，若包括回廊则建筑群的匹配也为30丈×30丈，但是其东、西、南侧方格网将回廊纳入其中，北侧却仍在方格网的外侧，匹配度也不高。再次，北宫的庭院尺度近似为20丈×35丈，该数值与南宫及中宫

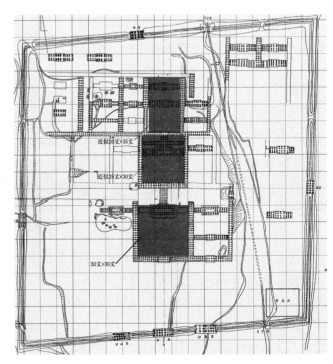

图5-3 尺长0.356m的宫殿分析图

---

① 傅熹年. 中国古代城市规划建筑群布局及建筑设计方法研究[M]. 北京：中国建筑工业出版社，2001：p7-8.

的数值没有明显的规律可循。最后，在尺度规模上，南宫庭院虽然匹配比较好，但采用所采用的10丈模数与整个主殿庭院的规模相比仍然显得较大，模数变大则建筑的尺度随之而变小，两者的关系相互对立，这与一般王族营建宫殿好大喜功的想法相违背。因此，以每尺0.356m为单位，10丈为模数的方格网并不能完全满足安鹤宫的平面配置关系。

2. 以尺长为0.294m和尺长为0.269m的宫殿址

以每尺0.294m为单位，10丈为模数的方格网和以每尺为0.269m为单位，10丈为模数的方格网，由于两者在尺长上相差并不大，因此对于安鹤宫宫殿址的匹配上似乎在很多方面都比较接近，但是仔细分析两者的匹配图，可以发现在一些方面两者仍然表现了较大的差异，如图5-4和图5-5。

首先，在南宫院落的匹配上，两者在南北进深方向均近似为40丈，但是在开间方向以尺长0.294m为单位表现出一些零碎的尺度，尤其表现在南宫主殿的院落方面，而以尺长0.269m为单位的匹配度则非常好，南宫主殿院落的尺度为50丈×40丈，这其中东西两侧以回廊外边为界，如去掉回廊宽则院落尺度约为40丈×40丈，同时南宫东侧配殿的院落尺度为30丈×40丈，同样是以回廊外边为界。

其次，在中宫院落上两者的匹配度均表现一般。以尺长0.294m为单位，中宫庭院进深方

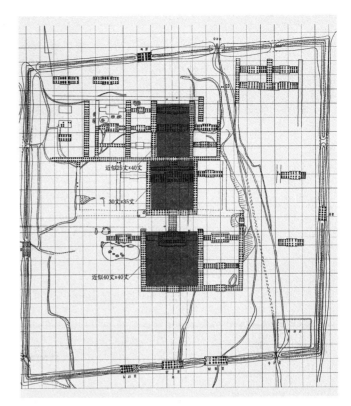

图 5-4　尺长 0.294m 的宫殿分析图

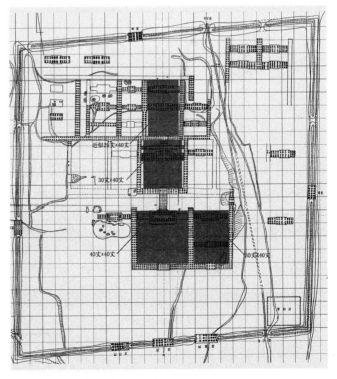

图 5-5　尺长 0.269m 的宫殿分析图

5.4　安鹤宫宫殿建筑的形制与特质　95

向为40丈多，没有完整的整数模数，开间方向的匹配近似为30丈。而以尺长0.269m为单位，中宫若在进深方向将方格网进行略微调整，则也可以得到近似40丈的模数。中宫庭院的开间方向，若以两侧回廊外边为界，则可得到近似40丈的模数。两者相比较，匹配度较高的仍然是后者。

再次，在北宫院落采取同样的方法对其进行匹配，以尺长0.294m为单位，北宫庭院开间近似为30丈，进深方向则约为40丈，而以尺长0.269m为单位也可以得到30丈×40丈的尺度，但是其匹配度要略差于前者。北宫东西两侧的东宫、西宫，其庭院院落的尺度在进深方向近似约为20丈，两个尺度的匹配均比较接近。

综合上述分析的内容，笔者认为以每尺0.269m长为单位，10丈为模数的方格网对于安鹤宫宫殿址配置的匹配度最高，换句话说，安鹤宫在规划营建之时，很有可能是采用尺长为0.269m的尺来作为尺度单位的，而整座宫殿址的长度则以10丈为模数加以控制。

5.4.1.3 安鹤宫的尺度特点

以尺长为0.269m为单位，10丈为模数对安鹤宫进行匹配，可以发现安鹤宫宫殿址在尺度方面有如下的几个特点。

首先，安鹤宫的总平面东西方向尺度约为230丈，南北方向尺度约为250丈，呈现一个菱形的布局形状，但是若将菱形的北部一个角补齐到南部所缺的地方，则安鹤宫的整体尺度约为230丈×240丈，仍然可以近似认为是一个正方形平面。这或许说明安鹤宫在规划之初可能采用的是正方形的平面形式，但是由于受到四周环境的影响，最终不得不放弃了方形而代之以近似方形的菱形平面，以最大程度的向方形平面靠拢。

其次，安鹤宫中的庭院尺度，基本是以10丈为模数进行规划的，如大到整座宫殿址总平面尺度约为230丈×250丈，小到单体建筑的庭院空间，如南宫主殿院落为40丈×40丈，中宫主殿院落为30丈×40丈，北宫主殿院落为30丈×40丈等，这些模数化的尺度有利于整座宫殿的营建，尤其对于建筑定位、边界确定等方面，更是可以大大加快建设的进程，如图5-5。

第三，通过这种模数化的尺度，可以有效控制各个宫殿建筑院落空间的大小。宫殿建筑中各个宫殿具有不同的功能，因此往往需要不同的空间大小来满足这些需求，安鹤宫的宫殿址也不例外。作为主要宫殿建筑的南宫主殿，整体尺度最大，达到50丈×40丈，其内部庭院则达到40丈×40丈，两侧东西配殿的院落尺度也接近30丈×40丈，而其北侧的中宫主殿院落为30丈×40丈，最北端的北宫主殿建筑群为30丈×40丈，其内部院落空间近似为25丈×40丈，东西宫的宫殿院落则约为20丈×40丈。这些不同的尺度空间，应该说满足了不同的仪式与功能需求，对于整座宫殿址功能的划分也具有重要的意义。

5.4.2 安鹤宫宫殿址的布局特点

安鹤宫宫殿址的整体规模比较大，平面分布比较完整，布局结构比较复杂，其自身的特点比较鲜明，这主要表现在以下几个方面：

5.4.2.1 城门分布有主次

根据考古发掘报告中的推测，安鹤宫的整座宫殿址共有七座城门，其中南侧有三座城门址,东西两侧各一座,北侧则有两座城门址。南侧的三座城门址,在数量上比其他各方向城门数量都多,这表明安鹤宫宫殿对宫城南向的重视,同时也凸显了宫殿坐北朝南的特点,侧面强化了整个宫城的轴线关系。值得注意的是,高句丽古坟龙岗大墓墓室内部的壁画中也表现有城门形象,如图6-3,壁画中的城门似乎也有三座,中间一座为重檐庑殿顶,比较高大,开间为三间,或表明了一门三道的城门形制,两侧还各有两座小的单层建筑,似乎是中间城门的配楼,与中间的城门组合为三城门的形制,这似乎与安鹤宫的宫城南门形制比较接近。东、西两侧的城门在横向上并没有贯通,形成一条宫城内东西走向的"横街",这是与同时期中原宫殿建筑的一个相异点。北向的城门有两处,但是这两处与南向的三座城门均无对位关系,同时安鹤宫北侧背靠山城,因此考虑北向的城门或为当时的便门。

5.4.2.2 中轴线对称

安鹤宫宫殿址中的一个显著特点,就是它的轴线关系比较明确,这条轴线自宫城南门开始,经南宫主殿、中宫主殿、北宫,一直延伸至北侧的靠山,形成了一条轴线,而且这条轴线在尺度上距离东西两侧城墙均为110丈,很明显是宫殿址的中轴线。这条中轴线不仅位置突出,而且位于轴线上的建筑也比较重要,如南宫主殿、中宫主殿及北宫的主殿,这些建筑都是宫殿址中具有代表性的建筑。不仅如此,以这条中轴线为界,宫殿址内的一些建筑群也呈现对称的关系,如南宫主殿两侧的东西配殿,中宫两侧的东西配殿及北宫两侧的东西配殿,如图5-5,这样也进一步加强了宫殿址的中轴线关系。

5.4.2.3 平面区域布局

在建筑群的整体布局方面,安鹤宫可分为五大区域,其中南宫、中宫和北宫相对比较完整,而东宫和西宫则由于建筑遗址不完整而显得零散。南宫、中宫和北宫建筑群都处在宫殿址的中轴线上,而且大致呈现出对称布局的形态,推测具有较高的等级地位。东、西两宫的位置则分别偏于轴线的东西两侧,而且建筑群体量相对较小,因此推测地位略低。

从宫殿址目前的遗存来看,宫殿址的北侧大部分被北宫和东、西二宫所占据,紧挨的南侧一部分又被中宫及其两侧的建筑所占据,而南部偏中的区域则为南宫建筑群,值得注意的是,南宫建筑群与南门之间的距离相对较大,从建筑的序列上来分析,不排除此处存在一些次要建筑的可能性。因此,在区域分布上,整座宫殿址呈现南松北紧的布局特点。同时,根据考古发掘的资料,在北宫建筑群北侧和南宫建筑群的西侧还发现有较大规模的庭园遗址,东宫建筑群则发现有水池的遗迹,这三处庭园遗址或表明安鹤宫的布局采用建筑与宫苑结合的形式,如图5-6。

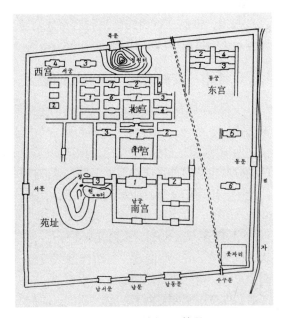

图 5-6 安鹤宫平面简图

除此之外，安鹤宫整体呈现菱形的平面布局，沿菱形平面拉对角线，南宫主殿并不在对角线的交点部位，但是如果以正方形平面拉对角线，则南宫主殿位于对角线的中心部位，因此在规划设计上南宫建筑群或为整座宫殿址的中心建筑，南宫主殿也因此而成为整座宫殿址的核心建筑，它的开间数目达到了11间，而且也是宫殿址中体量最大的建筑，另外南宫主殿的东西两侧还各有一座配殿，结合南宫院落的配置，加强南宫建筑群的核心地位。

5.4.2.4 空间层层递进

通过 5.4.1.3 节对安鹤宫的整体尺度分析，可知安鹤宫在建筑群的空间组合上采用了一种层层递进的关系，这在中轴线的建筑群上表现得最为显著。

南宫建筑群的整体尺度近似为 50 丈 ×40 丈，其内部院落尺度为 40 丈 ×40 丈，两侧东西配殿的院落尺度也接近 30 丈 ×40 丈。其北侧的中宫主殿院落为 30 丈 ×40 丈，与南宫的院落空间 40 丈 ×40 丈相比，在开间方向要减少 10 丈，而在进深方向则比较接近。同样，最北端的北宫主殿建筑群为 30 丈 ×40 丈，其内部院落空间近似为 25 丈 ×40 丈，在开间方向要比中宫减少约 5 丈，而进深方向同样比较接近。上述数据表明，位于中轴线上的三座重要建筑，其院落空间在进深方向尺度基本相近，即为 40 丈，而在开间方向则有所不同，从南宫 40 丈，到中宫 30 丈，再到北宫 25 丈，开间方向收缩尺度从 10 丈到 5 丈，呈现一种逐渐减小的递进关系。因此，中轴线上的三座建筑群也呈现出一种类似金字塔的逐渐收缩的关系。

同样关系还表现在北宫与东、西两宫之间，北宫的院落尺度约为 25 丈 ×40 丈，而东、西两宫的院落尺度在开间上均为 20 丈，东宫由于遗址保存不明，在进深关系尺度不明，而西宫的进深尺度为 40 丈，因此在院落空间尺度上，北宫比东、西两宫在开间方向上要多出 5 丈，沿袭了中宫多出北宫 5 丈的递进收缩关系。

纵观整座安鹤宫的空间尺度，南宫建筑群的院落尺度达到 40 丈 ×40 丈，空间规模最大。其次，为南宫两侧的东、西配殿和中宫的院落空间，达到 30 丈 ×40 丈，再次，则为北宫院落空间的 25 丈 ×40 丈，最后则为东、西两宫的院落空间 20 丈 ×40 丈，综合这些有规律的尺度数据，推测在营建安鹤宫时有可能对建筑所处的院落空间进行不同程度的规划或设计，以满足该组建筑群所承担的特定礼仪与功能。

5.4.3 安鹤宫南门建筑址的研究

安鹤宫共有多处城门址，其中南门是整座宫城城门中规模最大的一处，共有三座城门址，即正南门、东南门和西南门。高句丽古墓壁画中的城门形象中，中间有一座高大的二层城门楼，两侧则为低矮的单层城门，推测南门城门的分布也有可能按照类似的形制。这三座门址中，正南门又是其中最大的一座，其开间为 7 开间，发掘报告中测得其开间尺寸分别为 4.6×6×5.1×6.1×5.1×6×4.6m，进深 2 间均为 5m，如图 5-7。结合图纸及开间的尺寸，可知正南门或有三个主要的出入通道，即位于心间及左右的第二次间。心间两侧的第一次间及尽间有可能作为门址的隔

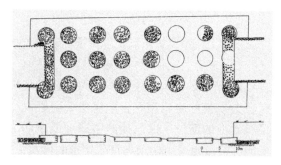

图 5-7 安鹤宫南门址平面图

间,平时封住不可进出,因此主要出入口还以上述三个通道为主,也就是我们通常所说的"一门三道"形制。

5.4.3.1 汉魏中原城门址

安鹤宫正南门的"一门三道",有可能受到中原宫城城门形制的影响。根据考古发掘资料,汉代长安城已经出现这种城门的形制,如"汉长安城的直城门、西安门和霸城门各有三个城门道,宣平门和直城门一样,由于保存情况好,三个门道如数存在"[①],刘庆柱先生甚至认为"这种形制可以上溯址夏代偃师二里头第一号宫殿遗址,其南门就是一门三道,汉代长安城则在中国古代都城中是出现最早的"[②]。这种一门三道的形制或与当时的礼仪制度有关,按颜师古引《汉典职仪》记载洛阳南北二宫中的复道"中央作大屋,复道三道行,天子从中道,从官夹左右",说明早期的一门三道中,中央一道或为皇帝所行通道,两侧则为从官的通道。《太平御览》引晋陆机《洛阳记》也记载"洛阳宫门及城中大道,皆分作三,中央御道,两边筑土墙,高四尺余,外分之。唯公卿尚书章服道从中道,凡人皆从左右,左入右出"[③],这种城门及道路制度应与汉长安城的制度是一脉相承的。

这种形制此后一直为后世所承袭下来,以北魏洛阳城的城门为代表。据《洛阳伽蓝记》上的记载,当时的洛阳城门都是一门有三道,门上建有二层的城门楼,同时期南朝建康的主要城门、宫门形制也是如此。北魏洛阳的诸城门中,建春门和阊阖门都近年来都曾经过大规模的发掘。建春门开在东城上,开有三个门道,南北两个门洞都保留有排叉柱的痕迹,门洞夯土壁面上的柱槽尚存,左右门道和中道之间隔以夯土隔墙,就残留遗迹来分析,中央门道的开间尺寸或要略宽一些[④],如图5-8。阊阖门是近年来刚刚完成发掘工作的北魏洛阳城中一处最为重要的城门遗址,其所处位置一般认为在洛阳宫城的正南门,地位突出因而特别重要。根据其发掘报告,阊阖门两侧分设左、右双阙,与宫城的南墙相接,形成了一组形制独特的完整城门建筑。其中阊阖门正门的门址开间为7间,进深4间,最大开间为6m,其余则为5.7m,进深也为5.7m。其城门楼的形制比较特殊,一方面依旧沿袭了早期一门三道的形制,同时采用了殿堂式柱网的布局形式,不同于后世的城门做法,是目前所见后代若干重要建筑的山门采用殿堂式柱网布局的较早范例[⑤],如图5-9。

北齐时期邺城南城的朱明门同样也是一座带有双阙的都城正门,如图5-10。从图上可知,该城门的形制也为一门三道,依旧沿袭了汉以来的城门制度。但是,值得注意的是,在城门的两侧有两条短墙,连接了不远处的双阙,这些短墙、双阙及城门的门墩均为夯土筑成[⑥]。北齐邺南城的朱明门,其形制或许受到北魏阊阖门的影响,尤其表现在城门与双阙所

---

① 王仲舒. 汉长安城考古工作收获记[J]. 考古通讯,1958,(04):p24.
② 刘庆柱. 汉长安城[M]. 北京:文物出版社,2003:p35.
③ (宋)李昉. 太平御览[M]. 石家庄:河北教育出版社,1994:卷195.
④ 段鹏琦,杜玉生,肖淮雁等. 汉魏洛阳城北魏建春门遗址的发掘[J]. 考古,1988,(09):p815-816.
⑤ 中国社会科学院考古研究所洛阳汉魏故城队. 河南洛阳汉魏故城北魏宫城阊阖门遗址[J]. 考古,2003,(07):p40.
⑥ 中国社会科学院考古研究所及河北省文物研究所邺城考古工作队. 河北临漳县邺南城朱明门遗址的发掘[J]. 考古,1996,(01):p8.

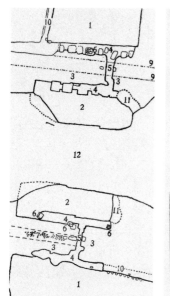
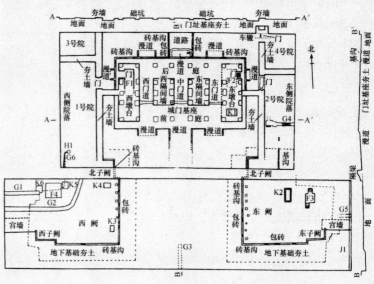

图 5-8 建春门遗址平面图　　　　图 5-9 阊阖门遗址平面图

形成的一母二子阙，同时这种形制对于后世隋唐洛阳、长安城的城门也有较深远的影响。但是，在建筑技术上两者还存在一定的差别，北魏洛阳阊阖门门道两侧并没有发现排叉柱的痕迹，而邺南城朱明门则发现了排叉柱的柱洞，说明在城门建造方面，已经由原始的夯土城门转向土木混合的城门结构发展。

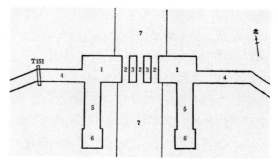

图 5-10 朱明门遗址平面图

5.4.3.2 隋唐中原城门址

隋唐之后，城门在形制及建筑技术上也都有所变化。隋唐东都洛阳的应天门，在尺度规模及形制方面，与北齐邺南城的朱明门极为相似，同样的一门三道及城门外的双阙遗址[1]，这些表明两者在某些方面或存在一定的亲缘关系。

隋大兴和唐长安的外郭城四面均开有三个门，经近年的勘察，外郭城城门都是三个门道，而南面正门明德门为五个门道，可以说是在形制上的一个突变[2]，如图5-11。除此之外，明德门在门道的两侧发现有大量的柱槽，表明采用了排叉柱的结构，这与北魏洛阳的大部分城门（如阊阖门）的结构是相异的，而与建春门的结构则有所相似，因此建春门作为北朝城门技术的特例，其排叉柱结构有可能影响至隋唐洛阳与长安城。隋唐洛阳外郭的城门，包括南面的

---

[1] 洛阳市文物工作队. 隋唐东都应天门遗址发掘简报[J]. 中原文物，1988，(03)：p22.
[2] 中国社会科学院考古研究所西安工作队. 唐代长安城明德门遗址发掘简报[J]. 考古，1974，(01)：p39.

定鼎门、长夏门和东面的建春门，这些遗址都已探明[①]，采用了一门三道的形制，发现有排叉柱的柱础和石门限，推测与长安城各门形制相近。唐大明宫的城门宫门东侧含耀门（图5-12）和正南门丹凤门（图5-13）遗址也已经过发掘，含耀门的形制比较特殊，门的规模相当大，但是其形制比较特别，仅有两个门道，与同时期的城门形制有别，不知其缘由[②]。而作为宫城正南门的丹凤门，其地位重要性堪比北魏洛阳的阊阖门，它的城门形制为一门五道，如图5-13，门道净宽达到8.5m，进深则为33m，其城门遗址的规模之大、门道之宽、马道之长，均为目前隋唐城门考古之最，充分体现了这种宫门的规格之高和宏大的皇家气派，即使长安城正门明德门在规模上也要相形见绌许多[③]。

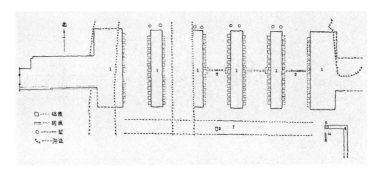

图5-11 明德门遗址平面图

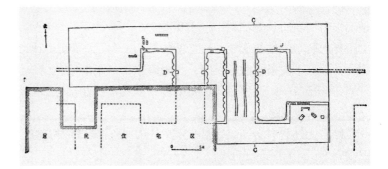

图5-12 含耀门遗址平面图

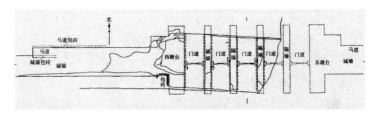

图5-13 丹凤门遗址平面图

5.4.3.3 安鹤宫的南门址

安鹤宫南门址所在的位置也位于宫城的正南方，这与北魏洛阳阊阖门、北齐邺南城朱明门、长安城明德门、大明宫的丹凤门在各自宫城中的地位相似，也是突出且十分重要的。这四者中，阊阖门的时间最早，明德门和安鹤宫次之，丹凤门则最晚。在尺度上，安鹤宫南门址与阊阖门是比较接近的，但是在建筑布局和整体规模上阊阖门要明显高于前者。阊阖门在门址的前后部分还划分出前庭和后庭部分，开间为5间，进深为1间。发掘报告指出，该门

---

① 陈久恒. 隋唐东都城址的勘查和发掘[J]. 考古，1961，(03)：p131.
② 陕西唐大明宫含耀门遗址发掘记. 陕西唐大明宫含耀门遗址发掘记[J]. 考古，1988，(11)：p1000.
③ 中国社会科学院考古研究所西安唐城队. 西安市唐长安城大明宫丹凤门遗址的发掘[J]. 考古，2006，(07)：p48.

址的这种做法是为了适应门址的殿堂式布局的结构需要,或与其礼仪要求有关[①]。安鹤宫的南门址其城门进出功能是具备的,但缺少类似的礼仪性功能空间,因此在建筑等级方面安鹤宫南门址或要低于阊阖门址。另外,阊阖门外还有巨大的双阙遗址,城门与双阙形成的一母二子阙的城门建筑,其规模的整体性也是安鹤宫南门址不能比拟的。

北齐时期的邺南城朱明门,隋唐时期东都洛阳的应天门,这两座城门都采用了一门三道的形制,与安鹤宫南门址相似,但是这两者都采用了一母二子阙的城门形制,在规模上也要比安鹤宫南门址大。

至于明德门和丹凤门,这两者均为一门五道,不仅在尺度上要大于安鹤宫南门址,而且在形制上一门五道也要比一门三道的等级略高。但是,经过考古发掘,这两者似乎并没有发现城门外双阙的遗址,一母二子阙这种城门形制,兴盛于北魏、北齐乃至隋唐东都洛阳,但是不知为何在唐长安都城中已不见踪迹。巧合的是,唐长安大明宫著名的含元殿,采用了一主殿外加两个阙楼的形制,与之前的城门一母二子阙形制相类似,而含元殿一般认为是外朝部分,相当于太极宫的承天门,与隋唐东都洛阳的应天门地位比较类似,因此唐朝中后期有可能将一母二子阙这种形制独特的建筑用在了外朝部分,结合地形,更加烘托了外朝礼仪各方面的要求与氛围。

结合上述种种分析,可知安鹤宫与中原宫城城门相比较,在等级与形制方面是较低的。仅仅表现出一门三道的形制,比一门五道等级要低,同时城门的外侧没有双阙以强化城门的重要地位。安鹤宫仅仅继承了中原一般宫城城门的特点,没有采用当时比较流行的双阙形制,这应该说有两种可能。第一,北魏、北齐之后,中原王朝与高句丽的关系日趋紧张,战事不断,使得北齐之后流行的一母二子阙城门形制没有传至远在朝鲜半岛中部的高句丽都城。第二,由于安鹤宫所处的时代为高句丽后期,当时隋唐与高句丽关系紧张,而隋唐王朝又比较重视礼制与等级关系,高句丽作为当时一个偏居一隅的地方政权,其建筑形制在等级上不敢僭越,害怕由于僭越礼制使得两者关系进一步恶化,进而产生更加严重的恶果。

最后,谈一下安鹤宫南门址的复原。朝鲜学者曾对安鹤宫南门址进行复原研究,其依据为高句丽后世的高丽及李朝勤政殿,笔者认为这种做法似乎不妥。安鹤宫所处的高句丽时代最迟在隋唐前期,而其后世的高丽则大约在宋元时期,李朝则更是在明清时期,依据后代的建筑对前朝的建筑遗址进行复原,这似乎有些本末倒置。而后世城门建筑中与安鹤宫比较接近的,是渤海上京宫殿的皇城南门址,图5-14。两者无论在开间、进深或平面布局上,都表现出了很多相似性,因此安鹤宫南门址的做法可能在一定程度上影响至上京。另外,中原王朝的普通城门大都采用一门三道的形制,但是在建筑技术上北齐之后已有城门采用了排叉柱的做法,隋唐之后排叉柱城门的做法更为普遍,而安鹤宫南门址中却

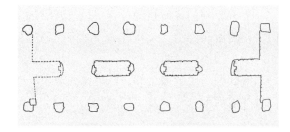

图5-14 渤海上京宫殿南门址

---

① 中国社会科学院考古研究所洛阳汉魏故城队. 河南洛阳汉魏故城北魏宫城阊阖门遗址[J]. 考古, 2003,(07): p39.

没有发现排叉柱柱洞的痕迹，说明其仍然保留了传统的城门筑造技术，这对于南门址的复原也是值得特别注意的。

5.4.4 安鹤宫南宫正殿的研究

5.4.4.1 南宫正殿的配置与尺度

南宫院落的正殿是安鹤宫官殿址中体量最大的一座，同时也是整座安鹤宫中的核心建筑。该建筑址开间11间，达49m，进深4间，达16.3m。11开间中当心间最大约为5.5m，其余一般为4.5m左右，进深则以4.1~4.2m为主。位于南宫正殿正南方向的是南宫院落的正门，体量相对较小，开间为5间，进深2间。南宫正门的两侧为院落的回廊，回廊采用了比较少见的复廊形式，回廊自南向北延伸，一直将南宫正殿包围在其中，形成一个相对封闭的庭院。南宫正殿的两侧分别是两座东西向的台基，与两端的回

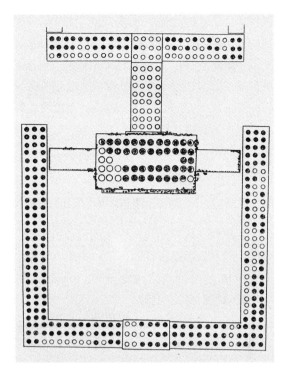

图5-15　安鹤宫南宫建筑平面图

廊相连接，台基上的遗址似乎受到破坏，如图5-15。如以《法式》所总结的平面形式来分析，南宫正殿的遗址四周没有副阶柱础的存在，应该归结为金厢斗底槽一类，与唐佛光寺的平面比较类似。

在空间格局上，如5.4.1.3节所述，南宫正殿、南门加左右两侧的回廊，以推测的0.269米/尺来计算，其建筑群的整体尺度近似为50丈×40丈，内部围合的院落尺寸为40丈×40丈。同样，以该尺寸对南宫正殿建筑进行推算，其心间用尺约为20尺，次间为17尺，进深15尺，通面阔约182尺，通进深则约60尺，因此整座宫殿建筑大致呈1:3的比例。

5.4.4.2 南宫正殿的既往研究

以南宫正殿为核心的安鹤宫建筑群，由于北侧依附于大城山城，因此整座宫殿址存在一定的南北高差，在此地形条件下，安鹤宫的建筑群就比较高大，带有某种高台建筑的意味，正是基于这种意味，韩国学者梁正锡认为其受到了国内城宫殿布局的影响，而国内城又受到了汉代未央宫高台建筑的影响，因此推导出安鹤宫前殿的中央建筑群也受到汉代高台建筑影响的结论[①]。

笔者认为这种观点在历史发展的纵向上是正确的，因为后世的宫殿建筑总是或多或少继承前朝宫殿的某些特点，但是在微观方向就此推导出安鹤宫受到汉代未央宫的影响，这却是有误的。首先，安鹤宫之所以南北高差比较大，这是由于当时的人们在营建宫殿、城市时，

---

① 양정석. 고구려(高句麗)안학궁(安鶴宮)중앙(中央)건축군(建築群)에 대한 고찰(考察)－전전(前殿)고대건축(高臺建築)형제(形制)의채용을 중심으로－[J]. 중국사연구, 2008, 第56卷.

已经学会了合理的利用地形，如选择中期国内城城址时，当时的高句丽王就曾经考察过地形，其他很多的高句丽山城也都是建立在合理的山地地形基础之上的，因此在地形选择上高句丽人似乎颇精于此道，并不能就此认定所形成的高台建筑就是受到汉未央宫影响。其次，国内城目前内部经过详细发掘的建筑遗址所存不多，并不能据此就认为存在高台建筑的痕迹。最后，未央宫所处的汉代与安鹤宫的年代隋末唐初，这两者之间在年代上差距甚远。再者说来，汉代未央宫建成之时，高句丽尚未形成国家而仅仅为一个民族，直至西汉末期汉代才在朝鲜建立汉四郡，而经过近200年的变迁，当时的未央宫到底如何，高句丽人如何能了解其特性，这些都是颇为怀疑的。

5.4.4.3 魏晋至隋唐中原宫殿的正殿

从东北亚文化圈建筑交流的大趋势来看，安鹤宫正殿建筑应该受到中原宫殿建筑文化的影响，但究竟哪座宫殿的正殿对安鹤宫影响较大呢？也即安鹤宫有可能是以哪座中原正殿建筑为模仿对象？笔者认为要解决这个问题，有必要对中原宫殿建筑中的正殿进行一番梳理。

1. 曹魏邺都文昌殿

前文已述，安鹤宫正殿与西汉未央宫、东汉洛阳宫的正殿年代相去甚远，基本上不存在模仿的关系。汉之后的魏晋时期，中原战乱纷争不断，其中主要的宫殿包括曹魏邺城宫殿、洛阳宫殿。在年代上，曹魏邺都大致在曹操取得邺城（即204年）之后就开始营建，至西晋代魏之后的三世纪初才遭到彻底的破坏，这一时间与安鹤宫的所处时代相距也比较远。邺城宫殿的正殿为文昌殿，根据《文选》中《魏都赋》的记载，"造文昌之广殿，极栋宇之弘规……丹梁虹申以并亘，朱桷森布而支离，绮井列疏以悬蒂，华莲重葩而倒披"[①]，当时的曹魏邺都以正殿文昌殿为核心，其中使用月梁、顶上还带有天花与藻井等，装饰极为华丽，但其建筑的布局方式，文献中并无踪迹可循。除此之外，在邺都中还建有著名的铜爵、金虎、冰井三台，并用阁道将其相连，非常壮观。据傅熹年先生研究，其宫城布局分为中、东、西三个区域，这些都与安鹤宫的宫殿纵向分布相异。结合上述的一些内容综合分析，安鹤宫不大可能以其为模仿对象来建设。

2. 曹魏洛阳太极殿

曹魏洛阳太极殿，在中国宫殿建筑史上的地位是比较重要的，其原因就在于其始建的宫内正殿太极殿，"历代殿名或沿或革，唯魏之太极，自晋以降，正殿皆名之"[②]，太极殿建于魏明帝的青龙三年（235年），其遗址尚未有发掘，难作确断，而且其位置学界仍然有争论，即该殿建在东汉洛阳城的南宫还是建在其北宫。文献记载"魏司空王朗奏事曰'故事，正月朔贺，殿下设两百华镫，对于二阶之间。端门设庭燎火炬'"[③]，可知此时的太和殿、回廊及门围合成一个巨大的庭院，南侧的正门为端门。"凡太极殿乃有陛，堂则有阶无陛也，右碱左平，平者以文砖相亚次，碱者为陛级也。九锡之礼，纳陛以登，谓受此陛以上殿"，"《晋宫阁名》曰'太极殿十二间'"[④]，这表明太和殿建在高大的二层高台上，殿身面阔十二间，正面有左右

---

① （南北朝）萧统. 文选[M]. 上海：上海古籍出版社，1986：第6卷.
② （唐）徐坚. 初学记[M]. 北京：中华书局，1962：卷24.
③ （梁）沈约. 宋书[M]. 北京：中华书局，1974：卷14.
④ （宋）李昉. 太平御览[M]. 石家庄：河北教育出版社，1994：卷175. 居处部.

两个升殿的踏步，以区分主、宾之礼。"《丹阳记》曰：'太极殿，周制路寝也。秦、汉曰前殿，今称太极曰前殿，洛宫之号始自魏。案《史记》，秦皇改命宫为庙，以拟太极。魏号正殿为太极，盖采其义而加以太，亦犹汉夏门魏加曰太夏耳。咸康中，散骑侍郎庾阐议求改太为泰，盖谬矣。东西堂亦魏制，于周小寝也'"①，则表明在太极殿的东西两侧还建有东、西堂，太极殿往往是魏帝举行大朝仪式的主殿，日常听政的场所则多位于东堂，西堂则成为皇帝日常起居之所。此后，这种布局方式曾经一度成为皇宫主殿的主要布局形式。笔者认为不排除高句丽在中后期实力大增而在礼制上存在僭越之举，因此而将安鹤宫的正殿起名为太极殿。尽管与曹魏太极殿在宫中的所处等级地位相似，但这两者仍然存在一定的差异。曹魏太极殿开间为十二间，双数开间，而安鹤宫正殿为 11 开间，单数开间。此外，安鹤宫的整体布局呈现纵向布局，与曹魏太极殿的东西堂布局方式也有较大的区别。

司马炎于 205 年代魏，仍然以洛阳为都城，建立了西晋，在此基础上，推测西晋有可能仍然沿用曹魏太极殿的规制。

3. 南朝建康宫太极殿

南朝建康宫殿是建立在东晋建康宫基础之上的，而东晋一朝又是西晋皇族逃到江南的余脉，因此东晋的建康宫基本延续了西晋洛阳宫的布局，其太极殿也与西晋洛阳太极殿相似。文献记载"太极殿，建康宫内正殿也，晋初造，以十二间象十二月。至梁武帝改制十三间，象闰焉，高八丈，长二十七丈，广十丈，内外并以锦石为砌。次东有太极东堂七间，次西有太极西堂七间，亦以锦石为砌。更有东西二上阁，在堂殿之间，方庭阔六十亩"，这表明建康宫的太极殿面阔也是十二间，两侧也有东堂和西堂，面阔均为七间，太极殿是当时最宏大的殿宇，或供大朝会之用，而东西堂则为日常起居和听政之用。此外，东西堂的左右还分别有东、西上阁，推测是进入后宫的通道②。东晋之后，宋、齐、梁、陈四代基本上对原有宫殿继续沿用，而仅对其中部分进行很小的改动。南朝建康宫太极殿与曹魏洛阳宫的太极殿同属一个体系，安鹤宫太极殿与之应该不属于同一个体系。

4. 北魏洛阳宫太极殿

北魏洛阳太极殿也建立在高大的台基上，东西两侧为太极东、西堂，太极殿的南、东、西三面均有廊庑环绕，北面则有墙与寝殿相隔，所形成的院落应为宫中最大。文献记载，蒋少游"为太极殿立模范，与董尔、王遇等参建之"③，为了设计北魏洛阳宫的太极殿，蒋少游不仅测量了魏晋洛阳太极殿的基址，而且又奉命去南朝，考察宫室制度，亲眼看见南朝建康的太极殿，因此北魏洛阳宫的太极殿吸取了这两者的很多特点。以至于南朝梁武帝不得不将建康宫的太极殿改为 13 间，以示与北魏洛阳宫太极殿有所区别。近年来在北魏洛阳宫殿的遗址上发现了重要的阊阖门遗址，其宫中正殿太极殿的位置也已经探明，在其城内的南部，正对南门处有一个最大的基址，推测是太极殿遗址。相信不久的将来，对太极殿遗址的发掘将是极为震撼人心的。

---

① （宋）李昉. 太平御览[M]. 石家庄：河北教育出版社，1994：卷 175. 居处部.
② 傅熹年. 中国古代建筑史第二卷：两晋、南北朝、隋唐、五代建筑[M]. 北京：中国建筑工业出版社，2001：p106.
③ （北齐）魏收. 魏书[M]. 北京：中华书局，1974：卷 91，蒋少游条.

尽管太极殿没有发掘，使得我们对北魏宫殿建筑的布局情况不甚了解，但是近年来对北魏洛阳永宁寺塔基址的发掘，或许对了解北魏的重要建筑有所帮助。北魏洛阳永宁寺是一个以塔为中心的建筑群，"南侧门楼为三重，通三阁道，去地二十丈，形制似今端门，浮屠北有佛殿一所，形如太极殿"[1]，表明永宁寺塔作为当时的皇家大塔，其规制与宫中的太极殿是相一致的。根据钟晓青先生对永宁寺塔基址的研究，塔的最外层每面为九间，间广为 11 尺，梢间外柱距边柱 4.5 尺，面阔 10.8 尺。尤其值得注意的是，在四、五圈之间的角柱连线上，还存有一柱[2]，此处用柱推测可能用来支撑上部斜向 45° 的角梁，这种情况的出现应与铺作形式的发展有关[3]。另外，在塔遗址的第 4 圈柱础内仍残留以土坯砌筑的中心实体，表明尽管当时木结构技术已经比较完备，但是土坯砌筑的方形实体仍然使其内部保持了传统的空间形式[4]。永宁寺作为洛阳宫中的唯一大塔，太极殿则作为洛阳宫中的核心建筑，这两者在建筑等级或结构技术上都存在一定的相似性，某些部分推测甚至完全相同。因此，将这两者与安鹤宫进行比较，两者存在较大的差异性。在建筑的开间方面，安鹤宫心间达到 20 尺，永宁寺塔则为 11 尺，开间数上安鹤宫为 11 开间，永宁寺塔为 9 开间，太极殿则为 12 开间。在建筑技术上，安鹤宫的角部没有出现用以支撑角梁的柱，而永宁寺塔中仍然存在。综合以上情况，推测安鹤宫在年代上要比永宁寺塔迟，在木结构技术上要比永宁寺及太极殿更为先进。太极殿仍然沿袭了传统的双数开间，采用东西堂的制度，应该说继承了曹魏洛阳以来的宫室制度，安鹤宫的南宫正殿仍然与之有别。

5. 隋唐宫室正殿

隋唐时期的三座重要宫室正殿，一座为隋大兴宫唐太极宫中的太极殿，另一座为洛阳宫的乾阳殿，第三座则为唐大明宫含元殿。

1）隋大兴宫（唐太极宫）大兴殿

隋大兴宫中的大兴殿，在唐朝建立之后改为太极殿，位于今西安市内西北部，遗址基本被现代建筑所覆盖，其历史信息也不得而知。但是，据文献记载"其北曰太极门，其内曰太极殿，朔望则坐而视朝焉（注'盖古之中朝也，隋曰大兴门、大兴殿，炀帝改曰虔福门，贞观八年改曰太极门，武德元年改曰太极殿。有东上、西上两阁门，东西廊左延明、右延明二门'）"。从上可知，此时的太极殿南面为正门承天门，殿左右两侧有东西上阁门，通往后宫。太极殿是当时的朔望受朝之所，地位不比寻常殿宇。除此之外，有关太极殿的文献多集中于某位皇帝驾崩后，停棺于此，或于太极殿内宣赦改元、宴见外宾等，也都与重大礼仪活动有关[5]。

2）隋唐洛阳宫乾阳殿

隋唐东都洛阳宫的乾阳殿，其地位与太极宫中的太极殿相似，据《大业杂记》记载"乾阳门东西亦轩廊周匝，门内一百二十步有乾阳殿。殿基高九尺，从地至鸱尾一百七十尺，又十三间，二十九架……其柱大二十四围，绮井垂莲，仰之者眩曜……四面周以轩廊，坐宿卫

---

[1] （北魏）杨衒之. 洛阳伽蓝记[M]. 济南：山东友谊出版社，2001.
[2] 钟晓青. 北魏洛阳永宁寺塔复原探讨[J]. 文物，1998，(05)：p54.
[3] 钟晓青. 北魏洛阳永宁寺塔复原探讨[J]. 文物，1998，(05)：p58.
[4] 钟晓青. 北魏洛阳永宁寺塔复原探讨[J]. 文物，1998，(05)：p58.
[5] 杨鸿年. 隋唐宫廷建筑考[M]. 西安：陕西人民出版社，1992：p104.

兵……乾阳殿东有东上阁……西有西上阁"①。作为洛阳宫中的正殿，乾阳殿位于其朝区的核心位置，四周围以四门及回廊，该殿面阔十三间，高达一百七十尺，仅台基就高九尺，柱粗达到二十四围，应该说是一座巨大的建筑物。同太极宫中的太极殿一样，在乾阳殿的两侧开有东西上阁，可以到达寝区。

3）唐大明宫含元殿

唐大明宫含元殿在唐高宗龙朔二年开始建造，三年后竣工，此后高宗就从太极宫移居大明宫，大明宫也一直成为唐皇长住的主宫。文献记载"丹凤门内正殿，曰'含元殿'（原注：殿即龙首山之东趾，阶上高于平地四十余尺，南去丹凤门四百余步，东西广五百步。殿前玉阶三级，每级引出一螭头，其下为龙尾道，委蛇屈曲凡七转。今元正、冬至于此听朝也）夹殿两阁，左曰'翔鸾阁'，右曰'栖凤阁'"②。《含元殿赋》中则记载"（含元殿）翘两阙而为翼"，说明含元殿前存在两座阁，东为翔鸾阁，西则为栖凤阁，这种独特的正殿形制应该受到早期北魏洛阳宫殿建筑的影响，尤其是近期所发现的阊阖门一母二子阙遗址。

含元殿前后经历多次发掘，根据1961年的发掘简报③，傅熹年先生认为其殿身面阔11间，进深4间8椽，似乎采用了双槽的结构，同时殿身一圈为副阶回廊，构成了建筑重檐中的下檐。在尺度上，殿身中间九间面阔5.39m，合18唐尺，梢间及副阶间广为16.5尺，包括副阶在内东西共13间，合67.33m，228唐尺，南北六间共深29.2m，近100唐尺。杨鸿勋先生也认为含元殿整体共13间，合231尺，进深6间，合99尺④。但是此后，1995-1996年对含元殿遗址进行了第二次发掘。根据这次发掘所获得的最新资料，傅熹年先生对早期的推测复原进行了修正，在含元殿的四个角柱的45度方向各有一个中柱，以支撑端部的角梁，如图5-16，而这种支撑方式及平面柱网结构与北魏洛阳永宁寺塔及隋仁寿殿37号宫殿址则比较近似，因此现存含元殿基址有可能是隋代而非唐代所建⑤。

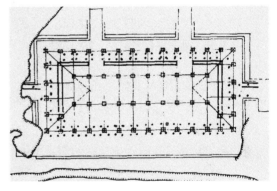

图5-16 傅熹年先生对于含元殿正殿的柱网分析图

4）隋仁寿宫仁寿殿

除了上述几座殿之外，建于隋代的仁寿宫仁寿殿也是一个颇为重要的宫殿正殿。隋仁寿宫位于陕西麟游县渭北高原的丘陵地，其主殿仁寿殿建在天台山上，利用了天台山的优越地理条件，来营造一个近乎于高台建筑的气势。仁寿殿遗址面阔7间，进深4间，根据杨鸿勋先生的研究，参照东侧2号建筑址的间架，仁寿殿的当心间为3.85m，折合隋尺14尺，其余

---

① （唐）韦述．辛德勇辑校．两京新记辑校·大业杂记辑校[M]．西安：三秦出版社，2006：引自大业杂记．
② （唐）李林甫．唐六典[M]．北京：中华书局，2008：卷7．
③ 马得志．1959-1960年唐大明宫发掘简报[J]．考古，1961，(07)：p341-344．
④ 杨鸿勋．唐长安大明宫含元殿复原研究[C]．见中国社会科学院考古研究所，西安市大明宫遗址区改造保护领导小组．唐大明宫遗址考古发现与研究[M]．北京：文物出版社，2007：p339．
⑤ 傅熹年．对含元殿遗址及原状的再探讨[J]．文物，1998，(04)：p87．

开间则折合隋尺 13 尺[①]，推测建筑通面阔为 24.85m，进深为 14m。仁寿殿东侧的配殿，为五间面阔四间进深，建筑用尺方面与仁寿殿近似，唯独建筑规模略小。

5.4.4.4 南宫正殿的历史渊源

笔者认为安鹤宫的南宫正殿与这几座隋唐时期的宫殿正殿有较近的亲缘关系。首先，在正殿的建筑布局上，南北朝时期正殿传统的双数开间已经不复存在，隋唐这几座宫殿的正殿基本上均为奇数开间，而且开间数目也多以 11 或 13 开间为主，安鹤宫的南宫正殿开间数目也为 11 间，这两者基本是吻合的。

其次，在建筑的形制上，傅熹年先生指出文献记载含元殿"文宗太和九年（835 年），四月二十六日夜大风，含元殿四鸱尾皆落"，在排除含元殿使用盝顶的基础上，有可能当时的含元殿是一座左右有挟屋，屋顶上共用四个鸱尾的建筑。而安鹤宫南宫主殿的两侧也存在两座不明的建筑遗址，其上的遗址被破坏而没有发现柱础，但是从整座建筑的配置上，有可能是南宫主殿的两侧配殿，且这两座配殿与主殿排列紧密，不似魏晋时期东西堂建筑与主殿相隔一段距离。因此，这种正殿两侧加左右挟屋的形制，在安鹤宫及含元殿上都是比较近似的。另外，由于含元殿是在隋观德殿的城楼遗址上改建的，而大明宫所处时代又迟于安鹤宫，因此推测安鹤宫的形制有可能与隋代大兴宫的观德殿存在一定的亲缘关系。

第三，在建筑技术上，北魏永宁寺塔及隋仁寿殿 37 号宫殿址中的转角部位仍然保留有用以支撑角梁的内柱，大明宫含元殿的第二次发掘也在同一位置发现了类似的内柱，因此推测至少在北魏至隋朝的木结构技术尚不完善，在建筑的角部需要内柱来支撑斜向的角梁，而安鹤宫南宫正殿的角部却没有类似内柱的发现，这一结构的消失也正说明安鹤宫当时的建筑技术水平至少比当时隋代含元殿的要高，因此安鹤宫主殿的建筑年代也要迟于隋代，有可能在隋末唐初所建，而这与关野贞通过安鹤宫出土的瓦当装饰纹样推测安鹤宫建筑年代相对较迟的结论是相一致的。

最后，安鹤宫正殿的源流与安鹤宫整体宫殿的历史渊源是密不可分的。从安鹤宫的平面布局上分析，安鹤宫应该是结合地形同时经过详细规划设计的，它有可能受到中原某座宫殿建筑的影响，而其中最重要的南宫正殿也有可能受到同座宫殿中的正殿建筑影响。

5.5 安鹤宫宫殿的源流与影响

5.5.1 不同阶段的高句丽宫殿址

5.5.1.1 安鹤宫与丸都山城宫殿址

与高句丽中期丸都山城所发掘出的宫殿遗址相比，安鹤宫宫殿遗址有了很大的不同，这主要表现在以下几个方面：

首先，安鹤宫宫殿址在规模上要远超高句丽的中期宫殿址，前者不仅占地范围广，而且宫殿中的建筑数量、建筑体量也要比中期的丸都山城宫殿址要大得多。不可否认的是，丸都山城宫殿址仅为一座山城的宫殿址，受地形及使用功能的场所限制，其面积或要小于当时处

[①] 杨鸿勋. 宫殿考古通论[M]. 北京：紫禁城出版社，2001：p392.

于平原城的国内城宫殿址。尽管高句丽中期平原城宫殿址的规模或要比丸都山城中的山城宫殿要大，但是以目前国内城的占地面积（约 42 万 m²）与安鹤宫宫殿址（约 38 万 m²）相比，可知国内城中的中期平原城规模也要远逊于后期的安鹤宫宫殿。

其次，安鹤宫的中轴线关系比较明确。丸都山城宫殿址的平面布局，尽管发掘报告认为在城门的一侧可见轴线关系，但是笔者认为这种观点比较牵强，如 4.5.1.2 节所述，丸都山城重要的空间是位于 1 号台基与 2 号台基之间的核心广场，这一广场呈横向布局且两侧建筑处于非对称状态，这种情况下仅靠台基中台阶的位置来判定轴线关系，笔者认为是不合适的。同时，位于核心广场一侧的 1 号建筑址明显处于较为突出的地位，而该座重要建筑却处于发掘者所认为的中轴线的一侧，明显不合常理，因此丸都山城宫殿址中的轴线关系还有待进一步研究。而与之相比，安鹤宫宫殿址的中轴线关系明显要比前者清晰。安鹤宫中的两侧建筑基本呈对称状布局，如南宫、中宫及北宫的主体建筑与其两侧的次要建筑，大多呈现对称式的布局，而且以主体建筑为中心的两侧回廊所围合的空间形态也基本对称，这两种对称布局相互叠加，更突显了安鹤宫宫殿址中的中轴线，而这种以中轴线为核心的布局形式也正是丸都山城宫殿址所缺少的。

第三，宫殿布局有主有次。丸都山城宫殿址中的主要空间位于中心部位的左侧，其周围有一座单独的方形建筑，因此怀疑该建筑类似于早期庭院建筑中的堂，地位在整座宫殿址中比较重要。而位于右侧中心部位的两座八角形建筑，怀疑为高句丽中期的佛教建筑（详见 7.3 节内容），其周围的围合空间也比较大，可满足一般性的祭祀要求，除此之外，宫殿址中的空间都比较平直、方正，没有太大的变化形式。而安鹤宫宫殿址中的空间布局变化比较丰富，这尤其体现在中轴线上的空间变化。从南宫庭院的大面积围合空间，中宫院落围合空间的逐步减小，到北宫庭院的空间收缩。沿着中轴线，宫殿及其所属的院落空间不断减小，这种层层递进的关系，使得中轴线的宫殿主从地位得到加强。除此之外，中轴线上的建筑开间进深数均大于两侧的建筑，使得轴线上的宫殿重要性或要大于两侧的附属性建筑，主次关系也得到进一步加强。

第四，宫殿与苑囿结合方式的出现。目前，在丸都山城宫殿址的范围内并没有发现存在宫庭苑囿的痕迹，由于丸都山城宫殿址范围较小，而其内部布置的建筑遗址占地则比较大，同时宫殿址处于坡度较大的倾斜山地的一侧，因此宫殿址内部存在苑囿的可能性很小。而从安鹤宫宫殿建筑遗址的布局中，可知安鹤宫内部或存在多处苑囿痕迹，其中比较明显的一处位于南宫西侧，发掘报告在此处发现了一处水苑遗址，遗址的北方紧挨一座宫殿建筑址，或为高句丽王在庭院信步之场所。与丸都山城不同，安鹤宫不仅规模比较大，有足够的面积来修建宫庭苑囿，而且其内部多为秩序井然的宫殿遗址，需要有一些宫苑作为高句丽王族们休闲之用。加之中原宫殿建筑文化中宫殿与苑囿结合形式的出现，向东传播至此，或影响了高句丽后期宫殿传统的布局方式，因此，高句丽后期宫殿与苑囿结合的形式或受到中原文化的影响。

5.5.1.2 安鹤宫与渤海上京龙泉府的宫殿址

由于高句丽灭亡后，有相当一部分人向东迁移，在牡丹江上游"东保桂娄之故地，据东牟山，筑城以居之"，东北原有的靺鞨人与这些原高句丽的逃亡者在此基础上建立了渤海政权，自公元 698 年建立，至 926 年被辽所灭。渤海中后期最重要的都城是上京，其布局与建筑最完备，保存现状也比较好，代表了海东盛国的文化面貌。

上京城作为渤海政权的政治、经济、文化的典型代表，历来为学界所瞩目，其遗址也先后进行了多次发掘。1933—1934 年，日本占领者对上京城进行调查，清理了第 1 号宫殿，绘制了遗址的形制与布局图，出版了专题报告《东京城》[①]。20 世纪 60 年代，中国社会科学院也对该城址进行了较大规模地调查与发掘工作，出版了《六顶山与渤海镇》[②]的考古报告。上京城由郭城、皇城和宫城三部分组成，宫城位于城内的中间靠北部，自南向北宫城内依次有五座宫殿址，其中最重要的也就是第 1 号建筑址。据研究该建筑址上残存的柱础表明，可知为一个面阔 11 间、进深 4 间的建筑，殿基的东西两侧各有一倾斜的坡道，其外接的东西廊道各有一座侧门，面阔 3 间、进深 2 间，侧门的两侧外接南北方向的回廊，与南侧的宫城正南门形成一个巨大的院落。第 2 建筑址在整座宫殿中的地位也比较重要，它位于 1 号建筑址的正北侧，殿基南北 21m、东西 93m，是整座宫殿址中规模最大的，但是其础石破坏严重，若依据 1 号宫殿址础石分布的间距，推测此建筑为一座面阔 19 间，进深 4 间的建筑。围绕上京龙泉府宫殿址，多位学者发表了各自不同的观点，如关于渤海上京城的建制问题、营建时序、三朝制度等，在此不赘述。

将安鹤宫与渤海上京城的宫殿址相比较，笔者认为这两者既有相似性也有差异性，这主要表现在以下几个方面。首先，在宫城的平面布局上，两者的相似度较高。根据傅熹年先生的研究，渤海上京城宫殿址中 1 号宫殿的主庭院空间尺度为 50 丈 ×60 丈，2 号宫殿的庭院空间为 30 丈 ×40 丈，3 号宫殿的庭院空间为 20 丈 ×25 丈。安鹤宫的中宫庭院与上京城 2 号宫殿在整座宫殿址中所处位置相似，其庭院空间的尺度为 30 丈 ×40 丈，两者的比例相同，均为 3：4。但是在该院落的南侧与北侧庭院，两者则略有差异。安鹤宫南宫主殿的院落空间为 40 丈 ×40 丈，上京 1 号宫殿的庭院空间为 50 丈 ×60 丈；安鹤宫北宫院落空间为 25 丈 × 40 丈，而上京 3 号宫殿的庭院空间为 20 丈 ×25 丈。

其次，以宫殿址的平面方格网分布为依据，笔者认为两者在纵向空间组织上存在差异。安鹤宫的南宫、中宫和北宫处于中轴线上，每个宫殿庭院址在进深方向上均取同一尺度 40 丈，而通过在开间方向上的收缩来显示各个空间之间的主次关系，当北宫庭院空间开间与进深比例显得过小时，又采取增加庭院层次的方法来满足合适的空间需求。而渤海上京宫殿址所采取的方法似乎明显不同，它的空间尺度在第一宫殿址达到最大，此后的第二宫殿址、第三宫殿址均在开间和进深方向上同时进行收缩，使得第一宫殿址和第三宫殿址的空间大小反差达到最大，通过这种手段加强第一宫殿址的突出地位。

第三，在单体建筑形制上，两者则存在一致性。作为安鹤宫的正殿，其南宫主殿面阔 11 开间，进深 4 间，渤海上京 1 号宫殿的面阔也为 11 间，进深也为 4 间，同时两者的平面柱网排布均为金厢斗底槽的形式。安鹤宫的中宫建筑面阔 19 间，进深比较复杂，以 4 间为主，而渤海上京 2 号宫殿，尽管础石破坏严重，但是根据遗迹现状及 1、3 号宫殿柱础的间距，可推测其面阔也为 19 间，进深也为 4 间。因此，这两座宫殿址中最重要的也是位于最

[①] 原田淑人，驹井和爱. 东京城——渤海上京龙泉府址的调查发掘[M]. 东京：东亚考古学会，1939.
[②] 中国社会科学院考古研究所. 六顶山与渤海镇——唐代渤海国的贵族墓地与都城遗址[M]. 北京：中国大百科全书出版社，1997.

南侧的宫殿建筑以及其北侧的次要宫殿建筑，在建筑的平面柱网、面阔及进深方向上几乎是完全相同的。

5.5.2 中原宫殿建筑的变迁

在短短的两百年内，高句丽中后期的宫殿建筑发生了一次较大的飞跃，即从中期丸都山城的松散型向后期安鹤宫的轴线集中型布局方式的转变，这种转变并不仅仅是一种偶然现象，作为东亚建筑文化圈中的重要一员，安鹤宫宫殿建筑的布局应该说或多或少受到了来自中原宫殿建筑文化的影响。在高句丽的中期至后期这段时间内，中原地区战乱不断，毁坏了大量的城市与宫殿，但就在这不断的革故鼎新之中，有几座宫殿址在中原乃至整个东亚文化圈中仍具有十分重要的影响，这包括北魏洛阳宫殿、东魏北齐邺南城宫殿、南朝建康宫殿、隋唐洛阳与长安宫殿等，高句丽安鹤宫宫殿址的布局是否受到上述一座或多座宫殿的影响，需要对中原宫殿建筑的发展与特点进行一番梳理。根据相关文献及研究，笔者认为魏晋至隋唐时期，中原宫殿建筑发展呈现出如下的特点[①]：

5.5.2.1 魏晋至南北朝的东西堂制度

东西堂是魏晋至南北朝时期宫殿建筑的重要特点，刘敦桢先生认为东西堂制度始于曹魏中叶，"稽之载籍，东西堂之制，在青龙以前，实已隐肇其端。考汉建安末，曹魏立魏宫室于邺，其事见左冲〈魏都赋〉……依其所述，系以文昌殿为主体，建日朝听政殿于文昌之东……而文昌之西，辟为苑圃，以阁道通于铜爵三台。此或拘于地势，不能采用均衡对称之布局，然其日朝未附于大朝之内，而于大朝之东，独立自成一区，乃变通汉制，下启东西堂之关键"[②]。而至曹魏洛阳宫殿时，其开创的正殿太极殿两侧已有东西堂，如文献记载"东西堂亦魏制，於周小寝也"[③]，司马氏建立西晋之后大体沿用了曹魏洛阳宫殿，因此东西堂制度也一并传承下来。西晋灭亡后，逃亡于江南并建立东晋王朝的司马氏余脉继续沿袭了这一制度，而后继者宋、齐、梁、陈等也大体沿用了南朝建康宫殿，文献中有很多记载，如《晋书·安帝纪》"义熙元年三月戊戌，举章皇后哀三日，临于西堂"[④]，《梁书·王僧辩传》"其夜军人采樵，失火烧太极殿及东、西堂"[⑤]。由于传统中原汉室的迁移，东西堂制度也形成了一条发展脉络，即曹魏邺城——曹魏洛阳——西晋洛阳——东南与南朝建康，这条脉络由于汉族血缘纯正，文化传统也比较相近，因此在东西堂的制度上也基本相似。

在中原汉文化的强大影响之下，此阶段，割据时期的诸多小国家也纷纷采用东西堂的形制，如"后赵石勒……正服于东堂以问徐光"[⑥]，"前秦苻坚以关东地广人殷，思所以镇静之，

[①] 傅熹年. 中国古代建筑史第二卷：两晋、南北朝、隋唐、五代建筑[M]. 北京：中国建筑工业出版社，2001. 本节内容参考了傅熹年、郭湖生等先生的研究成果。
[②] 刘敦桢. 刘敦桢文集 3 [M]. 北京：中国建筑工业出版社，1987：p458.
[③] （宋）李昉. 太平御览[M]. 石家庄：河北教育出版社，1994：卷 175. 居处部.
[④] （唐）房玄龄. 晋书[M]. 北京：中华书局，1974：卷 10.
[⑤] （唐）姚思廉. 梁书[M]. 北京：中华书局，1973：卷 45.
[⑥] （唐）房玄龄. 晋书[M]. 北京：中华书局，1974：卷 105·石勒条.

引其群臣于东堂议之"①,"后燕慕容宝引群臣于东堂议之"②等,而一向以学习中原汉文化自居的北魏也继承了曹魏的东西堂制度,"今建国已久,宫室已备,永安前殿,足以朝会万国。西堂、温室,足以安御圣躬"③,"文咨明王二十八年,薨,魏灵太后举哀于东堂,遣使策赠车骑大将军"④等。北魏之后的东魏北齐邺南城宫殿也使用了东西堂制度,如"太极东堂,在殿之东;太极西堂,在殿之西"⑤。至此,魏晋南北朝时期几乎所有的重要宫殿都使用了东西堂制度,但是南北朝末期这种制度又很快消失了,隋唐时期的重要宫殿建筑没有采用原有的东西堂制度,转而加强了纵向轴线方向的建筑配置。

5.5.2.2 魏晋南北朝的多条轴线并存

在西汉时,其长安宫殿的布局仍然表现出分散式的特点,到了曹魏邺城宫殿时,由于引入了中轴线的布局模式,使得原有的分散式布局有了较大的转变。曹魏邺城宫殿大致分为东、中、西三个区,中区是魏王举行大朝会等正式礼仪的活动场所,以正殿文昌殿为核心。东区为官署、魏王议事场所听政殿,西区为铜雀园等苑囿区。中区文昌殿、南止车门形成一条南北向的轴线关系,东区的听政殿、司马门和邺城南面的中阳门也形成了一条南北向轴线⑥。同时期的曹魏洛阳宫殿也继承了邺城的特点,至少存在三条南北轴线,其中以太极殿和式乾殿为中心的中部轴线是洛阳宫殿的主轴线,东部的轴线发展成为以朝堂、尚书省、中书省为核心的官署区,这种东部朝堂区与中央核心区的布置方式也为后世所继承。

西晋代魏后,洛阳宫殿大致沿袭了曹魏洛阳宫殿,对其改动较少。而当西晋灭亡之时,流亡的司马氏将西晋洛阳宫殿的布局模式也带到了建康,因此东晋、南朝建康宫殿受到西晋洛阳宫殿的影响也比较大。宫殿的中轴线上分别有大司马门、南止车门、端门、太极殿和后宫的式乾殿等,东侧轴线上同样是官署区,分布朝堂和尚书省。值得注意的是,史书记载"建康宫城内有二重宫墙……南直对端门,即晋南掖门也。东面正中曰云龙门,北面正中曰凤妆门,近西曰鸾掖门,西面正中曰神虎门,凡六门。第三重宫墙……南面正门曰太阳,晋本名端门,宋改名南中华门。东面正中曰万春门……西面正中曰千秋门,凡三门"⑦,表明建康宫殿内外共有三重城墙,这是与西晋洛阳宫殿的区别之处。同时期的北魏由于属于外族入主的王朝,处处向中原文化学习,其洛阳宫殿的建设也参考了南朝建康宫殿,因此在整体布局上与之非常近似,其主轴线上同样分为朝区与寝区,朝区以太极殿为核心,寝区以式乾殿为核心,另外还有显阳、宣光、嘉福殿等,这条轴线的南侧为阊阖门,而东侧次要轴线对应为大司马门,北侧为核心朝堂,形成了一条东侧的次要轴线。

北朝中后期是魏晋南北朝宫殿向隋唐宫殿形制转变的重要时期,而此时的北齐邺南城宫殿则是这一时期的重要代表。公元 535 年,高欢发七万余人在邺城城南营建新宫,至兴和元

---

① (唐)房玄龄. 晋书[M]. 北京:中华书局,1974:卷 113·苻坚·上.
② (唐)房玄龄. 晋书[M]. 北京:中华书局,1974:卷 124·慕容宝条.
③ (北齐)魏收. 魏书[M]. 中华书局,1974:卷 48·高允传.
④ (高丽)金富轼. 三国史记[M]. 长春:吉林文史出版社,2003:卷 19·文咨明王条.
⑤ (清)顾炎武. 历代宅京记[M]. 北京:中华书局,1984:卷 12·邺下·宫室.
⑥ 徐光冀,顾智界. 河北临漳邺北城遗址勘探发掘简报[J]. 考古,1990,(07).
⑦ 中华书局编辑部. 景定建康志[C]. 见宋元方志丛刊[M]. 中华书局:北京,1990:p599.

年（539年）新宫始落成，因其沿用原邺城的南墙作其北墙，因此被称为邺南城。就其宫殿布局来说，邺南城与北魏洛阳宫殿具有相似性，邺南城宫殿中有一条中轴线，中轴线上的最南侧为阊阖门、主殿则为太极殿，之后为昭阳殿等，文献记载邺南城宫殿"外朝为阊阖门，盖宫室之外门也……清都观在阊阖门上，其观两相屈曲，为阁数十间，连阙而上……阊阖门内有太极殿，《故事》云'其殿周回一百二十柱，基高九尺，以珉石砌之，门窗以金银为饰'……内朝为昭阳殿，在太极殿后朱华门内……殿东西各有长廊，廊上置楼，并安长窗垂朱簾，通于内阁。每至朝集大会，皇帝临轩，则宫人尽登楼奏乐，百官列位，诏命仰听弦管。颂赞，侍中群臣皆称万岁"[①]。魏晋时期位于东侧轴线的司马门和朝堂，在邺南城宫殿中也仍然存在，但是在位置上更偏向于宫殿的东南方向。

综上所述，魏晋至南北朝末期的宫殿建筑中，往往存在着多条轴线，其中一条是以太极殿为主的中央轴线，多用于举行大朝等重要仪式，而东侧一条轴线则以朝堂为核心，一般多为听政、议政的场所。

5.5.2.3 隋唐的中轴线强化

隋唐之后，中原的宫殿建筑呈现出与南北朝风格相异的面貌，魏晋至南北朝时期盛行的东西堂制度此时已经完全消失，转而强调宫殿中的中轴线序列关系。隋朝大体继承了北周的衣钵，其制度大体也沿袭北周，而北周之所以改西魏国号为周，其缘由之一就在于刻意复古，不仅官制依照周官，置上、中、下大夫之类，宫门也依照周礼，设应门、路门等，其目的在于希望借恢复传统中原的周礼制度，以标榜自己的正统地位，因而在此基础之上，周代传统的三朝五门礼制或在北周时期得到加强，而这又进一步影响至隋唐。

隋朝建立之后的第二年，隋文帝即兴建大兴城，其城内宫殿名为大兴宫，此后唐朝建立，改大兴宫为太极宫，其内部主殿大兴殿为太极殿，并一直沿用至大明宫建成。在唐太极宫的中轴线上，重要的建筑包括承天门、太极殿和两仪殿，一般被学界认为是传统的"大朝"、"中朝"和"常朝"之所在。大朝用于举行元旦、冬至的大朝会，中朝用于皇帝朔望听政，常朝则为皇帝与群臣议政[②]。南北朝时期的宫殿，尽管也存在类似的建筑，但是并没有强调其与传统礼制之间的关系，而这些建筑一旦附会了传统的礼仪制度，则进一步强化了建筑在宫殿中的核心地位，从侧面强调了中轴线对于整座宫殿的重要地位。

除了大兴宫之外，隋炀帝还下令宇文恺规划并督造第二座平地创建的都城，也就是隋代东都洛阳，唐代隋之后大体延续了隋代东都洛阳的宫室规模与布局形式。在总体布局上，东都洛阳的宫室与同时期的大兴宫室存在很大的相似性，其中轴线上也有几座重要建筑，即则天门、乾阳殿和大业殿，分别与太极宫的建筑相对应，所起作用也与之相类似。同时，在兴建东都洛阳宫时，并没有在汉魏洛阳旧城址上兴建，而建在其西区十八里的新址上，使得东都洛阳都城的正殿、宫门、皇城门等形成的中轴线，正指向南方的伊阙，或印证了"表南山之巅以为阙"之古语，以强化其中轴线在宫城中的特殊地位。

---

① （晋）陆翙等撰，许作民校注. 邺都佚志辑校注[M]. 郑州：中州古籍出版社，1996：p120. 无名氏邺中记·太极殿条.
② 傅熹年. 中国古代建筑史第二卷：两晋、南北朝、隋唐、五代建筑[M]. 北京：中国建筑工业出版社，2001：p361-363.

由于太极宫所处地势较低，且比较拥挤，因此高宗龙朔二年，在长安城北偏东的高地兴建新宫，也就是之后的大明宫，大明宫建成之后成为唐帝长住的主宫。尽管大明宫建在城外，不是长安城的正式宫殿，但它仍然是按照太极宫的模式进行建设的，其中轴线上的建筑含元殿、宣政殿和紫宸殿相当于太极宫的承天门、太和殿与两仪殿，除此之外这条中轴线上还有蓬莱殿和后苑太液池，在含元殿的南向增加了丹凤门，丰富了中轴线的建筑要素，加强了中轴线的纵深及序列。

值得一提的是，其重要主殿含元殿的建筑形制比较特殊，左右有翔鸾阁和栖凤阁，呈对称状分布，类似的建筑形制以往多用于重要的宫门，如北魏洛阳阊阖门、北齐邺南城朱明门等，但是重要宫殿的内部使用这种一母阙二子阙的形制还是比较少见的。笔者认为其有可能受到多方面因素的影响，其一在于含元殿是在早期太极宫一座城门的基础上改建的，这座城门有可能采取类似的建筑形制，含元殿因袭之。其二在于受到太极宫承天门的影响，承天门由于地处宫城正南门，其位置堪比北魏洛阳阊阖门，因此采用类似建筑形制的可能性比较大，而大明宫又以太极宫为模式兴建，因此可能在很大程度上模仿太极宫承天门。其三在于含元殿的地形呈现北高南低的局面，在这种地形条件下，采用这种建筑形制在举行重大仪式时能够更好地烘托气氛，同时也强调了整个大明宫的中轴线地位。

5.5.2.4 宫殿内的东西向通道发展

自曹魏邺城宫殿至隋唐长安城宫殿，宫室的规模在不断地扩大，其中轴线上的建筑序列也不断得到加强，如在宫室北部增加后苑，前部增加自然的山体，以表南山之阙等。与此同时，随着宫室规模的壮大，宫室中也通过东西向的道路或宫墙对其进行横向划分，以增加中轴线的序列感。

曹魏邺城中对于宫室的横街并无详细记载，其中轴线上主殿为文昌殿、端门及南止车门。南止车门的两侧有东西止车门，推测有一条东西向道路通向宫室。南止车门与端门之间的广场，其两侧东有长春门，西有延秋门，因此推测在端门附近可能存在一条东西向的横街，将长春门与延秋门相连，如此将宫室划分为端门前广场与文昌主殿院落两个部分。曹魏洛阳宫殿中，东侧万春门与西侧千秋门这两门之间的东西横街将洛阳宫室分为南北二宫。另外，洛阳宫殿在太极殿及东西堂之间的墙上开门，即东西阁门，将宫殿划分为南部的朝区与北部的寝区，此后这种形制及东西堂制度一直沿用至南北朝末期。

南朝建康宫殿继承了曹魏洛阳宫殿的东西阁门，同时在寝区内又划分了帝寝与后寝两部分，即分别以式乾殿和显阳殿为中心的帝后休息场所，因此整座宫殿中就存在至少三条东西向的道路或宫墙，逐步将宫殿进行细化，与中轴线上建筑序列增加的进程相一致。北魏洛阳宫殿在前朝宫殿的基础上，也增加了东西向的通道。最南部在东、西掖门间有横街从南止车门及尚书省门前横过，故《水经注》称之为"通门掖门"；次北为云龙门至神虎门间横街，穿过太极殿的殿庭，自尚书朝堂北侧横过；次北为万岁门到千秋门内横街，在显阳殿之北和宣光殿之南横过，这条横街又称为"永巷"，成为宫殿建筑布局的重要特征之一。此后的东魏北齐邺南城宫殿也沿袭了这种形制，宫殿中也出现多条横向的通道。

隋唐宫殿中仍然保留了多条东西向的通道，隋大兴宫中在宫城南城墙设第一道东西向横街，横街的北侧即为承天门。此后，在太极殿北侧的第二道横街，将整个宫殿划分为朝区和寝区两个部分。永巷位于第二条横街的北侧，对寝宫内部进行二次划分。此外，隋唐宫殿中还保留了多道横墙,将宫殿进行横向划分,如太极殿两侧横墙,墙上即开东西上阁门。此后,隋唐的宫殿大多以隋大兴宫为摹本,因此宫殿中的横向通道在数量及位置上也大致相似或接近。

5.5.3　日本宫殿建筑的变迁

中原宫殿的形制与变迁也影响了日本的宫殿建筑。与中原情况相似的是,日本曾经多次迁都,如公元645年迁都到难波长柄丰碕宫,667年迁都至近江大津京,672年迁至飞鸟净御原宫,694年至藤原京,710年至平城京,744年至难波京,794年至平安京等,如此频繁的迁都使得日本天皇所居住的宫殿也随之而不断迁徙。目前,经过发掘且宫殿布局比较清楚的日本宫殿建筑大概有如下几座,前期难波宫、藤原宫、平城宫等。

5.5.3.1　前期难波宫

前期难波宫是公元645年日本孝德天皇迁都难波长柄丰碕宫后修建的,正好是日本政治上大化改新左右的建筑,至公元686年烧毁于火灾中。前期难波宫的北部为内里区,南部为朝堂区。内里包括内里南门、前殿和后殿三个部分,周围以回廊加以联系,如图5-17。此外,在内里前殿的东西两侧还各有一个长殿遗址,与内里前殿一道围合成一个封闭的空间。内里南侧的朝堂区井然有序地配置着十四座建筑物,这些建筑物所在的朝堂庭院巨大。日本学界一般认为日本宫殿中天皇所居住的内里与外侧举行政治、仪式场所的朝堂院,这种两者之间分离的结构是从前期难波宫开始的,此后被藤原宫、平城宫和平安宫所继承。针对前期难波宫的空间功能,日本部分学者认为内里庭院为天皇的家政机关,而朝堂则为外交、国政等议事场所,也有的学者认为天皇居住空间的院落为庭,朝堂院的院落为厅,其功能也有所区别。

与前期难波宫相似的还有近江的大津宫,该遗址位于滋贺县大津市,其整体布局也大致可分为内里区与朝堂区,由于部分遗址情况不明,因此日本学者对其布局进行了复原,如图5-18。

5.5.3.2　藤原宫

公元649年,日本天皇迁都至藤原京,其核心部位是藤原宫,大致也可以划分为两个区域,即内里区和朝堂区,如图5-19。尽管在区域划分上两者相似性较大,但是与前期难波宫不同的是,藤原宫的内里范围明显要大于前者很多,同时内里又出现了两道宫墙,内侧宫墙以大极殿为中心,宫墙上还设有南门和东西侧门,整个院落形成一个独立的空间。内里外侧宫墙则以该院落为核心,又形成了一个巨大的院落空间,其面积甚至要大于藤原宫的朝堂院空间。藤原宫的朝堂院布局与前期难波宫相似,但是其内部的建筑物数量已经变为12座,也就是所谓的十二朝堂,其规制也为此后日本的宫城所继承。朝堂院的正南开有朝堂南门,南门的外侧还有朝集殿,其功能似乎为进入朝堂院的等候之用。

5.5.3.3　平城宫

与藤原宫相比,平城宫的情况则更为复杂。日本学界一般根据平城宫所发现的遗址情况将其分为奈良前期与奈良后期的平城宫,如图5-20和图5-21。前期的平城宫分为左右两个部分,左部以大极殿为主殿,北侧形成了一个大极殿院落,南侧为中央朝堂院,其正南方对

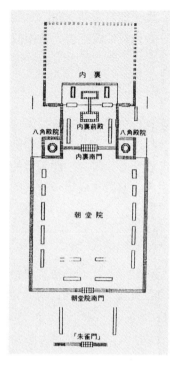

图 5-17 前期难波宫的平面图

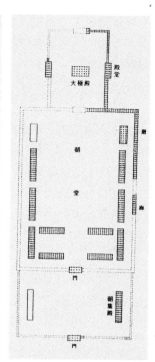

图 5-18 大津宫的平面图

图 5-19 藤原宫的平面图

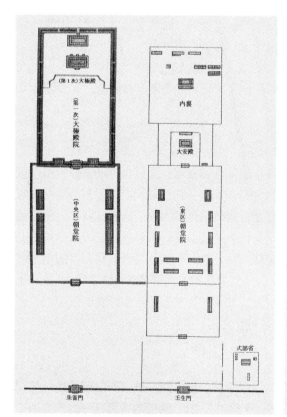

图 5-20 平城宫第一次大极殿的平面图

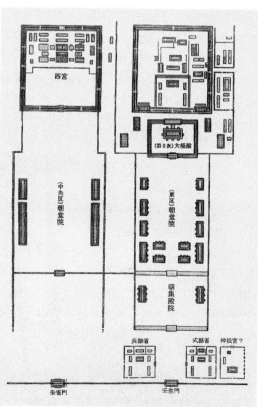

图 5-21 平城宫第二次大极殿的平面图

着朱雀门。右部则以内里为最北，向南依次为大安殿及东区朝堂院。从宫城布局的整体着眼，尽管前期平城宫将宫室分为中央大极殿区和东部朝堂院区两大块，但是其仍然沿用了藤原宫大极殿的称谓，而且在东区朝堂院中仍保留了藤原宫朝堂院的形制。关于前期平城宫的大极殿，日本学界一般认为是天皇听政的场所，而东区朝堂院则为其所属官署的议政场所。到了奈良后期，平城宫的布局又有了结构性的调整，此时的平城宫仍然分为左右两部分，即左侧的西宫及其朝堂院，右侧的大极殿及朝堂院，相比而言，右侧的部分重要性要高于左侧，这是因为原有的中央区及主殿大极殿从左侧移至右侧，替换了原来的大安殿，使得右侧部分的布局由南至北调整为南侧朝集殿——朝堂院——大极殿——内里。

除此之外，日本的宫都还有小垦田宫、传飞鸟板盖宫等，也都与上述几例处于同一时代，但是这两座遗址破坏比较严重，就笔者目前所搜集到的资料，尚不足以确定其原有的布局形式。

5.5.3.4 日本宫都的布局特点

以前期难波宫、近江大津宫、藤原宫、前期平城宫与后期平城宫为例，可发现这一阶段日本的宫都存在如下特点：

首先，这些宫都的基本形制与布局比较相似，如大都划分为两大区域，即内里区与朝堂区，朝堂区的建筑数量多为十二座等。其次，早期宫都配置比较简单，而后期的则相对比较复杂，如前期难波宫仅包括内里与朝堂院，后期的平城宫则已发展成为左右两大部分，右部分又增加为内里、大极殿、朝堂院与朝集殿等。第三，这一阶段的宫都在承袭以往特质的同时又发展出各自的特点，既有共性又有个性，如藤原宫在内里发展出大极殿，前期平城宫出现了左右两部分，后期平城宫则又将宫内重要建筑融合在右侧建筑群中。

5.5.4 东亚宫殿建筑的演变体系

通过对中原、日本及安鹤宫的宫殿形制分析，结合当时的社会与文化背景，笔者认为自魏晋南北朝至隋唐的这一阶段内，整个东亚的宫殿建筑或存在如下发展格局：

首先，魏晋南北朝时期，以曹魏邺城为宫殿发展的先导，同时期的曹魏洛阳宫殿（西晋）则成为此后宫殿发展的源头，如其所创始的太极殿、所采用的东西堂制度等都在很长一段时期内被后世所继承。另外，此时的曹魏洛阳宫殿已经出现了东侧的朝堂区，形成中央宫殿区与东侧的官署朝堂区两大部分，这种形制也一直延续到南北朝末期。

其次，南朝建康宫殿由于同脉同源，应该说继承了西晋（曹魏）洛阳宫殿的大部分衣钵，但是也发展出不同的特点，如三重城墙相套，这个特点也是中原宫殿体系中所独有的。北魏洛阳宫殿，一方面受到西晋洛阳宫殿遗址的影响，另一方面又学习南朝建康宫殿，在此基础上奠定了北朝宫室的恢弘气势，而这也影响了此后的邺南城宫殿。

再次，北朝宫殿的特点逐渐成型，表现为宫都中央的中轴线与位于宫都东南方的朝堂轴线，这两种轴线关系此后分别影响了中原的隋唐、日本的宫都。隋大兴宫（唐太极宫）作为隋唐初建时的宫殿，成为隋唐两朝所模仿的对象，它继承北朝中央轴线的特点，在宫殿的纵向及横向方面均有所增强，同时结合于都城，加强了宫殿在整座都城中的核心地位。而日本列岛的早期宫殿，无论在名称或是布局形式上，都似乎表现出与北朝宫殿朝堂轴线相近的特点。

最后，隋唐宫殿的中轴线关系，随着遣隋使、遣唐使等频繁的文化交流活动，逐渐传到了日本，并进而影响了日本的平城宫宫殿，平城宫第一次大极殿仍然表现出北朝宫殿的特点，但是到了第二次大极殿时宫殿的风格明显有了较大的转变，已经表现出中轴线加强的特点，因此很有可能受到当时唐朝中轴线宫殿建筑的影响。

将魏晋至隋唐时期宫殿的演变体系总结，如图5-22所示。

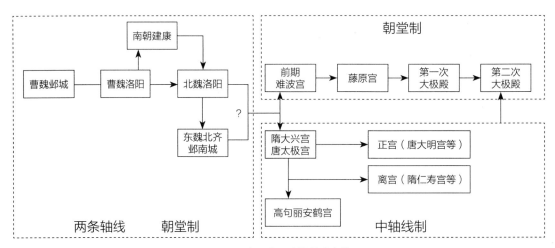

图5-22 东亚宫殿建筑的演变体系

5.6 本章小结

位于朝鲜平壤的安鹤宫是高句丽后期一处具有代表性的宫殿遗址，由于种种原因目前尚无太多学者对其进行深入的研究。笔者多方联系也未能对其进行实地的勘察，因此只能结合文献资料对该遗址进行探讨，其中比较重要的当属1973年所出版的《대성산성의고구려유적》一书，该书是朝鲜当局对该遗址进行详细发掘后出版的考古发掘报告书，其权威性应是不容置疑的。在对该书中内容进行分析的基础上，笔者主要对安鹤宫遗址进行了以下几个方面的探讨：

首先，在对安鹤宫遗址的现状进行分析的基础上，笔者对安鹤宫建筑的整体尺度进行了研究。当时东亚文化圈中使用三种不同尺长的尺，以这三种尺长对安鹤宫遗址进行方格网形状的排布，发现以尺长0.269m的尺对其匹配度最高。

其次，结合安鹤宫的尺度研究，可知安鹤宫宫殿址在空间布局上有几个突出的特点。在城门配置方面，以南侧正门的规格最高，不仅表现在尺度上，而且表现在城门的配置方面。在宫殿址的布局上表现出中轴线对称的特点，这也是同时期东亚宫殿址的共同特点。在平面布局上，宫殿址呈现南疏北密的特点，同时在空间格局上，以南宫主殿院落为核心，中宫主殿、北宫主殿的院落呈现出有规律的逐渐递进内收的特点。

再次，针对安鹤宫中的重要建筑——南门宫门及南宫正殿单体，笔者也进行了分析。宫殿南门址推测为"一门三道"的形制，这一形制也是汉魏时期中原宫殿建筑中所流行使用的，但其规制要低于隋唐时期中原宫殿"一门五道"的形制，或许是受到了当时等级制度的影响。

而在安鹤宫南宫正殿的柱网布局中，并没有出现北朝及隋代重要建筑中出现的位于角部所增加的角柱，因此笔者认为安鹤宫的时间上限不会太早，有可能处于高句丽的末期。

最后，对于安鹤宫的源流与影响笔者也进行了初步的探讨。尽管同属于高句丽，安鹤宫和丸都山城并不具有一定的可比性，这表现在宫殿规模、布局、轴线关系等方面，而安鹤宫与此后的渤海龙泉上京宫殿则在宫殿布局、空间组织及单体形制方面存在较多的相似性。此外，对于中原宫殿建筑的发展，同时结合同时期日本宫都的发展，笔者认为东亚宫殿建筑存在如下的关系，即北朝之前的宫殿建筑存在中轴线关系，同时还存在着东南向的朝堂轴线，两者是共存的。隋唐之后，中原地区宫殿建筑加强了原有宫殿的中轴线关系，而逐渐弱化了原有的朝堂院。与此相反，日本则继承了北朝的朝堂轴线，在发展了一段时期之后，由于受到隋唐宫殿文化的影响，日本的宫都也逐渐在中轴线的关系上也有所加强。在此体系下，笔者认为高句丽的安鹤宫应属于前一种体系，即宫殿中轴线关系的体系。

第6章 高句丽宫殿建筑的形象、样式与结构

6.1 高句丽古坟壁画中的宫殿建筑形象

6.1.1 古坟壁画中的城市

高句丽古坟壁画中留存至今的城市形象，主要集中在以下几座古坟中，即位于中国集安附近的三室塚、位于朝鲜平壤附近的辽东城塚、药水里古坟和龙冈大墓。虽然为数不多，但是对于研究高句丽的城市形象、防御设施、城市结构与布局等具有极高的研究价值。

6.1.1.1 古坟壁画中表现的城市形象

三室塚位于中国境内集安附近，其城郭图位于第一室的北壁中，《通沟》记载"北壁有攻城图，占其上半。有二骑将攻城，笔至拙。城壁曲折，有门有城楼内有一屋。攻城人马俱披甲、胄，马一赤一黑……此其所图必为死者生前一事迹"[1]，如图6-1所示。图中的城市偏于墙壁一侧，与墙壁上的影作斗栱相接。城墙上有城门楼一座，重层建筑，似为庑殿顶，鸱尾明显，城门开间处残缺。其上，角部有一座角楼，单层歇山，鸱尾绘制也比较夸张。同时在城内，还有一座大型木构建筑，斗栱形式简单，立柱上顶一大斗，庑殿顶，出檐深远。值得一提的是其城墙曲折呈"M"形，底部用色浓重，上部则线条简单，同时城墙似有一定的倾角以保持稳定。城门楼的一侧有两位骑马武士在征战，学界大多认为该内容与墓主的生前事迹有关。

图6-1 三室塚城市图

龙冈大墓位于朝鲜境内平壤附近，其城郭图位于墓前室的南壁，城市形象遗存仅有一小段，如图6-2所示。图中共有四座建筑，正中有一高大城门楼，重层、庑殿顶，立于横梁上的叉手在屋顶下对其起支撑作用，横梁下则为立柱。整个门楼开间似为三间，中间一间为两

---

[1] 池内宏，梅原末治. 通沟（卷下）[M]. 东京：日满文化协会，1940：p72.

扇城门。在门楼的左右各有一座小的单层建筑，似为其配楼。左侧建筑形象损毁严重，形制不可辨别，而右侧建筑形象清晰，主体建筑为单层，但其两边又各出一层屋顶，因此该建筑或许与"阙"的形制较为相近。另外，三座建筑均可见较为清晰的鸱尾形象，这也与当时的建筑时代特征相一致。

图 6-2　龙冈大墓城郭图

药水里古坟也位于朝鲜境内平壤附近，与三室塚及龙冈大墓相比，其城郭图相对完整，但是建筑的细部则表现较少，如图 6-3。图中的城郭呈长方形布局，其中左侧及下侧城墙略有损毁，影响较小。其他城墙的中部均有一高大城门楼，门楼均为重层建筑，多为两开间，屋顶疑为庑殿顶。在城墙的角部，右上、右下各有一座角楼，呈倾斜状，形制与门楼大致相同。上部城墙的中间还辅有配楼，均为单层建筑。城郭内部还有两座单层建筑，位于门楼轴线的两侧，形制、功能不明。

辽东城塚位于鸭绿江南岸朝鲜境内，其体现的城郭功能较为复杂，如图 6-4。图中城郭大致分为内外两重城垣，内城和外城所设城门呈一直线状东西向分布，且均为重层建筑。城墙上每隔一定距离就有一段凸起，似为砖砌"马面"，在每一个城墙的拐角处均置一单层角楼。值得注意的是，在内城的中央有两座大型建筑，一座为高大台基上的单层建筑，另一座则类似于"塔"的三层建筑，一层出檐大，二、三层出檐小。在外城城门轴线的两侧，也各有一单层的建筑。

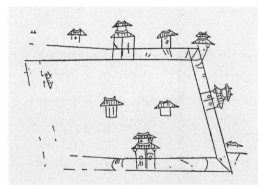

图 6-3　药水里古坟城郭图

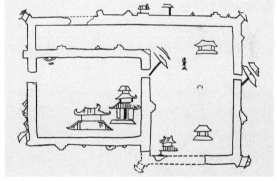

图 6-4　辽东城塚城郭图

6.1.1.2　壁画所体现的城市特征

古墓壁画中所表现的城市形象，体现出了高句丽的城市特征，这主要体现在以下几个方面：

1. 城市的总体布局

壁画中所绘多为平原城，而这些平原城大多以方形为主，如药水里古坟和辽东城塚之城市形状。三室塚中的城市虽呈现出"M"的折形，笔者认为这与壁画绘制者产生的视觉误差有较大关系，类似的折形城市形象在敦煌壁画中也有很多处，如图 6-5，按这一因素可以将三室

图6-5 敦煌壁画宅院图　　　　图6-6 复原图　　　　图6-7 霸王朝山城平面局部

塚的城市复原，如图6-6，按照复原图，三室塚中的城门楼其功能或与瓮城的门楼功能相近，略微简单，而这种简单的瓮城在高句丽霸王朝等山城也曾出现，如图6-7。

另外，值得一提的是辽东城塚中的城市形象。该图较全面地反映了高句丽当时的城郭全貌，从壁画上看当时的辽东城分为内城和外郭两个部分，内城部分有高等级的建筑，外郭部分的建筑等级相对较低。同时，城中还有一条干道，呈东西走向，贯穿内城外郭的三道城门。这条干道体现出辽东城的东西向轴线关系，而与汉魏长安城、洛阳、邺城的南北向中轴线不太一致。究其原因，王绵厚先生认为这与当时中国北方古代少数民族以东向为主的文化传统有关，《后汉书》记载"（高句丽）其国东有大穴"，《三国志·魏书·乌桓鲜卑传》也记载"俗善骑射，随水草放牧，居无常所。以穹庐为宅，皆东向"等。另外一个原因则在于高句丽从当时的战略考虑，对辽东重镇防御体系和行政管理重心所进行的调整，根据当时战略布局的需要，对辽东城的内外城和主要街道进行改建[①]。

2. 城市的防御体系

几座壁画墓中的壁画均体现了高句丽对于城市防御体系的重视。城墙是城市防御的最重要因素，三室塚的城墙表现最为突出，它的城墙给人感觉异常的厚重，城墙下部还有夯实的基础，同时辅以一定的倾角以保证城墙的安全牢固。城墙上的防御设施也很多，有城门楼、角楼、配楼、马面等。城门楼作为进出城市的重要关口，建筑体量相对高大，形制也多以重层建筑为主，而角楼和配楼建筑则相对较小，多以单层建筑为主。这一特点在敦煌北朝壁画中的城市中也有所体现，如图6-8。马面这一形制在辽东城塚中有多处，似用砖砌筑，呈"凸"字形，分布在城墙周边并有一定的间隔，同时在辽东城塚的内城中还发现似有半圆状瓮城的痕迹。高句丽都城国内城也曾发现有马面和瓮城的遗址，马面的数量还很多，如图6-9。与国内城相比，辽东城马面数量相对较少，且瓮城的形制不太明确，因此地位要略低于国内城，但是由于同时具有马面和瓮城的形制，说明辽东城在当时也是高句丽境内一座重要的平原城。

3. 城市中的建筑形象

上述壁画墓以龙冈大墓中城墙上的建筑形象绘制最为清晰。图6-2中清晰可见城门楼建

---

① 王绵厚. 关于辽东城冢壁画中若干问题的考析[M]. 见邹逸麟，张修桂. 历史地理第16辑. 上海：上海人民出版社，2000：p198.

图 6-8 敦煌壁画宫廷图

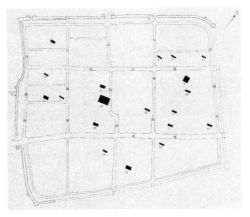

图 6-9 国内城平面图

筑为双层庑殿顶,屋顶鸱尾明显,使用平行椽,屋檐下面为叉手组成的类似桁架的结构,其下为柱梁支撑结构,这些信息都体现出较早的建筑时代特征。两旁一左一右的角楼建筑,由于壁画损毁情况严重,只能判断其结构与门楼大致相同。值得注意的是,门楼旁的配楼建筑出檐共有两层,下层两边均向外出檐,这一特征与"阙"的形制有所类似。"阙"这一形制曾经大量出现在汉代的画像砖石上,如图 6-10。东汉末至北朝时期,城市或宫殿的壁画中也出现有"阙"的例子,如图 6-11 和图 6-12 所示。比较而言,龙冈大墓中的"阙"形建筑形制似乎更为重要,因此较有可能作为该城市的主要入口,而一旁的城门楼则具有眺望与作战之功能。另外,辽东城塚中内城的两座建筑,一座似为宫殿,另一座则似为塔形建筑。两座建筑均直角挑檐反翘向上,鸱尾的形制也更为夸张,这种风格与敦煌北朝壁画中的形象较为相近,如图 6-11,说明辽东城塚可能受到北朝时期一定程度的影响。

关于城市中的建筑形象,拟结合古坟壁画中的宫殿建筑进行进一步分析,见 6.1.2 节相关内容。

图 6-10 汉画像石阙形图

图 6-11 北朝阙形图

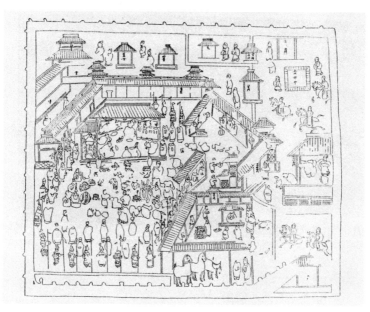

图 6-12　和林格尔汉墓壁画阙形图

6.1.2　古坟壁画中的宫殿建筑

高句丽古坟壁画中表现的宫殿建筑形象，比较重要的当属安岳 1 号墓中的殿阁图，其他相对次要的还有三室塚、通沟 12 号墓、八清里古墓和双楹塚中的一些宫殿建筑形象。

安岳 1 号墓中的宫殿建筑是一组群体建筑，由于壁画受损严重，只能模糊辨认出该群体建筑为一个两进院落的建筑群。该建筑群有一条中轴线，中轴线最下方有一座依稀可辨的建筑，体量较大，其两侧似有规模略小的建筑呈对称状分布。其后，在中轴线的中间部位有一个中等体量的建筑，两端也有对称的两座附属建筑，它们之间有一道横向的连廊将其相互连接。而在中轴线的最上方，又出现一个体量较大的建筑，内有门板状构件，其两侧也有类似门板状构件的附属建筑，它们之间也有连廊。中轴线的两侧，由回廊将最上方建筑与中间建筑相连接而形成一个梯形庭院，此后回廊又向左右两侧下方延伸，直至壁画受损不可辨认为止。该群体建筑中的建筑风格大体相似，屋顶鸱尾形象比较夸张，而屋角均为大挑檐反翘向上，与敦煌石窟中北朝的建筑形象相似。另外，回廊中的建筑由柱支撑凸字形构件，其上再由该构件支撑屋顶，如图 6-13。

三室塚第一室的东壁中也表现有宫殿建筑形象的壁画，但是保存情况相对较差，如图 6-14。从画面中可以模糊辨认出三座建筑，其中右边的建筑为一庑殿顶建筑，带有鸱尾，建筑檐口部位有类似叉手的建筑构件，这些构件放置在一横梁上，横梁下部则由体量较大的栌斗承托，栌斗的底部似可辨认出皿板构件。左边的建筑屋顶保存不完整，隐约可见为庑殿顶建筑，檐下则没有叉手构件而代之以帐幔状的物件，其余细部则模糊不可辨认。两者中间的建筑，绘制比较简单，似为

图 6-13　安岳 1 号墓宫殿图

图 6-14 三室塚建筑图

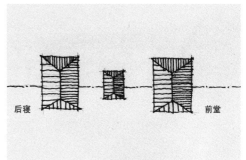
图 6-15 三室塚建筑位置推测图

一四坡顶的建筑,没有些许装饰。值得注意的是,三座建筑中每座建筑下均有一至两人,右边建筑下从头顶装饰来看似为一男子,而左边的建筑下似为一女子,中间建筑下的人物刻画则相对简单。明显的,中间的建筑等级要次于左右两座建筑,而从建筑装饰样式以及建筑中的人物性别方面分析,这幅壁画则可能体现了宫殿或宅院建筑"前堂后寝"的传统布局方式,即右边建筑为"堂",左边建筑为"寝",两座建筑实际上体现出一条横向的轴线关系,如图6-15。

通沟12号墓中的宫殿建筑表现形式比较怪异,如图6-16。该建筑乍看似一座两层的楼阁式建筑,中间为建筑内部的空间,但是通过细致地分析则可认为它并非为两层楼阁,实为具有空间感的单层建筑。该图实际上体现出了两到三座建筑,左下方有一座体量较小的单体建筑,庑殿顶,中间有门板,推测它应为一座门楼类的建筑。与之相对应的是右下方也有一座三开间的小框架,但没有屋顶,推测其为一座次要的侧门。中间的建筑是图面表现的主体建筑,它的两侧体现出了山面的做法,左山面有一个立柱,端部有一带有皿板的栌斗支撑山面的横梁,山面屋檐下有一个构件。其性质有两种可能,一种可能类似悬鱼的装饰构件。另一种则可能为斗子蜀柱之类的支撑构件用以承托脊檩。右山面的结构相对简单,两柱承一横梁,横梁上模糊不清没有表现具体的结构构件。两座山面用一个长长的屋顶相连接,屋顶下方没有任何的结构构件,仅有一些帐幔状的装饰物。值得注意的是,屋顶的中间有一条斜向坡度线,这为研究提供了一定的思路。正常视角下,若为简单的长方体建筑不可能有斜向的坡度线可见,同时两侧的山面也不可能同时看见,但这幅图片中的建筑不仅看见了斜向坡度线,而且也看见了两侧的山面,因此有可能并不是传统意义上的长方体建筑,笔者认为它有可能为一"L"形的建筑,同时整个图面实际上也体现出了一个"L"形建筑的围合院落式布局,视角则从侧向45°的方向观察,如图6-17。

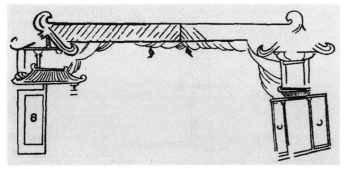
图 6-16 通沟 12 号墓建筑图

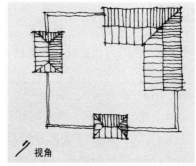
图 6-17 通沟 12 号墓推测平面图

6.1 高句丽古坟壁画中的宫殿建筑形象 125

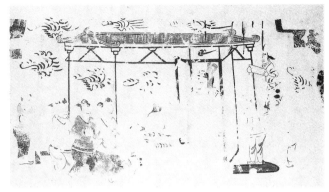

图 6-18　八清里古墓建筑图　　　　　　　图 6-19　双楹塚建筑图

　　八清里古墓壁画中的建筑也是一座庑殿顶建筑，屋脊两端有鸱尾，由于右侧有板状物体遮挡，因此该建筑开间情况不明，其左侧则由于有两条垂脊，推断有可能是该建筑的山面，据此笔者认为该建筑也有可能为一"L"形建筑。檐下结构清晰可见，即以柱梁为主要支撑结构，在每一开间的正中辅以人字形叉手，柱头和人字形叉手的顶部都有单层栌斗或双层叠斗。由于该壁画有一定程度的受损，因此反映出的建筑信息有限，如图 6-18。

　　双楹塚是高句丽壁画古墓中知名度较高的一座古墓，其墓室内部结构、壁画中多处使用了建筑元素，为研究当时的建筑结构情况提供了第一手的资料。在该墓玄室北壁上有一幅建筑图，详细地表现出当时的建筑结构情况，如图 6-19。该壁画表现出两个空间层次，外侧空间由一座装饰华丽的巨大帐幄划分，其最前端绘有双柱用作其支撑结构。内侧空间则由建筑、墓主人共同构成，在内侧空间的左下方似有一门楼性质的建筑。该建筑为庑殿顶，檐下有斗栱状建筑构件，呈一斗三升状，另外该建筑的大门半掩，有一女佣似乎正要进入其中。门楼建筑的后侧则表现出整个画面的主体人物，即男主人和女主人，他们分坐在一座庑殿顶的主体建筑中。该建筑脊端有鸱尾，屋脊正中央还有火焰状的装饰纹样，这在高句丽的建筑壁画中并不多见。建筑的左侧也有两条垂脊，推测其表现的也是建筑的山面。

　　山面的结构较为复杂，柱支撑的横梁上有斗栱三朵，正中间一朵为人字栱，栱顶有叠斗，左右两朵形制相近，似为一斗二升重栱的做法。铺作层的上部还有一道阑额，阑额之上采用人字栱加叠斗的方式支撑屋脊。建筑的正立面上铺作层的表现相对复杂，阑额上的铺作似乎以简化了的斗子蜀柱为主体，斗子蜀柱之间增加斜栱用作斜向支撑，使铺作层形成一个类似于桁架状的整体，用以加强其结构的稳定性，这在当时或许是一个增强稳定性的可行办法。建筑的右侧由于壁画已经有很大的损毁，具体情况不明。关于该建筑的布局，笔者认为存在两种可能，即一种是与前述几幅建筑相似的"L"形布局，另一种则在建筑右侧损毁部位与左侧呈对称状表现的情况下，该建筑应呈"凹"字形布局，这种布局同时也更加强调了整个画面的主体，如图 6-20。

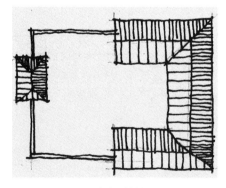

图 6-20　双楹塚建筑推测平面图

综上所述，可知高句丽宫殿建筑的布局存在以下几种可能性。第一种为中轴线式的宫殿建筑布局方式，其中尤以安岳1号墓中的宫殿布局为代表，同时在实物遗址方面，这种中轴线式的布局方式也确实存在，如安鹤宫遗址，如图5-5。壁画表现与遗址发掘成果相印证，说明至少在高句丽的中后期，中轴线式的布局方式曾经被高句丽的王宫贵族等特权阶层广泛采用。但是在高句丽早、中期的遗址发掘中，这种中轴线的布局形制并无踪迹可循，如集安丸都山城宫殿址，如图4-8。应该说，高句丽轴线布局形制上的变化与中原地区宫殿形制的变化是密切关联的。中原地区早期的中轴线关系并不显著，直到曹魏洛阳、邺城等方才出现较为明显的南北向轴线关系，到了北魏洛阳及至隋唐时期这种中轴线的关系得到了进一步的加强。而高句丽在其早、中期阶段与中原地区的两汉、曹魏政权发生多次战争，战争中发生的文化交流现象，使得轴线布局的形制对当时高句丽的宫殿布局或许存在些微影响，但由于两者呈敌对状态，高句丽王族对此并没有实地考察，因此推测这种影响相对较小。

到了公元4世纪左右，高句丽与北魏结束了战事转为和平相处，特别是在高句丽长寿王迁都平壤以后，高句丽与北魏的交流日渐频繁（相关内容详见2.3节），这期间高句丽对于北魏洛阳的都城与宫殿形制相信有比较详细地了解与实地考察，而中轴线布局方式的等级规模与营造气势或许在此时才真正影响了高句丽的王宫贵族，这也就使得中轴线布局在高句丽王宫贵族的宫殿建筑中得以执行。另外两种宫殿建筑的布局方式可能为"L"或"凹"形，"L"形的布局在八清里古墓、通沟12号墓中都有体现，双楹塚中则可能为"L"或"凹"形两种方式。"L"和"凹"形在建筑规模、等级等方面要远逊于中轴线形的布局方式，因此推测为地位略低的地主阶层所采用。

6.1.3 古坟壁画中的附属建筑

高句丽的古坟壁画中除宫殿建筑之外还出现了大量附属建筑，这些建筑大致可以分为四类，即仓库、马厩、厨房、肉库。由于是附属建筑，因而这些建筑在地位上要远逊于宫殿等重要建筑，它们的建筑形制简单，多为单檐庑殿顶，无台基，建筑结构也以简单的柱梁结构为主，无斗栱或仅在柱头有一栌斗，装饰很少或者没有装饰，其性质仅能通过建筑内部的陈设物品来判别，如肉库、马厩等，下图为几种不同类型的建筑，如图6-21和图6-22。这些建筑中，有两幅特别值得关注，即安岳三号墓的厨房图和麻线沟1号墓的仓库图。

图6-21 厨房 肉库 车库图

图6-22 牛舍图

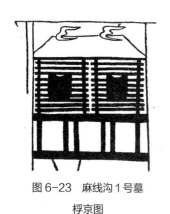  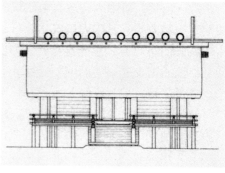

图6-23　麻线沟1号墓桴京图　　图6-24　云南晋宁石寨山铜器上图像　　图6-25　伊势神宫

安岳三号墓中的厨房建筑，是一座悬山顶的建筑，屋脊有鸱尾，台基似有一层，如图6-21。它的山面结构情况表现得比较清楚。柱头的栌斗支撑山面的阑额，其上再由人字形叉手加栌斗的方式支撑脊檩，这种支撑方式在其它壁画建筑图中也曾出现。麻线沟1号墓中的仓库图，实际上是一种底层架空的高床式建筑，文献中称之为"桴京"，如"其民喜歌舞，国中邑落，暮夜男女群聚，相就歌戏。无大仓库，家家自有小仓，名之为桴京"[1]，如图6-23。底层六根柱支撑一横梁，将底部架空，横梁上则为两座井干式建筑，井干式建筑一般多出现在林木资源丰富的地区，说明这里在当时曾经树木葱郁，资源丰富。这种高床式建筑实际上也即干阑式建筑，这种形式的建筑直至今天在某些地区还继续沿用，同时它在东亚地域范围内的分布也很广，包括中国华南地区、长江流域、内蒙古、黑龙江等地，另外俄罗斯西伯利亚、朝鲜半岛和日本列岛也都存在类似的建筑。早期的干阑式建筑如我国云南晋宁石寨山铜器上的建筑图像（图6-24）[2]，后期的如日本伊势神宫内宫正殿[3]（图6-25）、唐昭提寺宝藏和经藏[4]（图6-26）、东大寺正仓院[5]（图6-27）等都比较著名，另外在我国汉代以及日本弥生时代出土的陶器中也有很多干阑式建筑的存在。特别值得注意的是，麻线沟1号墓中的仓库图与日本奈良时代的东大寺正仓院、唐昭提寺的宝藏与经藏等建筑具有很高的相似性，如底层建筑架空体现干阑式建筑的特点，而上部建筑则使用井干式的建筑构成方式。这些结构简单却存在很高相似度的单体建筑，推测它们应当具有某种程度的血缘关系。

---

[1]（晋）陈寿. 三国志[M]. 北京：中华书局，1959：高句丽条.
[2] 云南省博物馆. 云南晋宁石寨山古墓群发掘报告[M]. 北京：文物出版社，1959：图版121.
[3] 日本建築學會. 日本建築史図集新訂版[M]. 東京：彰国社，2005：p5.
[4] 工藤圭章，渡辺義雄. 唐招提寺金堂と講堂[M]. 東京：岩波書店，1974：p13.
[5] 日本建築學會. 日本建築史図集新訂版[M]. 東京：彰国社，2005：p20.

图 6-26　唐招提寺经藏　　　　　　　　　　图 6-27　正仓院

6.2　高句丽宫殿建筑的样式要素

通过现存的高句丽古坟壁画及遗址实物的研究，可知高句丽的宫殿建筑同样属于东亚木结构建筑体系的一员，因此它的一些样式要素，如鸱尾、柱、叉手、双斗斗栱等也都处于东亚样式的体系之中，本节拟结合高句丽及朝鲜半岛的出现一些建筑样式，对整个东亚木结构体系中一些样式变迁的现象进行研究与分析，因此本节的着眼点并不仅仅局限在高句丽宫殿建筑的样式要素本身，而扩大至整个东亚木构建筑的样式体系，通过对其样式体系的研究，将高句丽宫殿建筑中的样式进行合理的定位。

6.2.1　鸱尾考

鸱尾是东亚传统建筑体系中一种重要的建筑构件，兼有装饰性与功能性，其来源于中原而传播于东亚之朝鲜半岛与日本列岛，并随着时间与空间的变化而形成迥异之风格，这其中尤以中原之北魏和隋唐，朝鲜半岛之高句丽、百济和新罗，日本列岛飞鸟、白凤和天平等时期的鸱尾形象最具代表性，因此厘清它们之间的相互关系，不仅可以揭示其发展、演变之规律，而且对于研究早期中原建筑文化在东亚地区的传播也具有重要的价值。

6.2.1.1　鸱尾的构造与功用

鸱尾实际上是一种用于建筑物正脊两端的装饰性瓦件，一般来说一座建筑都至少有两个鸱尾（左右两端各一），其功能大致有两种。其一，鸱尾在正脊两端作收头处理，在构造上或立面处理上都能与正脊完美结合；其二，鸱尾的构件一般比较大，重量也相对较重，因此它位于木结构屋顶的顶部，以本身较大的自重压住易倾覆的木结构，使结构的可靠性和整体性得到加强。

在构造做法上，鸱尾在正脊方向上可分为胴部、纵带和鳍部三个部分，如图 6-28。胴部是鸱尾的主体结构，其一侧的端头（也称为头部）往往开有孔洞，以榫接的方式将鸱尾与正

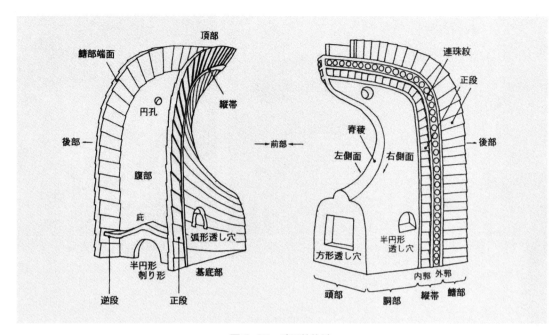

图 6-28 鸱尾的构造

脊相接,有的鸱尾在胴部的中央也有一个小孔,将鸱尾与垂脊相接。在胴部的上方往往还存在一条弯曲状的脊棱,将胴部突出的头部与上方的纵带相连。纵带和鳍部都是附属结构,依附于胴部。有的鸱尾纵带仅有一条,而多数鸱尾则存在两条纵带,其间往往还有连珠纹加以装饰。纵带的外侧就是鳍部,一般都以片断状的构件加以装饰,以模拟尾巴的形状,有的鸱尾还以羽毛状的结构加以装饰。胴部的背面称为鸱尾的腹部,其下方往往开有半圆形的孔洞,以便将鸱尾放置在正脊之上。由于鸱尾的体积与自重均比较大,同时处于建筑的最高处,因此易于遭受诸如雷电、地震、鸟兽等外力的侵害而毁坏,如"(义熙)五年六月丙寅,雷震太庙,破东鸱尾,彻柱,又震太子西池合堂"[1],又如"(晋孝武帝)太元十六年正月,鹊巢太极东头鸱尾,又巢国子学堂西头"[2]。目前所发现的唐之前的鸱尾数量比较少,在建筑遗址中仅见鸱尾的部分碎片,很少有较为完整的鸱尾形象,因此必须在文献的基础上,结合实物资料与壁画形象来对鸱尾进行研究。

6.2.1.2 鸱尾的文献考察

"鸱尾"一词中的"鸱"实为一种鸟,《续诗传鸟名卷》解释为"鸱,似鹰、稍小,尾如舟舵,善高翔,陆佃云:'古人观鱼翼创橹,视鸱尾制舵,每呼啸能致雨并聚众鸟,故禽经曰鸱'"[3]。由此可知,鸱是早期的一种鸟,古人根据鸱的尾巴而仿制出舵,因此鸱的尾巴应该具

---

[1] (唐) 房玄龄. 晋书[M]. 北京:中华书局,1974:卷 29,p879.
[2] (唐) 房玄龄. 晋书[M]. 北京:中华书局,1974:卷 28,p864.
[3] 文渊阁四库全书电子版. 香港:香港迪志文化出版有限公司,2003:經部,詩類,續詩傳鳥名卷,卷三.

有大且控制飞行的特点。由"鸱"一词引申出"鸱尾"和"鸱吻"两词,这两个词语由于音、意均相近,因此经常为人所混淆。如清吴玉所作的《别雅》卷一中记载"蚩尾,祠尾、鸱吻、鸱尾也",表明清代人对于鸱尾和鸱吻的理解并无二异,再如《辞海》解释为"鸱吻,中国古建筑屋脊上的一种装饰,而鸱尾,本作鸱尾,即鸱吻"[①]也体现了类似的理解,而《古汉语词典》中则认为"鸱尾,古建筑屋脊两端的装饰物,以外形略如鸱尾而称","鸱吻,古建筑屋脊两端的装饰物,汉人名鸱尾,其初形状如鸱尾,后来式样改变,有折而向上似张口吞脊,因称鸱吻"[②],相比较而言,《古汉语词典》中的词条解释是比较恰当的。鸱尾实际上是早期古建筑屋顶正脊的一种装饰构件,其表现为头部与正脊相接,尾部突出于正脊而显得硕大,有的尾部还有羽毛状的装饰,而鸱吻则是后期由鸱尾逐渐转变而来的,在北宋及辽以后逐渐流行于中原地区,其表现则为头部模拟一种类似鱼头状的怪兽,咬住正脊,而原有的羽状鸱尾也逐渐转变为鱼形鸱尾。这种样式上的转变,有学者认为大致发生在唐末时期,而现存唐大中十一年修建的五台山佛光寺鸱尾正反映了这种转变[③]。

从文献上来分析,鸱尾一词在唐之前的史书中曾经多次出现,现总结如表6-1所示。

正史中的鸱尾文献 表6-1

书名	卷数	鸱尾相关内容
晋书	卷10	景寅,震太庙鸱尾。
晋书	卷28	太元十六年正月,鹊巢太极东头鸱尾,又巢国子学堂西头。
晋书	卷29	(义熙)五年六月丙寅,雷震太庙,破东鸱尾,彻柱,又震太子西池合堂。
宋书	卷29	孝武帝大明元年五月戊午,嘉禾一株五茎生清暑殿鸱尾中。
宋书	卷30	宋文帝元嘉十七年,刘斌为吴郡,郡堂屋西头鸱尾无故落地,治之未毕,东头鸱尾复落。顷之,斌诛。
宋书	卷32	晋孝武帝太元十六年正月,鹊巢太极东头鸱尾,又巢国子学堂西头。
宋书	卷33	义熙五年六月丙寅,震太庙,破东鸱尾,彻壁柱……元嘉五年六月丙寅,震太庙,破东鸱尾,彻壁柱。
宋书	卷43	及拜司空,守阙将入,彗星晨见危南。又当拜时,双鹳集太极东鸱尾鸣唤。
宋书	卷55	时太庙鸱尾灾,泰谓著作郎徐广曰:"昔孔子在齐,闻鲁庙灾,曰必桓、僖也。今征西、京兆四府君,宜在毁落,而犹列庙飨,此其征乎"。
宋书	卷84	子绥拜司徒日,雷电晦冥,震其黄合柱,鸱尾堕地,又有鸱栖其帐上。
陈书	卷2	戊辰,重云殿东鸱尾有紫烟属天。

[①] 辞海编辑委员会. 辞海[M]. 上海:上海辞书出版社,1999.
[②] 古代汉语词典编写组. 古代汉语词典[M]. 北京:商务印书馆,2003.
[③] 村田治郎. 中国鸱尾史略(上)[J]. 学凡译. 古建园林技术,1998,(01). 原文提及现存佛光寺大殿的鸱尾或为辽代仿唐加工修补之物。

续表

书名	卷数	鸱尾相关内容
陈书	卷31	旧制三公黄阁听事置鸱尾,后主特赐摩诃开黄阁,门施行马,听事寝堂并置鸱尾。
魏书	卷77	正光中,出使相州。刺史李世哲即尚书令崇之子,贵盛一时,多有非法,逼买民宅,广兴屋宇,皆置鸱尾,又于马埒堠上为木人执节。
魏书	卷112	高祖太和三年五月戊午,震东庙东中门屋南鸱尾。
南史	卷2	丙寅,芳春琴堂东西有双橘连理,景阳楼上层西南梁栱间有紫气,清暑殿西甍鸱尾中央生嘉禾一株五茎。
南史	卷9	戊辰,重云殿东鸱尾有紫烟属天。
南史	卷15	及拜司空,守闱将入,彗星晨见危南。又当拜时,双鹳集太极东鸱尾鸣唤。
南史	卷18	时太庙鸱尾灾,秦谓著作郎徐广曰:"昔孔子在齐,闻鲁庙灾,曰必桓、僖也。今征西、京兆四府君,宜在毁落,而犹列庙飨,此其征乎"。
南史	卷25	后省门鸱尾被震,溉左迁光禄大夫。
南史	卷40	雷电晦冥,震其黄合柱,鸱尾坠地,又有鸱栖其帐上。
南史	卷67	旧制三公黄阁听事置鸱尾,后主特赐摩诃开黄阁,门施行马,听事寝堂并置鸱尾。
北史	卷50	刺史李世哲即尚书令崇之子,贵盛一时,多有非法,逼买民宅,广兴屋宇,皆置鸱尾,又于马埒堠上为木人执节。
北史	卷60	自晋以前未有鸱尾。
旧唐书	卷15	丙子,大风坏崇陵寝殿鸱尾,折门戟六。
旧唐书	卷19	甲申朔,大雨雹,大风拔两京街树十二三。东都长夏门内古槐十拔七八,宫殿鸱尾皆落。
旧唐书	卷22	其屋盖形制,仍望据考工记改为四阿,并依礼加重檐,准太庙安鸱尾。
旧唐书	卷37	八年三月丙子,大风拔崇陵上宫衙殿西鸱尾。
新唐书	卷3	己酉,大风落太庙鸱尾。
新唐书	卷8	乙丑,大风落太庙鸱尾……辛丑,大风拔木,落含元殿鸱尾。
新唐书	卷13	乃下诏率意班其制度。至取象黄琮,上设鸱尾,其言益不经,而明堂亦不能立。
新唐书	卷35	咸亨四年八月己酉,大风落太庙鸱尾……(开元)十四年六月戊午,大风拔木发屋,端门鸱尾尽落……(元和)五年三月丙子,大风毁崇陵上宫衙殿鸱尾及神门戟竿六……(大和)九年四月辛丑,大风拔木万株,堕含元殿四鸱尾。
新唐书	卷36	长庆二年六月乙丑,大风震电,落太庙鸱尾……二年四月戊子,大雨雹震电,大风折木,落则天门鸱尾三。

根据表 6-1 中的记载,可知正史中关于鸱尾的记载在晋代之后才出现,而《北史·宇文恺传》记载"自晋以前未有鸱尾",两者相互印证,其结果似乎是一致的。除了正史中提及的鸱尾之外,其他一些史料中也存在有与鸱尾相关的一些文献,如表 6-2 所示。

与鸱尾相关的一些文献史料 表6-2

年代作者	史书名	卷数	鸱尾相关内容
东汉·赵晔	吴越春秋	卷4	越在东南，故立蛇门，以制敌国。吴在辰，其位龙也，故小城南门上反羽为两鲵鳜，以象龙角，越在巳地，其蛇也，古其南门有木蛇，北向首，内示越属于吴也。
东汉·班固	汉书	卷25	上还，以柏梁灾故，受计甘泉。公孙卿曰："黄帝就青灵台，十二日烧，黄帝乃治明庭。明庭，甘泉也"。方士多言古帝王有都甘泉者……勇之乃曰："粤俗有火灾，复起屋，必以大，用胜服之"。于是作建章宫，度为千门万户。前殿度未央。其东则凤阙，高二十余丈。其西则商中，数十里虎圈。其北治大池，渐台高二十余丈，名曰泰液，池中有蓬莱、方丈、瀛州、壶梁，象海中神山、龟、鱼之属。其南有玉堂璧门大鸟之属。立神明台、井干楼，高五十丈，辇道相属焉。
东汉·荀悦	前汉纪	卷14	太初元年……乙酉，柏梁台灾。夏侯始昌先言其灾日。始昌。鲁人也。明于阴阳，以术进而为梁王太傅。上甚重之。以选为昌王太傅。十有二月，蒿里，祠后土。东临渤海，望祀蓬莱。还，受计于甘泉宫。春二月，起建章宫。
晋·陈寿	三国志	卷25	诏问隆："吾闻汉武帝时，柏梁灾，而大起宫殿以厌之，其义云何？"隆对曰："臣闻西京柏梁既灾，越巫陈方，建章是经，以厌火祥，乃夷越之巫所为，非圣贤之明训也。"
北魏·郦道元	水经注	卷36	城周围八里一百步，砖城二丈，上起砖墙一丈，开方隙孔，砖上倚板，板上层阁，阁上架屋，屋上构楼，高者六七丈，下者四五丈，飞观鸱尾，迎风拂云，缘山瞰水，骞嚣嵬崿，但制造壮拙……西区城内，石山顺淮面阳，开东向殿，飞檐鸱尾，青琐丹墀，榱题栭橼，多诸古法。
北齐·颜之推	颜氏家训	书证第十七	或问曰：《东宫旧事》何以呼鸱尾为祠尾？答曰：张敞者吴人，不堪稽古，随宜记注，逐乡俗讹谬造作书字耳。吴人呼祠祀为鸱祀，故以祠代鸱。
唐·苏鹗	苏氏演义	卷上	蚩者，海兽也。汉武帝作柏梁殿，有上疏者云："蚩尾，水之精，能辟火灾，可置之堂殿"。今人多作鸱字，见其吻如鸱鸢，遂呼之为鸱吻。颜之推亦作此鸱，刘孝孙《事始》作此。蚩尾既是水兽，作蚩尤之蚩是也。蚩尤铜头铁额，牛角牛耳，兽之形也。作鸱鸢字，即少意义。
宋·李诫	营造法式	卷2	《汉纪》：柏梁殿灾后，越巫言海中有鱼虬，尾似鸱，激浪即降雨。遂作其象于屋，以厌火祥。时人或谓之鸱吻，非也。
宋·王溥	唐会要	卷44	苏氏驳曰。东海有鱼虬，尾似鸱，因以为名。以喷浪则降雨，汉柏梁灾，越巫上厌胜之法，乃大起建章宫。遂设鸱鱼之像于屋脊，画藻井之文于梁上，用厌火祥也。今呼为鸱吻，岂不误矣哉。
元·马端临	文献通考	卷350	广明元年四月甲申朔，汝州大风雨，拔街衢树十二三，东都有云起，西北大风，随之长夏门内表道古槐树自拔者十五六，宫殿鸱尾皆落。

表 6-1 与表 6-2 相比较，前者多记载的是鸱尾的一些损坏情况，如大风吹落、雷电震落或鸟兽花草对鸱尾的破坏，而后者中多数对于鸱尾的起源进行了记载，正是这些文献引发了学者们对鸱尾的起源与形成时期的探讨。

6.2.1.3 鸱尾的起源

表 6-2 中的文献表明古人对鸱尾的起源问题有以下几种解释：

其一，鸱尾来源之鱼形说。表 6-2 中《汉书》、《前汉纪》、《苏氏演义》、《唐会要》等均记载了汉武帝时期柏梁殿火灾，南方的越族巫师提出应对宫殿火灾采用压胜之法，即在新建的建章宫屋顶上放置鸱鱼的形象，在梁上绘制藻井，用这种意会的方式来防止火灾的发生。根据这些史料的记载，鸱尾早在汉武帝时期（约公元前 104 年）就已经出现，并在形式上意会"鱼尾形"。这种根据意会而推断鸱尾来源于越巫所说的鱼虬，是存在一定误区的。首先，《汉书》、《前汉纪》、《三国志》中的记载并无《苏氏演义》中的"蚩尾，水之精，能辟火灾"等之说，不排除其作者苏鹗在唐中后期根据当时鸱尾形式的演变、意会而自行添加进其著书中。在这之后的史书中，往往都受到《苏氏演义》的影响，如《营造法式》和《唐会要》。其次，尽管目前汉代地面木构建筑不存，但是自汉代保留至今的大量汉代画像、石图像、汉代建筑明器中，在建筑屋脊表现鱼形状鸱尾的基本没有。而汉代的屋脊不是体现平直的汉风，就是在屋脊上有凤鸟在其上停留，这与鱼形说是相悖的。日本学者松本文三郎在其《鸱尾考》一文中认为"鸱尾的本质来源于印度空想化的怪鱼摩羯鱼（摩伽罗），根据《大唐西域记》的描写，它是目如太阳，巨形大口，长着胡须和鬃毛，口喷海水的神灵"[①]，而村田治郎则认为"摩羯鱼之说在鸱尾形成鱼形之后也就是唐末的宋辽金时期才可以解释得通，而早期的鸱尾形象用摩羯鱼起源说来解释是不可信服的"[②]。

其二，鸱尾来源于鲵鳞、祠尾说。《吴越春秋》中的一段话说的是吴和越两国对立，东南方的越国位于巳的方位，越国在门顶上放置木蛇，而吴国则位于辰的方位，在屋顶上放置两鲵鳞，以象龙角，以示蛇要服从于龙。这段文字尽管也记载了吴越两国在正脊两端置物的特点，但是其内容似乎与鸱尾的起源沾不上边际。《颜氏家训》记载"何以呼鸱尾为祠尾，答云张敞者吴人，吴人呼祠祀为鸱祀，故以祠代鸱，或又呼为鸱吻"，这段文字仅仅表明鸱尾在发音上或许与祠尾有关，而并没有解释鸱尾起源的本质。

其三，鸱尾来源"羽形说"。早期历史文献中曾经多次出现反羽一词，持此观点的学者大多认为鸱尾或与其有关。如原田淑人先生认为"《吴越春秋》的传说如果从十二属相上理解，再加上汉代的文献、出土明器以及屋脊上出现的凤鸟装饰，正脊两端象龙角样的反羽，正是鸱尾起源的见证"[③]。再如王鲁民曾关注于凤鸟与建筑的关系，并认为"正脊两端翘起的部分对应的应是凤鸟图形的羽翼……即使隋唐时期的鸱尾，和鸟的羽翼仍有不可分割的关系"[④]。近来台湾学者黄兰翔通过对汉代画像砖的分析，将早期的鸱尾分为连体鸱尾和附加鸱尾两种类型，在比较了"鱼形说"与"羽形说"两种学说的基础上，也认为鸱尾与凤鸟羽翼有关的可能性更大一些[⑤]。

---

① 松本文三郎. 鸱尾考. 东方学报[J]，1942，第 13 卷. 转引自村田治郎. 中国鸱尾史略（下）[J]. 学凡译. 古建园林技术. 1998（02）：p64.
② 村田治郎. 中国鸱尾史略（上）[J]. 学凡译. 古建园林技术，1998，（01）：p51.
③ 原田淑人. 鸱尾に就いて[J]. 东洋学报，1924，第 14 卷（01）. 转引自村田治郎. 中国鸱尾史略（下）[J]. 学凡译. 古建园林技术，1998（02）：p63.
④ 王鲁民. 中国古典建筑文化探源[M]. 上海：同济大学出版社，1997：p21.
⑤ 黄蘭翔. 中国古建筑の鸱尾の起源と変遷[J]. 仏教艺术，2004，（01）.

笔者认为，鸱尾来源的"羽形说"是有一定道理的，这基于以下几方面考虑：

首先，从屋脊构造上来说，早期鸱尾或与正脊的构造方式相同，即都采用叠瓦脊的方式，正脊的瓦脊一直延伸至鸱尾，使两者合为一体。在早期，这种构造方式可以最大限度地防止雨水渗入屋顶的正脊，而在正脊的两端采用叠瓦脊结合抹灰的做法，同样可以使鸱尾"如鸟斯革，如翚斯飞"。麦积山石窟第43窟窟檐的正脊与鸱尾，正是采用这种做法，如图6-29。另外，百济扶苏山西腹寺出土的鸱尾[①]虽然已经成为单独的整体，但是似乎仍体现了早期叠瓦脊的构造做法，如图6-30。

其次，从目前已发现的早期鸱尾来看，很多鸱尾的胴部都绘制有羽毛状的装饰纹样。如日本飞鸟时期的法隆寺玉虫橱子的鸱尾与和田废寺出土的鸱尾，如图6-31和图6-32。这种羽毛状的装饰纹样，与"鱼形说"似乎沾不上边，而恰恰从侧面反映了鸱尾起源"羽形说"的正确性。至于中国目前发现的鸱尾中为何没有羽状的装饰，有学者认为"凤鸟'时解落毛羽，肉翻而飞'，中国隋唐的鸱尾样式所表现的正是凤鸟肉翻或胼翼的样子"[②]。

图6-29　麦积山石窟43窟

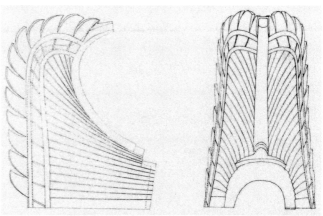

图6-30　百济扶苏山西腹寺鸱尾

图6-31　法隆寺玉虫厨子鸱尾

图6-32　和田废寺出土鸱尾

---

① 徐聲勳. 百濟鴟尾考[J]. 고고미술, 1979：第140, 141卷, p10.
② 王鲁民. 中国古典建筑文化探源[M]. 上海：同济大学出版社, 1997：p22.

图6-33 汉代屋脊凤鸟图

图6-34 平等院凤凰堂的凤凰

再次,中国早期汉墓壁画、汉代画像砖石和汉代建筑明器中的建筑图像为解释"羽形说"提供了一定的思路。汉代画像砖石中经常出现一只凤鸟站立于建筑正脊中的图像,王鲁民先生将其来源追溯至仰韶时期庙底沟凤鸟文化,认为正脊两端翘起的部分对应的应是凤鸟图形的羽翼[1]。事实上,汉代的建筑正脊上往往出现两只凤鸟相对而立的情况,在汉画像砖石或汉代建筑明器中都有所发现,如图6-33。即使到了后期,这种类似的情况还时有出现,如日本平安时代的平等院凤凰堂正脊的两只凤鸟,如图6-34。两只凤鸟相向而立,其尾部恰好位于正脊的两端,正有可能印证了鸱尾来源于此。

6.2.1.4 现存鸱尾的实例

1. 朝鲜半岛的鸱尾

目前为止,朝鲜半岛共发现有多处鸱尾的实物,所处时代与地区也各不相同,这其中包括三国时期高句丽鸱尾多个,百济鸱尾2个,新罗与统一新罗时期鸱尾2个,其他还有一些鸱尾的碎片,但不足以知其原状。这些现存至今的鸱尾,就其形式来说也各有特色。三国时期的高句丽目前共发现有两处共5个鸱尾,一处位于平壤大城山城一带的安鹤宫遗址,另一处则出土于定陵寺遗址。安鹤宫遗址出土的鸱尾共发现4个,其中3个形式相仿,另1个则略有不同,如图6-35。A型的鸱尾体态清秀,脊棱尖部突出,如鸟喙般尖锐。尾鳍部分呈弯曲放射状逐渐向上,其一侧为纵带,上有宝珠多个,胴部的主体无装饰,显得比较素雅。B型的鸱尾则体态略丰满,脊棱的尖部不如A型突出,值得注意的是胴部主体上布满鳞片状纹样,这种装饰纹样在目前已知的鸱尾纹样中为一特例。定陵寺遗址出土的鸱尾其形式与安鹤宫图上部的鸱尾相似,如图6-36,不过其尾鳍

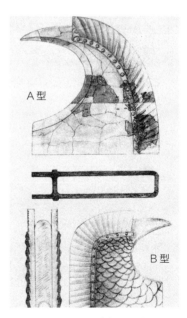
图6-35 安鹤宫出土鸱尾

---

[1] 王鲁民. 中国古典建筑文化探源[M]. 上海:同济大学出版社,1997:p22.

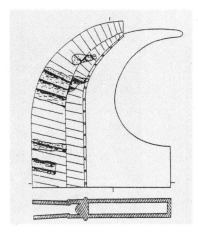
图 6-36　定陵寺复原鸱尾

图 6-37　百济弥勒寺址出土鸱尾

图 6-38　新罗皇龙寺出土鸱尾

部分要显得比后者肥硕。除此之外，在元五里废寺等高句丽遗址处还发现有鸱尾的尾鳍部分残片。

百济的鸱尾，目前经过复原有两个保存相对较好的实例，一个发现于扶苏山西腹寺遗址，如图 6-30，另一个则发现于弥勒寺址，如图 6-37，另外在金刚寺、旧校里羯磨寺址等处还发现有多个鸱尾的残片。西腹寺遗址出土的鸱尾，其整体比例与安鹤宫图 A 型的鸱尾相似，尾鳍部位直抵脊棱的顶端，但是在细部装饰上又与之有很大差别。如在尾鳍部分，西腹寺遗址的鸱尾呈现羽毛发散状分布，而安鹤宫 A 型鸱尾尾鳍则显得略微整体化。在胴部的装饰纹样上，西腹寺遗址的胴部主体分布多条棱骨，棱骨之间的间距大致相似，棱骨呈射线状分布，在靠近脊棱的一侧分布紧密，这与后者胴部素面装饰的形式有很大不同，或体现了早期鸱尾的构造形式。弥勒寺址出土的鸱尾，破损比较严重，在鸱尾胴部的下方依旧保留有传统的垒瓦脊的形式，上部则表现为素面装饰，该鸱尾的纵带较宽且无宝珠装饰，尾鳍部分也显得比较宽厚。总体上来看，西腹寺址的鸱尾整体比较瘦弱而清秀，而弥勒寺址的则比较肥大而厚重。除此之外，在百济金刚寺等佛寺遗址中也曾出土有鸱尾的部分碎片，但是尚不可窥知其全貌。

新罗和统一新罗时期的鸱尾，以皇龙寺址和雁鸭池址出土的鸱尾最具有代表性。皇龙寺是新罗时期规模最大的寺，其标志性建筑即著名的皇龙寺木塔，在该寺院址的东北部出土了一个高达 1.82m 的巨大鸱尾，如图 6-38。该鸱尾的尾鳍在顶部的一段向下倾斜，与纵带、胴部形成一条弯曲的曲线，而顶部的另一端则一直贯穿到底部，整个尾鳍高约 1.8m，两侧的表面均呈发散式羽毛状分布。与尾鳍紧靠的是两条纵带，纵带之间有五个装饰纹样，莲花纹与人面纹样间隔出现。鸱尾的胴部主体部分呈现竖向体态，表面没有其他装饰，与硕大的尾鳍相比显得比较瘦弱，这也是与其他鸱尾的不同之处。另外，在该鸱尾的背部，据背部的宽度还排列有倒梯形或三角形的装饰，也是以莲花纹和人面纹间隔装饰为主。雁鸭池出土的鸱尾与皇龙寺的鸱尾相比，在体量上要小很多，高仅有 0.54m，在装饰风格上也有较大区别，如图 6-39。鸱尾的尾鳍部分也比较硕

图 6-39　雁鸭池出土鸱尾

6.2　高句丽宫殿建筑的样式要素

大，这与皇龙寺的鸱尾相似，但在高度上则相对较小。鸱尾有两条纵带，短的一条似与尾鳍平行，而长的一条则突出尾鳍顶部很多，并在端头呈现卷曲的状态，两条纵带所组成的部分，在偏于尾鳍的一侧有四个装饰纹样，同时纵带部分在整个鸱尾中所占比例很大，以至于使得原有的胴部主体几乎消失，此时的胴部已经与纵带结合而形成一条依附于长纵带的类似脊棱的部分。除了上述两例之外，在韩国庆州千军里废寺址上也曾经发现有一块鸱尾残片，如图6-40。这块残片应处于鸱尾的顶部，尾鳍部分也比较宽大，与尾鳍紧靠的是两条平行的纵带，而另一条较长的纵带则突出于尾鳍，这一长两短三条纵带围合的部分中可以清楚地看到有两个星状的装饰纹样。从整体上看，这个鸱尾的风格应类似于雁鸭池的鸱尾。

图6-40　庆州千军里废寺址鸱尾

2. 日本列岛的鸱尾

与朝鲜半岛相比较，日本列岛中保留有数量较多的鸱尾实例，这其中既有现存寺院实例中的鸱尾，如唐招提寺金堂的鸱尾，也有寺院遗址、窑址和墓葬中出土的鸱尾，如和田废寺址出土的鸱尾。现存寺院的鸱尾以奈良时代的唐招提寺西鸱尾和飞鸟时代的法隆寺玉虫橱子金铜鸱尾为代表。唐招提寺金堂的两个鸱尾，其中东鸱尾根据背部铭文可知其为日本镰仓时代元享三年（公元1323年）所作，而西鸱尾则为创建时的原物，如图6-41。西鸱尾的尾鳍也呈发散式羽状分布，其上部端头并没有延伸出去与纵带对齐。尾鳍一侧的纵带是由圆圈状的小突起组成，这在以往的鸱尾中尚不多见。纵带起始于鸱尾底部一端，向前延伸后又垂直向上折起，并逐渐向外侧弯曲，到顶部又呈现一种卷曲向上的态势。两侧纵带呈对称状分布，其围合的部位就是鸱尾的胴部，表面素朴而无其他装饰，在

图6-41　唐招提寺金堂西鸱尾

脊棱处表现出一种弯曲有力的曲线。而玉虫橱子的金铜鸱尾则将这种充满力量的曲线表现得更为完美，如图6-40。玉虫橱子的鸱尾由于体量比较小，因此在很多部位都采取简化的方式，如纵带就仅用一条曲线表示。该鸱尾大致分为尾鳍和胴部两个部分，尾鳍发散式的羽状表现得非常丰满，且尾鳍一直向上延伸直至与胴部端头重合。在鸱尾的胴部整体都装饰有宽大的羽毛状装饰纹样，自胴部的底部开始逐渐向上方扩散，推测或许正模拟了凤鸟的尾部羽毛形式。胴部脊棱处的曲线在下方向内弯曲呈现内敛之力，延伸至上方后突然向外扩展表现外张之力，因此整条曲线表现出非凡的力度，这也是与当时的时代精神一致的。

寺院遗址和窑址、墓葬中出土的鸱尾数量众多，其中寺址中具有代表性的有和田废寺址、西琳寺址、四天王寺址和鸟坂址出土的鸱尾，窑址中具有代表性的有王子保窑、高丘3号窑、辻垣内2号窑、天神山窑和原山4号古墓中出土的鸱尾。四天王寺讲堂址出土的鸱尾整体风格比较素朴，通身以线描纹作简单装饰。它的尾鳍部分比例适中，尾鳍顶部逐渐上翘，曲线比较饱满，尾鳍的羽状纹样也呈发散式均匀分布。鸱尾的纵带和胴部都以线描为主，其中胴部的线描纹似乎模拟凤鸟尾部的羽毛而卷曲向上，如图6-42。和田废寺址、高丘3号窑和辻垣内2号窑出土的多个鸱尾就整体风格而言，与四天王寺讲堂址的鸱尾极为相近，鸱尾

都显得比较厚重,尾鳍宽大,纵带狭小,而胴部上以类似羽毛状的线描或素面装饰两种方式为主。这些鸱尾的差异之处在于纵带部位,有的采用两道线描,有的表现为带状,有的则采用两条带夹宝珠的形式装饰,如图6-43和图6-44。原山4号古墓、天神山窑和鸟坂寺址出土的几个鸱尾,其风格与之前的几座鸱尾也相类似,如图6-45、图6-47和图6-48。但在装饰上略微繁琐,特别在纵带部分,如鸟坂寺址的鸱尾采用三条纵带夹宝珠的方式,而天神山窑址出土的鸱尾也采用类似的组合方式。这里值得一提的是王子保窑址和西琳寺址出土的鸱尾,如图6-49和图6-45。王子保窑址出土的鸱尾,既没有纵带也没有尾鳍部分,整个形态比较憨厚,而在鸱尾全身采用浅浮雕的方式雕刻发散式的羽毛纹样,这种模拟凤鸟尾巴的方式比较特殊。西琳寺址出土的鸱尾其风格也比较独特,由于其尾鳍部位瘦高而挺拔,因此整体上鸱尾显得比较清秀。该鸱尾的胴部也表现出发散式的羽毛状纹样,在中央部位有一条素朴的纵带,表面没有装饰。另外一条纵带则紧靠尾鳍部位,其独特之处在于其他鸱尾的纵带往往以宝珠、莲花纹等为装饰,而该鸱尾则以充满动感的火焰纹作为纵带中央部位的装饰纹样,火焰纹装饰加之鸱尾本身的清秀更使人觉得充满活力。除此之外,鸱尾的背部也有火焰纹的装饰。在背部似有三朵火焰,每朵火焰由中间的宝珠外加9枚火焰瓣组成,三朵火焰自下而上几乎布满鸱尾的背部,背部的火焰纹与立面纵带上的火焰纹相互呼应,使得鸱尾的整体风格得到加强与统一。

图6-42 四天王寺鸱尾　　图6-43 辻垣内2号窑鸱尾　　图6-44 高丘3号窑鸱尾　　图6-45 西琳寺鸱尾

  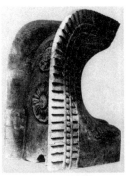 

图6-46 原山4号墓鸱尾　　图6-47 天神山窑鸱尾　　图6-48 鸟坂寺址鸱尾　　图6-49 王子保窑鸱尾

3. 中国的鸱尾

目前，鸱尾起源的"鱼形说"和"羽形说"仍然处在争论之中，尽管如此我们还是能从汉代留存至今的石阙、陶楼明器等建筑形象中发现早期鸱尾的端倪。最典型的如四川汉代雅安高颐墓阙顶上的鸱尾，如图6-50。石阙顶部的屋脊由于高度的增加而变得厚重，其中央为一个圆形的装饰物，两端已经呈现出微微起翘的状态，推测正是在正脊厚度不断增加且两端起翘不断加大的基础上鸱尾才得以逐渐演变、发展。

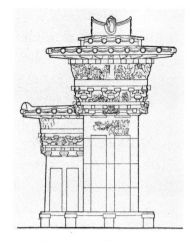

图6-50　高颐墓阙鸱尾

汉代之后的魏晋南北朝时期是鸱尾的初步形成时期，在这一时期里鸱尾在汉代屋脊两端高度不断增加的基础上逐渐发展变化，由早期的单一、素朴逐渐向初步的装饰化、形象化方向发展。尽管这一时期的石刻线画、石窟壁画和墓葬明器中存在大量的鸱尾形象，但真正用于屋脊的鸱尾实物迄今尚未发现，因此仅能通过现有的壁画形象与明器模型对该时期的鸱尾进行分析。敦煌莫高窟257窟南壁的建筑图表现出北魏时期鸱尾的形象，如图6-11，壁画中的深色部位应为鸱尾的胴部，浅色部位则应为尾鳍部分，两部分的分界线则应是早期鸱尾的纵带部分。该鸱尾可简单分为胴部和尾鳍两个部分，结构比较简单，体现了早期鸱尾形式单一、素朴的风格特点。同时，从壁画的表现来看，鸱尾的尾鳍端头向内凹曲，有的甚至达到卷曲的程度，显得颇为有力。类似的形象在大同云冈第9窟、第12窟和龙门石窟中也都有发现，如图6-51。另外，山西大同沙岭北魏壁画墓和宁夏固原北魏墓漆棺画中也有类似鸱尾的形象，如图6-52和图6-53。

到了南北朝的后期即北魏末期、西魏和北周时期，鸱尾的装饰性逐渐增强，如敦煌莫高窟第285窟西魏壁画中的建筑鸱尾，其尾鳍部分已经开始出现2个分瓣，再如敦煌莫高窟第

云冈石窟第12窟　　　云冈石窟第9窟　　　龙门石窟

图6-51　石窟中的鸱尾

图6-52　大同沙岭北魏壁画墓　　　图6-53　固原北魏墓漆棺画鸱尾

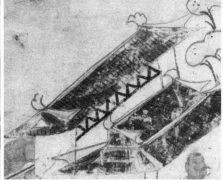

敦煌 285 窟　　　　　　　　　　　　　　　　敦煌 296 窟

北魏淇县田迈造像　　　　　　　　　　　　　北魏洛阳宁懋石室

图 6-54　壁画中的北魏鸱尾

296 窟北周壁画，其鸱尾尾鳍部分则出现了多个分瓣，如图 6-54。这种装饰化的倾向很可能在北魏末期就已经开始出现，如北魏孝昌三年的洛阳宁懋石室中的建筑鸱尾，其尾鳍部分似乎已形成羽毛状的装饰。再如河南淇县的田迈造像图中的鸱尾尾鳍部分也呈现出羽毛状的装饰，而主体胴部已经分化出脊棱的部分，如图 6-54。鸱尾尾部的分瓣数增加以及羽状装饰的初步形成，使得鸱尾尾鳍的装饰效果得到加强，随之尾鳍逐渐脱离于原有主体而成为依附于胴部的装饰性构件。同时，鸱尾的尾鳍端头仍然体现出一种向内凹曲的状态，只是其凹曲的力度似乎略有减少。

隋朝以后，鸱尾逐渐进入发展的鼎盛期，其风格似乎有了较大的转变。南北朝时期的鸱尾，往往整体高度相对较小，而隋朝的鸱尾明显要高出屋脊很多，在高度上要大于前朝鸱尾，如敦煌莫高窟第 314 窟、第 423 窟等，类似的例子在洛阳龙门隋代石窟中也还有很多，如图 6-55，这些图样所表现出的鸱尾有很多共同点，如鸱尾高度突出屋脊很多，尾鳍部位向内凹曲的力度明显要逊于前朝，而且部分鸱尾与前朝相比显得更加厚重，不如前朝的清秀等。西安北周安伽墓出土屏风中的建筑鸱尾实际上已经表现出这种风格的变化，而敦煌莫高窟第 302 窟壁画中的鸱尾较之前朝要饱满许多，其体量也似乎更大，同时尾鳍部分似已成为独立部分而不再依附于胴部，同时尾鳍部分的重彩色似也表明其上或存在羽状装饰，类似的鸱尾在第 380 窟中也有出现，如图 6-55。

目前，隋代的鸱尾已发现有两个实例，它们分别是李静训墓出土石棺屋脊上的鸱尾以及隋仁寿宫井亭所出土的鸱尾，这些鸱尾实例或有助于进一步的分析。这两例鸱尾的风格大致

敦煌第423窟

敦煌第302窟

敦煌第314窟

北周安伽墓

龙门石窟

图6-55 隋朝石窟中的鸱尾

相似，其整体都呈现一种竖直站立的状态，胴部、纵带以及尾鳍三个结构部分已清晰可见，尾鳍部分呈发散的羽状装饰，纵带部分由两条纵带所围合，而脊棱部位虽然仍然向内凹曲，但是其凹曲的力度明显要减少很多，这些与前朝的风格相比同样有很大的差异，如图6-56和图6-57。值得一提的是，河南省博物院收藏的一件陶屋，其所处年代目前学界存有较大争论，或认为隋朝所造，或认为属北朝遗物，如图6-58。该陶屋的鸱尾整体高度不高，脊棱部位向内凹曲有力度，而且其尾鳍部位似乎仍然依附于胴部主体，并未形成一独立组成部分，根据上述南北朝与隋代鸱尾所体现的种种差异特点，笔者认为属于北朝遗物的可能性较大。

隋朝鸱尾的总体风格为唐朝所继承，但在部分地方两者也存在明显的差异，这表现为以下几个方面：

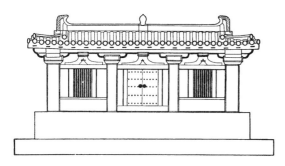
图6-56 隋李静训墓石棺

图6-57 隋仁寿宫井亭出土鸱尾

图6-58 洛阳出土陶屋

图6-59 初唐鸱尾尾鳍与脊棱仍为一体

图6-60 初唐尾鳍与脊棱截断

首先，隋朝鸱尾尾鳍的端部与胴部脊棱相交而形成一个突出的尾尖，初唐时期仍然有这种风格的存在，如图6-59，但是部分鸱尾的尾鳍逐渐向后收缩，其端部截止于胴部顶端，形成了胴部脊棱突出而尾鳍依附于其后的形态，进入盛唐之后，这种尾鳍截断式的鸱尾被大量地使用，类似的例子在敦煌壁画中有很多，如图6-60。值得注意的是，这种形式的鸱尾也曾传播至朝鲜半岛，高句丽安鹤宫、新罗雁鸭池和日本唐招提寺金堂的鸱尾都属于这种风格。

其次，鸱尾在整体形态上也有所变化，唐以前的鸱尾大多比较清秀，其体态比较修长，同时显示出一种有力度的美。唐之后尤其是盛唐以后，随着当时社会"以丰满为美"这一审美标准的改变，鸱尾的风格也逐渐变得肥硕而丰满。唐昭陵献殿遗址出土的鸱尾将这一特点表现得非常明显，如图6-61，该鸱尾由于尾鳍部位所占比例较小，而胴部主体则相对较大，特别是胴部前端与屋脊交接处的加大、加高，使得整体风格较之前朝而丰满许多，类似的例子在唐九成宫9号遗址中也有出现，如图6-62。

图6-61 昭陵献殿鸱尾　　图6-62 唐九成宫9号遗址鸱尾

第三，进入盛唐之后鸱尾的装饰性进一步加强，这突出表现在胴部和尾鳍之间的纵带装饰，早期鸱尾的纵带仅是划分胴部和尾鳍的一条界线，而此后纵带逐渐由一条变为两条甚至多条，纵带部位也有一条线转而成为一个面。盛唐之后，通过在纵带部位增加宝珠或莲花纹的装饰物，使得其装饰意味更为强烈。西安大雁塔门楣石刻唐代佛殿图中的鸱尾就表现出了这种装饰性的效果，如图6-63。同时期的渤海国，在其东京城宫殿遗址上也曾出土了鸱尾的

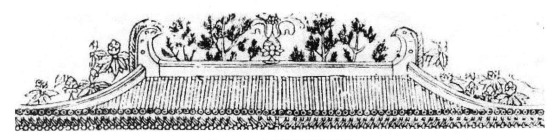
图6-63 大雁塔门楣石刻鸱尾

残片，如图6-64。该残片中鸱尾的尾鳍部分是残片的主体，其一侧就是一条弯曲状的纵带，而纵带的一侧装饰有宝珠，这样的形式组合加强了鸱尾的装饰效果。近几年在渤海国中京西古城5号宫殿遗址上也出土了具有类似装饰效果的鸱尾残片，如图6-65。

图6-64　东京城鸱尾残片

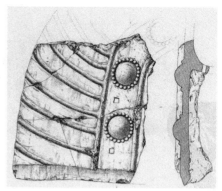

图6-65　西古城鸱尾残片

最后，进入晚唐以后，鸱尾逐渐向鸱吻转变，其装饰性风格也随之有较大的转变。山西五台山佛光寺大殿正脊中的鸱尾，就是目前体现这一风格转变最早的一例。该鸱尾的胴部端头增加了一个怪兽，正张开大嘴咬住正脊，胴部之上也有两条纵带，中间以宝珠为装饰，如图6-66。该鸱尾虽然并非原物，但为辽人仿唐加工之物，因此仍然具有参考意义。唐之后的辽代建筑素以接近唐代风格而著称，辽代建筑的鸱尾也都体现了鸱尾向鸱吻形式的转变，如山西华严寺薄伽教藏殿和辽宁义县奉国寺大殿的鸱尾，如图6-67和图6-68。

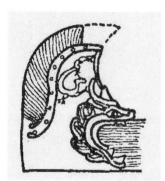

图6-66　五台山佛光寺鸱尾

图6-67　大同华严寺鸱尾

图6-68　义县奉国寺鸱尾

6.2.1.5　东亚鸱尾的传播脉络

将东亚地区的鸱尾进行纵向与横向的对比，不难发现鸱尾在东亚文化圈内存在着一定的传播脉络。中原地区的鸱尾在隋朝之前尾鳍部位尚没有与胴部主体截断，两者仍在顶端合为一体，这种形式的鸱尾在当时传播到了朝鲜半岛，并影响半岛三国的鸱尾形式，百济弥勒寺遗址、扶苏山西腹寺遗址和新罗皇龙寺遗址所出土的鸱尾应该都反映了这种影响。遗憾的是安鹤宫中的鸱尾属于高句丽后期，而高句丽早、中期的鸱尾仅在高句丽古坟壁画中简单勾勒，但仍不足以反映这种影响。

随之，伴随着朝鲜半岛尤其是百济与日本之间的文化交流，这种鸱尾的形式也被传播至日本，并存在了很长的一段时间。受到这种影响的鸱尾大多存在于日本飞鸟时代以及奈良时

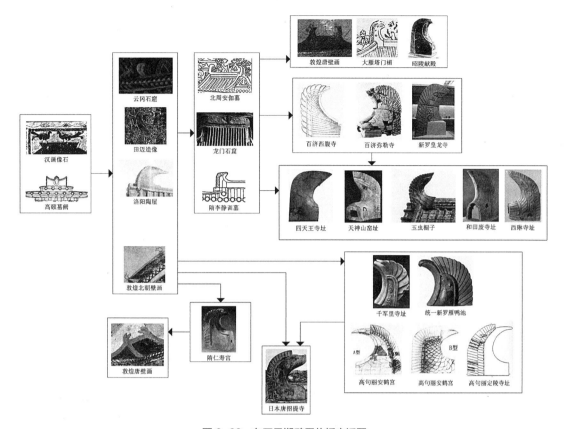

图 6-69　东亚早期鸱尾传播变迁图

代，如现存法隆寺玉虫橱子的鸱尾以及大阪四天王寺、高丘 3 号窑等遗址中出土的鸱尾。同时，在保留原有风格的基础上，后期的鸱尾逐渐朝装饰化方向发展，如增加纵带数目，纵带部位添加莲花纹或宝珠纹装饰等。

前文已述，隋唐时期鸱尾的风格有了较大转变，这种转变也逐渐影响到了东北亚的各个国家。朝鲜半岛高句丽安鹤宫遗址出土的 2 种类型的鸱尾，其尾鳍部位均呈截断的形式，它的风格与中原地区鸱尾转变后的风格基本处于同一时期，两者间或存在某种联系。而新罗庆州千军里寺遗址中出土的鸱尾残片，或者也证明了隋唐鸱尾样式对朝鲜半岛的影响。日本尽管在奈良时代仍然保留前期鸱尾的风格与样式，但仍有实例证明中原鸱尾风格地转变也曾经影响过日本，如奈良唐昭提寺金堂西鸱尾就是一个重要的实例。

将东亚三国重要的鸱尾实例加以整理，可以发现其存在基本的传播脉络，现整理如图 6-69 所示。

6.2.2　叉手

中国早期的建筑支撑结构，一般认为包括抬梁式、穿斗式和井干式三种，除此之外还存在着一种大叉手结构，该结构利用三角形木梁的结构稳定性原理来支撑建筑的屋面。在早期木构建筑技术尚未完全成熟之时，大叉手结构由于其良好的三角形稳定性，不仅在建筑的剖面支撑建筑的屋顶,而且在一些建筑的立面也有使用,用以加强建筑纵架之间的结构整体性,随之而出现了两个重要的建筑构件,即叉手和人字栱。为了行文清晰,本文将叉手结构界定为用于建筑的横向剖面,用以支撑建筑屋顶,而人字栱则作为补间铺作用于建筑的纵向立面,与柱梁一起共同成为建筑的主体支撑结构。

6.2.2.1 早期的叉手结构

叉手在汉代称为"梧""樘",《释名》曰"梧在梁上,两头相触梧也",而《鲁灵光殿赋》则曰"枝牚杈枒而斜据",这都描绘了由两个斜向的杆件相抵触而形成的梁上叉手的形象。山东金乡县东汉建武二年的朱鲔石祠保存有目前已知最早的叉手形象,在石祠顶的横梁上刻出叉手,模仿了进深两架的房屋,在两架梁上面加叉手承托脊槫,这种进深两架的小型建筑,结构简单而实用。除此之外,傅熹年先生还在江都县凤凰河20号汉墓椁室隔板上发现有叉手结构,如图6-70。当然,仅靠目前仅有的两例还不足以证明当时大叉手的盛行,但却足以说明这一结构在当时的存在,而有的学者认为这种结构在战国时期就已存在[1]。另外,朱光亚先生所注意到的鲁南、苏北地区所盛行的金字梁架结构,颇具古风[2],如图6-71,这是否也保存了早期大叉手结构的遗风呢?

图6-70　朱鲔和江都凤凰河汉墓椁室叉手形象

图6-71　徐州崔家大院金字梁结构

6.2.2.2 魏晋南北朝时期的东亚叉手结构

汉代之后的魏晋南北朝,是叉手结构普遍应用的时期,目前在墓室、石窟、壁画中都有较多的实例。甘肃高台地埂坡发掘的晋代墓葬,前室所模拟的结构也类似于平梁加叉手的形式。该建筑进深三架椽,屋顶类似于卷棚顶,前后檐柱承平梁,前檐梁头向外出挑,挑头施令栱承檐槫,后檐则采用梁上蜀柱承托檐槫。平梁之上采用了叉手结构,所不同之处在于叉手的顶端没有放置替木,而在接近顶端的两侧设置散斗承托令栱,这种叉手支撑两朵斗栱的形式比较少见,推测应与其屋顶为卷棚顶的形式有关。甘肃天水麦积山石窟第15窟也模拟了这种进深两架的建筑,窟内东西两壁上都雕有平梁、叉手的结构。在平梁之上放置叉手,叉

---

[1] 王鲁民. 中国古典建筑文化探源[M]. 上海:同济大学出版社,1997:p86.
[2] 朱光亚. 中国古代木结构谱系再研究[M]. 见刘先觉,张十庆. 建筑历史与理论研究文集1997-2007. 北京:中国建筑工业出版社,2007:150-158.

手的顶上雕出了替木和脊槫，脊槫两侧则表现了前后橼，如图6-72。北魏宁懋石室中的庖厨图中有一座悬山建筑，其屋顶的支撑结构也采用了平梁加叉手的形式，另外在麦积山第140窟北魏壁画中也有类似的支撑结构，如图6-73。

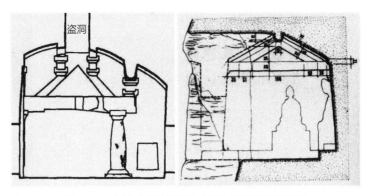

图6-72 甘肃高台地埂坡和麦积山第15窟叉手形象

处于同一时期的朝鲜半岛和日本列岛中也有几处叉手的实例。朝鲜半岛三国中目前仅在高句丽古坟壁画中发现有叉手的实例，如安岳3号墓和天王地神塚。位于朝鲜黄海南道安岳3号墓壁画中的庖厨建筑，山墙面表现了平梁加叉手的结构，叉手顶部看上去似为一个悬鱼，实为一个支撑脊槫的散斗被遮去半边，如图6-21。

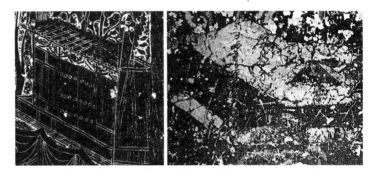

图6-73 北魏宁懋石刻和麦积山140窟叉手形象

位于朝鲜平安南道天王地神塚中的叉手，是一个保存至今的叉手实物，非常珍贵，如图6-74。该墓分为前室和后室，两室均为穹隆顶。前室中有一根横向的大梁作为主要支撑，其上放置人字形叉手，叉手顶端放置皿板，皿板之上再置散斗，散斗之上则支撑一块小的替木。与前室相比，后室的结构明显要复杂许多，后室的平面呈方形，上部变为八角形，到了顶部又变为圆形。在方形变为八角形的节点部位采用了类似前室的叉手结构来支撑。在其上方八角转圆形的节点部位则没有采用实物叉手而仅在墓壁上绘制一个模拟的叉手形象，在叉手形象的顶部向墓内突出一个横向的插栱，栱的一端放置皿板，其上再放置散斗，散斗之上则放

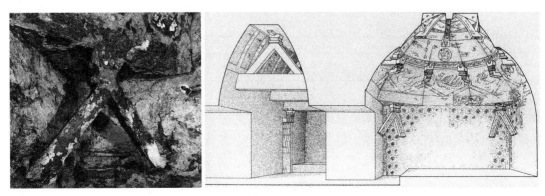

图6-74 高句丽天王地神冢叉手形象

置上层的结构物,因此这一结构实为叉手加横向插栱的组合结构。从结构上看,天王地神塚的后室要复杂很多,而前室则较为简单,推测后室为所模拟建筑的主体,而前室则模拟了一座进深两间的回廊性质的建筑。日本列岛上也存在着类似的叉手结构,如著名的法隆寺西院回廊,该回廊进深两架,一侧为院墙,一侧为内柱,柱上架一平梁,平梁之上为叉手,顶端支撑脊槫,如图6-75。

图6-75 法隆寺西院回廊

6.2.2.3 隋唐之后的东亚叉手结构

魏晋南北朝之后,木结构技术有了很大的提高,由于人们对空间的使用要求越来越高,使得建筑在进深和开间方向的深度和广度都不断加大,在此情况下抬梁式和穿斗式两种建筑结构逐渐适应了这种要求,而大叉手结构由于其进深方向的限制并没有实质性的提高,因此在一些小的附属性建筑上仍然使用较多。但此时的抬梁结构由于自身的稳定性较差,仍然需要叉手结构加以扶持,因此在抬梁式结构的屋顶部分往往有叉手和托脚等斜向支撑构件给予辅助支撑。现存的几座唐、宋时期的建筑在脊槫部位往往都采用叉手结构,如南禅寺大殿平梁上放置叉手,在叉手顶部横置令栱,令栱之上再支撑脊槫。与之相类似,佛光寺大殿也仅通过叉手结构来支撑脊槫。叉手结构支撑脊槫尽管在做法上是符合三角形稳定性原理的,构造上也并无不妥之处,但屋脊是传统建筑的屋顶中最重的部分,在长期的竖向压力作用下,叉手不仅产生了竖向的支撑力,还附带产生水平向的侧推力,侧推力的长期作用使得叉手与平梁之间容易产生脱榫现象,继而导致脊槫倾覆,因此推测后来在脊槫下方增加一个竖向构件直接承接垂直向的压力,以减轻叉手的负担,这个竖向构件在唐宋建筑中称为蜀柱。使用蜀柱的例子有很多,平顺天台庵就是较早的一例,天台庵的平梁上放置驼峰和蜀柱作为脊槫的直接支撑,两侧施叉手作为辅助构件与蜀柱一道形成三角形稳定体系,以避免脊槫出现结构性失稳,因此这种蜀柱结合叉手的构架形式在技术上或要比单纯的叉手体系先进许多,如图6-76、图6-77和图6-78所示。

朝鲜半岛迄今为止尚未发现高句丽至统一新罗时代之间的叉手形象,而此后的高丽、李朝时期柱心包建筑中的叉手结构则应用较广。

凤停寺极乐殿是韩国现存最早的建筑,属于高丽时期,该建筑平梁之上放置驼峰、散斗等竖向构件作为对脊槫的垂直支撑,而脊槫两侧则由弯曲状的叉手辅助,值得注意的是叉手的下端并没有搭在平梁上而位于一块半驼峰之上。类似于凤停寺这种叉手做法的还有修德寺大雄殿,两者在脊槫下方支撑

图6-76 南禅寺大殿

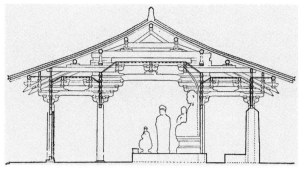

图 6-77 佛光寺大殿

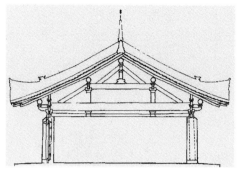

图 6-78 平顺天台庵

的做法几乎完全一致,叉手上下搭接的位置也相同,所不同之处仅在于前者叉手比较平缓而后者则较峻直,如图 6-79。

浮石寺无量寿殿的叉手搭接似乎与前两者相似,其实则不然。该殿的叉手上端支撑在脊槫下方的襻间上,并没有与脊槫直接相承,叉手的下端也没有搭在平槫下的半驼峰上,而放在了平梁上,从总体上来看,叉手相当于整体向下平移了一段距离,如图 6-80。浮石寺祖师堂的叉手又与上述两种方式相迥异,叉手的上端紧靠着脊槫作为支撑,下端则放置在平梁之

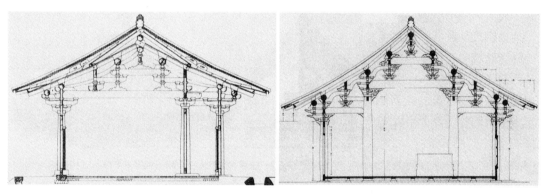

图 6-79 凤停寺极乐殿(左)和修德寺大雄殿(右)

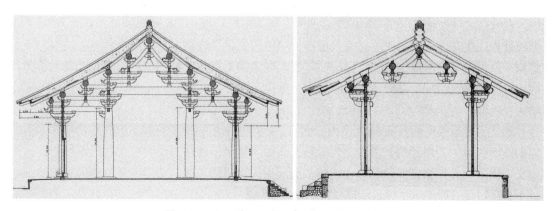

图 6-80 浮石寺无量寿殿(左)和祖师堂(右)

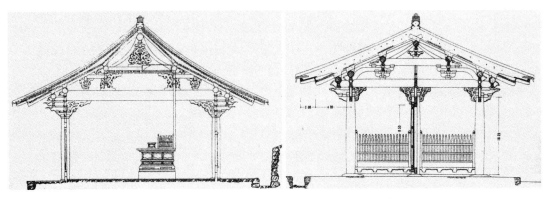

图 6-81　无为寺极乐殿（左）和道岬寺解脱门（右）

上，叉手总体比较平直而曲度较缓，如图 6-80。类似这种叉手结构的还有李朝时期的无为寺极乐殿和道岬寺解脱门，如图 6-81。这两者虽同为柱心包建筑，但是其装饰性倾向十分明显，在脊槫的正下方都以竖向的大驼峰或驼峰与散斗的组合结构为支撑，而位于两侧的叉手曲度较大，且用材相对较小，因此，此时的叉手或仅仅作为一种样式符号而存在，其实际的功能作用或已被其他构件所取代。

日本列岛中的建筑使用叉手的实例数量不多，仅用于神社建筑及奈良时代之前的佛寺建筑中。法隆寺金堂是目前飞鸟时期唯一一座使用叉手结构的建筑，位于金堂上檐两侧的山面，用以支撑垂脊，如图 6-82。山面中心位置为一个垂直向的竖长蜀柱，其上为散斗加横栱

图 6-82　法隆寺金堂（左）和玉虫厨子（右）叉手形象

用以支撑挑出的脊槫，蜀柱的两侧即为细长略带弯曲的叉手，每侧叉手的中央部位均骑一朵散斗加横栱，上方支撑挑出的平槫。值得注意的是，该金堂建筑在日本昭和时代曾经经过大修，在大修之前该建筑山面采用的是后期的平梁加蜀柱的方式承托出挑脊槫，并无叉手结构，但浅野青先生在修理工事之前对金堂进行复原性研究，最终将金堂山面的承脊方式改为叉手结构，以再现飞鸟时期建筑的立面特征。法隆寺中的玉虫橱子虽不是建筑，但也表现了飞鸟时期的部分建筑特征。同样，在其山面中央部位为蜀柱，两侧则为叉手，由于体量较小因此结构表现得不是很清楚，如图 6-82。

奈良时代后期的新药师寺本堂中也采用了叉手的结构，如图 6-83。据其明治解体修理之前的断面图可知，该建筑平梁之上为蜀柱，两侧为叉手，蜀柱与叉手相交共同承托脊槫，每侧叉手栱的中间部位各有一组散斗加替木的结构支撑平槫，这与法隆寺金堂的形式相仿。同处于奈良时代后期的室生寺金堂也是采用叉手结构的一个代表，如图 6-83，其建筑根据礼佛的功能要求将室内重新进行了空间的划分，将原有的平槫转变为室内空间的脊槫，而原有的

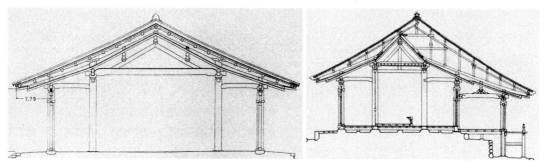

图6-83 新药师寺本堂（左）和室生寺金堂（右）叉手的形象

脊槫则隐藏在结构暗层中。在其平槫下方采用了常见的散斗加横栱的结构，而支撑该结构的则为人字形叉手与蜀柱相结合的方式，这样所形成的结构相对比较简单。

尽管同为东亚传统建筑的一员，日本传统建筑的屋顶结构似与其他地区的存在明显差别。日本建筑的屋顶往往分为两层，外层为明架结构，采用传统的建筑木结构形式，而内层为草架结构，以柱梁结构为主，构架也往往以单材为主。在这种基础上，叉手原有的结构意义早已丧失，而仅仅在部分建筑中保留其形式，这或许也是叉手结构在日本列岛中较少使用的一个缘由吧。

6.2.2.4 本节小结

从上述对东亚叉手使用情况的分析可知，中原地区的叉手在早期是具有结构意义的，甚至一度成为早期构架的一种形式。魏晋南北朝时期，叉手结构得到了广泛的应用，大量用于两椽式的建筑中，此后建筑的开间及进深不断加大，而由于其良好的三角形稳定性，在隋唐时期逐渐发展成为承托脊槫的主要构件。而由于蜀柱及此后扶脊木的出现，叉手结构逐渐退出了中原建筑的舞台。但是，早期的叉手结构并没有就此消亡，随着文化的迁徙，叉手结构传播至朝鲜半岛及日本列岛，在朝鲜半岛早期如高句丽时期，叉手结构仍然是小型单体建筑支撑的一种方式。此后的高丽及李朝时期，随着柱心包结构的出现，叉手结构也发展成为脊槫的主要支撑构件，但是到了李朝时期这种结构的装饰化倾向十分浓重。而李朝的多包结构体系中，则鲜有叉手结构的踪迹。日本列岛的叉手结构则变化较大，早期的飞鸟样式中仍然可见叉手结构，相信受到了中原文化东传的影响，而此后的日本建筑由于屋顶结构形式的改变，叉手支撑屋脊的结构作用基本丧失，也就失去了存在的必要，这或许也是日本建筑中叉手结构使用较少的一个因素。

6.2.3 人字栱

6.2.2节已述，人字栱与人字形叉手都利用了三角形结构的稳定性原理，对早期木结构建筑起到辅助支撑的作用，但前者多用于纵向的立面结构，而后者则为横向的支撑结构。在早期传统建筑的纵向方向上，往往以柱头铺作将柱梁结构加以连接，以两斗或三斗铺作为主的柱头铺作则形制简单，且该结构在可靠性与稳定性方面仍有不足，因此在建筑的纵向方向多增加补间铺作以增强建筑的整体性，而人字栱由于其良好的三角形稳定性特点成为此阶段补间铺作采用最多的一种方式。

6.2.3.1 中原地区的人字栱

中原地区或为人字栱的起源地,在魏晋南北朝时期人字栱就得到大量的使用,这在目前多数的石窟、线刻等图像上都有所体现。北魏宁懋石室武士图中就有两朵突出的人字栱,它们均采用人字形叉手加散斗的结构形式,而两个立柱之间则采取两朵人字栱间隔短蜀柱的补间铺作形式,如图6-84。宁懋石室的其他图像也都表现了类似的人字栱结构,仅在人字栱的分布上略有不同。图像中的这些建筑基本上每一开间都在阑额上放置一朵人字栱,而当建筑明间开间较大时也存在两朵人字栱的情况。敦煌莫高窟中的北魏壁画建筑,没有表现出人字栱的细部结构,但表现出了人字栱的组合情况,在建筑的阑额上放置数量不等的人字栱,这些三角形人字栱与上下的额枋相组合形成了类似于桁架的结构方式,在纵向上加强了结构的稳定性与整体性,如图6-84。

图6-84 宁懋石室武士图人字栱与庖厨图人字栱

除此之外,人字栱还有一些比较特殊的组合方式,如人字栱加一斗二升,人字栱加一斗三升等。敦煌莫高窟第275窟北凉壁画中的建筑图像就展现了这些特殊的组合方式,左上规模略大的建筑中人字栱仍然是普通人字叉手加散斗的形式,而右下阙状建筑中上方就存在一朵斗栱,其结构为人字栱加一斗三升的形式。同样的结构形式还出现在该窟的北壁中,门阙两边子阙中间的补间铺作也是同样的人字栱加一斗三升的形式,如图6-85和图6-86。现藏于美国克利夫兰艺术馆的北魏比丘僧欣造弥勒三尊立像中的一幅建筑图像,其阑额上方与屋檐下方之间存在着多组结构相同的铺作,每组铺作均为人字栱加一斗二升的结构,如图6-87。这些特殊组合形

图6-85 莫高窟第275窟南壁人字栱　　　　图6-86 莫高窟第275窟北壁人字栱

式的存在至少表明了一点，即当时的人们对于木结构建筑技术，尤其是补间铺作如何加强建筑的整体性，如何组合形成更好的结构形式等尚处于探索之中，因此形成了人字栱加一斗二升、一斗三升，甚至出现了高句丽德兴里古墓壁画中二朵人字栱加一斗三升的结构形式，如图6-102。

图6-87　僧欣造像中的人字栱形象

除了石窟壁画中建筑图像所反映的人字栱形式之外，石窟内外雕刻及部分石窟的窟檐也体现了人字栱的结构特点。北魏大同云冈石窟第2窟、第39窟的中心塔柱上均表现有人字栱，其中第2窟的人字栱与一斗三升间隔分布，人字栱叉手与阑额倾角近于45°，而第39窟中的倾角要明显小于45°，由于该窟人字栱横向跨度与栱高之比要明显大于第2窟，因此该窟的人字栱体现一种低矮的风格，如图6-88。另

图6-88　云冈石窟第2窟（左）和第39窟（右）人字栱（自摄）

图6-89　云冈石窟第10窟和第12窟人字栱

外，在云冈石窟第10窟和第12窟的窟形龛中也有人字栱的形式。这两窟中第10窟的人字栱在横向构架上分布比较密集，而且一斗三升与人字栱呈间隔状分布，而第12窟斗栱横向分布比较散，柱头铺作之间仅放置一朵人字栱，两者相较，似乎后者已经开始逐渐定型化。在人字栱的形态上，前者人字栱跨高比要小于后者，因此前者略显峻峭，后者则更为敦实，如图6-89。

河南洛阳龙门石窟古阳洞中的两座北朝时期的屋形龛，阑额上方分布着三朵人字栱补间铺作，每朵人字栱的两条叉手都比较纤细且跨度较大，风格明显较云冈石窟中的人字栱纤细而清秀，如图6-90。山西太原天龙山石窟中存在多座北齐时代的石窟，其石窟窟檐部分为仿木结构，上面也有人字栱的形象，如图6-91。第1窟整座石窟的开间部分由于比较大，因此补间铺作采用两朵人字栱夹一朵一斗三升的形式，第16窟的补间铺作搭配方式也与之相同。第1窟的人字栱在散斗的上方增加了一个小的短替木，第16窟的人字栱在散斗的上方则为一个通长的替木，这种增加替木的形式有别于其他的北朝人字栱。另外，第1窟和第

16窟人字栱的两条叉手栱开始向外卷曲，甚至在叉手栱的外侧还有一个向上跳出的尖头，这一特点也是有别于北朝其他人字栱的，说明此时人字栱的形态已经逐渐开始转变。

图6-90　龙门石窟古阳洞北朝屋形龛

北朝后期除了北齐人字栱风格转变之外，北周的风格也有所变化。如西安北周康业墓出土的一座围屏石榻第5幅中的一座单开间建筑，补间铺作为两朵人字栱间隔一朵斗子蜀柱的形式，尽管其中的人字栱表现不是很清楚，但

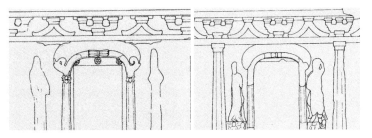

图6-91　太原天龙水石窟第1窟（左）和第16窟（右）中人字栱形象

仍可发现它的两条叉手栱向外卷曲，形态舒展，迥异于早期的峻直风格，如图6-92。类似的实例如西安北周凉州萨保史君墓中出土的一座石椁，该石椁正立面损坏严重，但是其背立面则保存相对较好，如图6-92。该石椁背立面的斗栱，明间部分补间铺作仅用了一朵人字栱，而左右次间的补间铺作则采用两朵人字栱夹一朵重栱的形式，该石椁的人字栱有的跨度非常大，而且叉手栱的宽度由上方纤细到下部粗壮逐渐变化，似乎已经呈现出向外卷曲的迹象。

南朝时期由于地面建筑破坏殆尽，目前建筑遗迹少有发现，因此人字栱的形式也仅有不多的几例，而且多集中在墓葬中。南京西善桥油坊村的南朝大墓墓门顶端出现一朵人字栱，该人字栱两边叉手栱很大，而栱上的散斗则较小，叉手栱倾角大约在45°左右，在叉手栱的中间部位还有一个横向的支撑，或为早期连接两边叉手栱的构件。类似的实例还有江苏丹阳胡桥一座南朝大墓出土的人字栱，而同在该地的另一座南朝大墓的人字栱风格则明显有所差异，这一差异表现在后者人字栱的叉手栱跨度与高度之比明显要小于前者，因此较前者而言后者要峻直得多，如图6-93。与上述几例相比，南京白龙山南朝墓所表现的人字栱显得更为敦实，该人字栱的两旁叉手栱跨度更大，倾角也更小，推测南朝的人字栱也是在此

图6-92　北周康业墓（左）和凉州萨保史君墓（右）中人字栱形象

图 6-93　南京西善桥油坊村、丹阳胡桥两座墓、南京白龙山、尧化门南朝墓人字栱形象（从左至右）

基础上逐渐向弯曲的风格方向转变的。南京尧化门梁墓墓门上的人字栱似乎也体现了这一风格转变的过程，如图 6-93。该人字栱在白龙山人字栱的基础上，跨度更加扩大，倾角也更小，而且两侧的叉手栱呈现出一种弯曲的状态，这似乎也为后来弯曲叉手栱埋下伏笔。总体看来，南朝的人字栱虽然仅存不多的几例，但也表现了从峻直逐渐到敦实，继而向弯曲的风格转变。

隋唐时期中原地区的人字栱得到了更为普遍的应用，而其风格也发生了较大的转变。隋朝和初唐的人字栱沿袭了北朝末期向外卷曲的趋势，形成一种高度低、跨度大的风格。如敦煌莫高窟第 427 窟，图 6-94 中的人字栱其风格仍然与北朝的比较接近，人字栱向外的曲度并不大，高度也不低，或

图 6-94　莫高窟第 427 窟

正处于北朝向隋朝的过渡时期。而敦煌莫高窟第 419 窟风格则明显不同，阑额上的斗栱呈现一斗三升和人字栱间隔的布局。人字栱两个栱之间的间距较大，而整组斗栱的高度却不高，高跨比比较小，因此给人一种矮趴趴的感觉。类似的实例还有莫高窟第 205 窟、第 341 窟、第 331 窟、第 71 窟，如图 6-95。另外，著名的大雁塔门楣石刻上的人字栱其高跨比也比较小，两片人字栱的弯曲度比较大，或也沿袭了隋代至初唐时期的风格。除此之外，唐代懿德太子墓壁画中三重阙上的人字栱也具有相似的风格，如图 6-96。

初唐之后的盛唐、中唐和晚唐，由于此时的木结构技术已经有所提高，比如在上下阑额或阑额和素枋之间采用短柱，使其结构在纵向方向得到更好的拉结，如莫高窟 445、23 窟，如图 6-97。补间铺作由于其结构作用的降低，在风格上也出现了较大的变化，在一些开间数较小的建筑上，柱头铺作之间不施补间铺作，如莫高窟 217 窟。而一些中型建筑中则以斗子蜀柱或蜀柱加替木的形式代替以往的人字栱，如莫高窟第 148 窟，如图 6-97。此刻，人字栱作为补间铺作时，则带有明显的装饰性色彩，这种风格的转变似乎从盛唐时期就已经开始，

敦煌莫高窟第419窟

| 第205窟 | 第341窟 | 第71窟 |

第331窟

图6-95 初唐低矮人字栱实例

如盛唐时期的莫高窟第148窟、172窟，图中的人字栱在高跨比上沿袭了初唐时期的比例，但是左右两侧的栱已经不是简单地向两侧弯曲，而呈现丝带状的蜷曲，明显带有很强的装饰性，这种风格的人字栱在盛唐后期的石窟壁画上比比皆是，如中唐231窟、237窟，晚唐12窟和85窟，如图6-98。盛唐之后，这种装饰化色彩浓郁的人字栱，甚至影响到了日本，其建筑上

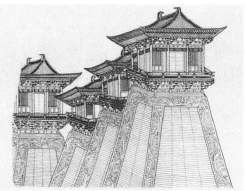

图 6-96　大雁塔门楣和懿德太子墓壁画中人字栱

莫高窟第 445 窟

第 445 窟

第 23 窟

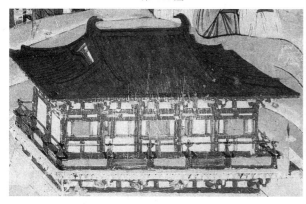

第 148 窟

第 217 窟

图 6-97　盛唐之后的短柱结构

6.2　高句丽宫殿建筑的样式要素

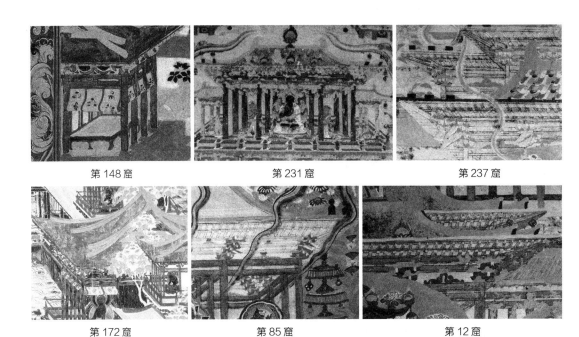

| 第148窟 | 第231窟 | 第237窟 |
| 第172窟 | 第85窟 | 第12窟 |

图 6-98 盛唐后人字栱的演变

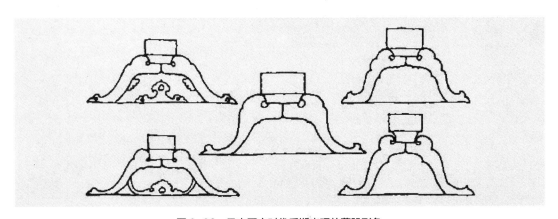

图 6-99 日本平安时代后期出现的蟇股形象

的重要构件——蟇股或由人字栱演变而来，如图 6-99。张十庆先生认为"人字栱的进一步装饰化，则产生了在造型上趋向和靠近驼峰的倾向，并最终演变成为驼峰化人字栱，其装饰性达到顶点。而正是这驼峰化人字栱，为日本蟇股的产生提供了最关键和本质的构成特征——中部空透"[①]。

6.2.3.2 朝鲜半岛的人字栱

朝鲜半岛早期受到中原南北朝建筑文化东传的影响，因此推测高句丽、百济和新罗或也

---

① 张十庆. 古代建筑象形构件的形制及其演变[J]. 古建园林技术，1994,（01）：p13.

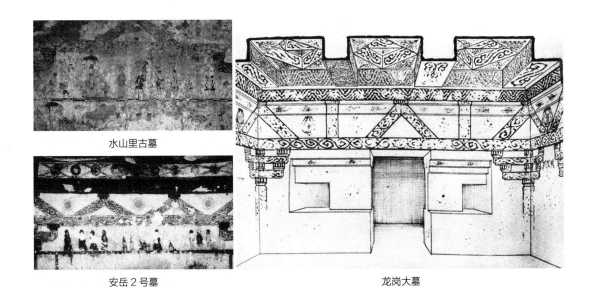

图6-100 水山里、安岳2号墓和龙岗大墓的人字栱

曾大量使用人字栱,而百济、新罗目前尚无确切的建筑形象可供参考,因此仅可从高句丽古墓壁画中窥知当时朝鲜半岛人字栱的形象与特征。

高句丽八清里古墓中建筑呈现"L"形的布局形式,其心间的补间铺作采用了人字栱的方式,即阑额上放置人字形叉手栱,其上再放置一个栌斗用以支撑檐枋,如图6-18。类似的例子还有水山里古墓、安岳2号墓和龙岗大墓,如图6-100,但是安岳2号墓中补间铺作放置了2朵人字栱,而龙岗大墓中的补间铺作则采用了斗子蜀柱间隔人字栱的形式,除此之外这几例的人字栱结构形式几乎完全相似。双楹塚中的人字栱形式与上述几例相比略有不同,该墓中的人字形叉手栱上叠加了皿板,其上才放置散斗,其补间铺作采用了一朵人字栱的方式,这与八清里古墓中是相同的,如图6-101。

图6-101 双楹塚中的人字栱

德兴里古墓中人字栱的补间铺作方式十分奇特,在两朵人字栱上增加一个长横栱,横栱的两端和中间再放置三个小斗,即采用两朵人字栱与一朵一斗三升相结合的方式,整组补间铺作结构非常大以至于仅能容下一组补间铺作,这样的组合方式在早期东亚建筑中都比较少见,可以说是一个特例,如图6-102。另外,伏狮里古墓和舞俑塚、角抵塚中的壁画也存在人字形斗栱的图像,伏狮里古墓似乎出现在壁画的一角,而舞俑塚和角抵塚中在阑额上方采用火焰纹的装饰纹样,这或许也意会了人字栱的存在,如图6-102。此外,高句丽天王地神塚中还难保存有人字栱(叉手)的实物,详见6.2.2节中论述。综合上述的情况,将高句丽壁画古墓中采用人字形斗栱的情况总结如表6-3所示。

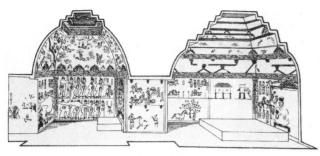

德兴里古墓　　　　　　　　　　　舞踊冢

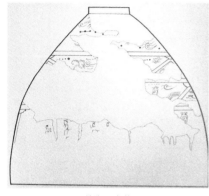

伏狮里古墓　　　　　　　　　　　角抵冢

图 6-102　德兴里、伏狮里古墓和舞踊冢、角抵冢

高句丽古墓的人字栱使用情况　　　　　　　　　　　表 6-3

古墓名称	是否有实物	是否有形象	皿板使用	补间铺作	特殊结构
八清里古墓	否	是	无	补间一朵人字栱	无
安岳 2 号墓	否	是	无	补间两朵人字栱	无
水山里古墓	否	是	无	补间一朵人字栱	无
龙岗大墓	否	是	无	补间斗子蜀柱与人字栱间隔，共三朵	无
双楹塚	否	是	有	补间一朵人字栱	无
伏狮里古墓	否	是	无	补间似为一朵人字栱	无
舞俑塚	否	是	无	补间似为两朵人字栱	火焰纹意会
角抵塚	否	是	无	补间似为三朵人字栱	火焰纹意会
德兴里古墓	否	是	无	补间一朵	两朵人字栱加一朵一斗三升
天王地神塚	是	是	有	无	人字栱加出挑插栱

160　第 6 章　高句丽宫殿建筑的形象、样式与结构

6.2.3.3 日本的人字栱

日本列岛早期飞鸟时代和奈良时代的建筑中，在横向剖面使用叉手结构的实例比较少，而在纵向方向采用人字栱形式的实例更少，目前惟一一座在立面上采用人字栱的建筑为法隆寺金堂，而其他同时代的建筑中多采用斗子蜀柱作为补间铺作的主要形式。法隆寺金堂二层的平座层，其构造形式及空间尺度上并无使用功能，因此形式意义或大于功能意义。该平座层的四角为平座柱，柱与柱之间的结构又分为三层，最下层为人字栱与三斗铺作交替的铺作层，其上为勾片华板层，最上则为寻杖扶手。铺

图6-103　法隆寺金堂人字栱形象

作层中的人字栱形态比较敦实，两条人字叉手弯曲有力度，其上方的散斗比例适中，这种形态的人字栱所表现的时代特征大致与中原地区北朝后期的相近，如图6-103。

6.2.3.4 本节小结

综上所述，人字栱自汉代就已经出现在一些建筑中，最初的形态是比较峻直而有力的，体现了汉代博大的气势。此后的魏晋南北朝时期，人字栱风格逐渐发生变化，北魏时期的人字栱高跨比仍然比较大，但是到了北朝的后期，即北周、北齐时，人字栱的两跨已经开始向外弯曲，其高跨比逐渐减小，甚至出现了人字栱上的素枋和阑额间距非常小的情况，在此情况下人字栱只有朝水平向的横向发展，其左右两片人字栱也只有向弯曲方向发展。

南朝的人字栱则与此情况相异，在南朝为数不多的几例人字栱中大部分保留了汉朝峻直的风格，仅在南朝末期才逐渐向两侧弯曲的方向发展，因此南朝在一定意义上保留了汉代的古风。类似的情况在朝鲜半岛的高句丽墓葬中也可以发现，高句丽的人字栱大多都是峻直而有力的，而北朝时期那种逐渐向两侧弯曲的情况尚无一例，因此或可认为北朝的人字栱风格变化在当时尚未波及到远在朝鲜半岛的高句丽。

隋唐之际的人字栱，在北朝末期风格转变的基础上逐渐发展，隋末唐初的人字栱沿袭了北朝末期的风格，而自盛唐开始人字栱的装饰化风格更为浓郁，甚至出现了带状蜷曲的风格，由于逐渐失去了纵向构架中的拉结作用，因此人字栱逐渐向装饰化的风格发展，最终影响到了室内驼峰构件，并进而影响到了日本蟇股的装饰风格。

综合上述结论，笔者认为人字栱在东亚的传播存在如下的演变关系，如图6-104所示。

6.2.4　双斗斗栱

双斗斗栱是早期斗栱铺作的一种重要形式，由栌斗、曲栱和升（散斗）三部分组成，在后期这种形式也被称之为"一斗二升"。早期文献中关于"斗"的名称有"栌"、"㭼"、"㮼"

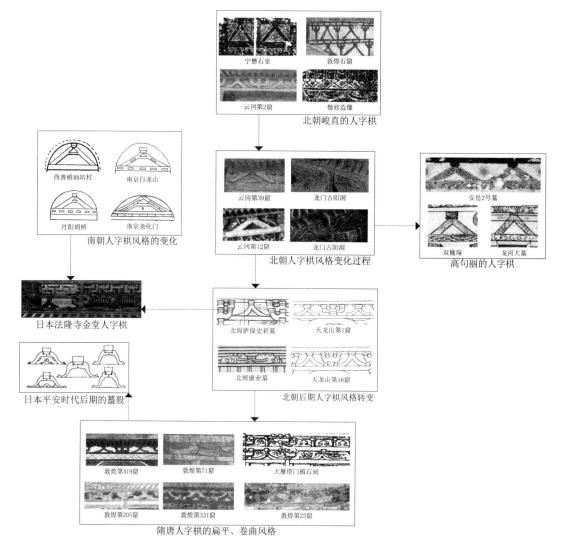

图 6-104 东亚的人字栱样式演变关系图

和"節"等,《说文解字》中将"櫨"解释为"柱上柎也",《释名》则解释为"栌在柱端。都卢,负屋之重也。枓在欒两头,如斗,负上檼也",文献则记载有"山饰藻棁,栭谓之节"[1],"层栌磥垝以岌峨"[2]等。而与早期"栱"有关的名称则有"欂"、"枅"、"欒"等,《释名》解释"欒"为"欒,攣也,其体上曲,攣拳然也",文献记载有"曲枅要绍而环句"[3],"橝栌各落以相承,欒栱夭蟜而交结"[4]。从这些文献的描绘中可知双斗斗栱的结构大致为栌斗在柱端头,栌斗上支撑欒(曲栱),两个小斗在欒的两头。

---

[1] 朱彬. 礼记训纂[M]. 北京:中华书局,1996:p368.
[2] (南北朝)萧统. 文选[M]. 上海:上海古籍出版社,1986:卷11·王延寿·鲁灵光殿赋.
[3] (南北朝)萧统. 文选[M]. 上海:上海古籍出版社,1986:卷11·王延寿·鲁灵光殿赋.
[4] (南北朝)萧统. 文选[M]. 上海:上海古籍出版社,1986:卷11·何平叔·景福殿赋.

6.2.4.1 双斗斗栱之起源

对于双斗斗栱的起源问题,很多专家学者曾对其进行过分析与推测。杨鸿勋先生认为"它是一种早期的横栱式样,其主要作用在于加强横向联系及上下联系。其弯曲部分称为曲枅,也称为栾,早期只是一种弯曲的替木,后来在栌斗上叠置的替木枅改为弯曲的曲枅,便形成一组一斗二升的斗栱"[①],如图6-105。汉宝德先生则认为双斗斗栱具有宗教性的意义,"这种宗教的涵义受到西方影响的可能性很大,这种原始的象征的形态,几乎是埃及以来中东文化中所通有的,勉强与我国文化西来说连起来看,亦非无稽之谈"[②]。韩国学者将双斗斗栱的形制称之为一科二小累,他们大多认为早期叠斗式结构尚处于斗栱的形成期,而双斗斗栱的结构应为斗栱最初期的形式,在此基础上形成了一科三小累的形式,此后在很多古墓中都使用了这种形式,其演变过程,如图6-106。

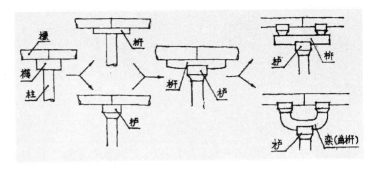

图 6-105 斗栱构件的发展示意

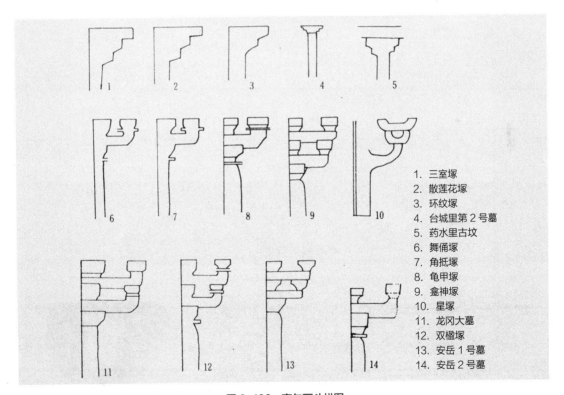

1. 三室塚
2. 散莲花塚
3. 环纹塚
4. 台城里第2号墓
5. 药水里古坟
6. 舞俑塚
7. 角抵塚
8. 龟甲塚
9. 龛神塚
10. 星塚
11. 龙冈大墓
12. 双楹塚
13. 安岳1号墓
14. 安岳2号墓

图 6-106 高句丽斗栱图

---

① 杨鸿勋. 建筑考古学论文集[M]. 北京:文物出版社,1987:p260.
② 汉宝德. 斗栱的起源与发展[M]. 台北:明文书局,1988:p30.

值得注意的是，双斗斗栱这一形式的斗栱在我国早期的汉代画像石、崖墓中大量存在，并且体现出不同的地域风格，同时这种斗栱形式对于东北亚朝鲜半岛和日本列岛也有一定的影响，如高句丽古坟壁画中就存在双斗斗栱的形象，而且在已发掘的古墓中还存在着双斗斗栱的实例，如图6-107。本节内容即以双斗斗栱为主线，探讨其发展的源流及在朝鲜半岛的传播。

图6-107 安岳3号墓的双斗斗栱

早在春秋战国时期双斗斗栱就已经初现雏形，目前国内已发现为数不多的几个双斗斗栱的实例。首先是河北平山中山国王陵出土的铜鹿、龙、凤方形案座，这一实例表现了双斗斗栱的转角做法，如图6-108。这个方形案座四角处理的手法都相同，即在斜向45°出挑的龙头上立一短柱其上置一栌斗，上面承抹角的双斗斗栱，在栱的上面再支撑方形案座的四面边框。笔者认为这种斗栱的形式与后期双斗斗栱并不相同，它所采用的是一根横向的平直短木，同时短木端头也不是直接与散斗相连，而通过一根小侏儒柱将横栱与散斗相连。它不仅在形式上与此后的双斗斗栱有一定差异，而且其结构组成构件的数量也要多于后者，特别是在栱端和散斗交接处增加了侏儒柱，抗击横向侧推力较差。考虑到当时木结构榫卯技术尚不发达，因此推测这种形式的双斗斗栱其整体稳定性并不太高。出土的方形案座由于采用的材料为青铜，对其结构影响较小，因此从某种意义上来说使用这种双斗斗栱结构的形式或装饰意义要大于其结构意义。

其次，春秋战国时期的楚国以其精美的漆器而闻名天下，在楚墓中经常出土一种漆雕器物，下部为方座，上部立有直身曲颈的怪兽，头部插两只鹿角，学者们称之为"山神像"或"镇墓兽"，用以镇妖辟邪。就在该镇墓兽的底座，目前也发现存在着早期双斗斗栱的形式，如图6-109。这种形式的双斗斗栱坐在一覆斗形底座之上，其下栌斗位于底座正中间，栌斗之上支撑一"Y"形状的曲栱，在曲栱的两端各置一散斗，在散斗的上方再支撑怪兽。目前，对于这种形式的双斗斗栱很少有学者，特别是建筑学者予以关注，但它确实为追溯双斗斗栱的根源提供了一个新的思路。将它与此后的双斗斗栱相比较，可以发现两者在形式上极为相似，而且在构件组成数量，结构功能等方面也比较相近，两者不同之处在于这种双斗斗栱的横栱呈Y的枝桠状，而后期一斗二升则多为平直形。

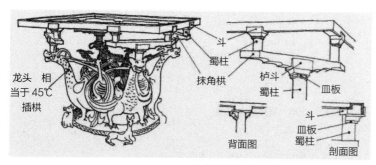

图6-108 四龙四凤铜方案上的斗栱

图6-109 楚国镇墓兽的斗栱

上述两个双斗斗栱的实例，或从不同侧面揭示了双斗斗栱起源的本质。对于中国早期建筑的起源，学界目前大都认为是多源性的，即北方以穴居为主，而南方则以巢居为主，生活方式有别及地域上的差异性决定了早期南北方建筑形制的不同，而这也间接影响到了早期建筑的构成要素。北方的穴居建筑多采用木骨泥墙结构，而南方巢居建筑或以纯木构建筑为主，长期采用木结构使得南方的人们对于木构建筑的功能与特性更为了解，浙江河姆渡早期建筑遗址中发现的榫卯结构或可体现当时南方木构技术的高超。

从木建筑结构体系上来看，北方早期建筑多采用抬梁结构，以木构架的本身自重求得建筑的稳定，但缺少横向的拉结，而南方早期建筑则以穿斗为主，木构架之间的横向拉结通过榫卯得以完成，这也从侧面说明早期穿斗建筑在建筑整体性上或要优于抬梁建筑。河北平山中山国王陵所出土的双斗转角斗栱实际上也体现了一种层叠式的结构，通过构件之间的叠加求得整体的稳定性及构件支撑的高度要求，而楚国"镇墓兽"漆器底座则形象的模仿了早期树木枝桠的形状，这种近似"Y"状的树枝足以满足上部荷载的支撑要求，这或为南方双斗斗栱产生的源流之一。

6.2.4.2　汉代遗存所体现的斗栱体系

秦灭六国之后，建立了统一的封建王朝，汉代秦后，两汉政权一直延续了四百年左右。尽管在这四百年中，两汉建筑仍是以土木混合结构为主体的建筑，但是与前朝相比，其木构建筑技术已得到了很大的提高，汉代斗栱的技术发展就是一个实例。目前，由于汉代地面木构建筑已荡然无存，因此研究的对象只能依托于汉代的建筑遗址、汉阙、石祠堂、墓葬及出土的汉画像石、建筑明器等内容。尤其是两汉时期数量众多的画像石，它们存在于石祠堂、石阙、墓葬和石棺之上，主要表现当时的信仰及主人的身份地位和生活场景，这其中有相当多的内容与建筑题材有一定的关联，它们从侧面反映了当时的建筑形象与结构技术。目前，全国已出土的汉画像石主要集中在四个区域[①]（也有学者将其分为五个区域[②]），即苏、鲁、豫、皖交界区、豫南至鄂北区、陕北与晋西北区、四川与滇北区。这四个区域中，以苏、鲁、豫、皖交界区、四川与滇北区这两个区域的建筑形象表现数量最多，陕北与晋西北区一带次之，豫南至鄂北区所出土的汉画像石中的建筑图像很少，所幸的是，河南地区出土了数量相当多的建筑明器，这或可弥补研究之不足。

1. 山东、苏北地域的双斗斗栱

苏、鲁、豫、皖交界区域内的广大地区是两汉时期经济、文化极为繁盛的区域之一，同时又是战国以来盐、铁和丝织业最为发达的地区，冶铁工具的发达为汉画像石的形成和发展提供了有利的条件，因此这一地区成为画像石的发源地，同时也是出土画像石数量最多的区域。在这片区域中又以山东、徐州为代表，这两地不仅画像石保存数量多，而且还保留有相当多的汉代石构遗物，如山东的武梁祠、孝堂山石祠和沂南画像石墓、徐州周边的众多汉墓等，画像石、石祠堂、墓葬等都为研究本区域的汉代建筑提供了重要的参考资料。从这一区域的画像砖石所表现的建筑图像来看，汉代这一区域的建筑存在如下特点：

---

① 蒋英炬. 中国画像石全集第1卷山东汉画像石[M]. 济南，郑州：山东美术出版社；河南美术出版社，2000：p16.
② 信立祥. 汉代画像石综合研究[M]. 北京：文物出版社，2000：p13.

图 6-110 水榭图

图 6-111 房屋图

首先,两汉时期这一地域的建筑形式多种多样,大至小型建筑院落,小至建筑单体在画像石上都有表现,此外还表现有祠堂、汉阙、楼阁、汉桥等比较重要的建筑类型。它们的支撑结构也是多种多样,小的建筑单体往往就以简单的柱梁结构为主,大的复杂建筑如楼阁等则采用多种形式共同支撑的方式,如斗栱、井干结合的方式,更有甚者如汉代的水榭其支撑结构采用了斗栱层层出挑的方式进行支撑,如图 6-110。其次,与同时期其他地区的汉代建筑相比,这一地区画像石所表现出的建筑气势更为恢宏,这表现在建筑体量的巨大、屋顶出檐的深远、屋脊挑出较长等几方面,另外从屋顶与柱的比例关系、斗栱的粗壮程度等方面则可感觉其建筑的古拙,如图 6-111。从所出土的画像石来分析,这一地区建筑的斗栱形式主要有以下两种,即一种以叠斗式斗栱的支撑为主体,另一种则以双斗斗栱的支撑为主体,其他类型的斗栱大多是由上述两种形式衍化而来的。

(1) 1-A、叠斗式斗栱

以叠斗式斗栱支撑为主体的建筑,早期叠斗层数相对较少,而这一时期的屋顶高度比较大,加上柱高较小,因此这时的建筑显得比较古拙,到了后期叠斗层数不断加大,最多时达到三层之多,柱子高度也随之而加大,建筑古拙之风则随之而消失,如图 6-111 和图 6-112。

有一种类似叠斗式斗栱的建筑,实际上是以柱梁式建筑搭接为主体,不过在柱头的一端或两端加上类似雀替状的构件,这样一来减少了柱间梁的弯矩,变相增加了梁的跨度,其结构支撑的原理与叠斗式的斗栱相近,因此或许这也是叠斗式斗栱的一种变体,如图 6-113。

叠斗一层

叠斗二层

叠斗多层

图 6-112 画像石中的叠斗结构

另外，还有一种叠斗式的斗栱，其斗栱的构成似由多个构件相互叠搭而成，如图6-113，图中柱头的栌斗即由两个斜向构件组成，其上还有两层叠斗，但是每层叠斗也都是由3至5块长度大致相同的垫块组成，所有的构件通过榫卯的相互作用而共同组成了一组叠斗式柱头斗栱。这种构件型叠斗式斗栱似并不仅仅局限于山东、徐州这一地区，在我国东北部的和林格尔汉墓中也曾有类似的发现，如图6-113。这种形式的叠斗式斗栱由于在起支撑作用的关键部位未采用整体构件而采用组合式的构件，因此在上部荷载逐渐加大的情况下，这种组合式的构件容易丧失整体性而致使斗栱结构性坍塌，因此推测在汉代后期楼阁式建筑逐渐发展的情况下，这种形式的斗栱逐渐消失。

雀替式叠斗　　　　　和林格尔汉墓壁画中的叠斗

构件式叠斗

图6-113　叠斗的变异形式

（2）1-B、双斗斗栱

以双斗斗栱支撑为主体的建筑，其古拙之风取决于斗栱的粗壮程度，若双斗斗栱和柱子都粗壮有力，同时屋顶相对较大，则建筑的古拙之风相对较重，反之，双斗斗栱和柱子比较纤细，屋顶高度较小，则建筑失去古拙之风。以双斗斗栱形式为主体，也产生了多种变化。

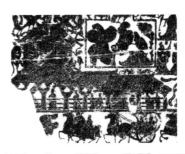

图6-114　叠斗+双斗斗栱的组合

第一种方式将支撑的栌斗替换为叠斗式，这样产生了叠斗+双斗斗栱的组合形式，这种形式的实例有多例，如图6-114。这种形式的斗栱结构并不稳定，其关键之处即在于叠斗与曲栱的结合部位易失稳，因此这种形式下方的叠斗逐渐变小直至蜕化还原为栌斗，但还是有类似的小舌头出现，或许这就是之前叠斗形式存在的痕迹，如图6-115。

第二种也是叠斗+双斗斗栱的组合形式，但这种形式比较复杂，如图6-116。这种形式的斗栱，总体上看仍可以认为是双斗斗栱的形式，只不过是两层双斗斗栱叠加的结果，值得注意的是在每一个小斗处，又都采用了叠斗的形式，即多层叠斗形成一个小斗，这样一来整个铺作层数非常多，高度也比较高，在结构的稳定性方面比前面几种要差很多。此外，这种类型的斗栱与河南区域明器建筑中表现的形式比较类似，详见本节后部内容。

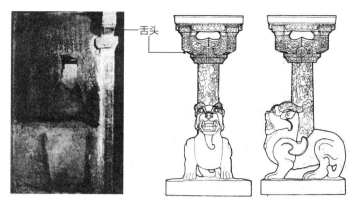

图6-115　安岳3号墓和淮阳北关汉墓斗栱舌头

第三种则是双斗斗栱逐渐向三斗斗栱转变的过渡形式。很多学者如杨鸿勋[①]、刘叙杰[②]等先生都认为三斗斗栱的形式是由双斗斗栱逐渐发展而形成的，山东、徐州等地出土的画像石上也能够清晰地看出其发展的轨迹。早期的双斗斗栱体量巨大，但上部荷载则相对较轻，之后由于建筑的高度、开间均逐渐加大，这样就导致了斗栱所承载的荷载不断增加，因此两斗之间出现了一个垫木作为新的支撑点将上部一部分荷载直接传递给柱，从而进一步减少了两斗之间的弯矩，增加了斗栱的抗弯能力，如图6-117。在这之后，出于立面装饰化等原因垫木逐渐发展为斗子蜀柱的形式，进而与曲栱相连接并逐渐整体化，从而形成了初具雏形的三斗斗栱形式。

图6-116　叠斗+双斗斗栱形式

图6-117　双斗斗栱向三斗斗栱演变

除了上述的叠斗式结构与双斗斗栱结构形式之外，还有两种情况值得注意。一种是在某组建筑中可能出现叠斗式与双斗斗栱结构共存的现象，如图6-118。在这一幅画像石中，分别使用了叠斗式和双斗斗栱两种形式。较低的单层建筑使用了叠斗式斗栱（此处实为柱头栌斗

---

① 杨鸿勋. 建筑考古学论文集[M]. 北京：文物出版社，1987：p261.
② 刘叙杰. 中国古代建筑史（第一卷）[M]. 北京：中国建筑工业出版社，2003：p534.

图6-118 叠斗与双斗斗栱共存

图6-119 特殊的斗栱形式

式),而较高的建筑则采用了双斗斗栱的支撑形式,更有甚者,在这两座建筑上方的中间建筑一边使用了叠斗式,另一边则使用了双斗斗栱的形式,说明当时这两种斗栱形式在结构上都是可行的,其使用与否要取决于建造者对形式的审美要求。

另外一种情况则比较特殊,如图6-119。这种特殊

图6-120 早期的双斗斗栱形象

的斗栱形式一般出现在一座高台建筑的楼梯下方,大多以一根大的插栱出挑或者以一根立柱作为主要的支撑方式,在插栱或立柱上方再增加一道插栱,其上则采用多重双斗斗栱相叠加的方式支撑上方的高台建筑。这种形式的斗栱其主要缺陷存在于下方的支撑,一根粗壮的插栱来支撑当时上层建筑的全部荷载,在当时所采用的木质材料下推测这种结构是不可实现的,但是或许古人正是通过这种特殊的斗栱形象,表现当时人们对摆脱夯土建筑转而向全木建筑技术发展的一种意愿。同时,该斗栱形式中多处使用了插栱也说明当时人们对插栱的功能与作用已经有了初步的了解,这或许会促进斗栱的进一步发展,并对斗栱的出挑长度及建筑屋檐的出挑深度产生一定的影响。

2. 四川地域的双斗斗栱

四川所处的巴蜀地区是目前汉代建筑,尤其是斗栱形象留存比较丰富的另一个地区,这有其一定的历史原因。秦灭巴蜀之后,建立了郡县制度,促进了社会生产力的发展,此后秦汉之际中原地区战事不断,而四川地区的生产则基本未被破坏,这使得大量中原文化不断涌入四川,促成了这一地区文化的繁荣。同时,这一地区素来重视农业生产与水利工程,如都江堰的兴修,在盐铁等方面的生产力也高于当时全国的平均水平,因此总体经济水平也处于

全国的前列。经济的发展和文化的繁荣给当时这一地区的人们以物质和心理上的保证，使得他们将生活实践中的艺术作品生动地反映了出来，这些作品如汉画像石、画像石棺、崖墓、汉阙等都是体现当时建筑艺术风格的绝好素材。四川地区所保留的汉代斗栱形象比较丰富，斗栱的形制以双斗斗栱为主体，三斗斗栱则比较少，而叠斗式的斗栱形制更是极少出现。同时，这一地区所表现的斗栱以柔美、秀丽风格为主，与山东、徐州地区的古拙、粗壮的风格形成鲜明的对比。

（1）2-A、早期的双斗斗栱

四川地区的双斗斗栱存在两种形态，即早期的双斗斗栱与后期的双斗斗栱，目前早期的双斗斗栱栱身上仅置两个小斗，而后期的双斗斗栱则逐渐向三斗斗栱的形式过渡，此外后期的双斗斗栱在形象及数量上都要比早期丰富得多。早期的双斗斗栱大多形象比较简单，如图6-120，它们多位于建筑的中心线上，与沂南画像石的庭院图中双斗斗栱形象如出一辙，如图6-121，对这种偶数开间的建筑，曾有学者认为这或许是人们所祭祀的对象[①]。而在渠县王家坪无名阙和冯焕阙的阙身上则有双斗斗栱的实物，如图6-122，这两处双斗斗栱的实物都较扁长，栱的断面也比较小，与山东、徐州地区的风格迥异，而与后期的双斗斗栱形态有几分相似之处，推测正是在前期双斗斗栱扁平形态的基础上，后期的双斗斗栱才向柔美、秀丽的方向发展。

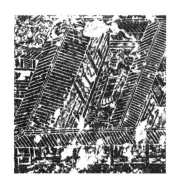

图6-121 沂南汉画像石墓中的双斗斗栱

图6-122 渠县冯焕阙和王家坪无名阙的双斗斗栱

（2）2-B、后期双斗斗栱

后期的双斗斗栱实际上正处于双斗斗栱向三斗斗栱过渡的阶段，因此在栌斗上部的横栱或曲栱上往往有一个垫块，这是后期双斗斗栱的典型特征。这一时期的双斗斗栱又可分为两种形态，第一种仍然可见一种早期双斗斗栱的风格，横栱总体以横向直线条为主，没有弯曲，在栱的两端则有所变化，有的栱在两端有砍杀，有的则似后期的掐瓣栱，如图6-123。这两例斗栱在其栌斗上的横栱中间，都有一个垫块，突出于阙身的横枋，这推测是早期三斗斗栱中间小斗的雏形。雅安高颐阙上的双斗斗栱其横栱已经逐渐向曲栱方向发展，但是横栱也仅呈圆弧状弯曲，并不像后期那样呈螺旋状曲线，如图6-123。

---

① 王鲁民. 中国古典建筑文化探源[M]. 上海：同济大学出版社，1997：p45.

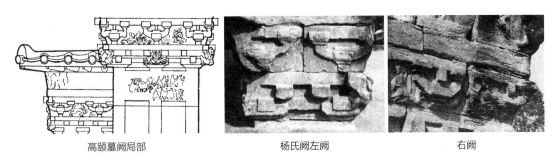

高颐墓阙局部　　　　　杨氏阙左阙　　　　　右阙

图6-123　四川早期双斗斗栱

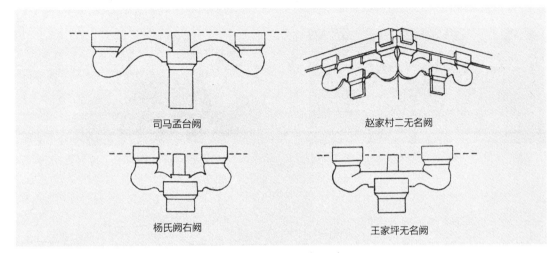

司马孟台阙　　　　　赵家村二无名阙

杨氏阙右阙　　　　　王家坪无名阙

图6-124　拟人化的双斗斗栱1

第二种双斗斗栱的特征则比较夸张，其曲栱的弧线弯曲复杂，有的甚至呈螺旋状弯曲，这种斗栱的形态风格柔美、体态秀丽而呈现一种拟人化的倾向。在这些呈拟人化的双斗斗栱中，德阳司马孟台阙和绵阳杨氏阙右阙的斗栱似乎形态较早，这两例的曲栱用材略大，栱的底部弯曲而上部仍然为直线状，整个栱的形态也不太伸展，似乎仍处在过渡时期，如图6-124。除此之外双斗斗栱的曲栱大多用材小、栱臂长且弯曲度比较大，更迟一些的栱则呈螺旋状类似西方的爱奥尼柱式，如渠县赵家村贰无名阙阙身侧面和渠县王家坪无名阙转角等部位所表现的双斗斗栱，如图6-124。另外，四川地区的汉代画像石、汉代崖墓、汉代石棺中也有很多相似形态的双斗斗栱，彭山双江崖墓、中江塔梁子崖墓、乐山柿子湾崖墓等，如图6-125。这些拟人化的双斗斗栱，其曲栱臂跨度很大，有的甚至达到50cm，加上夸张的弯曲度，实际上是难以承受上部荷载的，因此也就失去了原有的结构意义，仅仅起到装饰的作用。

（3）2-C、变异体

除了上述的几种类型之外，四川地区双斗斗栱在末期还出现了各种各样的变体，如渠县沈氏阙右阙正面出现了两组双斗斗栱共用一个斗的情况，如图6-126，两组双斗斗栱结合在一起共同使用中间的一个散斗，而两个曲栱在散斗下方相会呈卷曲状共同支撑其上的散斗，这

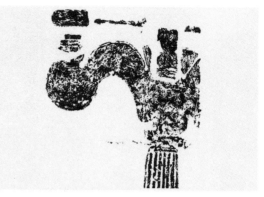

荥经石棺　　　　　　　　　　　乐山柿子湾崖墓

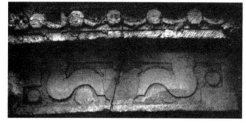

彭山双江崖墓　　　　　　　　　中江塔梁子崖墓

图6-125　拟人化的双斗斗栱2

种形式的斗栱或可称为鸳鸯交首栱[①]。再如忠县㳇井沟无名阙背面的一组斗栱，下方的两个栌斗共同支撑一个横栱，在横栱的两端放置两个散斗，如此形成一组两个栌斗+两个散斗组成的两斗两升式斗栱，如图6-126。这些类型表明当时出于结构和

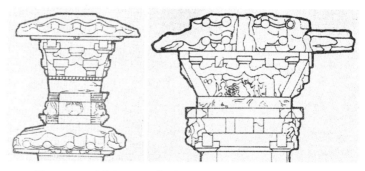

图6-126　㳇井沟无名阙（左）和沈氏阙右阙（右）的双斗斗栱

建筑整体的考虑，对于双斗斗栱如何组合与发展正处于一种探索性的阶段。

四川地区双斗斗栱的类型丰富与变化复杂，但三斗斗栱与之相比则要简单很多。目前，已发现的三斗斗栱数量较少，主要在崖墓及其出土的汉代明器中有为数不多的几例。四川彭山双江崖墓的墓门是一个双斗斗栱，如图6-125，斗栱中间的栌斗已经发展为上小下大的两段，在小段的上面放置一个垫块，其形态已经有向三斗斗栱演变的趋势。彭山M176号崖墓的墓门则清晰可见三斗斗栱的形式，如图6-127，图中栌斗的上方置一齐心斗，其形制、大小与两旁的散斗均相似，但栌斗上边的横栱似未与齐心斗相咬合，因此与一般的三斗斗栱还有所区别。M460崖墓与M176崖墓的三斗斗栱形式相类似，同样在栌斗上方置一个与散斗形制类似的齐心斗，与M176不同的是齐心斗并没有直接放在栌斗上，而放在与栌斗相交的横栱上，

---

① 徐文彬. 四川汉代石阙[M]. 北京：文物出版社，1992：p41.

如图 6-127。M530 崖墓的三斗斗栱与上述两例崖墓中的风格迥然不同，在一个扁平的栌斗上，横置一山形曲栱，在曲栱的两端分置两个散斗，曲栱的中间则置一齐心斗，整组三斗斗栱显得敦厚而结实，如图 6-127。

除上述几例之外，彭山崖墓中还出土了两座带有三斗斗栱的建筑明器，如图 6-128，这两座建筑明器一座为四阿顶，一座为盝顶，两座明器当心间都采用了三斗斗栱，但风格迥异。四阿顶建筑的三斗斗栱整体体量不大，其特点在于栱长不大，栱身已经开始弯曲向拟人化方向发展，而且中间的齐心斗要远大于两旁的散斗，接近栌斗的大小，这在四川地区尚不多见。盝顶建筑的三斗斗栱则类似于 M530 崖墓中斗栱，栱身下部呈弯曲状，上部则支撑四个小斗，两端各一个，中间齐心斗位置则代之以两个小斗，这种形式的斗栱也比较少见。这两座明器中的斗栱形式仅是孤例，尚不能证明此类形式在当时的广泛存在，但是也可以说明古人对于三斗斗栱的发展进行过研究与摸索。

176 号崖墓

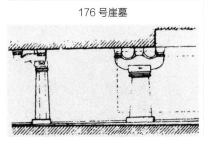

530 号崖墓

460 号崖墓

图 6-127　崖墓中的斗栱形式

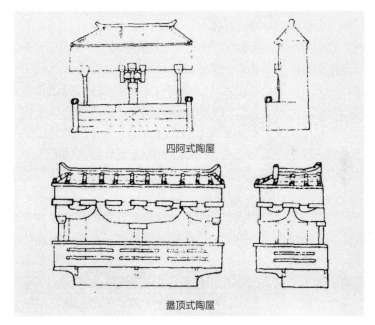

四阿式陶屋

盝顶式陶屋

图 6-128　彭山出土汉代建筑明器

3. 河南地域的双斗斗栱

河南地区也是我国出土画像砖石比较集中的区域之一，但是这一地区汉代画像砖石中的题材大多集中于四神图、宴饮图、瑞兽珍禽图、仙人图等，与建筑有关的图像仅有为数不多的几例，表现出斗栱形象的则更少。所幸河南地区自中华人民共和国成立以来出土了数量众多的汉代建筑明器，上面保留了大量的建筑结构与构件作法，这或许可以弥补画像石中形象素材的不足。目前已出土的大量建筑明器展现了河南地区丰富而多彩的斗栱作法，其形态各异，造型复杂，但总体上大致可以分为出挑和不出挑两类。

（1）3-A、不出挑斗栱

不出挑的斗栱形态比较简单，其类型与山东、徐州地区的斗栱形式有所雷同，即分为叠斗式斗栱、双斗斗栱或三斗斗栱。叠斗式斗栱如荥阳县出土的七层灰陶仓楼，如图6-129，该陶仓楼中柱子粗壮有力，其上采用了类似于叠斗式的结构构件，此时的叠斗由于结构关系已经逐渐变得扁长，向替木的方向发展，这样利于进一步减少柱间的弯矩。其他

荥阳陶仓楼

密县陶仓楼

项城百戏楼

二里岗陶仓楼

图6-129 河南出土陶楼明器中的不出挑斗栱

叠斗式斗栱如项城县老城邮电所出土的陶百戏楼，如图6-129，该斗栱出现了两层叠斗，与山东、徐州地区的叠斗式斗栱形态比较相近。处于早期的双斗斗栱或三斗斗栱在河南汉代建筑明器中并不多见，其中双斗斗栱如密县后士郭2号墓出土的两层陶仓楼，如图6-129，该仓楼在开间方向并没有使用斗栱，而两侧的进深方向在柱头栌斗上使用了双斗斗栱的形式，侧面上为双斗斗栱，而从正面上则表现为出一跳华栱的斗口跳式斗栱。三斗斗栱如郑州小砖墓出土的东汉中晚期陶仓房，如图6-129，该仓房面阔的正中间有一个三斗斗栱，栱身略有弯曲，中间的齐心斗与两旁散斗大小相似，整组斗栱与四川M530崖墓中的三斗斗栱形态相似。

（2）3-B、出挑一层斗栱

与不出挑斗栱相比较，河南地区出挑斗栱的形式多种多样，变化也比较丰富，其基本形式主要以插栱作为出挑构件，插栱之上则通过斗栱或叠斗的变化组合来完成对屋顶结构的支撑。按照插栱之上的斗栱层数又可将其分为单层、两层和多层几类。这其中，单层的形式最简单，如荥阳县河王水库1号墓出土的陶楼，如图6-130，在插栱之上置一个扁平的栌斗，栌斗上设置一横向垫木，在垫木的上方放置三个形制相似的散斗，形成一组三斗斗栱，在散斗的上方再放置一个短的替木，替木之上则为横向的连枋。其他的实例还有焦作市轮胎厂出土的二层彩绘陶楼、焦作市碳素厂1号墓出土的陶仓楼、南乐县宋耿洛村1号墓出土的陶望楼等，如图6-130。这些明器上的斗栱形式大体相似，或略有细微差别，如缺少散斗上的替木、栌斗的形态不一等，但大致上可分为一类。

（3）3-C、出挑两层以上的斗栱

出挑两层的斗栱在数量上要多很多，这些斗栱在插栱之上放置一个扁平的栌斗，栌斗之上则为一横栱，横栱的两侧放置两个小斗，这两个小斗一方面作为一层双斗斗栱的散斗，另一方面又作为上层双斗斗栱的栌斗，因此在两个小斗之上还有一道横栱，横栱之上设置三个散斗，相当于两个双斗斗栱共用一个散斗。类似的这种斗栱在明器上有很多实例，如焦作市

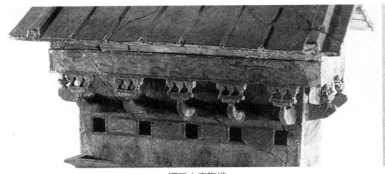

河王水库陶楼　　　　　　　　　　　　　碳素厂陶楼

轮胎厂陶楼　　　　　　　　　　　宋耿洛村陶楼

图 6-130　出跳的单层斗栱

轮胎厂陶楼

白庄 41 号墓陶楼　　　　　　　　　　　马作村陶楼

图 6-131　出跳的双层斗栱

轮胎厂出土明器、焦作白庄 41 号墓出土明器、焦作马作村出土明器等，如图 6-131。除了这几处比较典型之外，河南地区汉代明器上的斗栱形式大多为这种出挑两层的双斗斗栱[①]，似乎这一形式成为当时使用斗栱的主流形式。

---

① 河南博物院. 河南出土汉代建筑明器[M]. 郑州：大象出版社，2002. 类似的斗栱形式在该书中还有很多，如 p18、19、21、23、24、28、31、32、33、106 等。

6.2　高句丽宫殿建筑的样式要素

除了这两种斗栱之外，还有出挑三层的斗栱，但是或许由于出挑层数太多而影响结构稳定使得采用这种形式的实例很少，如焦作轮胎厂13号墓出土的明器，在其两层屋檐的下方采用的是两层出挑的双斗斗栱形式，而在其一层平座层的下方则采用了出挑三层的双斗斗栱形式，如图6-132。这种形式实际上与两层的双斗斗栱形式相似，只不过在其上方又增加了一层四个散斗，而二层的三个小斗一方面作为散斗，另一方面作为三个栌斗支撑上层的散斗，其组合原理大致相似。但是由于出挑层数较多，高度加大，同时采用的结构构件数目比较多，因此在当时木结构技术尚未发达的情况下，这种形式很容易导致结构性失稳而倾覆。

综上所述，汉代斗栱已经出现了很明显的地域性倾向，山东、苏北地域的斗栱风格古拙，四川地域的则较柔美，且呈现拟人化的倾向，河南地域的斗栱中不出挑的斗栱似与山东、苏北地区的存在某种血缘关系，而出挑的斗栱由于加入了插栱的因素，使得形态相对复杂。尽管存在明显的地域

图6-132　出挑的三层斗栱

风格，双斗斗栱仍然是上述地域建筑的主要元素与基本构件，在此基础上双斗斗栱产生了丰富多彩的变化，如双斗斗栱向三斗斗栱的演变，单层双斗斗栱向多层双斗斗栱的演变等，这些变化表明当时的人们对于传统的木结构技术，尤其是双斗斗栱的性能有了比较清楚的了解，并能在此基础上对其进行研究以满足不同的功能要求，而这也为此后双斗斗栱在东亚范围的传播打下了坚实的基础。

6.2.4.3　双斗斗栱的发展与传播

1. 魏晋南北朝时期双斗斗栱的发展

两汉之后的魏晋南北朝时期，处于中原文化核心地带的区域已普遍使用结构更为合理的三斗斗栱和人字栱，而之前两汉时期曾经流行的叠斗式斗栱和双斗斗栱则向外传播，向东传至日本列岛、朝鲜半岛，向西则传至甘肃等边缘区域。

此时，中原北方地区的建筑形式从早期的双斗斗栱逐渐向三斗斗栱和人字栱形式转变，其转变之缘由或在于结构技术的进步。就斗栱结构而言，三斗斗栱比双斗斗栱多了一个小散斗支撑上部荷载，有利于减小斗栱跨度之间的弯矩，增强斗栱的结构支撑能力。而且在构件的组合上，随着木结构技术的不断提高，三斗斗栱之间通过榫卯结构相互咬接，使得其结构整体性要远远高于之前的状况，因此，此时的结构技术更为成熟。敦煌莫高窟中的北凉时期壁画中表现了三斗斗栱与人字栱组合的形式，如图6-85。近期的考古发掘资料中，北周宋绍祖石室、北齐库狄回洛墓中都采用了三斗斗栱与人字栱的结构组合形式，如图6-133。此外，北朝的石窟大同云冈石窟、洛阳龙门石窟、太原天龙山石窟等表现此类结构形式的还有很多，如图6-88、图6-89、图6-90和图6-91等。而南朝建筑斗栱的使用形式是以双斗斗栱为主，还是以三斗斗栱为主，由于发掘资料的匮乏，目前还不是很清楚。但是，南京栖霞山南朝墓的墓门上，赫然表现了两朵双斗斗栱和一朵人字栱的组合结构，这也是目

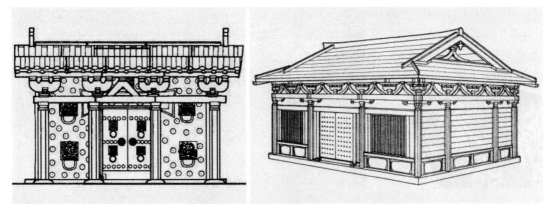

图6-133 北魏宋绍祖墓石椁（左）和北齐库狄回洛墓房形椁复原（右）

前唯一一座表现双斗斗栱的南朝斗栱形象，如图6-134。魏晋时期，由于中原地带长年战乱，北方士族大量南迁以躲避战祸，因此很有可能将早期的汉代遗风带至南方，并一直保存下去。

2. 隋唐之后双斗斗栱的发展

隋唐之后，由于木结构技术在此阶段得到了较大的提高，因此早期的双斗斗栱已基本被三斗斗栱所代替。在目前已知的隋唐石窟、墓室壁画及出土的建筑明器中，双斗斗栱已基本绝迹，转而采用三斗斗栱或人字栱的结构。当然，这些壁画或明器仅表现了隋唐时期的部分建筑形象，不排除此阶段一些小型的、地方性、较偏僻的结构简单建筑仍然采用双斗斗栱的可能。在初唐末期之后，建筑中已经逐渐出现了向外出跳的偷心造柱头斗栱，如图6-95中第71窟所示。这种结构为了满足建筑向外出跳及加大进深的要求，在之前的三斗斗栱基础上又向前进了一步，此后柱头铺作的结构形式愈加复杂，建筑的开间、进深的尺度也逐渐加大，甚至还出现了诸如麟德殿这种规模宏大的建筑。

3. 高句丽双斗斗栱的发展

高句丽地处东北及朝鲜半岛一隅，对外交流不便，因此保留有较多的早期汉代建筑遗风，在其墓葬及壁画中保留有双斗斗栱的形象与实例。著名的安岳3号墓中在其回廊部分就有多组双斗斗栱的实例，如图6-135。在每个方柱柱头的栌斗上方，横向放置着一组双斗斗栱，栱的两端微微上翘，其上正好各置一个小斗，两个小斗上并无开口，而类似于后世的平盘斗，在梁的下方起直接的支撑作用。

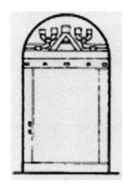

图6-134 栖霞山南朝墓斗栱

图6-135 安岳3号墓中的双斗斗栱

与该墓处于相同时代的安岳1号墓，则表现了双斗斗栱的组合形式，如图6-136。该墓中转角部位的双斗斗栱为重栱做法，最下方的栌斗上放置一个水平的横栱，栱的端部再放置两朵小斗，在此层之上再叠加一层类似的做法，这样形成重层的双斗斗栱结构。与安岳3号墓中不同的是，该组斗栱的水平

图6-136 安岳1号墓中的双斗斗栱　　图6-137 星冢中的双斗斗栱

横栱近似于一块横板，端部也没有向上起翘的部位用以放置小斗，这种形式与汉代明器中出现的斗栱形式非常近似。另一座高句丽古坟——星冢中的壁画隐约有一组斗栱，其栱端部分支撑着一朵双斗斗栱，其上又有重复的结构，这也表现了双斗斗栱重栱的做法，如图6-137。

同时，高句丽的双斗斗栱逐渐向三斗斗栱过渡，出现了多种不同形式的三斗斗栱，大致可分为如下几类。单栱做法，如角抵冢、舞踊冢、龟甲冢等，如图6-138。这种形式的斗栱在三斗斗栱中占多数，一般位于高句丽古坟壁画中的角部，乍一看与后期的丁头栱相似，似

舞踊冢

角抵冢

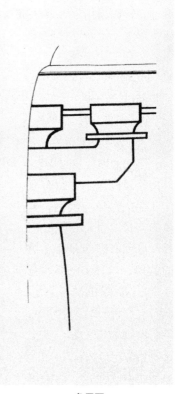

龟甲冢

图6-138 高句丽墓中的单栱做法

图 6-139 水山里古墓壁画重栱

图 6-140 双楹冢壁画重栱

乎为角铺作,但如将其还原为柱头铺作可知其应为三斗斗栱。栌斗的上方支撑一道横向华栱,在华栱的中间及两端各置一个小斗,形成一组三斗斗栱。另外一点值得注意,与之前的双斗斗栱不同,三斗斗栱中大量使用了皿板这一构件,且一般多位于柱头栌斗与方柱、栱端与小斗之间,皿板的使用或表明这些斗栱受到南北朝时期建筑风格的影响。

由于单栱造对于建筑竖向方向的高度支撑有限,因此在此基础上又出现了两种重栱做法。第一种重栱做法实为两层单栱相叠加,每一层单栱也都为三斗斗栱,两层单栱之间相隔以素枋,这样就形成一组三斗斗栱与一道素枋,其上再重复一次类似结构的形式,尤其以水山里古坟壁画中最具代表性,如图 6-139,笔者认为这种结构或为早期扶壁栱的一种重要形式。第二种重栱做法与之相异,在单栱一斗三升之上,再增加一道横栱,栱的中间及端部支撑小斗,这种形式与后期的重栱做法比较接近,其代表性的实例如双楹冢,如图 6-140。综上所述,高句丽双斗斗栱至三斗斗栱的发展或存在如下的演变关系,即双斗斗栱——三斗斗栱——三斗重栱。三斗斗栱尤其是三斗重栱由于其技术先进、结构稳定性高,支撑高度大因而更能满足高句丽贵族对大空间建筑的生活需要。

4. 日本列岛的云形栱

日本列岛上目前并无早期双斗斗栱实例的存在,但是在其早期的飞鸟样式上能看出一些双斗斗栱的痕迹,如其独特的云形栱。这些云形栱目前主要集中在以下几座建筑中,法隆寺五重塔、金堂、中门,法起寺三重塔、玉虫橱子和法轮寺三重塔,其中的法轮寺三重塔于 1944 年烧毁,所幸的是还保留有其云形栱的部分资料。

这几座飞鸟时代的建筑,其云形栱的特征大体上是相似的,主要结构为栌斗上方横向两侧出华栱,华栱的两端都向外出跳一朵云形小斗,而栌斗向外出跳一个华栱。这一只华栱水平横置,其端部及中心部位置一朵云形小斗,小斗的上方则支撑一向外出跳的素栱,其上部则为一条下昂。从结构上看这种云形斗栱实为一种早期的偷心造或插栱做法。栌斗向外出一跳,跳头上无横向的华栱,这种结构与洛阳隋代陶屋的偷心做法比较类似,只不过隋代陶屋的出跳数要比前者多。云形栱端部的云形小斗及栌斗上横向华栱上的云形小斗，其构成形式明显为双斗斗栱。

关于其来源日本学者多认为来自中国，而且尤其与四川汉代石阙上的斗栱结构有较多的相似点，同时与汉代陶楼明器中也有很多相似性。将这三者相比较，不难发现这种云形栱与汉代陶楼（尤其是河南地区）明器相似度更高。如 6.2.4.2 节所述，河南汉代地区出土的陶楼明器大量使用了单层或多层双斗斗栱，而其下的出跳华栱也是一道插栱，每组双斗斗栱下的横栱均为水平状，这一特点也与飞鸟时代的云形栱是非常相似的。此外，若将河南地区汉代陶楼明器的双斗斗栱外轮廓加以勾勒，所形成的整朵双斗斗栱的立面造型与飞鸟时代云形栱也非常相似，因此飞鸟时代的云形栱与河南汉代陶楼明器之间或存在着一定的血缘关系。

无独有偶的是，现存的高句丽古墓壁画中也存在类似的云形栱结构。安岳 1 号墓地处朝鲜半岛平壤附近，其墓室北壁中有一幅著名的宫殿图，宫殿图的两侧赫然表现了当时的斗栱形式，如图 6-136。柱头的上方为一个体量较大的栌斗，在其上方放置一道横向华栱，华栱的两端及中心部位各置一个小斗，其上又增加一道横向华栱，华栱上依然放置两朵小斗。整组斗栱的外轮廓形成曲线状的云形，尽管与飞鸟时代的云形栱不十分相似，但是两者仍然可能存在一定的亲缘关系。出跳华栱水平横置、小斗比较扁平、外轮廓的云状造型等等，这些都是两者的共同特点。当然，两者也有一定的差异性，如安岳 1 号墓的斗栱比较素朴，而飞鸟时代的云形栱则具有一定的装饰化倾向。目前，学界一般认为安岳 1 号墓的年代和同地区的安岳 3 号墓相近，安岳 3 号墓内有明确的纪年文字，即公元 357 年，而飞鸟时代的建筑处于南北朝时期，因此安岳 1 号墓在年代上或要早于日本飞鸟时代的建筑，因此飞鸟时代的云形栱有可能是在安岳 1 号墓的基础上逐渐发展而来的，从安岳 1 号墓的素朴到飞鸟时代云形栱的装饰性，这种关系从样式的发展演变上来说也是合理的。

在日本飞鸟时代建筑的云形栱与汉代陶楼明器之间，学界普遍认为存在亲缘关系，但是这两者之间在年代、地域方面都存在较大的差距，因此两者之间以何种方式传播，这的确是个问题。高句丽安岳 1 号墓古坟壁画中的斗栱形式，无疑为解决这一问题指明了方向。这三者之间不仅在年代上形成汉代——魏晋——飞鸟时代的递进关系，而且在地域方面也形成了中原——朝鲜半岛——日本的层接关系，因此笔者认为他们同属于发源自汉代中原，传播至日本飞鸟时代的双斗斗栱结构体系。

6.2.4.4 本节小结

双斗斗栱是东亚建筑文化体系中的一个重要建筑元素，笔者认为其源头呈多元化的特点。北方以木骨泥墙建筑为主，其双斗斗栱也呈现出抬梁式的特点，而南方建筑以穿斗式为主，其双斗斗栱也源自原始的枝丫状形象。

在此基础上，汉代的斗栱体系也不断发展，其中尤以山东—徐州、河南及四川三处的斗栱最具特点。山东—徐州地域的建筑早期呈现出一种原始的恢宏气势及古拙的风格，同时其斗栱也逐渐发展出叠斗式和双斗斗栱两种形式。四川地域的斗栱则明显与山东—徐州地域相异，不仅没有表现古拙的风格而且还呈现出一种柔美的秀丽感，在其双斗斗栱的表现上更为明显。在此基础上，双斗斗栱已经逐渐表现出向三斗斗栱发展的趋势，同时其曲线的表现甚至达到了夸张的程度。河南地域所出土的大量汉代明器，也表现了该地域的斗栱特点，即大量使用插栱与双斗斗栱相结合，由于与山东 - 徐州地域在地缘上比较接近，因此两者在斗栱的搭接方式上也存在一定的相似性。

尽管存在明显的地域风格，双斗斗栱仍然是上述地域建筑的主要元素与基本构件，在此基础上双斗斗栱产生了丰富多彩的变化，如双斗斗栱向三斗斗栱的演变，单层双斗斗栱向多层双斗斗栱的演变等，这些变化表明当时的人们对于传统的木结构技术，尤其是双斗斗栱的性能有了比较清楚的了解，并能在此基础上对其进行研究以满足不同的功能要求，而这也为此后双斗斗栱在东亚范围的传播打下了坚实的基础。

魏晋南北朝之后，由于中原地区木构建筑技术水平的提高，双斗斗栱逐渐被三斗斗栱及人字栱等构件所取代，而地域文化边缘的西域及高句丽则沿袭了中原地区的双斗斗栱结构，这也表现了文化传播中迟滞性的特点。高句丽的双斗斗栱在古墓壁画中保存有大量的形象，在早期双斗斗栱结构的基础上，逐渐向三斗斗栱及三斗重栱方向发展，不断加强了结构的稳定性与整体性。

尽管日本列岛目前所留存的双斗斗栱形象较少，但是相信当时也受到中原双斗斗栱的影响。其飞鸟时期独具特点的云形栱，笔者认为其形象与河南地域的斗栱体系比较接近，而高句丽安岳1号墓中的斗栱特点也与之比较类似，因此笔者认为飞鸟时期的云形栱有可能是中原地区的双斗斗栱通过朝鲜半岛传入日本的。

6.2.5 柱

柱子作为高句丽古坟及其壁画中的一个重要样式要素，其表现形式也是多种多样的，壁画中表现的柱较为简单，而实例中的柱则相对复杂。

古坟壁画中的柱往往是与梁枋结构同时出现的，此时的柱仅以两条竖向的线条简单表示。这种类型的柱子，柱头多有栌斗，栌斗上部顶着梁枋，如集安万宝汀1368号墓，墓中柱子仅表现为两条竖向线条，柱头部分支撑上部的栌斗，再上则为横向的梁枋结构，如图6-141。与这种结构相似的柱还有安岳3号墓中厨房图、三室塚壁画中出现，如图6-21和图6-142。此外，这种结构形式的柱与栌斗结构，在安岳3号墓中还保存有实物，如图6-107，在该墓室后室的一侧回廊处，排列有五根柱，中间的三根结构为八角柱加栌斗的形式，值得注意的是栌斗上还绘制有兽面纹、莲花纹等装饰纹样，这几种纹样中莲花纹或表示希望墓主人死后进入一个纯净的天堂，而兽面纹正对墓室入口，或对进入墓内的入侵者起到某种震慑作用。

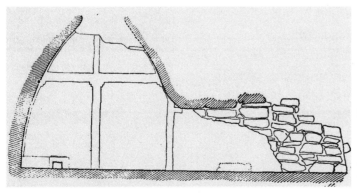

图6-141　集安万宝汀1368号墓中的柱

图6-142　三室冢中的柱

图6-143　画像石中的柱加双斗斗栱形式　　　　　　图6-144　沂南汉画像石墓中的柱加双斗结构

在上述结构基础之上，逐渐发展出了多种形式，包括柱与双斗结合的形式，柱加皿板与单栱或重栱结合的形式等。柱与双斗结合的形式，目前在高句丽中仅见于安岳3号墓，该墓内回廊三根八角柱的两侧就表现了这种结构形式，方柱之上放置一个栌斗，栌斗之上则为双斗斗栱，类似的结构形象在山东、苏北地区的汉代画像石也有多处出现，如图6-143，而山东沂南画像石汉墓中，也有类似的柱加双斗斗栱的结构，其结构相似度非常高，或许两者在早期存在着某种历史渊源关系，如图6-144。在这一斗栱形式上又逐渐发展出了柱加皿板与单栱或重栱相结合的形式，而且这种形式在高句丽曾经被大量使用，目前保存有这种形式的斗栱有多个实例，如舞俑塚、角抵塚、双楹塚等，如图6-138。柱与单栱、重栱之间增加了一块皿板，这或受到中原地区北朝时期皿板大量使用的影响，而柱与双斗斗栱的发展与传播，前文已述参见6.2.4.3节内容。

6.2.5.1　古坟壁画中的八角柱

高句丽古坟中的柱子形式变化并不多，以方柱和八角柱两种形式为主，这两种柱子也是当时东亚地区最为流行的柱子形式。壁画中一般表现的多为方柱，而八角柱则可见于目前发现的一些高句丽遗存实物，如安岳3号墓、双楹塚等古坟中的八角柱，如图6-138和图6-140，此外在集安博物馆原址场地中还发现有八角柱础，如图6-145。这些实物表明八角柱在高句丽的中后期曾经被大量使用。

另外，特别值得一提的是，高句丽的八角柱中有几个比较特殊的实例，最典型的莫过于双楹塚中两根巨大的石柱。

图6-145　原集安博物馆门前八角柱础

双楹塚位于平壤平安南道龙岗郡的安城洞，其名称实际上就是来源于这两根巨大的石柱，最早发现该墓的是日本学者关野贞先生，他对该墓进行了初步的分析，同时绘制了实测图，如图6-146和图6-147。该墓由三个部分组成，最前端的羡道及羡室，随后的前室以及最末端的后室，八角柱位于前室与后室之间。这两个八角石柱，结构由立柱、皿板和异形栌斗组成，相对其他复杂结构来说较为简单，但是其尺度异常巨大，甚至有些夸张，因此给人一种雄壮的感觉。除了结构特殊之外，这两根柱上的绘画装饰也值得注意，两根立柱的柱身均绘制云

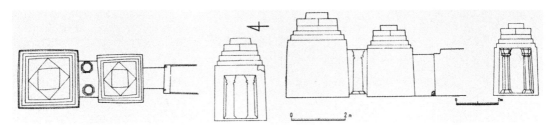

图 6-146 双楹冢平面

纹图案，皿板上的图案则模糊不清，而皿板之上的异形栌斗则绘制了仰莲的图案，这两根柱子的结构及其装饰图案究竟代表何种意义，值得进一步进行研究。

韩国学者金度庆先生在其论文中认为，双楹冢的前室和后室实际上是对墓主人现实生活的反映，平面中的前室来源于宫殿建筑中的回廊，而后室则体现了宫殿建筑的生活空间[①]，而两根柱子正好处于两个空间的边界上，起到划分空间的作用。笔者认为这种解释观点有其合理性，但对于这两根柱尚未给出确切的解释。

仅从结构上来看，双楹冢中的两根柱与其他使用皿板的柱似乎并无不同，但结合柱上的装饰纹样来分析，可发现其中另有内涵。一般认为云纹图案是汉代时期比较流行的装饰图案，而莲花图案则是佛教文化具有代表性的装饰纹样。此外，这两根柱子上的栌斗形式也比较特殊，近似一块仰卧的柱础而非一般栌斗欹部内凹的栌斗，这些都是这两根柱的显著特点。对高句丽古坟或壁画中的其他柱子进行整理，可以发现还有几个柱子实例具有类似的特征。如位于朝鲜南浦市水山里古坟的后室壁画转角部位也表现了一个异形柱，这个柱子由最下方的立柱、皿板、莲花和上方的栌斗几个部分组成，而在栌斗、斗栱和立柱的身上同样绘制着装饰化的云纹，如图6-147。再如位于朝鲜南浦市德兴里古坟后室北壁的转角部位也绘制着类似的柱子，该柱子也由立柱、皿板、曲线状构件和其上的栌斗组成，但与上述两例不同的是，该曲线状构件并没有表现出莲花的纹样，但其简化了的轮廓线似乎仍然表现了莲花的特征，如图6-147。上述几个实例中的柱子都有着共同的特征，其结构组成大致相似，即由下方的立柱、厚重的皿板、仰莲及其上方的栌斗组成，由于柱顶上方有一束仰莲，因此或可将其称之为仰莲柱。

图6-147 双楹冢（左）、水山里古墓（中）和德兴里古墓（右）中的柱

---

① 김도경. 주남철, 쌍영총에 묘사된 목조건축의 구조에 관한 연구[C]. 见 대한건축학회 논문집[M]. 대한건축학회: 서울, 2003.

图 6-148 天龙山石窟第 10 窟的仰莲柱

6.2.5.2 仰莲柱与火珠柱

目前,仰莲柱仅在朝鲜半岛中发现为数不多的几例,而中国和日本似乎也并未发现此类柱子,因此仰莲柱的来源与传播途径值得进一步进行研究。根据目前发表的考古资料,可发现太原天龙山石窟第 10 窟的柱子似乎具有与仰莲柱相似的特征,第 10 窟的前廊部分原雕有 2 根八角形立柱,东侧立柱及柱础已毁,西侧立柱则保存完好,上小下大,收分明显,柱头有仰莲台,莲台上置阑额一道,其上置三斗斗栱,如图 6-148 左图。同时,在第 10 窟前廊内西侧和主窟内东壁也可见类似的莲柱,前廊内西侧柱头上也有一朵盛开的莲花,中心为火焰宝珠,再上为莲台,台上原有一凤鸟造型,但遭后世破坏,如图 6-148 中图,主窟内东壁左右八角柱的柱头上也有仰莲台,台上各雕一凤鸟,凤鸟一爪举起,一爪直立于仰莲台上,如图 6-148 右图。除此之外,类似的仰莲柱在河南宝山灵泉寺的多处石塔上也可以见到,如图 6-149,塔心入口处的两侧均立着一根八角柱,柱顶部也各有一朵仰莲台,在塔心入口的上方是带有装饰的火焰纹,与

图 6-149 宝山灵泉寺 108 和 109 号塔仰莲柱

双楹冢相异的是在柱的中间部位还有一个莲花座,而八角柱和火焰纹组合的装饰形式在北朝以来的石窟、石塔中则曾经被广泛使用。

除了上述形式的仰莲柱外,北朝时期佛龛两侧的柱子还一度采用过火珠柱的形式。火珠柱是一种柱头采用火珠造型的柱式,包括珠体与四周的火焰,珠体下的托件往往是垂莲、仰莲或束莲等装饰构件,这种柱式从南北朝晚期开始出现,至初唐逐渐消失。钟晓青先生通过对嵩岳寺塔上出现的火珠柱样式的分析,研究火珠柱的流行与演变,由此而认为嵩岳寺塔为北魏正光四年建塔的结论无误[①]。

---

① 钟晓青. 火珠柱的流行与演变——兼谈嵩岳寺塔德建造年代[C]. 见建筑意[M]. 合肥:合肥教育出版社,2005:p131.

至于火珠柱出现的年代,在梁朝时宝珠与柱子已经开始结合,文献上有明确的"珠柱"记载,《南史》记载"初,开善寺藏法师与胤遇于秦望山,后还都,卒于钟山。死日,胤在波若寺见一名僧,授胤香炉奁并函书云:'贫道发自扬都,呈何居士'。言讫失。胤开函,乃是大庄严论,世中未有。访之香炉,乃藏公所常用。又于寺内立明珠柱,柱乃七日七夜放光。太守何远以状启昭明太子,太子钦其德,遣舍人何思澄致手令以褒美之。中大通三年卒,年八十六"[1],《续高僧传》也记载"(梁武帝)复于中宫起至敬殿景阳台,立七庙室。崇宇严肃郁若卿云。粉壁珠柱交映相耀"[2],从这些文献可大致推测南朝明珠柱出现大约在520年左右[3]。而学者们多认

图6-150 嵩岳寺塔火珠柱

为北魏柱头上宝珠的出现很有可能在洛阳永宁寺建立之后,文献记载洛阳永宁寺"复有金环铺首,殚土木之功,穷造形之巧。佛事精妙,不可思议。绣柱金铺,骇人心目"[4],其中的"绣柱"或为南朝的珠柱。另外,目前在河南登封嵩岳寺塔上还可见珠柱的造型,如图6-150,该塔在第一层塔身周围砌出了八个单层覆钵顶塔龛,其左右两侧各耸立八角形珠柱,总共有12个,它们均在柱头上加饰垂莲火焰宝珠,它或许受到北魏都城洛阳珠柱样式与形制的影响。

北魏之后珠柱的使用范围进一步扩大,影响的深度也越来越广。东魏北齐的响堂山石窟中以北响堂山第9窟和南响堂山第1窟、第7窟中的珠柱最为典型,如图6-151。北响堂山石窟第9窟属于东魏时期,其窟内侧壁列龛的间柱柱头均以火焰纹装饰,柱头端部饰垂莲,

图6-151 南响堂石窟第1窟(左)、7窟(中)和北响堂第9窟(右)的火珠柱

---

① (唐)李延寿. 南史[M]. 北京:中华书局,1975:卷30·何尚之传·何胤条.
② (唐)释道宣. 续高僧传[C]. 见高僧传合集影印本[M]. 上海古籍出版社:上海,1991:卷1.
③ (韩)苏铉淑. 东魏北齐庄严纹样研究——以佛教石造像及墓葬壁画为中心[M],北京:文物出版社,2008:p148.
④ (北魏)杨衒之. 洛阳伽蓝记[M]. 济南:山东友谊出版社,2001:卷1.

图6-152 程哲墓碑、麦积山石窟第43窟、54窟、141窟、5窟中的火珠柱形象

柱身以云纹装饰，中部则饰以束莲，龛楣正中也装饰有形式相似的火珠一枚。南响堂山石窟第1窟与第7窟则属于北齐时期，第1窟珠柱的火珠珠体突兀，柱身似为八角柱，窟门两侧的立柱柱身饰以缠龙，盘旋而上，石窟两侧的边柱则饰以束莲二道，另外，在该窟窟内的侧龛间柱位置也有火珠的形象。第7窟柱身中部也饰以束莲，柱头之上饰以火珠，该火珠以火球为中心四周呈发散的螺旋形火焰纹，形制独特。

除此之外，东魏时期程哲墓碑上的石刻画像也表现了珠柱的形象，如图6-152。该墓碑采用压地隐起的手法表现了类似石窟的佛龛形式，佛龛内的坐佛已损坏严重，而佛龛两侧的珠柱则清晰可见，珠柱下方为覆莲柱础，柱头为垂莲加宝珠的形式，柱身饰以云纹装饰，其形式与北响堂山石窟中的间柱柱身云纹装饰相近。同属北朝的西魏、北周也有使用珠柱的实例，如甘肃天水麦积山石窟西魏第43窟，模拟三间四柱的建筑形式，在窟檐部分的柱头栌斗之上都有一组宝珠纹，不过每组都由四朵火珠组成，每朵火珠形象饱满，使得整组宝珠纹装饰性比较强，这也是宝珠纹中比较独特的一例，如图6-152。而同属麦积山石窟的第54窟、第141窟均为北周时期，柱头均为火珠状，柱端均有垂莲作为装饰，与东魏、北齐时期的较相似。这种形式的火珠柱在麦积山石窟的隋代第5窟、第14窟中也有采用，如图6-152。

6.2.5.3 束帛柱

北朝时期除了火珠柱的形式之外，在佛龛的龛门外似乎还存在着另一种形式的柱。敦煌莫高窟第248北魏窟，其中心塔柱四面佛龛两侧的立柱与火珠柱均有明显不同，这些立柱柱头顶端不见莲花及火珠，而表现为一张帛纸被束缚在柱头的形象，或可称为束帛柱。在束帛柱的上方，沿着佛龛上部的边缘是佛龛的龛梁，龛梁的两端端头位于柱头的正上方，而龛梁两侧的收尾也表现为不同的装饰，其中正立面为一个兽头形象的装饰，侧立面则为云纹装饰，如图6-153。麦

图6-153 敦煌莫高窟第248窟（左）和麦积山第133窟（右）

图6-154 敦煌第285窟、461窟、432窟（2幅）和304窟中的束帛柱形象（从左至右）

积山石窟第133北魏窟第10号造像碑上共雕刻有三处主佛龛，最上层佛龛的两侧同样采用了束帛柱的形式，柱头上的兽似乎表现了反转相向的龙，而最下层佛龛的两侧束帛柱，采用的是八角柱形式，其柱头上的兽则似乎体现两只相对而立的凤鸟形象，如图6-153。北魏之后的西魏、北周洞窟都可见到这种束帛柱的形式，如莫高窟第285西魏窟、第461北周窟的佛龛两侧均表现为束帛柱加云纹龛梁的形式，而第432窟西魏窟的佛龛正立面为束帛柱加龙形龛梁装饰，侧立面则为束帛柱加云纹龛梁的形式，如图6-154。隋唐时期佛龛两侧的束帛柱形式表现更为复杂，束帛似乎逐渐向垂莲方向演变，而柱头上的兽形也逐渐定型为龙，通过雕刻与装饰所表现龙的形象也渐趋繁杂。如第304窟隋窟佛龛两侧的束帛柱，柱头的帛已经转变为垂莲，而柱头上表现的则是一个龙头反转向上的形象，如图6-154。

6.2.5.4 象征意义

火珠柱和束帛柱被大量使用于佛龛的两侧，其柱身采用了莲花、火珠等佛教传统装饰要素，因此这两种形式的柱子应代表了某种佛教意味或体现了某种佛教精神，其修长的造型与装饰要素或与佛教的"幢"、"塔"有关。

图6-155 金刚宝座塔

幢的基本结构由莲花柱础、八角形柱身、柱头莲花座等组成，其形式与火珠柱及束帛柱较相似，而幢作为佛教早期的一种用具，往往用于赞美佛、菩萨以及庄严道场，一般多立于佛、菩萨的前后，或佛堂及寺院的门口，如《法华经》卷5《分别功德品》曰"一一诸佛前，宝幢悬胜幡"，而"夫立幢之垂范，乃造塔之滥觞"[1]则表明佛幢与佛塔或存在不可分割的联系。佛幢或佛塔，它们都守卫在佛祖或菩萨之侧，一方面作为赞美佛主的用具，另一方面则成为降伏一切妖魔鬼怪的利器，如早期的金刚宝座塔，在代表佛主之大塔四周分布四座小塔，存在赞美与守卫的双重意味，如图6-155。火珠柱不仅具有幢的要素，而且还增加了宝珠的装饰。在

---

[1] （清）阮元. 两浙金石志[M]. 南京：江苏广陵古籍刻印社，1984：p37.

南北朝晚期的佛教艺术中，宝珠样式流行与净土信仰的盛行存在密切的关系，韩国学者苏铉淑认为北朝晚期佛教的重点从佛法重视转移到佛国净土重视，逐渐开始出现描写佛国土的庄严……从此不难推测当时人的心目中宝幢为佛国净土的重要组成部分[①]。同时她还认为火珠柱之流行存在着较强的政治意图，北齐高氏模拟佛教阿育王，不仅开凿佛舍利塔形窟，进而在其旁边还竖立模拟阿育王柱的单独珠柱，显示转轮圣王的出现[②]。

6.2.5.5 地域分布

前文已述，火珠柱和束帛柱在南北朝时期曾经被大量使用。北魏时期随着佛教文化从西域通过丝绸之路传到中土，佛教的某些构成要素也随之传到中原地区，束帛柱或称为其中之一。敦煌莫高窟中第268北凉石窟，其佛龛两侧已经绘制了低矮的石柱，柱头上的束帛纹似乎与西方早期的艾奥尼柱头相近，而柱头上的龛梁已经成形，唯有龛梁两侧的兽纹或云纹则尚未见成形，如图6-156。受到早期西域风格的影响之后，推测北朝佛龛两侧样式逐渐升高，原有的艾奥尼柱头与石柱合二为一，两侧的卷草逐渐下垂而形成束帛状，佛龛的龛梁逐渐升高，龛梁端头的兽纹或云纹也逐渐形成。束帛柱形成之后，在北朝西部的西魏、北周等所属地域大量流行，因此敦煌莫高窟、麦积山石窟中才能发现如此多的实例。此外束帛柱的形式在天龙山石窟的第1窟、第8窟等也有所发现，如图6-157。

而处于北朝东部的东魏、北齐地区则大量使用火珠柱，推测由于火珠柱在南朝率先使用，此后影响至北魏洛阳。由于北魏及其后的东魏、北齐学习南朝的先进文化，南朝的佛教文化影响也因而遍及北朝的东部地域，因此火珠柱在东魏、北齐得到大量使用，太原天龙山石窟、河北响堂山石窟等属于东魏、北齐地域范围的石窟中可见大量实例。

在构成要素方面，仰莲柱与火珠柱相近，两者均在立柱下方置覆莲柱础，柱身多为八角柱，柱头装饰则以莲花造型为主，两者之区别仅在于柱头部位，火珠柱以垂莲加火珠装饰为

图6-156 西方柱式的影响

图6-157 天龙山石窟第1窟、8窟束帛柱形象

---

① （韩）苏铉淑. 东魏北齐庄严纹样研究——以佛教石造像及墓葬壁画为中心[M]. 北京：文物出版社，2008：p156.
② （韩）苏铉淑. 东魏北齐庄严纹样研究——以佛教石造像及墓葬壁画为中心[M]. 北京：文物出版社，2008：p169.

主，而仰莲柱则以仰莲座加在柱头之上，莲花上的火珠由于上方的结构需要而加以省略，因此推测仰莲柱或为火珠柱的一个变异形式。此外，太原地区在南北朝时期处于东西魏的交界处，因此这两种柱式在此交汇而相互影响，这是存在一定可能性的。在此情况下，很有可能发生柱式的变异，而仰莲柱或即为此一个实例。此后，仰莲柱这种变异的柱式又通过高句丽与东魏、北齐官方的称臣纳贡等官方交流、佛教文化的东传以及民间的移民等多种形式，逐渐东传至朝鲜半岛的高句丽，使得在高句丽后半期仰莲柱曾经被大量使用，甚至在高句丽墓葬中也大量采用，这或许可成为双櫼冢形式存在的一个缘由吧。

6.3 高句丽宫殿建筑的结构体系

本章前两节内容对高句丽古坟壁画中的宫殿建筑图像进行了整理，同时对其中的重要建筑构件在当时整个东亚木构建筑体系中的地位及演变关系进行了探讨。这些内容不仅是形象及样式上的表现，而且对其进行深入挖掘或可窥知当时高句丽宫殿建筑的结构体系，进而分析其结构体系与中原建筑结构体系之间的关联性，本节即拟对这些问题进行研究与探讨。

6.3.1 建筑遗址表现出的建筑结构

目前高句丽现存的建筑遗址数量比较多，但是其中属于宫殿等重要类型的建筑遗址仍然相对较少，其中比较重要的一处当属位于集安国内城附近的东台子遗址，此外近年来国内城城内新近发现的几处遗址的性质推测也比较重要，但是由于遗址破坏比较严重，尚不足以讨论其可能的结构形式。

位于集安国内城遗址附近的东台子建筑遗址，是一处高句丽早、中期的重要建筑遗址，其发现历程如 1.2.2.1 节所述，如图 6-158。图中的平面表明该建筑至少存在两种结构，一种是封闭式围合结构，另一种则是围合结构之外的半开放结构。

遗址中的封闭式围合结构其地基"用鹅卵石和黄土铺垫，并且每层都经过夯打……在屋基的上面放上础石，这些础石多半是采取板状的石块，不加修饰，其中有少数稍经加工，但特别粗糙"[1]。笔者认为，这种结构或与早期木骨泥墙的形式相近，平整的屋基上放置础石用以承托结构内部的木柱，木柱之外再用土或土石结构加以围合，这样的建筑结构简单而且实用，应为一种早期的建筑结构形式。

在封闭式结构的外围，还有一道半开放结构，推测为室外的廊道，也即回廊。这种室外廊道"像是没有地基，只是在础石下面垫上一圈 2-3 层的鹅卵石，这不仅能稳固础石，而且也防止屋檐雨水流下将础石基土冲走致使础石下沉"[2]。回廊在高句丽的宫殿建筑中采用较多，如安鹤宫、安岳 1 号墓壁画中的宫殿建筑等，如图 5-1 和图 6-13 所示。高句丽早、中期时，由于技术所限，推测回廊的结构以简单柱头铺作（柱＋栌斗）支撑横梁的方式为主，而这种类似结构在高句丽早期古坟壁画中也曾出现如图 6-141。它的缺点在于结构的稳定性较差，柱头的栌斗仅相当于铰接，没有刚性拉结，同时建筑以纵向拉结为主，横向拉结缺少或没有，建筑主体易歪斜或倾覆。

---

[1] 吉林省博物馆. 吉林集安高句丽建筑遗址的清理 [J]. 考古，1961，(01)：p51.
[2] 吉林省博物馆. 吉林集安高句丽建筑遗址的清理 [J]. 考古，1961，(01)：p52.

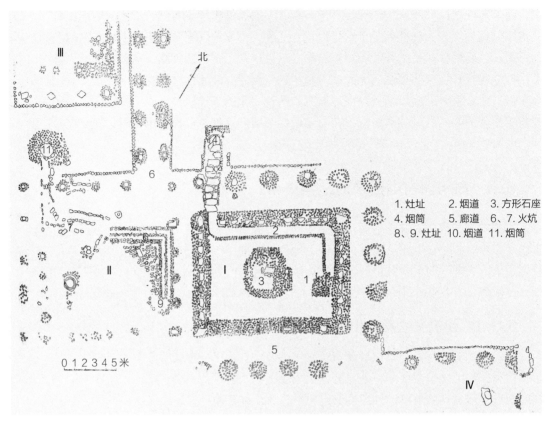

图 6-158　东台子建筑遗址

6.3.2　古坟壁画表现出的建筑结构

中原地区自古以来就有"事死如事生"的观念，因此古人的墓葬在很多地方模拟生活时的场景，其墓室也往往模拟为生活时所居住的建筑。根据目前已知的高句丽古坟、壁画及出土的一些随葬品，推测在高句丽的贵族阶层中可能也存在这种"事死如事生"的观念，因此其古坟中所表现的建筑结构形象，很有可能就是其当时所居住建筑的真实写照。

相比于建筑遗址，高句丽古坟不仅数量众多，而且其所表现的建筑结构形象也比较丰富。根据古坟内部壁画所表现的内容，笔者将其分为以下两类，即表现简单柱梁式结构的墓室和绘制有斗栱结构的墓室。

6.3.2.1　简单柱梁式结构的墓室

位于通沟一带的三室冢，其内部或表现了高句丽早期的建筑结构形式，即简单的柱梁式结构。墓室的角部绘制柱子，柱子上方所支撑的横梁环绕整座墓室，这种简单的柱梁结构在早期应用比较普遍。值得注意的是，在柱子与横梁交接处，使用了叠斗式的斗栱构件，似乎有三层之多，这种结构与汉代山东、徐州地区画像石中所表现得比较近似，如图 6-112，类似的三层叠斗式斗栱还出现在长川 1 号墓中，如图 6-159，但后者并没有表现出墓室内的柱梁式结构。此外，通沟附近的一些墓室，如万宝汀 1368 号墓等所表现的结构也都是早期的简单式柱梁结构。同处通沟的环纹冢，由于其墓室内部四壁所绘制的众多圆环形装饰而得名，其墓室所表现的结构也为柱梁式结构，但是柱头并没有采用三层叠斗式斗栱，而采用了类似雀替形的构件，比较特殊，如图6-160。目前，这种早期的柱梁式结构多位于高句丽的早、中期活动地域，而位于鸭绿江右岸的朝鲜半岛中部地区则不多见，仅见于药水里古墓、台城里2号墓等。

图6-159 长川1号墓中的叠斗

图6-160 环纹冢中的叠斗

6.3.2.2 带有斗栱结构的墓室

带有斗栱结构的墓室，根据斗栱结构的复杂程度，又可分为下列三种类型。

1. 单栱结构的墓室

位于集安的舞俑塚，其墓内所表现的建筑结构体系相对比较简单，如图6-102所示。墓内角部表现了柱头铺作的建筑结构，即柱顶支撑栌斗，其上再向外出挑一层华栱，华栱的端部支撑散斗，散斗之上则承托一道横楣（柱头枋）。呈卷云纹状或火焰纹状的三角装饰位于柱头枋之上，推测其模仿的应为人字栱或叉手，而且这些叉手在柱头坊上的分布也不均匀。值得注意的是，在散斗与华栱、栌斗和柱之间均有一个横向的垫板类物体，推测应为早期的皿板构件。位于通沟附近的角抵冢，其室内所表现的单栱做法与舞俑冢中的极为相似，如图6-102所示。此外，龟甲冢中的单栱做法与以上两者也大致相同，但在一些具体的细部做法，如出挑华栱的砍杀、皿板与散斗的比例关系上似乎更为接近现实中的斗栱，如图6-138。

安岳2号墓位于朝鲜黄海南道，该墓内绘制的建筑与舞俑塚、角抵冢内的具有很多共同点，如图6-161，如柱头铺作华栱向外出一跳，柱头枋上承托人字形叉手，斗栱中使用了"皿板"建筑构件等。同时，也存在一些差异性，这表现在两个方面。

首先，人字栱在柱头枋上的分布，安岳2号墓内的分布均匀，且与柱头铺作呈对位关系，而舞俑塚中的既没有均匀分布，也没有与柱头铺作相对位。笔者认为这一差异表现了两者在建筑整

图6-161 安岳2号墓中的斗栱形象

体构架上的不同。人字栱不与柱头铺作对位,且分布不均匀,或表明舞俑冢的建筑结构仍然以建筑的纵架结构为主,而人字栱与柱头铺作对位,使得柱头铺作的整体结构得到加强,此时的建筑构架或已脱离早期的纵架结构,而逐渐向横架方向发展,其建筑结构的稳定性也得到了极大的加强。另外,人字栱的均匀分布在某种程度上也提高了建筑外立面的美观性。

其次,两者之间的差异还表现在柱头枋的数量上,安岳2号墓中的柱头枋有两道,而舞俑冢则仅有一道。两道柱头枋的拉结作用无疑要优于一道柱头枋,因此在横架结构构架的基础上,通过纵向多道柱头枋的拉结作用,安岳2号墓所表现的建筑结构整体性或要大于舞俑冢中所表现的建筑。

2. 重栱结构的墓室

龛神冢位于朝鲜平安南道,其内部所表现的斗栱是典型的重栱做法,如图6-162。柱头栌斗之上向外出一跳华栱,其上又向外再出一跳华栱,华栱之上为一道巨大的横楣(柱头枋),横楣之上也有类似于舞俑冢中的火焰纹或卷云纹三角。此外,龛神冢中的华栱与安岳2号墓中的做法相似,在栱的端头都有砍杀,同时华栱的形态上也比较挺拔,不似舞俑冢、角抵冢中华栱的圆滑。

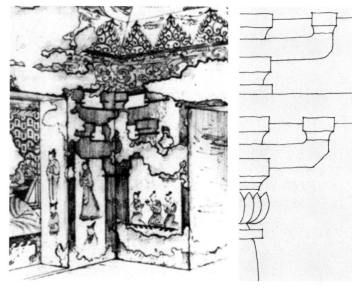

图6-162 龛神冢中的重栱形象　　图6-163 水山里古坟冢的重栱

位于朝鲜平安南道的双楹冢和安城洞大冢,其内部表现的建筑结构与龛神冢相似。双楹冢中角部的柱头铺作华栱向外出两跳,重栱,柱头铺作之上有两道大横楣(柱头枋),其间均匀分布着人字栱,在人字栱之间的空档中绘有凤鸟等装饰纹样,如图6-101。安城洞大冢所表现的建筑结构与双楹冢中的基本相同,唯一不同之处在于柱头铺作所支撑的两道横楣之间,双楹冢均匀分布着人字栱,而安城洞大冢则采用斗子蜀柱与人字栱交叉分布的方式。此外,安城洞大冢铺作中似乎未采用皿板这一建筑构件,而双楹冢的柱头铺作和人字栱上,均可见皿板这一建筑构件。

水山里古墓中的斗栱同样为重栱做法,但是与前几类似乎并不相似。在水山里古墓角部的仰莲柱头栌斗上出一跳华栱,华栱之上承托一道横楣,横楣之上放置一朵散斗,其上再出一跳华栱,华栱之上又承托另一道横楣,整组斗栱有些类似于后期的扶壁栱做法,这在高句丽古墓中比较少见,如图6-163。

3. 特殊斗栱结构的墓室

德兴里古墓位于朝鲜平壤平安南道,其墓室内所表现的建筑结构是比较特殊的,与上述几种情况均不相同。该墓的前室结构比较简单,在墓室角部表现了柱子支撑栌斗(带皿板)的简单铺作形式。该墓的后室结构比较独特,后室的角部同前室相似,采用简单的柱头铺作形式，其上则有两道横楣，一道似为阑额，另一道则为柱头枋，如图 6-102。值得注意的是这两道横楣之间的支撑结构，在柱头铺作的上方采用一层高的人字栱，而在柱头铺作之间则两朵人字栱与一朵一斗三升相结合的方式，整组补间铺作也因此而形成上、下两层。这种组合方式，不仅与双楹冢所采用的人字栱分布方式有别，而且也与安城大塚所采用的人字栱间隔斗子蜀柱的形式不同，即使在早期东亚地域范围内，也无类似的铺作形式，因此这一结构的来源、发展及其意义值得进一步的研究与讨论。

6.3.3 高句丽宫殿建筑的结构演变

依据目前现有的图像及文献资料，高句丽宫殿建筑的结构仍然不足以知其全貌，但这些资料还是为研究高句丽建筑的结构体系提供了重要的素材，在对建筑遗址及古坟壁画中建筑结构进行分析的基础上，笔者认为高句丽宫殿建筑的支撑结构或存在如下演变关系：

6.3.3.1 柱头结构的不断发展

如 6.3.2 节所述，高句丽建筑的早期结构仅为简单的柱梁式结构，即竖向的柱支撑横向的梁，如环纹冢中的结构，而由于技术水平较低，早期的宫殿建筑也有可能采用这种结构。目前中原地区出土的壁画或画像中都可见类似的实例，如内蒙古和林格尔汉墓壁画、山东汉画像石等，而高句丽药水里古墓中发现的类似结构或表明当时的这种结构甚至影响到了朝鲜半岛的内陆地区。此后，随着建筑技术的不断发展，柱头部位逐渐出现了向外出挑的斗栱，如角抵冢和舞俑冢中均表现有向外出一跳的华栱。在此基础上，柱头铺作又逐渐发展出向外出两跳华栱的重栱造柱头铺作，如安岳 1 号墓和双楹塚中的斗栱形式。随着出跳次数的增加，柱头铺作的结构也随之而加强，建筑结构的整体性也得到很大的提高。

6.3.3.2 梁枋构件的不断强化

柱头铺作的不断发展，对柱头上的梁枋结构影响也比较大。早期的柱头铺作上仅有一道横楣，此后又发展出两道横楣，在纵向上加强了建筑的整体性与稳定性。两道横楣之间，发展出了斗子蜀柱、人字栱、斗子蜀柱与人字栱相结合等多种方式，甚至还出现了德兴里古墓中两朵人字栱加一斗三升的结构形式，这些构件的目的都在于加强梁枋之间的联系，以提高整座建筑的整体性。而这些多样的结构形式也表明对于如何合理的搭配建筑构件，当时正处于一个摸索的阶段。此后，两道横楣之间的结构搭接形式逐渐趋向稳定，形成了以人字栱为主体，斗子蜀柱相间隔的主要搭配形式，如双楹塚和安城洞大塚等墓室中的建筑结构。

6.3.3.3 建筑结构从纵架向横架方向发展

纵架结构向横架结构发展，是东亚传统木结构体系早期发展的一个特点，刘临安先生曾对此进行专门研究，笔者认为高句丽建筑作为该体系中的一员，同样也存在这个特点。以柱头斗栱上两道横楣间的人字栱为例，最初的人字栱分布并不均匀，甚至与柱头铺作交错，说明此时的结构仍然以柱和两道横枋之间的拉结作用为主，而此后的人字栱在两道横楣之间分布逐渐均匀，并且开始与柱头铺作结合形成横向的拉结体系，或表明此时的建筑结构已经开始向横向方向转变，这也是高句丽建筑结构整体性得以提高的一个质的飞跃。

6.3.4 高句丽宫殿建筑的早期结构

如 6.3.1 节所述,东台子高句丽早期建筑遗址表明,高句丽宫殿建筑至少存在两种结构形式,一种是封闭式的围合结构,另一种则是围合结构之外的半围合结构。

6.3.4.1 早期的围合结构

封闭式的围合结构类似于早期的木骨泥墙结构,这实际上是一种土木混合结构,也可以看做一种带有竖直支撑的简易夯土结构。这种结构中原地区早在半坡文化就已经出现雏形,后来逐渐传播到北方的广大地区。杨鸿勋先生认为这种木骨泥墙结构的出现是地面建筑大发展的一个技术关键,直立的墙体,倾斜的屋盖,奠定了后世建筑的基本体形[①]。在此基础上出现的夯土结构一直发展到汉代还依然存在,并通过增加壁带与壁柱等手段使得其稳定性不断得到加强。因此,高句丽早期宫殿建筑的主体围合结构很有可能是这种带有壁带与壁柱的夯土墙结构,而安岳 1 号墓壁画中的"金釭"式箍头或为其一个极好的明证。

安岳 1 号墓中不仅有一幅规模较大的宫殿建筑图,如图 6-13,而且在该幅宫室图的四周还表现了当时的一些建筑结构情况,如图 6-164。图中宫室图的两侧各有一组柱头铺作,柱头栌斗上出两跳华栱,重栱造,在第二跳的顶端支撑有一道横楣(柱头枋),这道横楣的两端各有一组比较奇特的装饰纹样,由两道横向的三角形以及在三角形顶端的竖向分割线组成。目前,这种装饰纹样仅见于安岳 1 号墓中,其他高句丽古坟中也没有发现类似的纹样,这种纹样究竟意味着什么呢?

笔者认为这种装饰纹样的原型,或为春秋以来中原地区在宫殿等高等级建筑的壁柱、壁带中所加的装饰构件,俗称"金釭"。1973 年在陕西省凤翔县春秋秦都雍城遗址曾先后出土 64 件别致的铜器[②],如图 6-165,这或许是有关"金釭"最早的实例[③]。汉代时"金釭"曾广为

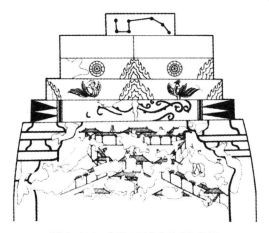

图 6-164 安岳 1 号墓中的金釭纹样

图 6-165 凤翔县春秋秦都雍城遗址出土金釭

---

① 杨鸿勋. 建筑考古学论文集[M]. 北京:文物出版社,1987:p30.
② 曹明檀,袁仲一,韩伟. 凤翔先秦宫殿试掘及其铜质建筑构件[J]. 考古,1976,(02):p124.
③ 杨鸿勋. 建筑考古学论文集[M]. 北京:文物出版社,1987:p116.

流行，文献记载"其……壁带往往为黄金釭，函蓝田璧，明珠、翠羽饰之"[①]。到了魏晋时期，"金釭"也称"列钱"，文献记载"皎皎白间，离离列钱"[②]。

金釭作为一种重要的建筑构造节点，在早期有其特殊的实用功能。早期的建筑多以土木混合建筑为主，其支撑结构多为夯土墙，而通过木质的竖向壁柱和横向壁带等对夯土墙进行加固，使其抗剪性能得到进一步加强。而通过金釭这一构件，使竖向壁柱和横向壁带之间形成整体的框架，更增强了结构的整体性与稳定性。此后，随着木结构建筑技术的发展及土木混合建筑的逐渐蜕化，金釭逐渐演变成为一种建筑装饰符号，唐、宋直至明清时期在建筑彩画中起装饰作用的"箍头"，其原型或许就是金釭，如图6-166。安岳1号墓壁画中横楣两端的装饰纹样，其形式与金釭具有很高的相似度，同时它的位置又在具有横向拉结作用的横楣两端，笔者认为这种装饰纹样推测为"金釭"具有一定的可信度。

关于该装饰纹样的时代性，笔者认为高句丽的地缘因素及与中原文化之间的战争因素，使其在文化交流中表现一定的滞后性，这一特点体现到建筑上最直接的结果，就在于与同时期的中原建筑相比，高句丽的建筑"古风"意味偏重。笔者认为这种滞后性的特点，或为处于4~5世纪的安岳1号墓内仍然表现了早期夯土结构装饰纹样的一个重要因素。

6.3.4.2 早期的半围合结构

东台子建筑遗址中的半围合结构，推测为回廊性质的建筑，根据古坟壁画中的形象资料，笔者认为它可能会采用以下几种结构形式。

首先，早期简单的柱梁结构可能存在，不过在柱梁的交接处有类似替木的构件。这种结构在高句丽古墓中仅在环纹塚中出现过，其他古坟中则尚未发现，如图6-160。这种结构与中原地区徐州、山东等地出土画像砖石中的雀替式斗栱形式比较类似，如图6-113。

其次，是柱头加栌斗的形式，梁上的结构荷载通过栌斗直接传递到柱子，结构方式简单而且实用。早期的高句丽建筑中采用这种形式的范围比较广，即使到了高句丽中、后期，很多次要建筑也还使用这种结构，如安岳3号墓、德兴里古墓中都存在类似的结构形式，安岳3号墓中还有这种结构的实例存在，如图6-107。

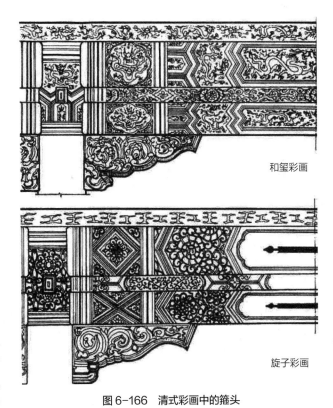

和玺彩画

旋子彩画

图6-166 清式彩画中的箍头

---

① （东汉）班固. 汉书[M]. 北京：中华书局，1962：外戚传·孝成赵皇后条.
② （南北朝）萧统. 文选[M]. 上海：上海古籍出版社，1986：何晏·景福殿赋，《文选》注"列钱，金釭也".

此外，还存在另一种柱头加栌斗的方式，此时的栌斗已经类似于多段式阶梯状的叠斗，与第二种类似平盘斗的结构有较大区别。这种叠斗式的柱头铺作曾经是高句丽早期的主要结构形式，而到了中、后期，由于高句丽宫殿等高等级建筑多采用人字栱等建筑构件，这种叠斗式的柱头铺作则被大量使用于厨房、库房、马厩等次要建筑中，如图6-22，如通沟万宝汀1368号墓壁画中的柱头铺作，如图6-141。在高句丽的后期，这种结构也仍然在继续使用，如台城里2号墓、三室塚等，如图6-142。

笔者认为第三种早期的结构形式来源于汉代的中原地区，中原的山东、徐州等地曾经广泛使用类似的叠斗式结构，比较重要的图像实例如山东武氏祠西阙子阙阙身、宋山小石祠后壁、武梁祠后壁、沂南汉画像石墓、永平四年画像石、宴饮画像石等，详见6.2.4.2节。

值得一提的是，这三种早期的支撑形式，其结构支撑的原理在本质上是相同的，即利用柱头的叠斗式栌斗、平盘式栌斗或两端的替木来减少柱间横梁的弯矩，从而进一步加大柱子的支撑间距。多种不同形式的支撑方式也表明，增加木构建筑的开间与进深，进而逐渐摆脱传统的夯土结构，这正成为当时建筑结构技术探索的重要方向。叠斗式结构从早期的平盘斗式栌斗，逐渐发展到后期的阶梯状叠斗，在逐渐增加柱间距的同时，铺作的层数也不断增加。这种叠斗式结构尽管柱间间距可以增加很大，但是由于叠斗层数的增加而使得整朵铺作失稳的可能性也在增加，不利于建筑整体结构的稳定，因此这种类似的结构在后期已经不多见。此时，由于双斗斗栱结构的出现，铺作随即朝双斗结构的方形发展，详见6.2.4.3节。

此外，正如6.2.4.2节所述，叠斗式结构多流行于山东、徐州等地，但它的影响在早期应不仅限于该地域，远在内蒙古和林格尔的汉墓壁画中也表现了这种结构，如图6-113。因此，从山东、徐州到东北的地缘关系，结合当时的社会背景，推测高句丽早期的叠斗式结构很有可能受到汉代山东、徐州等地域结构形式的影响。

6.3.5 中原结构体系对高句丽的影响

汉代中原地区的建筑是以土木混合结构为主体的，即使是一些大型宫殿也往往是在夯土堆上通过土堆的层层叠落来表现恢宏气势的，而此时的全木建筑的结构技术仍然处于摸索的阶段，这一状况持续了很长时间。进入魏晋之后，木结构建筑才逐渐脱离了夯土结构转而向独立的全木结构方向发展。南北朝时期，中原地区的建筑在结构与风格方面均有很大变化，其中以北朝的表现尤为突出。而高句丽与北朝多个政权特别是与北魏的关系良好，朝贡不断，她在政治、文化等方面深受北魏之影响，因此北朝的建筑很有可能在此情况下影响到了高句丽。

目前，北朝的建筑形象多出现在石窟和墓葬中的壁画、雕刻中，其中又以石窟中所存为多，如甘肃敦煌石窟、麦积山石窟、大同云冈石窟、洛阳龙门石窟、太原天龙山石窟等均保留了较多的建筑形象。对于这些石窟特别是云冈和龙门石窟中所保存的建筑形象，傅熹年先生在其论著中第一次提出北朝木结构的五个发展进程[①]，如图6-167。他认为"以土木混合结构为主的Ⅰ型和Ⅱ型，可能为木构架也可能为混合结构的Ⅲ型，全木构架的Ⅳ型和Ⅴ型。而

---

① 傅熹年. 中国古代建筑史第二卷：两晋、南北朝、隋唐、五代建筑[M]. 北京：中国建筑工业出版社，2001：p288.

Ⅰ型：厚承重外墙，木屋架

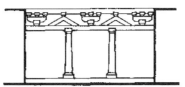
Ⅱ型：前檐木构纵架，两端搭墩垛或承重山墙上，梢间无柱，靠山墙保持构架的纵向稳定

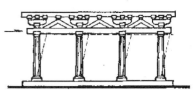
Ⅲ型：前檐木构纵架，柱上承阑额、檐枋、檩、斗栱、叉手组成的纵架，四柱同高直立，可平行倾侧纵向不稳定

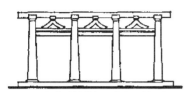
Ⅳ型：前檐木构纵架，柱上承枋，阑额由柱顶上降至柱间，额、枋间加叉手，组成纵架，靠阑额入柱榫及纵架保持稳定

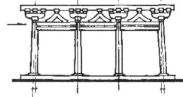
Ⅴ型：全木构架，中柱外侧各柱逐个加高（生起），并向中心倾侧（侧角），阑额抵在柱顶之间，柱子既不同高，又不平行，可避免Ⅲ型可能发生的平行倾侧，保持构架的纵向稳定

图6-167　北朝五种构架形式

从建筑构架特点看，Ⅱ型建筑的厚土墙除承纵架两端和后檐之重外，还有维持房屋构架稳定的作用；Ⅲ型外檐的纵架全由檐柱柱列承托，没有厚的土墙，由于柱子托在纵架下，是简支结合，柱列各柱可以平行地同时向一侧倾倒或沿同一方向扭转，稳定性差，所以它更可能是用为混合结构的房屋的外廊，依附于主体，以保持稳定。Ⅳ型把阑额降到柱间，与檐柱、檐枋、斗栱在柱列的上部连为一体，近于排架，阑额入柱处的榫卯和阑额檐枋间的叉手保持了构架的纵向稳定。Ⅴ型阑额架在柱顶之间，围成方框的阑额把柱网连为一个稳定的整体。柱额以上是由柱头铺作、补间铺作、柱头枋、檐枋组成的纵架，上乘屋架。这种做法柱网、纵架、屋架层叠相加，既可保持构架稳定，又便于施工，在五种类型中最为先进"[1]。笔者认为高句丽建筑也存在类似的演变关系，而这种演变关系与北朝建筑的相比，既有共同点也有不同点。

北朝的建筑在早期土木混合结构的基础上逐渐向全木构方向发展。最初发展出纵架的结构体系，后又向纵横架结合的方向发展，最终形成了柱网、纵架、屋架层叠的结构形式。刘临安先生也曾关注于中国早期的纵架结构，他认为"秦汉时期建筑的构架形式是多样化的，抬梁式横向构架并非占有主导优势的地位……南北朝和隋唐时期，抬梁式横向构架不断地被广泛采用，但是纵向构架作为古制传承中的一种建筑结构概念，仍然在表现着它们的存在"[2]。北朝时期纵向构架最为显著的标志，即在柱头上贯穿一根通长的横向大阑额，在阑额之上施人字栱以承托檐枋，而阑额上的人字栱尚未形成符合结构要求的、有规律的排列，这种情况在北朝时期的壁画和石窟中出现比较多，如图6-81。

---

[1] 傅熹年. 中国科学技术史·建筑卷[M]. 北京：科学出版社，2008：p241.
[2] 刘临安. 中国古代建筑的纵向构架[J]. 文物，1997，（06）：p71.

高句丽的结构体系也存在着类似的演变规律。高句丽的早期重要建筑如东台子建筑遗址等，其内部为传统的木骨泥墙结构，外围的廊道则以木构架支撑，由于单向的纵架稳定性较差，因此外围的木构架与内部木骨泥墙相搭接，这样形成的结构才相对稳定。中期高句丽的建筑则开始形成单一的纵架结构体系，如舞俑塚中所表现的建筑，人字栱分布不均，且与柱头铺作没有形成整体性。后期高句丽的建筑在稳定性与整体性方面不断加强，如双楹塚等古墓中所表现的建筑结构，柱头铺作从出一跳的华栱发展到出二跳的华栱，柱头枋从一道发展为两道，柱头枋之间的建筑构件如人字栱、斗子蜀柱等也逐渐与柱头铺作结合形成横架结构，这些方面都表明此时的高句丽建筑在稳定性方面有了很大的提高。

尽管高句丽与北朝的建筑结构均存在从纵架到横架方向的发展阶段，但是两者之间还存在一定的区别，其中尤以两者后期的建筑形式为突出。傅熹年先生所总结的北朝时期五种建筑构架形式，第4型的时间大概在北朝中、后期乃至隋朝初，而第5型构架的时间在北朝末、隋朝之后。北朝时期建筑的最大变革也发生在4、5型所处时代，北朝第4型原有柱头间的阑额已经下降至柱头下，加上柱头的枅和补间的人字形叉手，形成了一个四方形加三角形的稳定结构，这是在北朝第3型基础上木构技术的重要变化，此后的第5型柱头间的阑额更发展成了两道，以更进一步加强其稳定性。

高句丽古坟壁画中所表现的建筑结构，则多在柱头之上进行纵横向的加固，如从早期的叠斗，至其后的单栱做法，再发展为重栱做法，重栱中还在柱头部位增加了纵横方向的连枋，以增加其结构整体性，应该说这些举措对于整座建筑稳定性的提高是非常有帮助的。但是，纵观目前所有的高句丽古坟壁画，几乎均没有表现出柱头间的阑额，因此这或是高句丽与北朝末期乃至隋唐建筑结构最重要的区别所在。柱间阑额的出现对于建筑的整体性是非常重要的，它使得具有重要支撑作用的柱身相互贯穿而形成整体框架，其作用比柱头间所增加的纵横向连枋要大得多。因此，笔者认为尽管高句丽在柱头上增加了纵横向的联系构架，但其稳定性仍然要弱于北朝末期的建筑。

究其原因，笔者认为存在以下几种可能性：首先，北朝末期高句丽与北魏的良好关系被频繁的战乱所打破，这也就使得北朝末期建筑结构技术上的重要变革没有及时传入高句丽，因此高句丽仅仅在原有搭接方式的基础上，通过增加纵横向的联系构件使其自身的稳定性得到相对加强。其次，高句丽在中后期先后对南部的百济、新罗发动战争，与西部的中原也时有纷争，整个国内已经处于一种战争状态，因此在此种情况下文化的交流与影响已经大大减弱，其建筑结构只能在原有基础上进行缓慢的摸索性演变。此外，由于高句丽末期国内信仰有较大的转变，道教思想的兴盛，使得高句丽后期墓室壁画的装饰内容已经逐渐转变为鬼神、四灵等题材，早期模拟现实生活的题材已经消失。因此，缺少了后期具体的建筑形式与结构的表现，对于高句丽后期的建筑结构具体情况，目前仅能停留在推测的阶段。

6.3.6 本节小结

根据对高句丽为数不多的建筑遗址及墓室壁画中建筑形象的分析，笔者认为高句丽宫殿建筑结构的发生、发展与演变，均受到了来自中原地区汉文化及北朝建筑文化的影响，这一点是不容置疑的。早期的高句丽宫殿建筑，可能存在以木骨泥墙性质为主的围合式结构，同时还存在以简单的柱梁或柱加栌斗形式的搭接方式。到了高句丽的中后期，随着中原建筑文化的不断引入，高句丽宫殿建筑的结构整体性与稳定性均得到了极大的提高，尤以柱头铺作的纵横向拉结为突出。斗栱的结构也从早期的简单栌斗、叠斗等方式，逐渐发展出单栱做法、重栱做法，形式多样且稳定性也得以提高。此外，在木结构发展演变的规律方面，高句丽宫殿建筑表现出了纵架结构向横架结构发展的特点，而这一规律与中原北朝的木构建筑演变存在着较大的相似性，表明高句丽受到北朝早、中期建筑文化的影响较大，而此后由于种种原因，当这种影响关系停滞甚至中断之后，高句丽的宫殿建筑自身也在进行结构整体性与稳定性的摸索，这也表现出不同地域的人民对其所居住的建筑，在品质上、技术上不断要求提高这一文化趋同性的特点。

第 7 章 专题研究

7.1 壁画莲花纹装饰

高句丽古坟壁画中采用了不同类型的装饰纹样，如云纹、莲花纹、兽面纹、飞天、仙人、日月、星辰等，表现了内容丰富而风格奇异的墓室空间。由于在壁画中被大量地采用，因此莲花纹无疑成为壁画装饰中的重要要素之一，如长川一号墓、安岳3号墓、双楹塚等古墓均在墓中大幅面地表现了莲花纹的形象。这些古墓中的莲花纹往往处于墓中的重要位置，如藻井上空、墓室四壁等，它们代表了何种意义？它的来源、发展又具有何种演变关系？这些都是本节拟探讨的问题。

7.1.1 壁画中的莲花纹及其类型

目前高句丽古坟中的莲花纹按照其所处的位置，大致可分为两种，一种位于墓室的四壁，另一种则位于藻井的中心或四周。位置的差异影响了视觉的角度，因此这两种莲花纹的表现形式也不同。位于墓室的四壁多表现莲花纹的立面，一般以莲花含苞待放的形式为主，中间为花骨朵，两边则为已绽开的莲瓣，而位于藻井中心的则表现平面形式的莲花，多以八瓣莲花纹为主体，有的莲花还在内侧增加花蕊，外侧则另增加八瓣莲花作辅助表现。当然，也有例外的情况，如位于墓室的四壁表现莲花的平面形式，墓室藻井部位穿插莲花的立面形式等。

7.1.1.1 墓室四壁的莲花纹样

墓室四壁的壁画往往都有其相应的绘制主题，如角抵冢中的两个力士在角斗、舞俑冢中的舞者、安岳3号墓与德兴里古墓中墓主人的图像等，此时莲花纹往往与其他的装饰纹样相结合，对该主题起到辅助装饰的作用。

这些以立面形式为主的墓室四壁莲花纹又表现为以下几种类型：第一种为舞俑冢中所表现的莲花蕾，该墓位于吉林省集安市通沟河一带，墓室有一圈莲花纹形成的环状纹样装饰于藻井的下方，其中环状的莲花装饰由一朵盛开的莲花间隔一朵小的莲花花蕾组成，小的莲花花蕾中间为被花瓣包着的花骨朵，两侧则为莲花叶，而盛开的莲花体形较大，中间表现为盛开的莲花花瓣，两侧也表现为莲花叶。莲花环状装饰的上方交替装饰着飞马、星辰、人物、四神等内容，从下方向藻井看去表现得异常壮观。环形莲花纹位于藻井的最底端，或为陪衬上述内容而存在，如图7-1。同样采用盛开状大莲花纹样装饰的还有长川1号墓，该墓中的莲

图 7-1　舞俑冢中的莲花蕾和写意莲花（右）

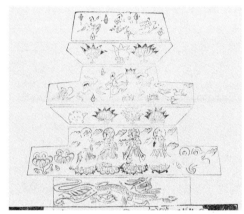 

图 7-2　长川 1 号墓和三室冢的莲花纹样

花纹目前多保留在前室上方的藻井处，分别位于叠涩石的下方和侧面，莲花呈绽放的状态，花瓣多以七瓣为主，也有五瓣莲花，最外侧花瓣的下方则为莲花叶，如图 7-2。三室冢中也出现类似的实例，其形式也大致相似，莲花花瓣也有五瓣和七瓣之分，如图 7-2。上述几例中所出现的莲花纹样，大都呈现一种盛开绽放的状态，莲花瓣分为五瓣或七瓣，甚至也有三瓣的形式。

除此之外，高句丽古坟中还有一种写意性莲花造型，如舞俑墓中藻井的抹角石下方，与上述一类盛开的莲花和花蕾不同，这种莲花带有花枝和茎，一簇莲花丛中有一朵绽开的莲花，盘绕在其周围的是待开的莲花、片状的莲叶或低垂的莲蓬，整组莲花造型旖旎而含蓄，带有一定的写意特征，如图 7-1 右图。同样的莲花造型在通沟 12 号墓中也再次出现，该墓中的莲花纹由两片莲叶夹一朵莲花构成一组，中间的莲花或为含苞待放的花骨朵，或为盛开的莲花，多组莲花组合在一起形成了莲池，整体造型别有特色，如图 7-3。

此后的莲花纹则逐渐脱离写实性表现，逐渐向变形夸张的方向发展。如五盔坟中的莲花纹样，中间一朵巨大的莲花形，两侧至中间的莲瓣呈逐渐放大之势，下方的莲茎与周围的图像盘曲交织的紧密结合在一起。此时的莲花纹与之前莲花纹的风格迥异，此时的莲瓣呈渐变变形而之前的莲瓣则大小相似，同时两者的莲叶装饰形态也完全相异，这个时期的莲花纹就其卷曲形态上看，具有了卷草纹的某些风格，如图 7-4。在平壤高句丽后期的江西大墓中也可发现类似风格的莲花纹样，如图 7-5。

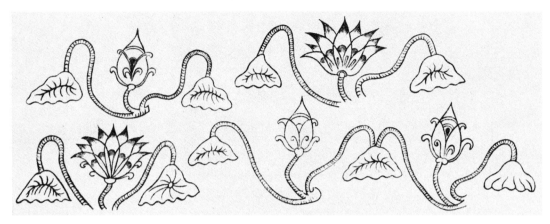

图 7-3 通沟 12 号墓莲花纹

图 7-4 五盔坟中的莲花纹

图 7-5 江西大墓中的莲花纹

7.1.1.2 藻井中央的莲花纹

高句丽壁画古坟的墓顶大多以藻井结构为主，尽管藻井结构搭接的方式不一，但位于墓顶的最上方，即墓顶石的下方往往都表现有一个巨大的莲花纹样。有的墓室分为前室和后室，或者一个主墓室，几个次墓室，这些前后或主次墓室的上方也都同样绘制有莲花纹样。由于处于墓室的中心部位，莲花纹往往成为墓室装饰的重点，藻井的其他纹样都围绕在莲花纹样的四周，用以衬托莲花纹样的恢弘。高句丽壁画古坟中的莲花纹样，大多风格比较相似，但是仍然存在一定的差别，从这些细微差别中或可推其年代，究其来源。

安岳 3 号墓后室墓顶的中心部位绘制了一朵巨大的仰视莲花，如图 7-6。该莲花共有八片莲花瓣，每片莲花瓣的端部都由两段圆弧相交而成，而花芯部位则表现为一个同心圆，四周还有发散状的短线，应是表现花蕊的形象。另外，在八片花瓣的外围还间隔有八个三角形尖状物，上绘有竖状条纹，或表现了莲花下方的叶子。整组构图以莲花为主体，以花叶为衬托，表现得简单而庄重，饱满而圆润，在高句丽古墓仰视莲花纹中是具有代表性的一个实例。与该莲花纹相似的还有（传）东明王陵墓内的仰视莲花，该莲花在形态上与安岳 3 号墓的较相似，也表现为花蕊、花瓣和花叶，风格也表现得简约而饱满，两者的差别在于花瓣数目上，前者为八瓣而后者为六瓣，如图 7-6。在安岳 3 号墓莲花纹的基础上，莲花纹的样式又向装饰

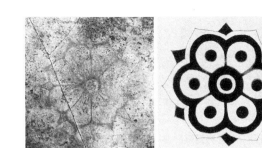 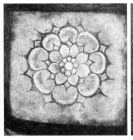 

图 7-6　安岳 3 号墓、东明王陵、双楹冢后室和前室的莲花纹形象（从左至右，下同）

  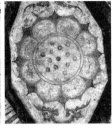 

图 7-7　内里 1 号墓北壁、南壁、德花里 1 号墓和江西中墓的莲花纹

化的方向发展，较典型的如双楹冢后室中的莲花纹，如图 7-6。图中莲花纹外层花瓣数目虽然仍为八片，但是在内层花蕊部分又增加了一圈两个层次的八片花瓣，在中心部位则表现原有花蕊的形状，同时，外层花瓣外的原有花叶在双楹冢中也逐渐表现为花瓣样式，因此从造型上来看，双楹冢后室中的莲花花瓣可分为两个大的层次，每个层次都又分为一主一次，在表现上增加了层次感，丰富了整体的壮丽风格，与安岳 3 号墓相比装饰性要增强很多。而同样位于双楹冢前室藻井的莲花纹，在莲花花瓣的数目上增加了 4 片达到 12 片莲花花瓣，除此之外，在风格与造型上都与后室非常相似，如图 7-6。

此后，莲花纹的风格在该基础上风格又逐渐转变，莲瓣由尖瓣逐渐向圆形转变，莲瓣所表现出的厚度也逐渐增强，如内里 1 号墓中南壁和北壁的莲花纹，尽管这两朵莲花纹的莲瓣数目仍然是 8 片，但是莲瓣已经由双楹冢中的尖形转变为圆形，莲瓣也逐渐变得肥大，而南壁莲瓣上的同心圆弧及北壁莲瓣上的竖向纹理均表现出莲瓣肥硕的风格，这也是有别于之前莲瓣的显著特点，如图 7-7。德花里 1 号墓中莲花纹的花瓣也为 8 片，风格与内里 1 号墓中的莲花纹近似，也通过花瓣中的花蕊增加莲花的厚重感，同时内里 1 号墓用一个圆形大圈表现花心部分，而德花里 1 号墓则在大圈内增加多个圆点表现花心，这也是两者之间的差异部分，在总体上两者仍可归为一类，如图 7-7。江西中墓四壁中的莲花纹样与内里 1 号墓中的极为相似，同样在莲瓣上增加一道圆弧以表现莲瓣的厚度，花心部位也表现得极为简约，如图 7-7。

后期高句丽古坟壁画中的莲花纹样显得更为肥硕，莲瓣也渐趋圆形，整体上似乎有向宝装莲花发展的趋势。真坡里 1 号古坟中的莲花纹样，装饰比较简单，每片花瓣上都有一个小圆点，而花心部分则以一个大圆简单表示，将其与同样简约的安岳 3 号墓莲花相比，可以发现前者显得更为丰满、圆润，而后者似乎则显得瘦弱而有力度，如图 7-8。这种丰满、圆润的特征在江西大墓中的莲花纹表现得更为突出，此时莲瓣数目已经增加至 12 片，每片莲瓣相对

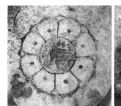

图 7-8　真坡里 4 号、江西中墓、江西大墓和安岳 2 号墓内四壁及藻井莲花纹形象

较小，但是都绘制得很饱满，因此组合起来的整组莲花纹尺度也较大，莲花花心部分仅用一个圆形表示，同样体现简约的特点，与之相似的还有江西中墓藻井部位的莲花纹，如图 7-8。安岳 2 号墓中在墓室四壁和藻井部位都有莲花纹，该墓中的莲花纹均表现了两层、甚至多层的形式，如图 7-8。墓室四壁的莲花纹位于人字栱的中间，分为上下两层，中心为一个大的圆形花心，几乎占去整个莲花纹面积的一半，因此四周的莲瓣就变得非常小，莲瓣数目也增加很多，达到 20 片之多，而下层的莲花瓣略大，数目达到 10 片。墓室藻井中心部位莲花纹的层数似乎有四层之多，大小莲瓣相间分层，形成两层台座，其中上层台座小莲瓣达 24 片，大莲瓣达 12 片，下层台座小莲瓣达 32 片，大莲瓣达 16 片。莲瓣数目的增加，使得装饰性大大增强，同时由于莲瓣的分层，也使得整组莲瓣由早期的平面化逐渐向立体化的莲花台座方向发展。

7.1.2　东亚文化圈中的莲花纹样

7.1.2.1　朝鲜半岛的莲花纹

朝鲜半岛的百济和新罗也发现有莲花纹的装饰，但目前发现的数量较少，类型也较单一，无论在数量或内容上都不能与高句丽相比，但可对当时东亚文化圈内莲花纹样的传播作重要补充。

隶属于新罗的荣州顺兴於宿知述干墓[①]和已未墨书铭墓[②]中也有莲花纹的装饰，其中於宿知述干墓中的莲花纹位于其墓中的羡道位置，发掘时該莲花纹并不完整，但通过复原可知该莲花也分为内外两层，但每层的莲花瓣数目仅有 7 片，这与同时期高句丽壁画中的莲花纹有所差异，而每片莲花瓣也由两个圆弧组成，体现出既饱满而又有活力的精神，如图 7-9。已未墨书铭墓北壁中的莲花纹比较写实，图中有一朵盛开的莲花，莲花中心的花蕊部分清晰可见，同时还可见其中的莲蓬，在莲蓬的下方还表现有莲叶，如图 7-9。在这朵莲花的周围，还有三朵含苞待放的莲花，在几片莲花叶上的花骨朵已经十分饱满，娇嫩欲滴。该墓中的莲花纹样与高句丽通沟 12 号墓中所出现的莲花莲蓬图像比较相似，都属于写实性质的纹样，因此这两者或可归为一类。

[①] 이은창. 고구려 고분벽화와 신라, 백제, 가야 고분벽화에 관한 비교연구[J]. 고구려연구 4, 1997: p226.

[②] 韩国文化财研究所，大邱大学校博物馆. 顺兴邑内里壁画古坟发掘调查报告[M]. 首尔：大邱大学校博物馆，1995: p77.

百济目前已发现的古坟有公州宋山里6号墓、武宁王陵和扶余陵山里东下冢三座，这其中的宋山里6号墓与武宁王陵均以四神图为主要题材，未见莲花纹的装饰，而扶余陵山里东下冢的天井位置描绘了流云莲花图，如图7-10，其中的莲花纹为八瓣仰视莲花，在莲花的中心部位简单以圆形表示，在每瓣莲花的中间也有一个小圆点为装饰，莲花瓣的外围则以八个小尖表现莲叶的形式，整体形式与高句丽的真坡里4号古坟藻井中的莲花纹十分相似，因此这两例也可归为一类。武宁王陵中尽管墓室壁画没有莲花纹样，但是在该墓中发现一个铜托银盏，其盏盖上绘制了当时的莲花纹图样，如图7-10。该莲花纹分为内

图7-9　於宿知述干墓（左）和已未墨书铭墓中的莲花纹

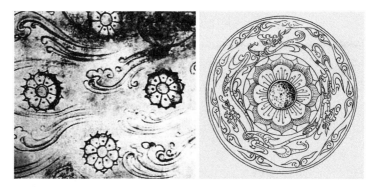

图7-10　陵山里东下冢（左）和武宁王陵中的莲花纹

外两层，每层均为八瓣莲花。内侧莲花纹为纯金或鎏金制作，其中心部位是八边形银盏盖钮，金银相配衬托了位于中心部位的盖钮。内侧每片莲花瓣中间部位镂空，形成同心圆式的两层，这种精致的镂空雕饰也突出了盖钮的中心地位。外侧的莲花纹通过雕刻也表现同心圆式的两层，在最外侧还表现有八片尖状莲叶，这些做法均与高句丽古坟壁画中期的莲花纹形式比较相似。

7.1.2.2　中原地区的莲花纹

根据考古发掘资料可知，目前中原地区的莲花纹图像大多集中在以下几处：即大同云冈石窟、洛阳龙门石窟和敦煌莫高窟。敦煌莫高窟中的早期藻井莲花纹平面特征比较明显，第431北魏窟后部平棊顶部的莲花纹，每片莲花瓣均呈现细长条形，围绕着相对较大的同心圆，因而所表现出的数目也非常多，略显繁杂。再如第428北周窟藻井的莲花，该莲花也分为内外两层，每一层的花瓣分布都比较密，而每一片花瓣的形状也比较瘦长，基本上是第431窟早期莲花纹风格的延续，如图7-11。

莫高窟隋唐时期的洞窟中，莲花纹的装饰风格则有明显不同。如第311隋朝窟顶的莲花纹，分为内外两层，每层也均为8片莲花瓣，但每片莲花瓣与前期瘦长的风格明显不同，显得较为低矮、扁平，同时由于莲花瓣端部弧度富有张力，因此整朵莲花也显得比较有生气，

如图 7-12。与第 311 窟藻井莲花纹风格非常接近的还有第 405、406 和 407 等窟，这些洞窟推测都为隋朝时期所建，窟顶的莲花纹分为内外两层，每层数目都为 8 片，每片莲花瓣都以扁平而富有生气的风格为主，如图 7-12。在此基础上，唐代莫高窟藻井莲花纹则又进一步改变了风格，这表现为莲花

图 7-11　敦煌莫高窟第 431 窟和 428 窟的藻井莲花纹

瓣数目明显增加，同时在莲花纹中增加了唐卷草纹的装饰。如第 329 初唐窟窟顶的莲花纹数目已增至 14 片，每片莲花瓣的相对尺度明显要小于隋朝的莲花瓣，同时在莲花纹样中间采用了红、绿、蓝等多种色调作为其装饰，风格变化比较明显。再如第 372 初唐窟，其藻井部位莲花纹的形式尚存，但是在其内部都采用了唐代所流行的卷草纹样加以表现，因此整朵莲花纹表现的花团锦簇，原有素朴、简单的莲花纹风格已荡然无存，类似具有卷草纹变化的还有第 334 窟等，如图 7-13。

大同云冈石窟第 9 窟和第 10 窟推测均为北魏孝文帝迁都之前的石窟，其内部有很多莲花纹的装饰，其中以第 9 窟前室窟顶西部和第 10 窟前室东壁第 3 层的莲花纹最具有代表性，如

图 7-12　敦煌莫高窟第 311、405、406、407 窟的莲花纹

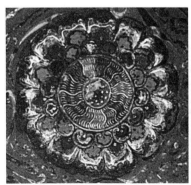

图 7-13　敦煌莫高窟第 329、372、334 窟的莲花纹

图 7-14（左）。图中两窟的莲花纹样形式大致相似，莲花纹的中心部位也为一个大圆，内部采用多个圆点代表花心之中的花蕊，花心之外则表现为 8 片莲花瓣，与花心相比莲花瓣相对较小，因而两两之间留有较大空隙，空隙之中表现有尖状的莲花叶。除此之外，在第 9 窟和第 10 窟后室的南壁均有一朵硕大的莲花纹，莲花瓣分为内外 2 层，每层都有 12 片，而每片莲花瓣又分为左右两块，同时表现一种凹凸的立体感觉，和北魏时期的柱础所表现出的风格十分相似，如图 7-14（右）。

洛阳龙门石窟中有很多石窟都雕刻有莲花纹，如地花洞地面雕刻有一朵莲花纹，中心为一个内有 7 个小圆的大圆，代表其中的花心与花蕊，外侧共有 8 片莲花瓣，莲花瓣的四周则刻有 8 个尖状莲花叶，整体的风格、形式均与高句丽德花里古墓藻井中的莲花纹极为相似，如图 7-15。再如莲花洞窟顶正上方有一个巨大的莲花装饰，花心部位同样为一个大圆，内部用很多小圆点代表花蕊，花心的周围分布着两层莲花瓣，内层花瓣较小而外层较大，内外两层花瓣的数目均为 14 片，较之前的花瓣数有了明显的增加，因而每片外层花瓣显得较瘦长，花瓣之间有莲叶，而在莲花瓣和莲叶的外侧则增加了一圈卷云纹，使得整朵莲花的装饰性风格较浓，如图 7-15。另外，万佛洞窟顶的莲花纹分为内外两层莲花瓣，每一层均为 11 片莲花瓣，而每片莲花瓣都比较饱满，因此整组莲花纹显得尺度略大，围绕莲花纹的一周有如下铭文"大监姚神表内道场运禅师一万五千尊像，大唐永隆元年十一月卅日成"，据铭文推断该莲花纹或成于唐永隆元年即公元 617 年。

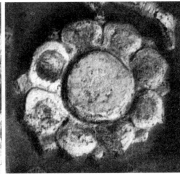

图 7-14　云冈石窟第 9、10 窟出现的莲花纹

图 7-15　龙门石窟地花洞、莲花洞和万佛洞中的莲花纹

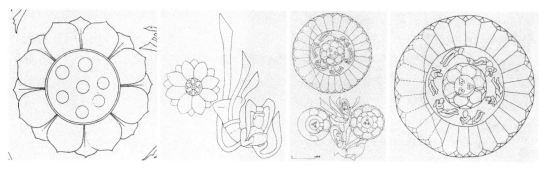

图 7-16　宝山灵泉寺大住圣窟和义县万佛堂第 1、5 窟窟顶莲花纹

由于地域与时代上的差别，这三座石窟群的藻井莲花纹似乎也呈现不同的发展轨迹，敦煌莫高窟中的莲花纹似乎可自成一体，从早期的多瓣状、平面特征明显的莲花纹样，再到隋朝数目 8 片，每瓣扁平而饱满的莲花纹，初唐时期卷草纹样的引入更是使得莲花纹的早期风格改变尤多。而大同、云冈石窟的莲花纹则似乎具有一定的延续性，花瓣数目均以 8 片为主，同时还存在 12 片、14 片的情况，而每片莲花瓣在风格上也比较相似，大都比较饱满，尺度相对也比较适中，即使到了初唐时期卷草纹已经逐渐影响的情况下，仍然保留了一定的素朴风格。

除此之外，还有两处莲花纹也值得一提，一处为河南宝山灵泉寺大住圣窟窟顶的藻井莲花，根据石窟内的铭文推测该窟绝对年代为 589 年，即该窟为隋朝窟，其窟顶藻井莲花仅有一层，且数目也为 8 片，中间部位为内有圆点的同心圆，整体造型都体现了最初简单而质朴的莲花纹风格，如图 7-16。

东北辽宁义县万佛堂石窟也保存了为数不多的莲花纹，西区第 5 窟窟顶有一朵高浮雕大莲花，中心部位为一朵 6 片莲花纹，曲线圆润而饱满，周围附有 6 个尖角，围绕中心莲花纹一周的是 6 个飞天，飞天之外则雕刻有 26 片的莲花瓣，其风格与中心部位的迥异，表现了长且瘦的特点，这些莲花瓣的周围也附有 26 个小尖角，或许也表现了莲叶的形象。值得注意的是，在这朵大莲花的周围还围绕有四朵小莲花，西侧两朵已经脱落，东南侧的保存完好。东南侧的小莲花，其中心部位表现了三尊佛的形象，该莲花也分为内外两层，每层均为 8 片莲花瓣，莲花瓣的圆弧曲线也比较饱满，与同窟大莲花内侧的莲花风格比较接近，如图 7-16。除此之外，在西区第 1 窟主室中心柱南面下层龛中也存有一朵莲花纹，莲花瓣分为内外两层，其中内层莲花瓣数目为 6 片，而外层则为 8 片，每片莲花瓣都呈现瘦长的风格，似乎更接近第 5 窟大莲花外侧莲花瓣的风格。万佛堂石窟西区第 5 窟窟内有太和二十三年题记，该窟或完成于此年（公元 499 年）。而西区第 1 窟渐增新样式，但旧样式仍居主流，表明其始凿时间与第 5 窟相距不远，其最后完成可能在公元 505 年左右[①]。

7.1.3　莲花纹的渊源与发展

花形纹实际上是中国传统的装饰纹样之一，早在战国时期即已初现其雏形，如湖南常德德山战国墓中发现的彩绘陶豆上就清楚的表现了一朵四瓣花形纹的形象，湖南益阳赫山庙发

---

① 刘建华. 义县万佛堂石窟 [M]. 北京：科学出版社，2001：p93.

图 7-17　湖南益阳楚墓、德山楚墓和河南山彪镇所发现的花形纹（从左至右）

图 7-18　山东嘉祥宋山、安丘和沂南画像石墓中出现的柿蒂纹

现的战国时代彩绘陶豆中也有类似的三瓣或四瓣花形纹，如图 7-17。另外，春秋战国时期的一些青铜器皿或铜镜上也保留有这种原始的花纹形装饰，如河南汲县山彪镇所发现的青铜器，如图 7-17。

这种花纹形象分为四瓣叶的柿子，因此也被称为柿蒂纹，该纹样的花瓣以四出样式为最多，但也有三出、五出和六出、八出的形式。到两汉时期，这种柿蒂纹装饰被大量使用，在两汉时期所流行的汉画像砖石墓中留存尤多。山东嘉祥宋山出土的两块画像石上中均表现了八瓣柿蒂纹的形象，八片花瓣中大小花瓣各四片，大小间隔分布。山东安丘汉墓后室藻井和山东沂南画像石墓的前室、中室和后室也都有类似的四片或八片柿蒂纹形象，这些实例表明两汉时期的山东地区曾经流行这种柿蒂纹的形象，如图 7-18。同时期的江苏、安徽等地这类柿蒂纹的装饰图像也有所发现，如图 7-19（右图），伏羲、女娲、莲花图像中的莲花纹，也分为 8 瓣，大小花瓣各 4 片，且大小花瓣体量的差异也比较大，而花瓣的中心部位很多小圆点，似乎表现了莲蓬的形象。另外一幅莲花、鱼画图，四片大花瓣从花心部位突起，间隔以四个小的尖角，或也表现了小花瓣刚刚成形的形象，如图 7-19（左图）。

这种柿蒂纹形象究竟代表了何物，很多学者对其进行了不同的解释，如水仙花、茱萸纹、莲花纹等，但他们大多认为这种柿蒂纹应是一种花形纹，而从该纹样的装饰部位，铜镜、器皿、伞盖、墓葬等内容来看，这种柿蒂形花纹应是早期莲花纹的雏形[1]。这些花形纹样的中心

---

[1] 张朋川. 宇宙图式中的天穹之花——柿蒂纹辨[J]. 装饰，2002，(12)：p5.

 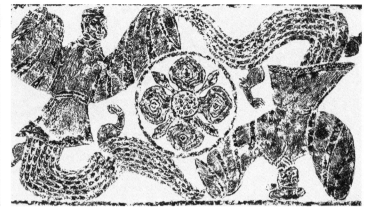

图 7-19　江苏、安徽的柿蒂纹图像

部位往往都有一个同心的大圆，内有多个小圆点，这种花心部位的装饰与莲花纹的莲蓬竟然十分相似，图 7-17 即是这种形象的真实表现。而早期的历史文献中对这种花纹形也有明确的记载，如王延寿的《鲁灵光殿赋》记载殿中的藻井与莲花"圆渊方井，反植荷渠，发秀吐荣，菡萏披敷，绿房紫菂，字咤垂珠"，张衡的《西京赋》则描写了长安宫殿的莲花藻井"蒂倒茄于藻井，披红葩之狎猎"，何晏的《景福殿赋》也记载了景福殿"茄苬倒植，吐彼芙蕖，缭以藻井，编以绋疏"，文人墨客的诗赋中多次引用了诸如荷蕖、芙蕖等与莲花有关的词语，说明当时的宫殿中已经出现莲花纹的装饰，而且往往是结合宫殿中的藻井结构来进行装饰的，如"圆渊方井，反植荷渠"表明当时方形藻井的中央部位有一个圆形的装饰，其中或为圆形的莲花纹装饰，而"蒂倒茄于藻井"似乎也表明了柿蒂纹位于藻井的中心部位。

早期采用莲花纹作为装饰是与当时的装饰风格息息相关的，两汉时期墓室的壁画或汉画像砖石中大量的描绘了西王母、东王公等人物形象，同时还采用了很多云纹、鹿纹或怪兽等形象，这些装饰图像表明两汉时期社会鬼神观念的盛行。汉代发祥于楚地，建都于中原，宗教信仰南北交汇十分驳杂，因而汉代的文化思想上出现了空前广泛深刻的交流和融合。汉代帝王的信仰，初期崇尚黄老及神仙家，求仙求长生的风气盛行。发展到汉武帝的时候达到了极盛，以至于其本人的一生，就是在"且战且学仙"中度过的[1]。

这种鬼神思想通过阴阳观念与宇宙观念表现出来，所谓的阴阳观念即指人与死人如同阴阳一样阻隔、对立，各有自己的去处。"死人归阴，生人归阳，生人有里，死人有乡"[2]，长沙马王堆三号墓和江陵凤凰山 168 号墓在随葬品中都发现有用毛笔书写于薄木牍或竹牍上的"告地策"，实际上就是具明死者身份及随葬物品给管理地下世界官吏的介绍信，这种策书反映了当时人们的阴间观念[3]。而宇宙观念则主要表现为天上、人间、地下的空间分布，长沙马王堆一号和三号汉墓各出土一幅盖在棺上的帛画，整体呈 T 形，如图 7-20 所示，画面分为天上、人间、地下三部分。一号墓所出帛画，天上部分以人首蛇身的女娲像为中心，左右为

---

[1] 韩养民. 秦汉文化史[M]. 西安：陕西人民出版社，1986：p76.
[2] 禚振西. 陕西户县两座汉墓[J]. 考古与文物，1980：p45.
[3] 汤一介. 中华文化通志·宗教与民俗典—丧葬陵墓志[M]. 上海：上海人民出版社，1998：p16.

两条巨龙，左上画月及月中蟾蜍，右上画日及日中金乌，其间有七只引颈长鸣的鹤。中下为守卫天门的帝阍、神豹等。中部代表人间，偏上部以墓主人为中心，前后有奴婢、属吏，周围布画蛟龙、神兽、瑞云等景物，下面有左右两头人首鸟（羽人）。偏下部似为祭祀死者升天的筵席场面。最下部代表地下，左右两个力士，中间为蛟龙，总之应是象征幽都和黄泉[①]。这种分为天上、人间、地下的宇宙观念，也是汉墓画像石和壁画等图像艺术的基本题材，而且在布置上也有一定规律：前墓室象征生前活动的堂，图像内容多为世间生活及登仙幻景；后室象征生前的寝，图像内容多为死后的阴间世界。以至于有学者评论，"汉画像石是墓室祠堂的装饰艺术，它直接关系到人们与鬼神冥世的沟通，这种形式分布地范围之广、数量之多，说明鬼神观念在民众心理中所占的比重"[②]。

图 7-20 马王堆汉墓出土帛画

两汉时期莲花纹装饰往往居于墓室之内藻井的中央部位，这也凸显了莲花纹在整座墓室中的重要地位。尔雅曰"荷，芙蕖，种之于圆渊方井之中，以为光辉"，这句文献表明早期的莲花纹似乎被比作太阳，同样会照耀大地且放出光芒，曹植的《芙蓉赋》记载"其始荣也，皎若夜光寻扶桑，其扬晖也，晃若九阳出阳谷"，《淮南子·墬形训篇》也记载"建木在都广，众帝所自上下，日中无景，呼而无响，盖天地之中也。若木在建木西，末有十日，其华照下地"，高诱注曰"末，端也，若木端有十日，状如莲华，华尤光也，光照其下也"，上述文献或称赞芙蓉盛开之时，如太阳般皎洁，或将太阳神树"建木"或"若木"端头的太阳比作莲花般照耀大地。因此结合墓室中莲花所处的重要位置，推测当时的人们将莲花装饰于墓顶，借以希望死后犹如生时仍有太阳照耀墓室，以达到灵魂的永生。

东汉末至隋唐这一段时期内，中原地区社会动荡、战乱纷争不断，战争的痛苦、赋税的加重及精神的苦闷，都给了佛教兴起和传播的机会。而佛教在初传之始即积极与当时流行的传统莲花纹样相结合，借以牢固其根基，并达到与当时的社会信仰相融合的目的。通过把莲花的自然属性与佛教教义、规则与戒律相类比等美化的手段，逐渐将莲花融合成为佛教的基本装饰要素之一，并不断强化两者之间的关系与影响。如佛经给莲花总结为"四义"，与佛陀之"四德"相应，即"一如莲华，在泥不染，比法界真如，在世不为世污。二如莲华，自性开发，比真如自性开悟，众生诺证，则自性开发。三如莲华，为群蜂所采，比真如为众圣所用。四如莲华，有四德：一香、二净、三柔软、四可爱，比如四德，谓常、乐、我、净。"

---

① 湖南省博物馆等. 长沙马王堆一号汉墓发掘简报[M]. 北京：文物出版社，1972：图版 1.
② 李宏. 原始宗教的遗留[J]. 中原文物，1991：p80.

在佛教寺、窟、塔、庙之中，也大量采用莲花纹的造型，如诸佛及菩萨大多以莲花为座，如极乐净土之阿弥陀佛及观音、势至二菩萨，皆坐于宝莲花上；密教亦以莲花比喻人之肉团心，此乃象征众生有之心莲。云冈、龙门、敦煌等诸石窟中的藻井莲花纹也往往结合飞天，衍生出极具特色的莲花化生图样，如太原天龙山石窟中就发现一幅莲花化佛图，图中下方靠近中心部位为三尊形体较大的佛像，中尊两侧有二弟子，在左右两尊坐佛外又各有一服侍菩

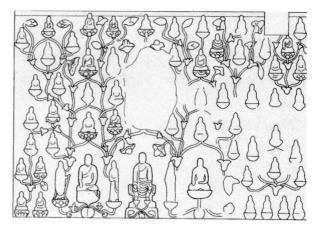

图 7-21　天龙山第 9 窟莲花化生图

萨，构成了三佛二弟子二菩萨的组合。这三尊主佛的下方均有莲花座，而从莲花座又源源不断地向上生长，每支莲茎上生长出莲叶、莲花和莲蕾，同时在茎缠蔓绕之中每朵莲花的尽头都出现一个佛陀的形象，整组图像佛陀与莲花紧密结合、交相呼应，构成了一幅壮观的莲花化生图像，如图 7-21。此后，莲花纹装饰与佛教相互融合，使得莲花纹装饰在隋唐佛教寺院、塔窟等大量使用，并且随着佛教的传播而不断发展，目前所保留的隋、唐石窟中都有这种莲花纹装饰的表现。

7.1.4　本节小结

纵观东亚范围内石窟中的莲花纹装饰，或存在如下的演变规律，即最初的莲花纹来源于中原本土的四瓣、六瓣或八瓣柿蒂纹，当佛教逐渐传播于中原之后，佛教迅速与柿蒂纹相结合，并逐渐发展为莲花纹，此时的莲花纹纹样比较简单，莲瓣数目也比较少，而每瓣莲瓣则比较饱满，整体风格趋向平面化形式。

此后由于长期战乱使得大量中原人士向外迁徙，随之莲花纹装饰也向河西地区和东北地区发展，河西地区与东北地区的莲花纹装饰各自形成独特的风格。河西地区由于地处西北与西域联系紧密，因此北朝时期的莲花纹依然呈现平面化，而隋唐之后的莲花纹逐渐向卷草纹样过渡。

中原地区北魏的莲花纹样则向立体化方向发展，莲瓣分为两层，每瓣莲瓣上都逐渐显得饱满而圆润，与该时期莲花纹柱础的风格相接近，隋唐之后莲花纹层数依然分为两层，但北魏时期的立体化风格略微减弱，此时的莲花纹逐渐向装饰化方向发展，其中的莲瓣纹样与精致程度都比前朝有所加强，最终这种莲花纹发展成为了隋唐时期流行的宝装莲花纹样。

东北地区尤其是高句丽的莲花纹继承了汉魏时期莲花纹的特征，并不断延续其风格。早期的莲花纹以单层为主，莲瓣数目较少，每片莲瓣都比较饱满，到了中期莲花纹传播至朝鲜半岛，此时层数出现两层，莲瓣数目也较之前朝有了很大提高，如 12 片、14 片等，每片莲瓣体量也随之而减小，形状也由最初的饱满向细长、瘦弱的方向发展。隋、唐时期之后，中原王朝重新控制了朝鲜半岛的北部，此后唐朝的莲花纹样传播至此，最终使得半岛三国后期的莲花纹形式受到很大影响，此后的莲花纹逐渐向唐朝后期的宝装莲花纹形式靠近，并最终与之相融合。

7.2 高句丽的营造尺度

高句丽现有的建筑遗迹众多,类型多样且形态各异,这些遗迹特别是宫殿与佛寺遗迹,它们之中是否有某种独特的规律可循,抑或仅为一个个单独的营造个案,这个问题一直以来困扰着学界。高句丽建筑的营造尺度研究,无疑成为研究高句丽宫殿与佛寺建筑的一把金钥匙。

高句丽建筑营造尺度研究的意义,一方面在于利用其营造尺度可以探寻高句丽宫殿或佛寺建筑的基本布局、建筑体量及其所体现出的等级制度等,另一方面则可以研究高句丽尺度在东亚尺度传播中的地位与意义,其与中原的尺度之间存在何种关系,它与中原尺度之间的关联性,同时它对朝鲜半岛或日本用尺的影响,这些都是营造尺度背后值得深入挖掘之所在。

7.2.1 高句丽尺度研究概观

目前,高句丽的用尺制度学术界尚无系统性的研究,而对高句丽所处的朝鲜半岛所用之尺——高丽尺则存有较大争论,这主要表现为两种针锋相对的观点,即韩国、日本建筑史学研究者所认为的高丽尺"存在说"与以日本学者计量史研究学者新井宏为代表的高丽尺"幻象说"。

对高丽尺持"存在说"观点的学者们大多认为,高丽尺作为常用尺在日本文献中有着明确记载,即大宝元年(701年)颁布的大宝令,规定以高丽尺(1尺约35.6cm)为大尺,测地用;以唐大尺为小尺,日常所用,大尺为小尺的1.2倍。值得注意的是,明治时期的日本学者关野贞将法隆寺的柱间尺度以高丽尺进行复原而得到整数尺,以唐尺则得不到,根据这一结论他在其"法隆寺金堂塔婆中门非再建论"论文中,提出法隆寺建筑应为大化改新前创建的原构,否定了《日本书纪》中记载"(670年)灾,法隆寺,一屋无余"的记载。尽管其后若草伽蓝的发掘使再建说成为定论,但是关野贞的研究仍然表明在大化改新之后,高丽尺作为常用尺其使用并未完全废止,而在继续沿用[1]。关野先生提出高丽尺尺度论的问题,在当时为建筑历史研究提供了一种新的思路,并在此后一直影响着很多的建筑学者,如长谷川辉雄[2]、藤岛亥治郎[3]、米田美代治[4]等。

20世纪90年代,对高丽尺持"幻象说"的代表日本计量史学者新井宏则认为高丽尺尽管在文献上有所记载,但该尺度真实存在的可能性很小,而代替高丽尺的则是朝鲜半岛中存在的古韩尺(1尺约26.7cm),该尺度系以中原地区周代尺度为基础,经历时代的不断发展而形成的。他以日本古典文学《出云风土记》中里程的相关记载为基础,将其与古韩尺换算的里程相比较,得出朝鲜半岛存在古韩尺的论点[5]。同时,针对高丽尺"存在说"这一观点,他也进行了多方面的批判。在文献方面,他指出《隋书·律历志》中有关东魏尺的文献记载与此后正史中律历志相对照存在笔误的可能;在实例方面,通过对中、日及朝鲜半岛众多类型遗迹(如寺院遗迹、佛像、古坟遗迹等)进行大量的计算与分析,他认为这些数据不能证明高丽尺

---

[1] 张十庆. 中日古代建筑大木技术的源流与变迁[M]. 天津:天津大学出版社,2004:p62.
[2] 長谷川輝雄. 四天王寺建築論[J]. 建築雜誌,1925,第39卷.
[3] 藤島亥治郎. 朝鮮建築史論其一[J]. 建築雜誌,1930,第44卷.
[4] 米田美代治. 朝鮮上代建築の研究[M]. 東京:慧文社,2007.
[5] 신정굉. 출운풍토기의 이정에 나타난 고한척[J]. 백제연구,2003,第37卷.

的存在，反而在某些方面用古韩尺进行换算却能够得到更合理的解释[1]。新井宏的研究从计量史的角度出发，引用了大量实测数据作为反驳高丽尺"存在说"的实例，确实存在一定的说服力，其观点也很有参考价值。

另外，韩国汉阳大学 2000 年对三国时期位于高句丽与百济边境的二圣山城进行发掘时，发掘出了一把木尺，保存相对完整，虽然有些模糊不清，但仍可辨认出刻度，其长度约为 35.6cm。对于该木尺，新井宏认为刻度的读数模糊且仅有三分之一，并不能作为高丽尺存在的实证[2]，韩国学者则认为该尺读数可读，间隔均等，虽仅有三分之一左右，但在总长等方面与高丽尺尺长相等，应该可以作为高丽尺存在的一个实证[3]。

尽管目前韩日学者们对高丽尺的存在与否仍有很大争论，但有一点可以确定的是无论高丽尺或是古韩尺，它们的存在与中原地区的尺度有着密切的联系，它们都是东亚范围内中原尺度向东传播的结果。因此，研究高句丽的尺度就有必要先了解中原地区尺度的发展，尤其是南北朝时期北朝、南朝以及隋唐时期的尺度状况。

7.2.2 中原的尺度文献

中原地区早期的历史文献中没有专门的度量衡研究，依附于食货、音乐、艺文等志书之中的律历对度量衡的研究有一定的记载。最初关于律历记载的是《史记·律书》，此后在汉代发展为《汉书·律历志》，以后的各代也都因袭了该体例，如《晋书·律历志》、《魏书·律历志》、《宋书·律历志》等等。这些律书往往仅关注于黄钟音律或累黍合古制之类传统律历学的研究，忽视了对文献记载中实物的分析与比对，在这种情况下，其他相关书籍中所载之尺长或权重，就仅仅成为当时的一个数量单位，与今日之研究并无现实意义。而今人对历代古尺的研究之所以能够进行，有两大幸事不得不提。其一在于唐代李淳风所撰之《隋书·律历志》不拘泥于传统的黄钟音律内容，而以刘歆铜斛尺为标准，将唐以前汉至隋所传之历代古尺与之相比，计算每一支尺与新莽尺度的比值，这就为今人研究古尺提供了参考的数据。其二在于二十世纪二十年代，国民政府接管故宫之后，马衡、刘复等在坤宁宫内发现了新莽铜嘉量，并对其尺度进行了实际测量，厘定刘歆铜斛尺之精确值，这也就为古尺的研究提供了标准值。在此之后，马衡[4]、吴承洛[5]、杨宽[6]、丘光明[7]等先后对《隋书·律历志》等文献中的古尺进行推论，计算历代古尺的长度。

7.2.2.1 《隋书·律历志》之十五等尺

《隋书·律历志》中记载的尺度年代跨度大，自东周、新莽、东汉至魏晋南北朝，止于隋

---

[1] 新井宏. まぼろしの古代尺：高麗尺はなかった[M]. 東京：吉川弘文館，1992：p112.
[2] 新井宏. 日韓古代遺跡における高麗尺検出事例に対する批判的検討[J]. 朝鮮学報，2005，第195卷（04）.
[3] 유태용. 한강유역에서 출토된 고구려자에 대한 일고[J]. 고구려연구，2005，第20卷.
[4] 马衡. 隋书律历志十五等尺—凡将斋金石丛稿[M]. 北京：中华书局，1977：p140-149.
[5] 吴承洛. 中国度量衡史[M]. 北京：商务印书馆，1993.
[6] 杨宽. 中国历代尺度考[M]. 北京：商务印书馆，1955.
[7] 丘光明，邱隆，杨平. 中国科学技术史·度量衡卷[M]. 北京：科学出版社，2001.

代，前后共十多个朝代，量校古尺 27 种，依古尺之长短，分列为十五等尺，并皆以第一等尺"周尺"为标准，由此便可推导出各个朝代尺度的实际数值[①]。

第一等尺，周尺，实为新莽至东汉前期的尺度，包括王莽时刘歆铜斛尺、后汉建武铜尺、晋泰始十年荀勖律尺、祖冲之所传铜尺。其中特别应注意的是荀勖律尺，即"晋前尺"。"西晋武帝泰始十年（274年），中书监荀勖按照《周礼》校古法七品，其中就包括刘歆铜斛和建武铜尺，以上述古尺为基准，荀勖复制了一种接近古代周尺标准长度的律尺。祖冲之所传的铜尺，据雷次宗、何胤《钟律图》记载，其铭文与和荀勖律尺上铭文相同，因此所谓铜尺也应是荀勖的律尺。荀勖的律尺长度与刘歆铜斛和建武铜尺相同，建武铜尺已不复见，刘歆铜斛于民国建国初在北京故宫坤宁宫被发现，测其尺度为 23.08864cm，约 23.1cm，因此，荀勖律尺长也为 23.1cm。李淳风以此尺为本，校其后诸尺，诸尺之长也可以得出。

第二等尺，晋田父玉尺，包括梁法尺和晋时田父所得玉尺，晋时田父玉尺比晋前尺长一分，因此长为 23.331（23.1×1.01）cm，梁法尺比晋前尺一尺七厘，长为 23.262（23.1×1.007）cm。两者相比较，相差不大，因此列为同一等尺。

第三等尺，梁表尺，该尺为祖冲之测算历法所用之尺，比晋前尺一尺二分二厘一毫有奇，长为 23.611（23.1×1.0221）cm。

第四等尺，汉官尺，比晋前尺一尺三分七豪，长为 23.809（23.1×1.0307）cm。此尺长少于秦汉一尺标准近一厘米，故不当为东汉之官定尺度。

第五等尺，魏尺，也即杜夔尺，比晋前尺一尺四分七厘，长为 24.186（23.1×1.047）cm。因杜夔尺集当时官民日常用尺和律尺于一身，其所订之黄钟律管长与古律不合，因此才有荀勖考古律再定律尺之由。

第六等尺，晋后尺，实比晋前尺一尺六分二厘，长为 24.532（23.1×1.062）cm。

第七等尺，后魏前尺，实比晋前尺一尺二寸七厘。《宋书·律历志》记载"后魏前尺实比晋前尺一尺一寸七厘"，丘光明据此认为《隋书》有误，应为晋前尺一尺一寸七厘，长为 25.572（23.1×1.107）厘米。

第八等尺，中尺，实比晋前尺一尺二寸一分一厘，长为 27.9741（23.1×1.211）cm。

第九等尺，后尺，包括后尺、后周市尺、开皇官尺三种。后尺实比晋前尺一尺二寸八分一厘，长为 29.5911（23.1×1.281）cm；后周市尺比玉尺一尺九分三厘，玉尺为后周玉尺，第十一等蔡邕铜籥尺中有记载，玉尺长为 26.749cm，则后周市尺长为 29.2375（26.749×1.093）cm。开皇官尺，即铁尺一尺二寸，铁尺为后周铁尺，十二等宋氏尺有记载，长与宋氏尺同为 24.578cm，故开皇官尺长为 29.494（24.578×1.2）cm。

第十等尺，东后魏，实比晋前尺一尺五寸八毫，长为 34.668（23.1×1.5008）cm，但马衡和丘光明先生将其与《宋史·律历志》相较，均认为"五寸"当为"三寸"之误，长为 30.048（23.1×1.3008）厘米，北齐延而用之。同时认为北魏高祖不仅制定了官民日常用尺，另外又依《周礼》定了律尺，尺度承荀勖旧制，因此北魏律尺与晋前尺略同。

第十一等尺，蔡邕铜籥尺，后周玉尺实比晋前尺一尺一寸五分八厘，长为 26.749

[①] 丘光明，邱隆，杨平. 中国科学技术史·度量衡卷 [M]. 北京：科学出版社，2001. 本节部分内容参考丘光明先生所著《中国科学技术史·度量衡卷》之《隋书·律历志》十五等尺考一文.

（23.1×1.158）cm。至于所谓蔡邕铜尺，尺长与后周玉尺同列为一等，当为 26.7cm，远远超过汉尺之长，即使魏晋尺度也不及其长，因此丘光明先生对该尺存疑。

第十二等尺，宋氏尺，包括钱乐之浑天仪尺、后周铁尺、开皇初调钟律及平陈后调钟律水尺。宋氏尺，实比晋前尺一尺六分四厘，长为 24.578（23.1×1.064）cm。其为刘宋间官民日常用尺，后传入齐、梁、陈。虽西晋泰始十年，由荀勖定律尺，但晋武帝尊而不革，五胡乱华后，因北人南迁，荀勖律尺失传，到东晋时律尺和民间日常用尺再次合而为一。东汉时张衡造浑天仪传至魏晋，因五胡乱华而失传，南朝刘宋太史令钱乐之便以宋时日常用尺为标准而定浑天仪尺。后周铁尺，北周平齐后改议用铁尺律，但却并未实行，玉尺律一直用至北周亡。隋平定北方后，以北周市尺颁布施行，平定南方之后，则以宋氏尺调律。

第十三等尺，开皇十年万宝常所造律吕水尺，实比晋前尺一尺一寸八分六厘，长为 27.396（23.1×1.186）cm。

第十四等尺，杂尺，赵刘曜浑天仪土圭尺，长于梁法尺四分三厘，实比晋前尺一尺五分，长为 24.255（23.1×1.05）cm。

第十五等尺，梁朝俗间尺，实比晋前尺一尺七分一厘，长为 24.74（23.1×1.071）cm。梁朝俗间尺是梁民间实用之尺。

7.2.2.2 《隋书·律历志》所体现的历史意义

《隋书·律历志》不仅记载了隋代以前历代古尺的长短，而且体现了汉魏至隋中国尺度发展的历史状况，这主要表现在以下两个方面。

1. 尺度发展的趋势

仅从《隋书·律历志》所记载的各个朝代的尺制中就可以发现，尺度呈逐渐增长之势，而且这种趋势在东晋至南北朝之间急剧增长。汉时尺度约为 23.1cm，到了三国西晋时期也仅增长至约 24.1cm，增长率为百分之五、六。在东晋至南北朝、隋这一段时间里，律尺尺长变动并不大，而日常用尺则从约 24.5cm 猛增至约 29.5cm，在这三百年中，增长率达到百分之二十至三十，且北朝尺度增长尤甚于南朝。究其原因，这种急剧增长的现象与当时的社会经济状况有着很密切的联系。北朝时期，代表落后生产力的外族侵入了当时具有先进生产力的中原地区，落后的生产方式和生活习俗决定了这一统治必然是以掠夺性为其目的的。上至朝廷，下至百官竞相贪污纳贿，搜刮人民，使用长尺大斗重秤，剥削人民益甚。如官方规定，布一匹"皆幅广二尺二寸，长四十尺"，而"征民岁调，皆七八十尺"[1]，这种情况在量、衡方面则表现更为明显，如量，一升从 200mL 增长到 1000mL，增长率为 400%；衡，一斤从 250g 增长至 600g，增长率为 140%。虽有魏孝文帝等明主曾"改长尺大斗，依周礼之制，班之天下[2]"，但在其之后又逐渐恢复使用先前的长尺大斗。

汉魏至隋唐时期，多个朝代所推行的"复古"制度对于尺度的发展也有所影响，一定程度上也导致了尺度的混乱。西晋统一政权崩溃后，出现了长达近三个世纪的南北分裂，首先是东晋和北方十六国的对峙，其次是北朝与南朝的对立。东晋是西晋政权的继续，从东晋到

---

[1] （北齐）魏收. 魏书[M]. 中华书局，1974：卷 110·食货志.
[2] （北齐）魏收. 魏书[M]. 中华书局，1974：卷 7·高祖纪.

南朝陈后主灭亡，汉族统治一直在南方坚守。虽然朝代更替，但各代始终打着正统的旗帜，政治、刑罚等体制也大体沿用晋代而没有太大变化，在尺度方面也是如此，文献记载"历宋齐梁陈皆因而不改"[①]。北方的情况则大不相同，处于统治地位的外族异类与处于被统治地位的汉族之间存在很大的矛盾。统治者一方面在经济上进行残酷的掠夺，另一方面文化落后的统治者却又不得不依附于汉族士大夫，以巩固其统治地位。因此，"制官爵，撰朝仪，协音乐，定律令，申科禁"[②]，处处效法汉族的原有体制。在此基础上，尺度也不断地进行所谓的"托古改制"，比较著名的就有多次，如北魏时期孝文帝"诏改长尺大斗，依〈周礼〉制度班之天下"，北魏宣武景明四年公孙崇、刘芳与元匡的北魏律尺之争，北周武帝时期的铁尺、玉尺的律尺之争等。隋代也不例外，隋炀帝大业三年曾"改州为郡，改度量权衡，并依古式"[③]，但其复古之举影响不大，民间也并未施行，"开皇官尺，大业中人间或私用之"。

2. 常用尺与律尺两套体制的形成

《隋书·律历志》尽管记载了各个朝代的古尺，但是其实并没有区分它们之间的律尺和常用尺。常用尺即日常生活用标准尺，律尺则为指定律管的调律用尺。通常情况下，新的朝代更替一般均要确定新的乐制，这就需要确定标准的律尺，由此而产生专门量度律管的乐律用尺。学术界一般认为，汉以前的常用尺和乐尺两者合二为一、没有差别。"魏武始获杜夔，使定音律，夔依当时尺度，权备典章。及晋武受命，遵而不革。至泰始十年，光禄大夫荀勖，奏造新度，更铸律吕"[④]，记载三国时期魏武帝命杜夔定音律，他按照当时日用尺调整音律，此后至西晋立国，晋武帝也遵循杜夔尺不变革，直到荀勖建立新的律尺制度。

西晋泰始十年，在荀勖的推动下律尺与日常用尺逐渐开始有所区分。此时的律尺即第一等尺之荀勖所定律尺，长 23.1cm，而日常用尺则沿用魏时杜夔尺，约 24.186cm。西晋灭亡后，北方进入十六国时代，而原有晋室皇族南迁建立东晋王朝。东晋日常用尺即第六等尺之晋后尺，比西晋所用杜夔尺略长，但是律尺则无相关文献记载。北方十六国的尺度，文献记载不翔，仅记载"赵刘曜光初四年铸浑仪，八年铸土圭，其尺比荀勖尺一尺五分[⑤]"，其土圭尺长约为 24.255cm，该尺为日常用尺还是律尺尚无定论。

进入南北朝时代后，尺度有了很大的变化，北朝尺的表现尤其突出。《隋书·律历志》记载北魏时期的三种日常用尺，即后魏前尺、中尺和后尺，从最初的 25.572cm 猛增到 29.591cm，至于北魏的律尺，曾秀武先生认为其当于晋前尺略同[⑥]。北魏分裂为东西魏之后，东魏沿用北魏律尺，常用尺则使用东后魏尺，而西魏则沿用北魏之常用尺。其后，北齐沿用东魏之尺度，北周的情况则比较复杂。在律尺方面，"保定元年，因修仓掘地，得古玉斗，以为正器，据斗造律度量衡。因用此尺，大赦，改元天和，百司行用，终于大象之末"[⑦]，北周武帝将挖出的古玉尺作为律尺，北周玉尺即第十一等之后周玉尺，长约 26.749cm，北周常用尺

---

① （唐）杜佑. 通典[M]. 北京：中华书局，2007：卷 5·食货五·赋税中.
② （北齐）魏收. 魏书[M]. 中华书局，1974：卷 24·崔玄伯传.
③ （北齐）魏收. 魏书[M]. 中华书局，1974：卷 3·炀帝纪.
④ （唐）魏征. 隋书[M]. 北京：中华书局，1973：卷 16·律历志.
⑤ （唐）房玄龄. 晋书[M]. 北京：中华书局，1974：卷 18·律历志.
⑥ 曾秀武. 中国历代尺度概述[C]. 见历史研究 3[M]. 上海：上海人民出版社，1964：p180.
⑦ （唐）魏征. 隋书[M]. 北京：中华书局，1973：卷 16·律历志.

即第九等尺之后周市尺，长为29.2375cm，另外文献记载北周还有铁尺即第十二等尺之后周铁尺，长为24.578cm。南朝情况相对简单，由文献"此宋代人间所用尺，传入齐、梁、陈以制乐律，与晋后尺及梁时俗尺、刘曜浑天仪尺略相依近"①可知，南朝宋日常用尺即第十二等尺之宋氏尺，这也是齐、梁、陈之律尺，宋朝律尺尚不得而知，齐、陈之日常用尺也无明确文献记载。而文献记载，梁朝之日常用尺即第十五等尺之俗间尺，长24.74cm。另外，梁武帝制梁法尺，其长与汉时之尺度相当，应与当时复古思想有关，但"未及改制，遇侯景之乱"②，梁法尺并没有能实现。

隋朝建立后，"废周玉尺律，便用此铁尺律，以一尺二寸即为市尺"③，后周铁尺与宋氏尺为同一等尺，长约24.578cm，该尺的一尺二寸为当时的日常用尺。"（梁表尺）大业中，议以合古，乃用以调律，以制钟磬等八音乐器"④，隋炀帝大业年间，又议古制，以第三等尺之梁表尺合古，改用此尺作为律尺。以《隋书·律历志》中的十五等尺，按照时间先后及律尺、常用尺特点，可以整理如表7-1《隋书·律历志》所载之十五等尺所示。

《隋书·律历志》所载之十五等尺　　　　　　表7-1

年代		律尺	常用尺	其他尺	备注
新莽		刘歆铜斛尺 23.1			
东汉		建武铜尺 23.1		汉官尺 23.809 蔡邕铜籥尺 26.749	
魏（三国）			杜夔尺 24.186		
西晋		晋前尺 23.1		晋田父玉尺 23.262 晋时始平掘地古尺 24.024	律尺与常用尺逐渐分离
东晋			晋后尺 24.532		
十六国			赵刘曜土圭尺 24.255		
北朝	北魏	与晋前尺略同	后魏前尺 25.572		
			中尺 27.974		
			后尺 29.591		
	东魏	沿用北魏律尺	东后魏尺 34.668/30.048		此尺有争议
	西魏				
	北齐		东后魏尺 34.668/30.048		此尺有争议
	北周	后周玉尺 26.749	后周市尺 29.237	后周铁尺 24.578	

---

① （唐）魏征. 隋书[M]. 北京：中华书局，1973：卷16·律历志.
② （唐）魏征. 隋书[M]. 北京：中华书局，1973：卷16·律历志.
③ （唐）魏征. 隋书[M]. 北京：中华书局，1973：卷16·律历志.
④ （唐）魏征. 隋书[M]. 北京：中华书局，1973：卷16·律历志.

年代		律尺	常用尺	其他尺	备注
南朝	宋		宋氏尺 24.578	祖冲之传铜尺 23.1 钱乐浑天仪尺 24.578	
	齐	宋氏尺 24.578			
	梁	宋氏尺 24.578	梁俗间尺 24.74	梁表尺 23.611 梁法尺 23.262 未及改制	
	陈	宋氏尺 24.578			
隋	开皇	后周玉尺 26.749 后周铁尺 24.578	开皇官尺 29.494	万宝常水尺 27.396	后周玉尺用至开皇初
	大业	梁表尺 23.611			

表 7-1《隋书·律历志》所载之十五等尺综上所述，汉魏以前，律尺与日常用尺合二为一，尚没有严格的区分。西晋泰始十年，荀勖在调制音律中发现古尺不能与当时的音高相符，因此建立了律尺与日常用尺两套制度，此后该制度也为各代所遵循。东晋与西晋本为同源，相信也继承了西晋时期的律尺。而到了南北朝时期，尽管北朝日常用尺尺长增加幅度很大，律尺相对于日常用尺增长并不大。南朝延续了东晋时期的尺度，在其基础上略有增长，且后一朝代大多继承前朝的尺度，如宋氏尺。在上述这一段时间内，尽管律尺和日常用尺均存在，但两者之间没有明确的比例关系，因而尺制比较混乱。这一状况在隋朝建立后有所改善，隋灭陈后，废后周玉尺，以后周铁尺为律尺，并以其一尺二寸为市尺，首次确定了律尺与常用尺之间的比例关系，即 1∶1.2，其后尺制就以律尺为标准尺，用于礼乐、天文和医药计量，常用尺则广泛用于建筑、测量地亩面积和日常生活中。这一制度，被唐朝所继承，形成了大小尺的制度，大尺即常用尺，小尺则为律尺。

7.2.3 日本的尺度文献

除了中原地区《隋书·律历志》中对前朝的尺度进行归纳总结之外，同时期日本的律令中也存在着一些相关的尺度文献。

公元 645 年，日本天智天皇领导新兴的政治革新势力策动了一场震动朝野的政治变革，史称"大化改新"，这场革新废除了日本旧有的制度，建立了新兴的封建制生产关系，使得生产力有了较大进步。在改革过程中，日本朝廷效仿中原王朝的法律制度，相继编纂、实施了《近江令》（公元 668 年）、《净御原令》（681 年编纂、689 年实施）、《大宝律令》（700 年编纂、702 年实施）、《养老律令》（718 年编纂，757 年实施）。这几部律令制度，都编纂实施于公元 7—8 世纪之间，应该说详实记录了当时日本社会的生产与生活文化状况。《大宝律令》由律 6 卷，令 11 卷构成，前后约实行了 50 年，目前已经失传，但从《养老律令》的注释中可了解《大宝律令》中的部分内容。以《大宝律令》为基础，编纂了《养老律令》，其中律、令各 10 卷，目前律的部分已经残缺，而令的大部分则通过 9 世纪的注释书《令义解》、《令集解》的形式保存至今。《令义解》是日本淳和天皇 833 年下令编纂的，《令集解》则是日本平安时代律学家直本汇集诸家令而总结的私撰注释书，从这两本文献中或可推知公元 7—8 世纪《大宝律令》

中的一些社会生活情况。

《令义解·卷十》中记载"凡度十分为寸……十寸为尺，一尺二寸为大尺一尺，十尺为丈……凡度地量银铜榖者……皆用大，此外官私悉用小者"，而《令集解·卷十二》则记载"又杂令云，度地以五尺为步，又和铜六年二月十九日格，其度地以六尺为步者，未知。令格之赴，併段积步改易之义。请具分释，无使疑惑也。答，幡云。令以五尺为步者，是高丽法用为度地令便而尺作长大。以二百五十步为段者，亦是高丽术云之。即以高丽五尺，准今尺，大六尺相当。故格云，以六尺为步者则之。令五尺内积步，改名六尺积步耳，其于地无所损益也。然则时人念，令云五尺。格云六尺，即依格文可加一尺者。此不然，唯令云五尺者，此今大六尺同觉示耳"。

此后在《续日本纪》、《政事要略》和《延喜式》等文献中也均有类似的记载，如《续日本纪·卷六·元明天皇条》记载"（和铜）六年二月……壬子，始制度量、调庸、义仓等类五条事，语具别格……夏四月戊申，颁下新格并权衡度量于天下诸国"[①]。《政事要略·卷五十三》记载"令前租法，熟田五十代，租稻一束五把，以大方六尺为步，步内得米一升，此大升也。二百五十步为五十代，庆云三年格云，准令以大方五尺为步，步内得米一升，此升称减大升，三百六十步为段者，今案，五十代令段步积一同"。《延喜式·卷五十》记载"凡度量权衡者，官私悉用大，但测晷景合汤药则用小者，其度以六尺为步，以外如命"。这些文献记录了一个史实，即日本在公元9世纪之前确实曾经存在着一种大小尺的制度，这种制度中大尺相当于小尺的一尺二寸，小尺为当时的日常尺，而大尺则作度地量银铜榖之用。这种大尺《令集解》认为来源于高丽，即"以高丽五尺，准今尺大六尺相当"，也即下文所称之高丽尺。

7.2.4 东亚现存部分建筑遗迹的营造尺度

若果真存在这样一种高丽尺，那在东亚建筑文化圈的大背景之下，它很有可能是随着中原文化的影响而传播至朝鲜半岛与日本列岛的，目前尽管同时期东亚范围内的建筑仅存在为数不多的几个实例，如法隆寺、玉虫橱子等，但是在东亚范围内还有很多现存的实物建筑遗迹可供进行尺度上的推敲与研究。在这些建筑遗迹用尺的基础之上，搞清东亚范围内的建筑用尺背景，方可对高丽尺的存在可能与使用范围进行一定程度的讨论。

7.2.4.1 建筑遗址的用尺推定

1. 中原地区——北魏永宁寺塔基址的用尺推定

《水经注·瀔水条》记载洛阳永宁寺塔"浮图下基方一十四丈，自金露槃下至地四十九丈，取法代都七级而又高广之"，《洛阳伽蓝记》则记载"中有九层浮图一所，架木为之，举高九十丈。上有金刹，复高十丈，合去地一千尺"。而《北魏洛阳永宁寺1979—1994年考古发掘报告》中则记载了塔基有上下两层夯土台基，下层台基尺寸为 $101.2 \times 97.8 \times 2.5$ m，上层台基尺寸为 $38.2 \times 38.2 \times 2.2$ m，而在其基座四周包砌青石，仅在南侧尚残存两段，青石皆长方形或长条形，宽0.5米，厚 $0.26 \sim 0.28$ m，长 $0.6 \sim 0.9$ m，如图7-22。所用的这些青石都是

---

① 藤原继绳，菅野真道. 續日本紀[M]. http://miko.org/~uraki/kuon/furu/text/syokki/syokki06.htm.

经过加工的，朝外一面加工仔细，两端面但求粗平，朝内一面则不作较细加工，同时上下两面都有部分被雕凿成弧形下凹的浅槽形，施工时在其中填满白膏泥，以使上下层石件粘结牢固①。将文献记载与考古资料相比对，上层基座为正方形，边长均约38.2m，若合当时十四丈，则可知当时的一尺长约为27.28cm。钟晓青先生在其《北魏洛阳永宁寺塔复原探讨》一文中对该塔基址的数据进行详细的研究，认为当时的用尺长为0.2727m②。尽管与丘光明先生所研究的

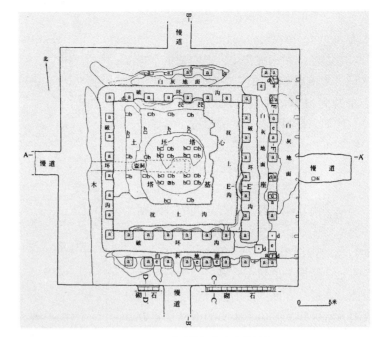

图7-22 北魏洛阳永宁寺塔基址

北魏前、中、后三个时期的尺度均不一致，但考虑到尺度使用中时代性、地域性等复杂特征，或可认为根据基座所推知的营造尺在北魏前期使用还是合适的。另外，考古发掘中所发现的对石材做工的精凿细雕做法，加上永宁寺塔在北魏的地位，说明当时设计者对这些石材是经过认真设计，而石材的尺度或也经过一定的推敲。有趣的是，石材的厚度范围与北魏一尺的尺长是相近的，这就给研究带来一定遐想的空间，或许当时施工时为了构件的规整化，要求每块石材的厚度均为一尺，以利于提高施工的效率。

2. 新罗皇龙寺遗址的用尺推定

皇龙寺是新罗真兴王十四年（公元553年）所建，《三国史记》记载"真兴王十四年春，王命所司筑新宫于月城东，黄龙见其地，王疑之，改为佛寺，赐号曰黄龙"③。此后，在真兴王三十五年春，皇龙寺丈六铜像铸成，共用铜约三万五千斤，真平王六年（公元584年）皇龙寺金堂完成。而皇龙寺中的九层木塔无疑是其中的关键建筑，"新罗善德女王十二年，以建塔之事闻于上，善德王议于群臣。群臣曰：'请工匠于百济，然后可矣'。乃以宝帛请于百济。匠名阿非知，受命而来，经营木石。伊于龙春干盅率小匠二百人。初立刹柱之日，匠梦本国百济灭亡之状，匠乃心疑停手。忽大地震动，晦冥之中，有一老僧一壮士，自金殿门出。乃立其柱，僧与壮士皆隐不现。匠于是改悔，毕成。其塔刹柱记云：'铁盘已上高四十二尺，已下一百八十三尺'"④。结合文献及遗址现状，可知该木塔是当时朝鲜半岛规模最大的木构建筑，

---

① 中国社会科学院考古研究所. 北魏洛阳永宁寺1979~1994年考古发掘报告[M]. 北京：中国大百科全书出版社，1996：p13.
② 钟晓青. 北魏洛阳永宁寺塔复原探讨[J]. 文物，1998，(05)：p53.
③ (高丽)金富轼. 三国史记[M]. 长春：吉林文史出版社，2003：新罗本纪·真兴王条.
④ (高丽)一然，孙文范校. 三国遗事[M]. 吉林：吉林文史出版社，2003：卷3·皇龙寺九层塔条.

或可堪比当时中原地区的北魏洛阳永宁寺木塔。

在其遗址发掘报告中，详实记录了金堂址的实测数据，如图7-23。图中使用的单位为日本的曲尺（30.3厘米/尺），将其换算为公制单位可得表7-2。根据表中数据可知，皇龙寺金堂部分尺寸相差比较大，尤其在第3~4列柱之间的开间尺寸与两侧数据相差甚大，达到0.32m之多，而中间其他各开间相互之间的差距则多为0.05~0.1m之间，因此3~4列开间的数据能否用于推导还有待检验。另外，金堂址中所遗失的数据较多，两侧的尽间数据基本遗失，而中间的部分金柱柱础也没有发现，因此缺失了中间的部分重要数据，这给推导其营造尺度带来了一定的难度。同样的情况也出现在皇龙寺木塔的实测中，尽管木塔缺失的数据并不多，但是

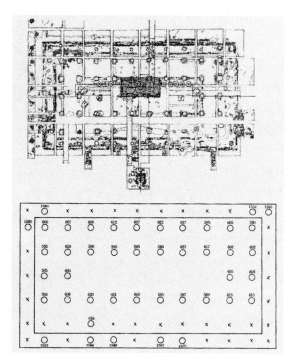

图7-23　皇龙寺金堂址实测图

在两两开间或进深之间有的也存在着较大的尺寸差，如表7-3所示。

金堂、木塔实测数据中的这些较大误差是有其渊源的，文献记载仅在新罗和统一新罗时期，皇龙寺就曾经过多次重建，这些重建是否沿用了以往的伽蓝布局，这些情况都不甚明了。而且，皇龙寺破坏之后距今至少也有八九百年的历史，这么长的时间里遗址是否经过人为的损坏，柱础石是否被人为搬动，这些情况也不是很清楚，在此情况下，对柱与柱之间的进深或开间进行尺度复原，这一工作的难度较大。另外，在该发掘报告实测数据的基础上，日本学者新井宏先生采取求平均值的方法，将每列、每行之间的实测数据加以平均，求得一个平均值，然后再对该平均值进行推导，求得金堂和木塔营造尺约为0.2633~0.2635m。这种方法看似合理，实则掩盖了实测数据之间的差异性，将该数据代入金堂数据表中进行检验，发现其所推导出的开间16尺与检验数据还是有较大的出入，而有的尺寸之间差异较大，其营造时用尺数也未必相等，以平均值的方法将这些差异减小，人为地使这些数据平均化、相近化、理想化，这是不符合一般营造规律的。除此之外，具体尺寸与平均值之间的误差，平均值推导成营造尺之间的误差，这些实际上构成了二次乃至多次误差，对于数据的处理也带来一定的影响。

皇龙寺金堂址曲尺与公尺换算表（斜体为公尺）　　表7-2

	1~2	2~3	3~4	4~5	5~6	6~7	7~8	8~9	9~10	10~11	11~12
G	—	—	—	—	—	—	—	—	—	—	
F	11.078	17.025	15.961	16.736	16.419	16.238	16.393	16.561	16.344	16.65	
	3.357	*5.159*	*4.836*	*5.071*	*4.975*	*4.920*	*4.967*	*5.018*	*4.952*	*5.045*	

续表

	1~2	2~3	3~4	4~5	5~6	6~7	7~8	8~9	9~10	10~11	11~12
E	—	17.078	15.951	16.446	16.419	16.518	16.271	16.591	16.502	16.65	—
		5.175	*4.833*	*4.983*	*4.975*	*5.005*	*4.930*	*5.027*	*5.000*	*5.045*	
D	—	16.805	114.992							16.733	—
		5.092	*34.843*							*5.070*	
C	—	16.732	16.564	16.485	16.172	15.561	16.284	16.637	16.377	16.769	—
		5.070	*5.019*	*4.995*	*4.900*	*4.715*	*4.934*	*5.041*	*4.962*	*5.081*	
B	—	—	—	—	—		—	—	—	—	—
A	—	16.742	16.393	16.584	32.756		16.264	—	—	—	—
		5.073	*4.967*	*5.025*	*9.925*		*4.928*				

皇龙寺木塔址曲尺与公尺换算表（斜体为公尺）　　　表7-3

	1~2	2~3	3~4	4~5	5~6	6~7	7~8
H	10.626	10.396	10.016	10.824	10.181	20.986	
	3.220	*3.150*	*3.035*	*3.280*	*3.085*	*6.359*	
G	10.343	10.567	10.475	10.323	10.554	20.600	
	3.134	*3.202*	*3.174*	*3.128*	*3.198*	*6.242*	
F	10.237	10.379	10.501	10.574	10.356	10.590	10.237
	3.102	*3.145*	*3.182*	*3.204*	*3.138*	*3.209*	*3.102*
E	10.303	10.706	10.171	10.587	10.369	10.419	10.435
	3.122	*3.244*	*3.082*	*3.208*	*3.142*	*3.157*	*3.162*
D	10.722	10.452	10.040	10.452	10.781	10.188	10.633
	3.249	*3.167*	*3.042*	*3.167*	*3.267*	*3.087*	*3.222*
C	20.920		41.840				10.386
	6.339	*0.000*	*12.678*				*3.147*
B	10.854	9.931	41.909				10.910
	3.289	*3.009*	*12.698*				*3.306*
A	10.524	10.254	10.561	10.534	10.132	10.748	—
	3.189	*3.107*	*3.200*	*3.192*	*3.070*	*3.257*	

在此情况下，如从皇龙寺金堂、木塔的石构台基着手，或许能推测出当时皇龙寺的营造尺度。相对而言，作为建筑构件之一的柱础石部分由于身在高处，往往受到后期的破坏较多，

如人为扰动、丢失、错位等等，建筑倒塌之后柱础往往也可用于二次重建，同时对于柱础石的测量，其中心部位到底该如何界定，如某些并不完全呈规则化的础石，其两两之间的测量数值往往由于其测量中心部位的改变使得数值相差较大。与之相比，对于础石下方的建筑台基，尽管其端头部位也会遭到外力破坏，但总体来说，其一次成型的几率比较大，测量时可操作性比较强，这些因素使得对台基的测量数值相对误差要小于对柱础的测量数值。皇龙寺金堂和木塔的台基均分为上下两层，其实测数据如表7-4所示。

皇龙寺木塔、金堂台基尺度推定　　　　　　　　　表7-4

		曲尺	曲尺长	实测	尺长1	尺数	尺长2	尺数
木塔	上层台基	94.7	0.303	28.694	0.356	80.601	0.269	106.670
	下层台基	112.79	0.303	34.175	0.356	95.998	0.269	127.046
金堂	上层台基长	171.6	0.303	51.995	0.356	146.053	0.269	193.290
	上层台基宽	88.77	0.303	26.897	0.356	75.554	0.269	99.990
	下层台基长	182.96	0.303	55.437	0.356	155.722	0.269	206.085
	下层台基宽	100.2	0.303	30.361	0.356	85.283	0.269	112.865

对表中的实测数据以0.356m尺长进行推导，九层木塔两层台基用尺分别为80.5和96尺，而金堂的台基用尺则为146尺×75.5尺、155.5×85尺，如以0.269m的尺长进行推导，则木塔用尺为106.5尺和127尺，金堂用尺为193尺×100尺、206尺×113尺。但是，这两种尺推导的数值均有一定的误差，如金堂下层台基宽这一部分，推导的尺数误差均为0.2～0.3尺。总体上看，0.356m和0.269m的尺长似乎都能与金堂的实测长相匹配，因此仅凭单一的尺寸推导并不能断定当时使用基准尺的尺长。

3. 新罗感恩寺金堂址的用尺推定

感恩寺是统一新罗时期由新罗神文王为其父文武大王所建，现位于韩国庆州东海边，目前还保存有两座石塔，除此之外，寺院的金堂、中门、讲堂、回廊等遗址也先后多次经过发掘，发掘所得的数据较为准确，可为营造尺推导之用。感恩寺金堂址开间五间，进深三间，平面布局较完整，如图7-24，而讲堂址则似开间8间，进深三间，局部四间，其数据缺失较多，因此以金堂址的实测数据或更为可靠。

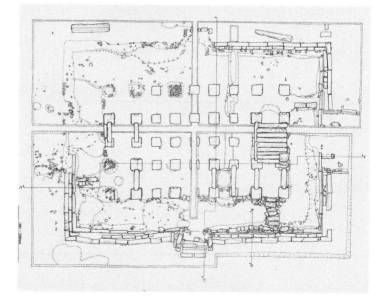

图7-24　感恩寺金堂址实测图

感恩寺金堂开间实测数据及推定营造尺度　　　　　　表 7-5

	西侧梢间	西侧次间	心间	东侧次间	东侧梢间
北侧檐柱列	2487	3494	3518	3510	缺
尺长1 35.6	6.99	9.81	9.88	9.86	
尺长2 26.9	9.25	12.99	13.08	13.05	
北侧中柱列	2440	3476	3549	3490	缺
尺长1 35.6	6.85	9.76	9.97	9.80	
尺长2 26.9	9.07	12.92	13.19	12.97	
南侧中柱列	2481	3510	3543	3473	2487
尺长1 35.6	6.97	9.86	9.95	9.76	6.99
尺长2 26.9	9.22	13.05	13.17	12.91	9.25
南侧檐柱列	2493	3512	缺	缺	缺
尺长1 35.6	7.00	9.87			
尺长2 26.9	9.27	13.06			

如表 7-5 分析，感恩寺金堂址的实测数据，以每尺 35.6cm 为基准，五个开间尺数或为 7、9.8、9.8、9.8、7 尺，而若以尺长 26.9cm 为基准，则五个开间又分别为 9、13、13、13、9 尺，这两种尺度相比较后者的误差以 0.01 计，吻合度相对较高。

7.2.4.2　现存木构建筑的用尺推定

日本列岛中现存几座飞鸟时期的木构建筑，对于尺度的推导研究显得尤为珍贵。日本学者关野贞在其"法隆寺金堂塔婆中门非再建论"[①] 中认为日本正史中所记载的"天智九年（公元 670 年）灾法隆寺，一屋无余"是错误的。根据法隆寺现存木构建筑的柱间尺寸，若以高丽尺为复原基准尺，可推导出整数尺，而以唐尺为复原基准尺则相比较零散，不符合早期建筑的营建规律。

前文已述，日本文献中明确记载了大宝元年（公元 701 年）"以高丽五尺，准今尺，大六尺相当"，今尺即当时的唐大尺，而高丽尺为唐大尺的 1.2 倍，达到 35cm 之多。同时大宝令还规定高丽尺为大尺，测地用，而日常用尺则为今尺，也就是唐大尺，这样就限定了高丽尺使用的时间下限。由此，关野贞认为现存法隆寺建筑的下限即为大宝令所颁布的时代，因此而否定了日本正史中的再建记载。此后，尽管在法隆寺原址上发现了若草伽蓝，这一证据否定了关野贞所提出法隆寺非再建论的论点，但是仍然有很多日本学者将高丽尺作为研究的重要依据，如浅野青先生在法隆寺大修工程中反复研究，提出 0.75 高丽尺（即 0.89 曲尺）这一基准长，而法隆寺建筑所有开间尺寸均为这一基准长的整数倍，大大推动了法隆寺建筑的研

---

① 關野貞．法隆寺金堂塔婆及中門非再建論[J]．建築雜誌，1905，第 19 卷．

究。以法隆寺金堂和五重塔为例，以 0.75 高丽尺为基准尺，分别对二者进行分析可得表 7-6 和表 7-7。

法隆寺金堂尺度构成　　　　　　表 7-6

名称		曲尺	曲尺长	实测值	尺长1	尺数	系数	整数尺	尺长2	尺数	取整
初层面阔	总长	46.281	0.303	14.023	0.356	39.391	0.75	52.521	0.269	52.131	52
	心间	10.68	0.303	3.236	0.356	9.090	0.75	12.120	0.269	12.030	12
	次间	10.68	0.303	3.236	0.356	9.090	0.75	12.120	0.269	12.030	12
	梢间	7.12	0.303	2.157	0.356	6.060	0.75	8.080	0.269	8.020	8
初层进深	总长	35.622	0.303	10.793	0.356	30.319	0.75	40.425	0.269	40.124	40
	心间	10.68	0.303	3.236	0.356	9.090	0.75	12.120	0.269	12.030	12
	梢间	7.12	0.303	2.157	0.356	6.060	0.75	8.080	0.269	8.020	8
上层面阔	总长	32.883	0.303	9.964	0.356	27.987	0.75	37.317	0.269	37.039	37
	心间	10.198	0.303	3.090	0.356	8.680	0.75	11.573	0.269	11.487	11.5
	次间	—	—	—	—	—	—	—	—	—	—
	梢间	6.223	0.303	1.886	0.356	5.297	0.75	7.062	0.269	7.010	7
上层进深	总长	22.205	0.303	6.728	0.356	18.899	0.75	25.199	0.269	25.012	25
	心间	9.798	0.303	2.969	0.356	8.339	0.75	11.119	0.269	11.036	11
	梢间	6.223	0.303	1.886	0.356	5.297	0.75	7.062	0.269	7.010	7

法隆寺五重塔尺度构成　　　　　　表 7-7

名称		曲尺	曲尺长	实测值	尺长1	尺数	系数	整数尺	尺长2	尺数	取整
初层	总长	21.174	0.303	6.416	0.356	18.022	0.75	24.029	0.269	23.850	24
	心间	8.839	0.303	2.678	0.356	7.523	0.75	10.031	0.269	9.956	10
	梢间	6.168	0.303	1.869	0.356	5.250	0.75	7.000	0.269	6.948	7
二层	总长	18.693	0.303	5.664	0.356	15.910	0.75	21.213	0.269	21.056	21
	心间	7.97	0.303	2.415	0.356	6.783	0.75	9.045	0.269	8.977	9
	梢间	5.362	0.303	1.625	0.356	4.564	0.75	6.085	0.269	6.040	6
三层	总长	15.961	0.303	4.836	0.356	13.585	0.75	18.113	0.269	17.978	18
	心间	7.104	0.303	2.153	0.356	6.046	0.75	8.062	0.269	8.002	8
	梢间	4.429	0.303	1.342	0.356	3.770	0.75	5.026	0.269	4.989	5
四层	总长	13.298	0.303	4.029	0.356	11.318	0.75	15.091	0.269	14.979	15
	心间	6.219	0.303	1.884	0.356	5.293	0.75	7.058	0.269	7.005	7
	梢间	3.54	0.303	1.073	0.356	3.013	0.75	4.017	0.269	3.987	4

续表

名称		曲尺	曲尺长	实测值	尺长1	尺数	系数	整数尺	尺长2	尺数	取整
五层	总长	10.653	0.303	3.228	0.356	9.067	0.75	12.089	0.269	11.999	12
	心间	—	—	—	—	—	—	—	—	—	—
	梢间	5.327	0.303	1.614	0.356	4.534	0.75	6.045	0.269	6.000	6

7.2.4.3 现存石构建筑的用尺推定

1. 扶余百济定林寺大唐平百济五层塔

位于韩国扶余郡扶余邑东南里的"大唐平百济"五层塔,是公元6世纪时代的石构遗物,石塔上记载了唐军将领苏定方平定百济的丰功伟绩,如图7-25。该石塔为五层方形石塔,底部为3层台基,其上每层石塔又大致分为三层,即由底部的基座、中间的塔身和上部的石制屋檐构成。日本学者米田美代治曾经对其进行过详细的实测与分析,并将实测数据转为东魏尺,以推定其整座石塔的比例构成关系[1]。而新井宏则认为构成该塔的基准尺度为0.266m,也就是他所推崇的"古韩尺"[2]。该座五层塔由于以石构件组成,且保存比较好,因此其实测数据的误差对于尺度的推定影响相对较小。五层石塔中的每层塔身均是该层石塔的主要构成部分,而且尤其值得注意的是一层塔身中还镶嵌有一块纪功碑,这也是本座石塔的核心,因此整座石塔的营造或以塔身为其关键所在,而从塔身的数据或可推导出该石塔的用尺。该石塔塔身的数据记录如表7-8所示。

百济定林寺五层石塔尺度推定(单位:cm) 表7-8

内容	1层	35.6	26.2	2层	35.6	26.2	3层	35.6	26.2	4层	35.6	26.2	5层	35.6	26.2
塔身总高	151.6	4.26	5.79	33.50	0.94	1.28	28.40	0.80	1.08	22.90	0.64	0.87	19.10	0.54	0.73
取值			5.80			1.20			1.00			0.90			0.70
塔身总宽	234.2	6.58	8.94	177.4	4.98	6.77	140.3	3.94	5.35	108.1	3.04	4.13	76.80	2.16	2.93
取值			9.00			6.80			5.30			4.10			
塔身两侧柱宽	51.40	1.44	1.96	44.10	1.24	1.68	37.40	1.05	1.43	34.30	0.96	1.31	29.20	0.82	1.11
取值			2.00			1.70			1.40			1.30			1.10
塔身心间石宽	131.4	3.69	5.02	89.20	2.51	3.40	65.50	1.84	2.50	39.50	1.11	1.51	18.40	0.52	0.70
取值			5.00			3.40			2.50			1.50			0.70

表中35.6cm为高丽尺的尺长,而26.2cm为北朝尺的尺长,通过对石塔各层塔身总高、总宽、心间石、两侧柱的尺度分析,可知若以北朝尺为营造尺度,心间石的五层取值分别为5

---

[1] 米田美代治. 朝鮮上代建築の研究[M]. 東京:慧文社,2007:p112.
[2] 新井宏. まぼろしの古代尺:高麗尺はなかった[M]. 東京:吉川弘文館,1992:p137.

尺、3.5 尺、2.5 尺、1.5 尺和 0.7 尺，不仅接近整数尺而且每两层之间的差值也呈现逐渐递减的趋势，符合一般营建的规律，而以 35.6cm 为尺长则得到的数值大多为非整数值，其递减的数值也非整数，因此从这个方面来说以 35.6cm 为尺长似乎并不合适。新井宏虽也推出尺长 26.6cm 的北朝尺，但是拘泥于一些细微数值，如屋顶长等，这些数值并非营建石塔的关键部位，因此如从心间着手分析，或许 26.2cm 的尺长可能性或更大些。

2. 感恩寺东西塔

感恩寺发掘报告[①]中不仅记载了金堂址的实测数据，而且对金堂址两侧的东西双塔实测数据也进行了披露。金堂址两侧的东西双塔，呈对称状分布于金堂址的东西两侧，这两座石塔的整体形态都比较相似，台基分为上下两层，塔身则分为三层，每层又可分为基座、塔身、屋檐三个部分，如图 7-25。这种多层台基之上，三至五层方形石塔，简单而素朴，代表了当时东亚地区的石塔风格，与之相类似的还有扶

图 7-25　百济定林寺大唐平百济五层塔（自摄）

余大唐平百济石塔、庆州佛国寺释迦塔及我国中原地区部分方形石塔等。发掘报告中对石塔塔身的总宽和总长都有实测，但是对其中的心间部分没有披露具体数据，但是通过图中的比例尺可大体得知其心间面阔的具体数据，如表 7-9 所示。

感恩寺东塔用尺推定（单位：m）　　　　表 7-9

名称	层数	实测	尺长 1	数值 1	尺长 2	数值 2	取整
明间宽	初层	1.768	0.356	4.966	0.269	6.572	6.5
	二层	1.323	0.356	3.716	0.269	4.918	5.0
	三层	0.852	0.356	2.393	0.269	3.167	3.0
开间总长	初层	2.850	0.356	8.006	0.269	10.595	10.5
	二层	2.250	0.356	6.320	0.269	8.364	8.0
	三层	1.640	0.356	4.607	0.269	6.097	6.0
塔身高	初层	1.720	0.356	4.831	0.269	6.394	—
	二层	0.770	0.356	2.163	0.269	2.862	—
	三层	0.730	0.356	2.051	0.269	2.714	—

根据表中实测数据，分别以 0.356m 和 0.269m 的尺长对其进行分析，在心间部分以 0.269m 的尺长较为合适，而以 0.356m 的尺寸所推导的数据与整数相差较大。在塔身高的

---

① 慶州文化財研究所. 感恩寺發掘調查報告書[M]. 慶州：國立慶州文化財研究所，1997.

部分同样以这两种尺长进行分析，两者均得不出较完整的整数值，推测建塔时塔身与基座或叠涩屋檐构成某种整数。尤为注意的是，塔身心间宽三层分别为6.5尺、5尺和3尺，开间总长又分别为10.5尺、8尺和6尺，可知两侧石柱尺寸分别为2尺、1.5尺和1.5尺，同时上下两层之间递减的整数值为1.5尺、2尺，这与扶余大唐平百济五层石塔的递减规律基本接近。

3. 百济砂宅智积堂塔碑

1948年，在韩国忠清南道扶余郡官北里发现了一块百济时期的古碑，此碑文记载"甲寅年正月九日奈祇城砂宅智积，慷身日之易往，慨体月之难还。穿金以建珍堂，凿玉以立宝塔。巍巍慈容吐神光以送云，峩峩悲狠含圣明以□□"，说明此碑是用于纪念当时一位"砂宅智积"高官的，建立的时期为"甲寅年"。整块石碑共56字，分为4列，每列14字，每个字都处于横竖划分的近于正方形方格中，因此整块碑文显得比较整齐，如图7-26。其中横向总长为29.9cm，纵向总长为99.4cm，可得横向每格长约7.475厘米，纵向每格长约7.1cm。这两个数值也很容易使人产生联想，处于魏晋南

图7-26 感恩寺石塔和百济砂宅智积堂塔碑

北朝时期中原的尺度，一般分为北朝尺和南朝尺，北朝尺前期、中期和后期长分别为27.88、27.97、29.59cm，南朝尺则为24.7cm[①]，将每个方格的纵横数值与这些尺度相比，均不能得到整数尺，而将其与35~36cm/尺的数值相比，则正好约为其2倍。这一整数数据说明，当时建此碑并刻碑文之时，很有可能是以35~36cm的尺长来进行的，每格均为2尺，这种以整数尺来对其进行量度的方法，推测应该符合工匠们的施工方法，提高了施工效率，而且按照尺度来规定石碑的大小，这种方法有可能也体现了当时东亚文化圈所存在的等级制。

7.2.4.4 墓葬建筑的用尺推定

1. 中原山东地区墓葬的用尺

山东地区是《隋书·律历志》中记载使用东后魏尺的地区，而东后魏尺目前仍然存在争议，因此从其现存东魏、北齐至隋唐时期的墓葬中或可推知当时墓葬中的用尺情况。

发现于1986年的山东临朐县北齐崔芬壁画墓是这一时期山东地区壁画墓中保存较完好、艺术水平较高的一座。该墓的平面呈甲字形，以单坡墓道与弧方形墓室为主，其中墓室是用规整的青石条层层砌筑而成。为了保持墓室内壁的平整，每块石料都经过精细的打磨[②]，可知该墓室及其壁画内容都是经过精心设计的。按中原传统的丧葬观念，每座墓葬的墓室空间往

---

① 丘光明，邱隆，杨平. 中国科学技术史·度量衡卷[M]. 北京：科学出版社，2001.
② 临朐县博物馆. 北齐崔芬壁画墓[M]. 北京：文物出版社，2002：p4.

往要体现出死者"事死如生"的死亡观。同时，墓室有可能在尺度上经过详细推算，以体现当时社会中的等级观念。崔芬壁画墓的主墓室呈弧方形，也存在采用整数尺进行营建的可能性。该墓室四壁边长，均为 3.60m，若以东魏尺长 0.304m 为基准，则可知该墓室营建时或为 12 尺，若以东魏尺 0.347m 为基准，则可推知该墓室营建时为 10.4 尺，而若以尺长 0.356m 为基准时，则可推知该墓营建时约 10 尺。

无独有偶的是，公元 2000 年，在山东临朐县下五井村发现了一座北朝晚期的画像石墓，该墓葬中所保存的画像石与山东地区汉代画像石风格有很大差异，而与崔芬壁画墓中的图像则近似，因此发掘报告将其断代为北朝晚期，这与崔芬壁画墓的时代大致相近[1]，因此两者具有一定的可比性。从墓室构成形式上，两者也比较近似，该墓也为单坡墓道，墓室近方形平面，其材料也是使用当地所产的坚硬青石，经过加工使青石非常平整。这座墓主墓室南北长 2.93m，东西宽 2.92m，若以东魏尺 0.304m 为基准，则整数尺恰好约十尺。以东魏尺 0.347m 为基准，则该墓室营建时用 8.5 尺。这两个实例以文献中不同的东魏尺长（即表 7-1）推算出的数据结果，一个为整数尺，另一个则为半尺，在没有文献相佐证的情况下，很难做出正确的判断。但是，这结果表明山东地区在当时很有可能使用东魏尺这一类大尺，只是由于目前实例较少，不足以推定其具体尺长而已。

2. 高句丽将军坟的用尺推定

《集安高句丽王陵》[2]这本针对高句丽王陵的调查报告，记录了集安地区具有高句丽王陵可能性的一系列陵墓的调查，其中的数据经过详细调查与实测，基本是可信的。这本发掘报告中共记录了十三座墓葬，包括著名的千秋墓、太王陵、将军坟和西大墓等等，但是其中大部分的墓葬都为积石墓，所使用的石材大小不一，堆积的形状也不甚规整，加之建成之后的人为破坏，因此保存的现状比较差，这些条件对于古坟营建尺度的推定较不利。

将军坟则是这些王陵中比较特别的古墓，被誉为"东方的金字塔"，主要表现为墓体呈七级阶梯状，每层阶梯都相对完整，且均由巨大石材构成，后期所遭受的破坏相对较小，这些都是尺度推算的有利条件，因此从其外部规整的石材构成中或可推知当时营建陵墓时所用的尺度。将军坟的七级阶梯，除第一层用 4 层条石砌筑外，其他 6 级均用 3 层条石砌筑，其每层阶梯尺度组成如表 7-10 所示。表中的数据均记录了每层阶梯顶部边长的数值，包括边长的小值与大值，这些数据呈逐层递减的状态。由于没有文献相比对，因此每层阶梯具体为多少丈、尺我们无从而知，但将该层与上层的阶梯顶部数值相减，可知该数值在一定范围内，这些数据的范围为 2.35m 至 2.9m，而且大多集中在 2.5、2.6、2.7m 左右。古时营建建筑一般要求提高工效，而且以当时高句丽王的地位，这一陵墓尺寸必然要相对规整，以突显其地位，或可推测这一数值为一整数尺，即一丈，则将其反推可知当时的营造尺范围或在 0.26～0.27m 左右。

---

[1] 宫德杰. 山东临朐北朝画像石墓[J]. 文物, 2002, (09): p40.
[2] 吉林省文物考古研究所, 集安市博物馆. 集安高句丽王陵——1990～2003 年集安高句丽王陵调查报告[M]. 北京: 文物出版社, 2004.

高句丽将军坟实测数据及推定营造尺度　　　　表 7-10

	顶部边长小值	与上层阶梯差值	顶部边长大值	与上层阶梯差值	推定营造尺度
第1层阶梯	28.65	2.45	29.65	2.45	去掉2.9和2.35这两个一大一小值，两层阶梯的差值多在2.6~2.7米，按营建整数尺的思想，推定当时尺度在0.26~0.27m范围内
第2层阶梯	26.2	2.5	27.2	2.5	
第3层阶梯	23.7	2.35	24.7	2.7	
第4层阶梯	21.35	2.5	22	2.6	
第5层阶梯	18.85	2.65	19.4	2.9	
第6层阶梯	16.2	2.7	16.5	2.7	
第7层阶梯	13.5		13.8		

3. 百济武宁王陵的用尺推定

武宁王，为百济东城王之子，是百济第二十五代王，也称为斯麻王[①]，公元501年武宁王即百济王位，次年即被南朝梁武帝授予征东大将军，在位期间，他一方面积极向中原南朝进贡称臣，以获取南朝梁的支持，另一方面则与新罗组成联盟共同对付北方高句丽的南进，这些举措使得百济在经济、军事、文化等方面都有了很大的进步，百济的国家实力也逐渐由衰弱转向强盛。公元521年，武宁王遣使奉表，被梁武帝改授为"使持节、都督百济诸军事、宁东大将军、百济王"，此后2年武宁王薨逝，葬于韩国忠清南道公州郡宋乡里。

1971年，韩国文化财管理局所发现的武宁王陵墓葬，可谓韩国20世纪最重要的发掘成果之一。该墓为南北走向带甬道的大型砖筑单室墓。墓室由墓道、甬道和墓室三个主要部分组成，主墓室平面呈长方形，东西两壁有2个直棱假窗，北壁有1个直棱假窗，四壁采用四顺一丁方法砌筑，而券顶部分则采用三顺一丁方法砌筑，整个主墓室的砖砌手法与南朝发现的一些墓室非常相近。其主墓室经过实测，长为4.2m，宽为2.72m，根据这一数据，以0.356和0.27的尺长进行推导，可得表7-11所示。以这两种尺进行推导，得出的数值与整数尺都相距较远，而以0.29的尺长进行推导，则可得数据与整数尺相对接近。

百济武宁王陵墓的用尺推定　　　　表 7-11

名称		实测	尺长1	数值1	尺长2	数值2	尺长3	数值3	用尺
主墓室	南北	4.2	0.356	11.798	0.27	15.556	0.29	14.483	14.5
	东西	2.72	0.356	7.640	0.27	10.074	0.29	9.379	9.5
甬道	长	2.9	0.356	8.146	0.27	10.741	0.29	10.000	10
	宽	1.04	0.356	2.921	0.27	3.852	0.29	3.586	3.5
	高	1.45	0.356	4.073	0.27	5.370	0.29	5.000	5

---

① (高丽)金富轼. 三国史记[M]. 长春：吉林文史出版社，2003：百济本纪·武宁王条.

4. 几座高句丽重要壁画墓的尺度推定

迄今为止,高句丽在朝鲜半岛仍然留存着几座重要的壁画墓,如德兴里古墓、安岳1、3号墓、双楹塚、江西大墓、江西中墓和湖南里四神冢等。通过对出土文物及墓室壁画的研究,在这几座古墓中,安岳1、3号墓、德兴里古墓和双楹塚都属于高句丽中期的壁画墓,而江西大墓、江西中墓、湖南里四神冢等则属于高句丽后期的壁画墓,将这几座的实测数据同样分别用尺长0.356和尺长0.26~0.27m之间的数据进行推导,可得如下表7-12中内容。

高句丽重要壁画墓的尺度推定(单位:米)　　　　　表7-12

名称1	内容		实测	尺长1	数值1	尺长2	数值2	尺数
德兴里古墓	主墓室	东壁长	3.196	0.356	8.98	0.263	12.15	12
		西壁长	3.15	0.356	8.85	0.263	11.98	12
		南壁长	3.005	0.356	8.44	0.263	11.43	11.5
		北壁长	3.158	0.356	8.87	0.263	12.01	12
	前室	东壁长	2	0.356	5.62	0.263	7.60	7.5
		西壁长	1.984	0.356	5.57	0.263	7.54	7.5
		南壁长	2.905	0.356	8.16	0.263	11.05	11
		北壁长	2.89	0.356	8.12	0.263	10.99	11
安岳3号墓	主墓室	长	3.8	0.356	10.67	0.263	14.02	14.5
		宽	3.32	0.356	9.33	0.263	12.25	12.5
	前室	长	4.88	0.356	13.71	0.263	18.01	18.5
		宽	2.73	0.356	7.67	0.263	10.07	10.5
安岳1号墓	主墓室	长	2.88	0.356	8.09	0.263	10.91	8或11
		宽	2.55	0.356	7.16	0.264	9.66	7或9.5
双楹冢	主墓室	长	3.01	0.356	8.46	0.268	11.23	11
		宽	2.95	0.356	8.29	0.268	11.01	11
	前室	长	2.27	0.356	6.38	0.268	8.47	8.5
		宽	2.32	0.356	6.52	0.268	8.66	8.5
湖南里四神冢	主墓室	长	3.12	0.356	8.76	0.271	11.51	11.5
		宽	3.67	0.356	10.31	0.271	13.54	13.5
江西大墓	主墓室	长	3.17	0.356	8.90	0.264	12.01	12
		宽	3.12	0.356	8.76	0.264	11.82	12
江西中墓	主墓室	长	3.24	0.356	9.10	0.269	12.04	12
		宽	3.09	0.356	8.68	0.269	11.49	11.5

根据表中的推导数据，可知这几座重要的高句丽壁画墓，如以尺长 0.356m 进行推导，所得数值多非整数，而以 0.26～0.27 这一范围内的尺长来推导，则所得数值大多数可以求得整数，而且后期几座墓室的尺长多集中在 0.268～0.271m 这一范围内，早期的尺长则以 0.263～0.264m 为主，或许反映了当时高句丽中后期尺度发展的某种趋势，即单位尺长不断变长这一发展趋势。

7.2.5 东亚地区早期尺长的研究与分析

7.2.4 节中对东亚范围内早期建筑遗址、现存木构、石构建筑及部分重要墓葬建筑的用尺尺长进行了推导与分析，根据这些数据，可知当时东亚范围内的用尺尺长大致可分为两类，即以 0.26～0.27m 之间为尺长和以 0.35～0.36m 为尺长的两类。以 0.26～0.27m 为尺长的建筑遗迹，涵盖了东亚范围的绝大部分地区，其中的重要建筑如北魏永宁寺木塔、法隆寺金堂、五重塔、新罗感恩寺东西塔、百济大唐平百济石塔、高句丽将军坟等，它们代表了不同类型的建筑，因此可以认为 0.26～0.27 这一尺长在当时或许使用颇为广泛。而 0.35～0.36m 为尺长的则集中在少数几个实例中，山东地区东魏和北齐时期的墓葬、百济砂宅智积堂塔碑等这些实例所推导的数据均与该尺长有着或多或少的联系。这两种尺的差别不仅体现在其尺度的长短、代表实例的差异上，而且体现在这两种尺所代表社会意义的不同。

7.2.5.1 北朝尺

以 0.26～0.27m 为尺长的尺实际上可归于北朝尺的一类，即北朝前期的尺度。正如 7.2.2 节中所述内容，北朝游牧民族初入中原之后，一方面为了学习中原文化而继承了原有的自汉以来至西晋的 0.24m 左右的短尺，而另一方面由于奴隶制度和游牧习俗在当时的统治阶级中仍然存在，落后的生产制度导致北朝贵族大肆剥削、掠夺中原的普通百姓，两者的矛盾通过皇族"改长尺大斗、依周礼制度，班之天下"而得以妥协，因此北魏时期的尺长在前朝基础上急剧增长，从前期的 0.25、0.27 一直发展到后期的 0.29～0.30 左右。北朝时期尺度的迅速增长也影响到了与之关系良好的高句丽，由于两者一直处于良好关系，同时高句丽还不断对北魏进行朝贡，辽东半岛畅通的陆路成为北朝尺度东传的一条重要通道，高句丽最重要的王陵之一——将军坟的营建也采用了这一尺度，说明至少在高句丽的中期北朝尺已经传播至此。

此后，由于高句丽、新罗与百济三国之间相互牵制、联盟以及战争、掠夺不断，使得北朝尺的传播深入至朝鲜半岛的腹地，影响到了与北朝相距较远的新罗与百济。百济素与日本列岛的倭国保持良好关系，并曾经派出使者协助日本建造宗教寺院，因此这种尺度或许也伴随着这种交流传至日本。到了后期，由于国内道教思想的盛行，使得高句丽的大量僧人不断向外迁徙，很多僧人迁到日本列岛，并为当时的日本皇族所重视，因此日本的佛教寺院很有可能受到高句丽僧人的影响，转而在用尺制度上也受其影响。

7.2.5.2 东魏尺

以 0.35～0.36m 为尺长的尺，学界一般认为属于《隋书·律历志》中的第十等尺东魏尺，尽管马衡、丘光明先生都将《宋史·律历志》与其相比对，认为《隋书·律历志》所记载的"五寸"应为"三寸"，东魏尺长也缩短为 30.048m，但是仅凭《宋史·律历志》中的记载就认为《隋书·律历志》中的记载有误，笔者认为这一观点确实值得商榷。北周灭北齐之后，虽然将后周的铁尺颁布天下,但是原属北齐的山东一带,也未必将这种大尺完全毁去,这种大尺留存民间并长久使用的可能性也很高。《旧唐书》中记载"山东诸州,以一尺二寸为大尺,人间行用之",唐代既然已经实行了大小尺的制度,为何在山东地区仍然要再次提及以一尺二寸为大尺这一制度?若以原有的唐小尺为单位,则唐大尺本身即为小尺的1.2倍,似乎无再次提及的必要,而若以唐大尺为单位,则山东一带的大尺则为唐大尺的1.2倍,可达0.355m(1.2×0.296)。因此,在山东这一原属东魏、北齐的区域,存在着除唐大小尺之外第三种尺的可能性,郭正忠及陈梦家两位先生都曾支持这一观点,而且郭正忠先生从陆龟蒙的吴田亩制中仍然当时在太湖、吴地一带甚至还存在着一种短尺[①]。

若尺长0.35~0.36的东魏尺果真存在,则该尺很有可能向东传播至朝鲜半岛西侧。在当时的社会条件下,航海技术相较前朝有了很大的提高,在此基础上,百济与中国的东部地区进行了频繁的交流,甚至曾远达南朝向其称臣纳贡,对于隔海相望的山东半岛,这种民间的交流或有过之而无不及,因此这种长尺随着移民的迁徙漂洋过海,远及朝鲜半岛西侧,这种可能性还是很大的,而百济砂宅智积堂塔碑中所推导的0.35~0.36m的尺度,或正是这种尺尺长的反映。

除此之外,百济武宁王陵中出土的武宁王墓志和铭文砖长度均为0.35m左右,如图7-27。这两者的长度使用0.35尺长的可能性也比较大,这基于两方面的考虑,其一,墓志是一座坟墓中最为重要的物品,具有评价墓主人生平的功用,其地位非其他墓中物品可比,而一座重要陵墓的营建,从墓冢的修建、构件的搭配甚至到其陪葬物品位置的摆放,都是非常讲究的,在古时往往都是按照前人的制度进行,中国曾经发现的《大汉原陵秘葬经》中就详细记录了这方面的内容[②],因此从古人对陵墓的重视程度来分析,各类重要物品或有可能

图7-27 武宁王墓志石

按照一定的尺度规制来进行,具有重要地位的墓志或有可能按照这种规制与尺度,因此推测墓志与当时的尺长存在某种程度的关系。其二,铭文砖是百济武宁王陵中大量使用的一种砖,古时的工匠也如今人般力图提高工效,同时也需保证施工的精度,因此陶范、钱范等模具就被工匠发明,为了满足这种需要,大量使用的铭文砖在生产之前也需制作砖范,砖范的长度推测并非随意而定,或为尺长的整数倍,不仅便于砖的制作,同时使得砖长规格化、便于检查施工进度等,以更好地完成陵墓的营建。从这两方面来分析,推测武宁王陵墓中的墓志与墓砖与当时的尺长应满足一定的比例关系,而从当时所流行的尺长来分析,或许0.35~0.36

---

① 郭正忠. 三至十四世纪中国的权衡度量[M]. 北京:中国社会科学出版社,1993:p244
② 徐萍芳. 唐宋墓葬中的"明器神煞"与"墓仪"制度——读《大汉原陵秘葬经》札记[J]. 考古,1963,(02):p87-106.

的尺长正是这种尺的反映。

7.2.6 新井宏的研究成果辨析

最后，就日本学者新井宏先生的尺度研究进行介绍与分析。日本计量学者新井宏先生曾经于20世纪80年代发表多篇论文[①]，对当时建筑界所盛行的高丽尺进行分析，提出了高丽尺"幻想说"的观点，认为早期东亚范围内流行的尺长为0.263左右，是从中原传入朝鲜的古韩尺，这种尺一直东传到了日本。他从实例分析的方法着手，对东亚范围内特别是日本和朝鲜半岛所遗留的实例，如宗教寺院、都城、建筑遗址、古坟等都进行了分析与比较，最终提出了尺长0.263m古韩尺的观点。此后，他将其研究成果归结整理，出版了名为《まぼろしの古代尺：高麗尺はなかった》的书籍，这是一本针对早期东亚尺度研究比较系统且深入的著作，对于高丽尺及早期东亚用尺制度都具有重要的研究价值。

但是，笔者认为他的研究成果仍略显不足，这表现在以下几个方面。首先，关于东亚范围内的尺度使用情况，他的著作中认为东亚地区，尤其是日本和朝鲜半岛，统一使用古韩尺（尺长在0.263m左右）。正如前文所述，尺度的传播是一个十分复杂的问题，随着交通路线方式的改变，尺度的发展也有可能随之而改变。同时，由于东亚范围内尺度的源头都在中原地区，而中原地区魏晋南北朝时期尺制本身就比较混乱，加之向外东传的复杂性，某一地区是沿用旧尺抑或使用新尺，这些问题没有文献的支撑，仅依据如今数据的推导是很难得出令人信服的定论的。另外，也不排除用尺的地域性差异，正如郭正忠先生所指出的，仅中原地区就存在唐大小尺、东魏大尺、江南小尺的可能性，而东亚如此广阔的范围内使用统一古韩尺的情况还是比较困难的，也存在地区之间使用长度不一的尺的可能性。

其次，新井宏先生对所有建筑类型都进行数据推导，笔者认为这种方法仅可针对部分类型的建筑使用，如石构建筑、现存木构建筑、墓葬类建筑等，这些类型的建筑由于测量尺度的边界比较明确，因此测量的数据误差比较小，最多仅存在人为测量、土壤腐蚀、石块风化等方面的影响，而针对大多数的遗址类建筑，尽管也可以推测出一个大概的用尺范围，但是考虑到遗址类的特殊情况，即遗址上的重建、遗址遭受战争与自然灾害的破坏、遗址受到人为的后期扰动、遗址测量边界的不确定性等情况，而这些情况中的每一条都足以使得测量数据误差以数倍的级别增大，从而使得推导的用尺尺长也随之而增大误差，古人云"差之毫厘，谬以千里"，或许正是此意。

第三，新井宏先生身为一位日本计量史学者，专注于早期尺度数据的推导与应用，其方法中多次使用了"完数度"的名词，这一"完数度"概念到底所指何意，中文中尚无明确解释，或许所指数据的吻合度之意，其验证过程中几乎完全以数据的匹配程度来检验当时的用尺尺长。尽管这一验证数据的方法也为大多数学者所采用，但是数据的推导过程中仍然需从建筑学的角度来分析整个建筑构建的可能性，如感恩寺石塔与大唐平百济石塔，其推导中并没有抓住心间尺度呈整数尺或半尺递减这一关键进行分析，而从建筑的高度、叠涩的层数等数据着手分析尺度，虽然从高度上分析也应存在合适的整数尺，但是具体的整数尺边界并没有详

---

① 新井宏.まぼろしの古代尺：高麗尺はなかった[M]. 東京：吉川弘文館，1992. 该书在其论文基础上修订而成。

实的界定，因此数据分析时或比较盲从，单纯为数据推导而推导。再如，古坟中所出土的大量铭文砖或花纹砖，这些材料从当时营建的工序上来分析，都与尺度有某种或多或少的联系，并不能仅通过数据推导就否定这些可靠的材料。

诚然，东亚范围内的用尺问题并非仅通过以上几个实例分析就可以定论的，但是通过上述几节的推导，或许可对当时东亚地域范围内的用尺划分作一个地域上的界定，从而对今后进一步的深入研究指明研究的方向。同时，由于手头资料有限及语言方面的限定，期待能有更多有价值的数据资料来支撑笔者的这一推论。

7.3 八角建筑考

高句丽的中期都城丸都山城宫殿遗址的南侧，有一组相对布置的多边形建筑物，发掘报告中将其标为2号和3号建筑址，详见4.2.2.2节相关内容，并如图4-3所示。图中可以明显看出，这两座建筑遗址应是一组八边形的建筑物，但是发掘报告并没有对这组八角形建筑物的性质作进一步的分析与定性，因此这组建筑物的具体功能如何？代表何种建筑类型？每座建筑物的平面形式又是如何？这些都是值得进一步分析与研究的问题。

7.3.1 高句丽的八角形建筑遗址

目前，在高句丽现有的众多建筑遗址中，已经发现了多处八角形建筑遗址，比较重要的有以下几座，即平壤清岩里废寺、定陵寺遗址、上五里废寺址、土城里寺址等。

清岩里废寺，也称金刚寺遗址，是20世纪30年代由日本学者在朝鲜平壤清岩里土城附近发现的一处佛寺遗址，由于当时的测绘条件所限，日本学者对其进行了现场测绘，撰写调查报告并将其发表在《昭和十三年度古迹调查报告》[①]中。该寺院遗址的偏北方向是一座长方形建筑，东南方向缺失一角，长方形建筑的南侧即是八角形建筑遗址，同时它也处于整个寺院遗址的中心部位。可惜的是，发掘时发现该八角形遗址的中央部位已经遭到严重破坏，仅在八边形的四边遗址上留有部分柱础石。八角形建筑址的东、西和南侧也发现有建筑遗址，但是每座建筑均仅留部分建筑遗址，大部分也都遭受严重的破坏。由于处于中央部位的八角形建筑，遗址四周似乎都留有缺口，因此八角形建筑在该缺口处通过回廊将其与四周建筑相连通，如图7-28。该八角形建筑遗址，尽管其中心部位遭到了严重破坏，但是在遗址的北侧有4~5条边仍然保留了柱础，其中位于东北侧的一条边保留了完整的5个柱础石，与其相对的西北侧一条边则保留了4个础石，缺失了1个础石。其余正北、东、西侧三条边的础石移位现象比较严重，导致开间数目不等，同时础石的间距也大小不一，如图7-28。

发掘于1974年的定陵寺遗址[②]是高句丽另一处带有八角形建筑的重要遗址，该遗址位于朝鲜半岛平壤市龙山里一带，遗址的周围是处于高句丽中后期的真坡里古坟群以及（传）东明王陵。作为东明王陵的附属建筑遗址，加之周围有重要的壁画古坟，定陵寺遗址本身的重要性也不言而喻。定陵寺遗址的占地面积比较大，因此发掘时分为5个区域，八角形建筑址

---

① 朝鮮古蹟研究会．昭和十三年度古蹟調査報告[C]．見朝鮮古蹟研究会．東京，1940：p5-19．
② 金日成綜合大学編，呂南喆，金洪主訳．五世紀の高句麗文化[M]．東京：雄山閣，1985：p204-214．

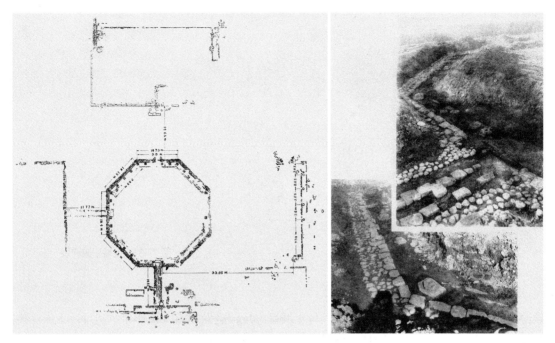

图 7-28　清岩里废寺八角址

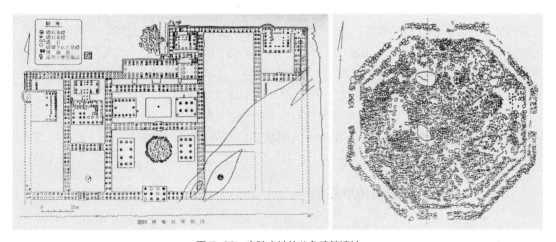

图 7-29　定陵寺址的八角建筑遗址

所在的为第 1 区域。这一区域共有 10 座建筑遗址,其中北侧为 5~10 号建筑址,南侧为 1~4 号建筑址。南侧的四座建筑址中,八角形建筑址为 1 号建筑址,其南侧是一座开间 3 间、进深 2 间的门址,东西两侧是一组相对且和门址同等规模的建筑址,在这些建筑址的四周是一圈进深 1 间的回廊。回廊的北侧是紧挨着的三座建筑遗址,即 5~7 号建筑址,再往北为 8 号建筑址,这也是整个遗址中体量最长的一座建筑遗址,在 8 号建筑址的东侧和北侧又分别是 9、10 号建筑址。5~10 号建筑址,由于部分建筑遗址发掘时受到破坏,因此这些建筑的平面配置情况不甚明朗。八角形 1 号建筑址在发掘之前也受到过严重破坏,中间部位的平面布置现已不得而知,仅留存两块大石,其功能也不是很清楚。所幸的是,通过考古发掘可知该八角形建筑址的基础部位共分为两层台基,每层台基的边上似乎可见阶沿石的痕迹,如图 7-29。

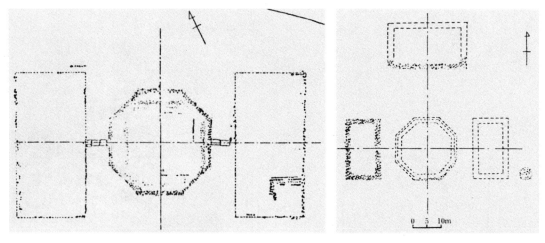

图 7-30　上五里废寺址　　　　　　　　图 7-31　土城里废寺址

除此之外，位于平壤附近的上五里寺址与土城里寺址，也发现有八角形建筑遗址。上五里废寺址位于朝鲜半岛平壤市大同郡，该遗址同样在日占时期由日本学者发掘，遗址的东西两侧发现有方形的建筑遗址，而八角形建筑址位于这两座建筑址的中间部位，八角建筑址的中央部位似乎可见方形的区域，但其功能并不太清楚，边缘的阶沿石部分也有部分可见，但总体而言遗址也曾经受到严重的破坏。遗址的北侧是否还存在另外一处建筑遗址，仍然不能明确，如图 7-30。至于土城里寺址，由于资料有限，没有接触到第一手资料，对其详细情况不是很清楚，所幸日本学者东潮先生的《高句丽历史与遗迹》一书中记录了相关内容。该遗址 1987 年发现于朝鲜半岛黄海北道的土城里一带，以八角形建筑址为核心，东、西、北侧各有三座长方形建筑址，如图 7-31。这种布局与清岩里废寺址的比较相似。而核心的八角形建筑址也破坏严重，仅在建筑的边缘部分存在雨水沟的痕迹，八角形遗址的南侧还残留有花岗岩石，遗址中心部位的情况不得而知，遗址与四周三座长方形建筑址之间是否存在通路也不太清楚。

7.3.2　早期东亚的八角形建筑

除了高句丽出现的八角形建筑之外，早期东亚范围内也存在很多八角形建筑的实例，这些八角形建筑大致分为两类，即一类为八角形的堂、另一类为八角形的塔，这些八角形的堂塔建筑主要有以下内容为代表。

7.3.2.1　日本列岛

1. 法隆寺梦殿

日本现存的八角形建筑，主要包括法隆寺东院梦殿、荣山寺八角堂和兴福寺北元堂等，其中又以法隆寺东院梦殿最具代表性。目前，学界一般认为法隆寺东院寺址的前身为早期斑鸠宫宫址，史书记载飞鸟时代末期斑鸠宫被烧毁，而到了天平年间，为了纪念弘扬佛法的圣德太子，僧人们修建了法隆寺东院伽蓝，其中的八角形建筑——梦殿位于东院伽蓝的核心部位，如图 7-32。此后，梦殿又在公元 859 年、1144 年、1230 年及昭和年间经过多次修理，值得一提的是公元 1230 年的梦殿大修理，改变了梦殿的原有风格，转而带有镰仓时代的建筑特征，并一直保持至今。

现存的梦殿大致分为三个部分，即台基、屋身及屋顶。台基部分分为上下的两层，其中正方向的四边台基各有一条连接上下的阶梯踏道，而侧方向的四边台基则以栏杆相围。屋身部分以处于角部的八根檐柱作为主要的支撑，檐柱头部的方形大斗上向外挑出偷心华栱，作法古朴。补间部分的斗栱也沿袭了此种风格，仅以豆子蜀柱加一斗三升的结构支撑上部的檐枋。屋身的正方向四面均开以板门，而侧方向的四面每面均开两个直棂窗。梦殿的室内部分有八根内柱，檐柱向外出挑的华栱后尾呈月梁结构插在内柱的柱身，加强了两者之间的联系。而内柱的柱头铺作为转角一斗三升，补间铺作为斗子蜀柱，但这些结构都被下部的一道弧形天花所遮盖，因此室内的空间相对比较狭小且封闭。梦殿的屋顶部分举折较大，因此显得屋顶比较峻峭，与当时的时代特征不符，或许是后世多次修理的结果。

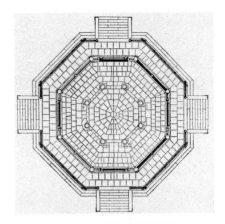

图 7-32 法隆寺梦殿平面

值得一提的是，梦殿在昭和大修之后，浅野清先生根据修理时的一些线索对其进行了复原设计[①]，如图7-33。复原设计的屋顶举折变小，屋顶比较平缓，力图将当时的风格再现。同时通过降低屋身的高度，即降低檐枋的位置，使得柱头铺作和补间铺作直接支撑檐枋，去除了原有铺作上方的多余散斗。屋身的内部仍然采用月梁结构将檐柱与内柱相连，而内柱里跳部分则向内出挑华栱支撑其上的飞椽后尾，去除了现状的天花，将原有的内部结构完全展现出来，这也是与当时的建筑风格相一致的。

2. 兴福寺北円堂

兴福寺草创于天智八年（公元669年），传说前身是根据藤原镰足的遗愿建成的山阶寺，后迁至飞鸟称为厩坂寺，平城迁都之后又迁至现地。实际上，兴福寺是藤原镰足之子藤原不比建立的藤原氏的家寺。养老五年（公元721年）为藤原不比一周年的忌日，日本元正天皇下令"造兴福寺佛殿司"在兴福寺西室之西、西金堂之北建一座北円堂，建成之后由于四周以回廊环绕，仅在南侧开一处小门，此处也称之为"円堂院"[②]。之后的北円堂于治承4年（公元1180年）被毁，又于承元四年（公元1210年）再建，此后尽管兴福寺经历了多次战争与火灾，但北円堂却幸

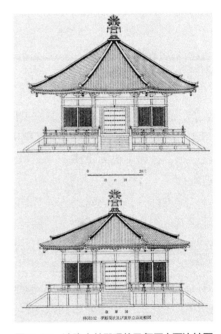

图 7-33 法隆寺梦殿现状及复原立面比较图

---
① 浅野清. 昭和修理を通して見た法隆寺建築の研究 [M]. 東京：中央公論美術出版, 1983：p245.
② 太田博太郎. 日本建築史基礎資料集成・仏堂1[M]. 東京：中央公論美術出版, 1975：p88.

运地保存至今，如图 7-34。

北円堂与梦殿均在镰仓时期经过修理或重建，因此两者所带有的风格也比较相似。在平面布局上，两者均为八角形内外柱的形式，区别仅在于梦殿台基带有栏杆扶手，而北円堂扶手缺失。立面的风格两者也比较相近，八角的正方向四面开有板门，而侧方向四面则每面开两个直棂窗，所不同之处在于北円堂的建筑主体部分在窗的上下额处采用了长押的作法，体现了平安时代后期日本和样的建筑特质。

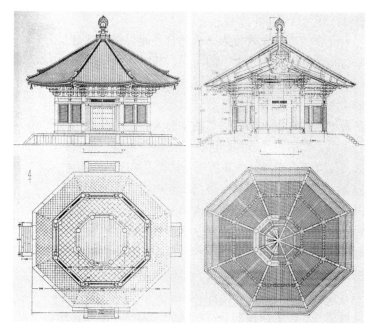

图 7-34　北円堂建筑平、立、剖面和梁架仰视图

结构部分，两者略有区别，尽管两者同样在柱头部位采用斜出的角部华栱支撑角梁，但是梦殿的华栱向外出 1 跳，而北円堂则向外出 3 跳。在补间部分，梦殿表现了单栱一斗三升的补间形式，而北円堂则比较复杂，补间中央为重栱一斗三升，补间两侧则采用了斗子蜀柱的形式，这也是与梦殿的区别所在。

室内部分，北円堂的内外柱连接部分与梦殿相同，采用两重月梁的形式加以连接，上层月梁前端作为檐柱外跳耍头的后尾，后端则作为内柱里跳华栱的后尾，下层月梁前端作为檐柱外跳第 2 跳华栱，后端插入内柱的柱身。内柱中央的八角形部位，同样采用了天花将屋顶的草架结构遮盖，同时使得室内空间得以抬升。除此之外，兴福寺北円堂还似乎受到了中原地区宋元时期福建大佛样风格的影响，这表现为其檐柱向外出跳的华栱都使用偷心作法，且在华栱之间采用均匀分布的散斗作为支撑，这一结构作法与东大寺大佛殿，福建华林寺等大佛样代表性建筑有着较强的相似性。

3. 荣山寺八角堂

荣山寺又称为前山寺，由藤原不比的长子藤原武智麻吕在养老三年（公元 719 年）创建，寺中八角堂完成于天平宝字 8 年（764 年），由藤原仲麻吕奉为先考先妣所建立，而其父即为藤原智麻吕。此后八角堂遭受了颇多的经历，如被盗贼盗走梵钟与塔的露盘、战乱时作为长庆天皇的行宫等，至明治四十三年，八角堂由天沼俊一主持落架大修，此后一直保持至今，如图 7-35。

该八角堂与法隆寺梦殿、兴福寺北円堂有较大的差别，这主要表现在以下几个方面。首先，在八角堂台基的周围布置了当地的石墨片岩，并围绕台基一圈，在台基阶沿石的下方似有一石柱支撑，而石柱的下方有一个小的础石，围绕一圈的石墨片岩正好可作为础石的地基，这种做法应该带有某种地域或时代性特征。同时，台基上的殿身内外柱全部采用自然石的柱础石，其所表现出的古朴风格或与采用石墨片岩所形成的风格相一致，而这都是其他两座八角堂所不具备的。

其次，荣山寺八角堂的平面与其它两座的平面相差较大，该平面外侧有八根檐柱，而内柱则变为四根，而法隆寺梦殿及兴福寺北圆堂的平面内外柱均为8根，形成一个类似双筒的结构。相比而言，内外柱均为8根的平面其结构形式或相对简单，这是由于该平面每根檐柱都有一根内柱与之相对，因此只需在檐柱上支撑1或2根月梁插入内柱柱身或与

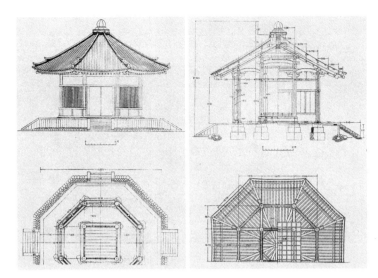

图 7-35　荣山寺八角堂建筑平、立、剖面和梁架仰视图

内柱斗栱结合，即可解决内柱与檐柱之间的搭接问题。同时，檐柱外侧所支撑的角梁后尾可一直向室内延伸，并且位置正好与内柱相吻合，因此结合内柱的斗栱做法即可解决角梁后尾的支撑问题。

荣山寺八角堂的檐柱8根，内柱4根的平面，其结构作法是比较复杂的。室内的4根内柱采用月梁的形式搭接，形成一个正方形的构架，在此基础上外侧的檐柱采用平行的月梁与内柱搭接，由于两者柱高不等，因此月梁也插入内柱的柱身。室内方形构架的四根内柱，每根都与外侧2根檐柱相搭接，通过这样的方式使得内外柱之间的搭接更为牢固。至于角梁的问题，在檐柱的外侧同样出挑，而到了室内角梁的后尾也一直向内延伸，室内内柱的月梁上搭接扒梁，其上再设置蜀柱，通过蜀柱给予角梁后尾以支撑，这样也解决了角梁后尾的支撑问题。最后，荣山寺八角堂的立面风格也比较简约，柱头铺作向外出一跳华栱，补间铺作则仅采用斗子蜀柱的作法，与梦殿及北圆堂的一斗三升、蜀柱甚至重栱的作法相比，荣山寺八角堂的立面风格更为古朴。

7.3.2.2　中原地区

中原地区的八角形建筑主要分为两类，一类为八角形堂，而另一类则为八角形塔。八角形堂，也可简称为八角堂，目前中原地区的八角堂木构建筑已经不存，但是从遗留至今的一些图像资料中可知，早期确实有八角堂建筑的存在。山东出土一幅汉代画像石中的建筑似乎表明早在汉代已经出现了八角形建筑，如图7-36。图中的建筑似乎为一楼阁式多层建筑，图面最下层正中似乎为主人或贵客，周围的人则对其毕恭毕敬，另外两面则表现出要求觐见主人的场景。该层回廊的每个端部都有一个角

图 7-36　汉画像石中的八角建筑

7.3　八角建筑考　241

图 7-37　莫高窟第 206、341 窟的八角堂

柱作为支撑结构，而绕回廊一侧则围以栏杆。在这之上的几层，似乎均采用简单的木结构加以维护，其室内场景则没有明确表现出来。对于这一幅画像，有的认为该建筑为一个三面围廊式建筑，但笔者认为这有可能是一座八角形的建筑，当观察建筑的视角位于八角形正前方的时候，所看到的图像恰好是三个面，即一个正面和两个侧面，左右两个正面由于被侧面遮挡，因此无法观察到。这一幅图像的观察视角有可能恰好位于八角形建筑的正前方，因此也仅仅观察到三个面。

到了隋唐时期，八角堂的形象逐渐增加，可惜在中原地区目前尚无类似的图像，所幸的是处于河西地区的敦煌壁画中，仍然保留了多处隋唐时期八角堂的建筑形象。莫高窟 206 窟西壁表现了一座隋朝时期的八角堂建筑形象，如图 7-37。图中文殊菩萨身后的八角堂表现了三个面，两面为窗、一面为门，柱子之间以阑额相连，可见柱头铺作与补间铺作，但由于时间久远，细部已表现不清。屋顶略向上起翘，宝顶部分则似乎可见仰、覆莲花，而不见相轮。这一座隋朝时期绘制的八角堂建筑，或为莫高窟壁画中年代最为久远的一幅建筑形象。此后的初唐、中唐、晚唐直至五代时期，八角堂的建筑形象在数量上有所增加。

初唐时期第 341 窟中表现的八角堂建筑，处于早期弥勒经变中轴线的中间部位，两侧通过连廊与周围二阁相连，根据整座壁画所表现的图面内容，推测该八角堂应属于弥勒菩萨居住的兜率天宫，如图 7-37。这座八角堂从外部可见其室内菩萨，各个面镂空，建筑的结构表现得比较清楚。角柱之间的下方通过阑额相连接，阑额之上则似乎表现重楣的结构，柱头铺作似乎仅向外出一跳，而补间部分则采用了简单的人字栱形式。斗栱之上的檐口部位，可见檐椽与飞椳，同样向上翘起，屋顶部分则没有表现攒尖宝顶的形式，而采用横向的正脊，两端还似乎可见鸱尾。总体来看，这座八角堂建筑表现了初唐时期的结构样式及形式。

盛唐、中唐至晚唐时期的八角堂，在结构形式与样式上逐渐丰富，如盛唐时期出现了平面为八角形，却使用圆形攒尖顶的形式，中唐时期出现了八角经楼阁的形式，另外中、晚唐时期还出现了八角堂与回廊相结合形成八角角楼的形式，如图 7-38。同时传统的单层八角堂建筑仍然与之并存，如第 148 窟盛唐时期的八角堂，室内部分似乎放置一张案桌，周围则采用帐幔或席子加以围合，结构上较为简单，补间铺作似乎采用了斗子蜀柱的形式，而柱头铺

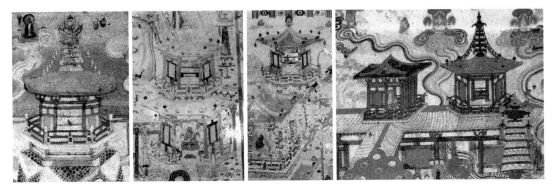

图 7-38　莫高窟第 91、231、231、199 窟中的八角建筑形象

图 7-39　莫高窟第 148、231 窟中的单体八角建筑

作则模糊不清，不可辨认。第 231 窟中唐时期的八角堂，在单体上仍然为传统的建筑形式，但室内则可见一位端坐的菩萨形象，如图 7-39。与之前八角堂的区别在于，该八角堂的布局形式有了本质的变化。整座 231 窟表现了弥勒上生经变中画的兜率天宫，但该天宫由第 341 窟的八角堂加二阁的形式，转变为三个院落形式布局。中间的院落是方形的回廊，其主体部分为一两层佛殿，周围通过连廊与两阁相连，在院落的转角处还有角楼。而两侧院落呈对称布局，每一座院落中心部位均为一座八角堂，周围用回廊环绕一圈。整体而言，这座壁画所表现的兜率天宫，布局规模更大，所表现出的气势也更恢宏，八角堂由于形制特殊，也更易引起人们的关注。

八角形塔，也即八角塔，迄今为止在中原地区仍然有多处遗存，如著名的登封会善寺净藏禅师塔和北凉石塔等。会善寺净藏禅师塔，建于唐天宝五年（746 年），是唐玄宗为高僧净藏所建之墓塔。目前，我国现存唐代以前的佛塔除嵩岳寺塔为十二边形之外，均为方塔，然宋代之后八角塔逐渐取代了方塔而成为中国古塔发展之主流，净藏禅师塔作为现存最早的八角塔，其研究价值则不言而喻。该塔建在高大的台基上，塔身下层为须弥座，塔刹部位也置圆形的须弥座及仰莲，其上再以火焰宝珠收顶。该塔虽为砖构，但整体表现砖构仿木的风格。砖塔的八面每面均处理成建筑之一开间，除南面为真正的券洞门外，其余各面均作假门窗，并模拟唐代木构之板门和直棂窗形式，同时门框窗台板、阑额及每开间的立柱、斗栱也都采用砖模仿木构，如图 7-40。

除净藏禅师塔之外，甘肃境内还发现有一些北凉小石塔，在其塔身部位仍然保存有八角塔的某些特质，或为早期八角塔发展之雏形。迄今为止，这些北凉石塔共出土 14 座，其中的三座仍在国外,其余则多收藏在甘肃省的博物馆内[①]。根据这些北凉石塔上的纪年铭文,可知这些石塔多为五世纪之物,前后相差不超过五十年,或为同时代之产物,因此这些石塔有可能具有相似的结构形式与装饰特征。这些石塔一般分为三层,即塔基、塔身与塔刹,塔基部分多为八角形,也可见方形,往往在塔基上雕刻八座佛像,如图7-41。塔身则以圆柱形为主,塔身四周并无佛像而多以文字记载造塔之缘由与纪年。塔刹部分,又可分为覆钵和相轮两部分,覆钵上往往雕刻八个佛龛,内造八座佛像。覆钵之上就是相轮,多以三层和七层为主,相轮之上由于受到破坏,因此大多数石塔的宝顶已经不存,仅有四座留有宝顶。值得一提的是,这

图7-40 净藏禅师八角塔及其细部

图7-41 北凉石塔三例

些石塔所雕的八座佛像一般为七坐佛和一交脚弥勒菩萨(或一舒相菩萨),也有的为六坐佛、一舒相菩萨、一交脚弥勒菩萨。另外,在部分石塔的塔基部位,还刻有八神王及八卦符号,宝顶上则刻有北斗七星,这些早期道教符号出现在佛教用具上也是值得我们重视的。

7.3.3 丸都山城的八角建筑

高句丽八角形建筑,除7.3.1节所述的几处之外,集安丸都山城宫殿址中所发现的两处八角建筑是目前最新的研究资料。根据考古发掘资料,可知丸都山城宫殿址中的八角形建筑(下称丸都八角址)或具有如下特征:

首先,丸都八角址之外的北侧和东西两侧均有一条排水沟遗迹,而类似的排水沟,在清岩里八角址、定陵寺八角址中也都可见,因此或推测排水沟的内侧即为当时八角建筑的台基边界所在。而当时所采用的台基材质,根据发掘报告记载,并没有发现大量用以填铺地面的块石,相反在一些重要的位置,如排水沟的两侧、柱础石的下方采用一些花岗岩或碎石、黏

[①] 张宝玺. 北凉石塔艺术[M]. 上海:上海辞书出版社,2006:p13.

土加以铺装，因此或可推测当时的地面仍以早期夯土作法为主，辅以一些石灰材料加以防潮。类似的土质地面，在清岩里八角址中也可见，如图7-28。

其次，丸都八角址的性质究竟为八角塔还是八角堂？笔者认为属于八角堂的可能性比较大，虽然两者均为八角形建筑，但是从结构发展的难易程度上来分析，八角塔由于属于多层建筑，其结构复杂性或要明显高于单层的八角堂。而且，正如7.3.2.2节所述，敦煌壁画中唐代多层八角建筑的年代大概在中晚唐时期，而丸都山城宫殿址中的八角建筑则处于高句丽建都国内城时期，即应在北魏始光四年（公元427年）迁都平壤之前。尽管魏晋以来，木结构技术有了较大的发展，但直至唐之后，木结构技术才有了质的提高，因此按照当时的建筑技术水平，完成一座多层的八角塔，对于当时尚处于中原文化圈边缘的高句丽来说或存在较大困难。

最后，丸都八角址平面中的柱础石是几处高句丽八角址中最为完整的一处，对于高句丽八角址的平面形式及结构布局有非常重要的研究价值。其八角址平面布局，大致可分为内外两层。其中外侧柱础石共有八个，内侧柱础石则仅有四个。外八柱内四柱的结构形式，即日本荣山寺八角堂所采用的结构，相比内外同为八柱的八角建筑，该结构似更为复杂。其他高句丽八角址中，清岩里、上五里八角址内部均遭到严重破坏，柱础石全部丢失，因此也不可知其内部情况，而在定陵寺八角址的中央部位尚残存两块大石，推测为柱础石，据其发掘时的位置推测为两个内柱的础石，其内部布局形式或与丸都八角址相似。因此，其内柱部分或形成一个方形空间，外柱部分形成八角形空间，内外柱网外柱向内柱搭接的月梁相连，角梁的后尾部分通过架在内柱方形柱网上的扒梁及侏儒柱支撑。遗憾的是，迄今高句丽古坟壁画中尚无任何八角堂的图像资料可供参考，因此丸都山城宫殿八角建筑的形象目前仍不得而知。

7.3.4 高句丽八角形建筑的意义

东亚范围内的八角形建筑，在平面布局与结构上与同时期其他大型建筑相比并不复杂，但是八角形建筑其背后所存在的意义却值得进一步研究。

7.3.4.1 八角形建筑的性质

丸都山城宫殿址中的两座八角建筑，均位于宫殿址的核心部位，紧靠高句丽王族的日常生活区域，这表明当时的高句丽王对这两座建筑异常重视。在宫殿址其他建筑均为方形的背景下，这两座八角形建筑不仅形制特殊，而且呈对称状布局，处于中心广场的一侧，因此推测其或带有祭祀、宗教性质。高句丽的祭祀内容非常丰富，据耿铁华先生的研究，包括祖先、社稷、山川洞穴、日月、星辰等[①]。社稷、洞穴、日月、星辰等祭祀内容或都存在单独的祭祀场所，如集安先后发现的东台子遗址、国东大穴等，据学者考证为当时的祭祀社稷与洞穴之场所。祭祀祖先是高句丽最为重要的祭祀活动，祖先即高句丽开国之王东明王。大朱留王三年（公元20年）"春三月，立东明王庙"，这是关于建在卒本始祖庙的最早记载，此后高句丽新大王、故国川王、东川王等都曾先后至卒本祭祀始祖。根据这些已发现的资料，这两座八角形建筑成为祭祀建筑的可能性或并不大，而带有宗教性的可能性则相对较大。自小兽林王

---

① 耿铁华. 中国高句丽史[M]. 长春：吉林人民出版社，2002：p534-537.

二年（公元372年）佛教从前秦传入高句丽以来，高句丽贵族不仅接受了佛教，而且大力提倡和普及佛教，因此佛教在高句丽国内的势力不断增强，到了故国壤王时代"下诏崇信佛法求福"，广开土王"创九寺于平壤"，文咨明王则"创金刚寺"，这些举措表明佛教或已融入了高句丽王族们的日常生活，因此丸都山城宫殿址作为当时高句丽王族的一个重要居所，佛教建筑也有存在其中的理由。

7.3.4.2 八角形建筑的佛教背景

若这两座八角建筑为佛教建筑，那这种布局方式与佛教又存在何种关联呢？这就需要将其放到东北亚佛教的发展这个大背景下来研究。起源于印度的佛教，自西汉末东汉初传入中国以来，到了魏晋南北朝时期逐渐兴盛起来，这一时期由于皇权贵族们的大力提倡，社会上形成了兴建佛寺、广开石窟、归入佛门及翻译佛经的风气。自东晋至南北朝时期，各地纷纷兴建佛寺，开凿石窟，据文献记载"京城表里，凡有一千余寺"，其奢靡程度则形容为"王侯贵臣，弃象马如脱屣，庶士豪家，舍资财若遗迹。于是昭提栉比，宝塔骈罗，争写天上之姿，竞模山中之影。金刹与灵台比高，广殿共阿房等壮。岂直木衣绨绣，土被朱紫而已哉"[①]，"南朝四百八十寺，多少楼台烟雨中"则记载了当时佛教在南朝时的鼎盛壮景。尽管北朝曾经历了北魏太武帝和周武帝的两度毁佛运动，但是由于连年的战乱，社会经济凋敝，民不聊生，人们幻想通过信奉佛教中的神明，并借此来保佑其过上幸福的生活，这就使得佛教传播、发展的土壤与根源仍然存在，因此两度毁佛之后佛教又重新壮大发展。与此同时，来自西域的佛教经典在经过僧众翻译之后也广为流传，如道安、鸠摩罗什、慧远等，其详细译经内容在汤用彤先生所著《汉魏晋南北朝佛教史》中有详细论述，而自三国至唐以来译经数目甚至达到1621部，共4180卷之多[②]。

另外，值得注意的是魏晋早期的玄学，继承和发展了老、庄的唯心主义，其思想诱使人们逃避现实，迷信鬼神，而佛教徒为了迎合统治者的需要，并顺从当时的社会思想潮流，巧妙地用魏晋玄学来解释佛经，使佛教的教义更容易为人们所接受。这样，早期的魏晋玄学也为当时佛教的流行打下思想基础，客观上促进了佛教的兴盛。而土生土长的早期道教，讲究苦练金丹以求长寿，炼养元气行善事以得仙道，并且两者要兼备方可得道成仙。广大的劳苦大众终日忙于生计，不可能有闲暇时间去求仙得道，因此占据了地利的道教始终不能广为流传。佛教则与此相反，讲究"生死轮回"、"因果报应"，即善有善报、恶有恶报，行善积德者可抵极乐世界，而多行不义者则下地狱，只要心诚，甚至可不经修炼即可"顿悟"，两者相比较，佛教的传教方法更为简单，更易引起广大受苦受难者的共鸣，从而迎合人们的心理，因此佛教信徒在数量上或要远多于道教信徒。

7.3.4.3 八角形建筑与北朝佛教信仰

由于高句丽八角建筑中遗址均被破坏，其室内佛像内容也不得而知，因此仅能从东亚文化圈中佛教的传播影响来推测其建筑性质。

---

① （北魏）杨衒之. 洛阳伽蓝记[M]. 济南：山东友谊出版社，2001：序言部分.
② 汤用彤. 汉魏两晋南北朝佛教史[M]. 武汉：武汉大学出版社，2008：p279.

北朝佛学自北魏孝文帝后，逐渐兴盛，从龙门、云冈等石窟造像中即可见当时的胜景，至北魏晚期，这种研习佛学之风又沿袭至东魏、北齐，其都城邺城逐渐成为中原北方的佛教中心。据记载，邺城大寺略计四千，所住僧尼则将八万[1]，如此之规模，或已超过当时的南朝。同时这里高僧云集，如道凭、慧光、菩提流支等，或在此译经，或在此讲学，佛学风气已蔚然成风。此时所译佛教经典很多，如《华严经》、《法华经》、《维摩经》等，加之佛教仍然有大乘与小乘之分，因此多种经论的对比、研讨和传授过程中，各种佛教学派逐渐形成，在此基础上逐渐发展到唐代，形成了有信徒、教义、教规的多个教派，如华严宗、三论宗、天台宗、净土宗等。

根据现有的石窟资料及发掘出的佛教造像，可知北朝以早期的华严学派与净土学派影响较大[2]。华严学派，即以弘扬《大方广佛华严经》而得名，该经译于东晋义熙年间，由佛驮跋陀罗首次翻译为中文，在南朝受到南齐竟陵王推崇，设华严斋并作记，此后《华严经》在南朝各代一直广为流行。北朝则处于沉寂状态，直到北魏孝文帝迁都洛阳以后，北朝对《华严经》的研究转而兴盛，并有超越南朝之势。如北魏宣武帝曾敕勒那摩提讲《华严经》，而在长安南郊终南山至相寺则形成了一个对《华严经》研究的聚居性佛教学者群体，其重要人物杜顺被追尊为华严宗第一代祖师。目前，在很多北朝石窟中仍然保留有关于华严宗的造像或写经，如安阳小南海、河北响堂山等均刻有《华严经》[3]。佛教信徒往往通过造像的方式，表示自己的个人信仰，因此北朝《华严经》所推崇的主佛卢舍那的造像也大量出现，卢舍那信仰一直影响至唐代，目前的龙门石窟奉先寺中仍然保留有皇室雕凿的卢舍那大佛。

净土学派的思想同样起源于印度，东汉时期弥陀类经典如《无量寿经》、《观无量寿经》、《阿弥陀经》等传入中国，成为后来净土宗的主要经典。其后，西晋、后秦时传入弥勒类经典，至南北朝时弥陀与弥勒信仰一并流行，甚至出现弥勒信仰超过弥陀信仰的声势。弥勒是佛教所说将继承于释迦牟尼之后于人间成佛的菩萨，属于"未来佛"，史书记载"释迦前有六佛，释迦继六佛而成道，处于贤劫，文言'将来有弥勒佛，方继释迦而降生'"[4]。自西晋竺法护译出《弥勒下生经》后，鸠摩罗什、沮渠京声等也相继译出多种弥勒净土经典，如《佛说观弥勒菩萨上生兜率天经》等，使得弥勒信仰迅速流行。此后，弥勒信仰经高僧道安、智俨等弘扬而愈加兴旺，如《高僧传·卷五》记载"安每与弟子法遇等，于弥勒佛前立誓，愿生兜率"[5]，表明道安发愿上生兜率天，亲近弥勒，闻听正法的信仰。

目前，国内石窟中也仍保留有大量的净土造像，如位于甘肃永靖的炳灵寺石窟造像，其中西方三圣像、弥勒像均为国内同类题材中较早的实例，而敦煌第268、272、275石窟，为莫高窟现存最早的一组洞窟，其时代大致在北凉时期，窟内的主尊造像也多为弥勒菩萨，云冈石窟最重要的昙曜五窟，其主像也以燃灯佛、释迦佛和弥勒佛三世佛为主。种种迹象表明，弥勒净土信仰在当时已经非常盛行，而这种信仰在东魏、北齐时期尤盛，如安阳小南海石窟西、中、东三窟中所出现的卢舍那、弥勒、阿弥陀佛成为石窟的主要造像，反映净土信仰已

---

[1]（唐）释道宣. 续高僧传[C]. 见高僧传合集影印本[M]. 上海：上海古籍出版社，1991：卷10.
[2] 汤用彤. 汉魏两晋南北朝佛教史[M]. 武汉：武汉大学出版社，2008：p178. 汤用彤先生在其隋唐佛教史稿中认为净土宗是否为一教派实有问题.
[3] 杨宝顺. 河南安阳灵泉寺石窟及小南海石窟[J]. 文物，1988，(04)：p20.
[4]（北齐）魏收. 魏书[M]. 中华书局，1974：卷114·释老志.
[5]（梁）释慧皎. 高僧传[M]. 北京：中华书局，1992：卷5.

成北齐最为流行的学派之一①，南响堂石窟中以阿弥陀佛为全窟主像的三佛窟和大面积净土变浮雕，说明净土信仰在当时也呈急剧发展的趋势②。此后，这种净土信仰甚至东传影响到了东亚文化圈内的日本及朝鲜半岛诸国，如《日本书纪》记载"日本敏达天皇十三年（584年），从百济来鹿深臣，有弥勒石像一躯……经营佛殿于宅东方，安置弥勒石像"③，而朝鲜半岛韩国全罗北道的益山弥勒寺址是目前现存百济时期规模最大的佛寺遗址，建于百济第三代王武王时期（600—641年），是百济当时的国家级大寺，《三国遗事》记载"一日，王与夫人，欲幸师子寺，至龙华山下大池边，弥勒三尊出现池中，留驾致敬。夫人谓王曰'须创大伽蓝于此地，固所愿也'，王许之……乃法像弥勒三，会殿塔廊庑各三所创之，额曰弥勒寺"④，说明百济弥勒寺也或多或少受到当时东亚文化圈内弥勒信仰的影响。

隋唐之际，统一安定的社会环境为净土思想的传播与发展提供了适宜的土壤，上层和下层阶级均期待这种稳定的生活得以持续延伸，在此基础之上，净土信仰的发展达到了鼎盛阶段。唐初高僧玄奘大师即推崇弥勒净土，此后僧善导继承僧道绰之业，提倡专修净业，简化修持方式，宣扬只要口宣佛号，观想实相，心注西方，即可往生西方极乐世界。与此相呼应，大量描绘、指示净土妙境的经书，各式各样的净土经变壁画成了环绕佛陀庄严相好的背景。现实世界中的宫苑、园池、歌台、舞榭、百戏、伎乐等都被编织到净土的形象画面中。现存敦煌唐代壁画大量描绘了在这种思想下的西方净土极乐世界，如231、237、138等窟，如图7-39。因此，盛唐时期的净土思想获得了最充分最辉煌的艺术表现，反过来净土世界的形象也折射出了盛唐的恢宏气象。中唐之后，由于唐武宗灭佛、黄巢起义、西域丝绸之路阻隔、国内藩镇林立等影响，佛教净土思想吸引力逐渐减弱，逐渐与禅宗相依附，其经变画也愈加程式化，最终走向平庸与世俗。

丸都山城中的八角形建筑址，或与北朝佛教所流行的华严学派或净土学派有关，而在这两者之间又或受到后者的影响较大，这主要有以下几个方面的因素：首先，高句丽传入佛教始自前秦，"秦王苻坚遣使及浮图顺道送佛教、经文……始创肖门寺，以置顺道，又创伊弗兰寺，以置阿道，此海东佛法之始"⑤。正是在高句丽初传佛教的这一时期，秦王苻坚通过战争方式获得当时东晋的高僧道安，并在此后成为苻坚的辅佐之人，如"先是，群臣以坚信重道安，谓安曰'主上欲有事于东南，公何不为苍生致一言也'故安因此而谏"⑥，可见苻坚对道安所仰仗的程度。而道安信仰并弘扬弥勒净土，曾与弟子在弥勒前立誓，其弟子法遇、昙戒也皆弘扬弥勒信仰，如"（昙戒）后笃疾，常诵弥勒佛名不辍口，弟子智生侍疾，问何不愿生安养？戒曰'吾与和上等八人，同愿生兜率，和上及道愿等皆已往生，吾未得去，是故有愿耳'"。因此，以道安及其弟子所持弥勒信仰或在很大程度上影响了秦王苻坚，而这种影响有可能进一步扩大至与前秦交好的高句丽王。

---

① 刘东光. 有关安阳两处石窟的几个问题及补充[J]. 文物，1991，（08）：p74.
② 水野清一，長廣敏雄. 河北磁縣・河南武安響堂山石窟：河北河南省境における北齊時代の石窟寺院[M]. 京都：東方文化學院京都研究所，1937.
③ 舍人亲王等著，坂本太郎校注. 日本书纪[M]. 东京：岩波书店，1994：卷20·敏达天皇条.
④ （高丽）一然，孙文范校. 三国遗事[M]. 吉林：吉林文史出版社，2003：卷2·武王条.
⑤ （高丽）金富轼. 三国史记[M]. 长春：吉林文史出版社，2003：卷18·小兽林王条.
⑥ （唐）房玄龄. 晋书[M]. 北京：中华书局，1974：卷一百十四·苻坚下.

其次，丸都山城中的八角形建筑址为对称状的两座，且同偏于宫殿址的一侧，这种对称状布局的方式与敦煌壁画中净土经变壁画中所出现的八角建筑布局比较相似，如图7-39。图中的两座八角堂，均为院落所围合，两座院落形成对称布局，院落的中间为弥勒信仰所描述的兜率天宫。该壁画的年代推测为唐代，虽然相隔年代较远，但笔者认为两者仍然具有类比性。由于地形所限，整座丸都山城宫殿址规模并不大，而在有限的空间中仍然保留了最基本的八角建筑对称布局形式，在这一点上两者具有相似性。同时，考虑到丸都山城宫殿址所处时代大致在弥勒净土信仰的早期，因此也不排除其八角建筑为早期净土信仰布局的可能。

最后，弥勒净土信仰中有很多与"八"相关的内容，如现存最早的有关弥勒信仰的经典，为东汉安息国三藏安世高译《佛说大乘方等要慧经》，内容为佛告弥勒有八法具足可得无上一切智，此八法为："一者内性清净，二者所行成就，三者所施成就，四者所愿成就，五者慈成就，六者悲成就，七者善权成就，八者智慧成就"，而韩国学者康炳喜则认为八角建筑与弥勒信仰中的八关斋会、八关持戒等有关[①]，另外北凉所发现的早期八角形石塔中，七佛与弥勒造像同时存在，这或也表明了弥勒信仰中的"八"具有深刻而丰富的内涵。

---

① 康炳喜. 韩国의 多角多层石塔[D]. 首尔：韩国精神文化研究院, 1995.

第 8 章 结论

高句丽宫殿建筑的研究是已故建筑学人郭湖生先生所开创之"东方建筑研究"的一个子课题，本书即是该课题研究的一个阶段性成果。由于高句丽历史及社会发展的特殊性，本书以对高句丽建筑历史研究的回顾为起始，从高句丽所处的时代入手，分析高句丽与当时各个王朝的社会关系、经济及文化状况，并以此为背景对高句丽都城的发展进行初步的研究，包括高句丽迁都的历程，早期都城的初定，中期都城国内城及丸都山城的性质与布局，后期平壤城的地理位置、现状及特点等，这些研究均作为本课题研究的都城背景，因为都城和宫殿的关系比较紧密，不了解高句丽的都城背景，对高句丽的宫殿建筑研究就无法继续推进下去。此后，本书围绕高句丽的宫殿建筑逐渐展开，并取得了以下几项研究成果。

8.1 高句丽中期宫殿建筑的研究

对于高句丽中期唯一保存的丸都山城宫殿建筑址，本书以考古发掘报告及现场实地踏查为依据，对丸都山城宫殿的建筑遗址进行了详细的分析，包括其内部础石的排列方式、组合形式等，同时对这些础石所表现出的建筑结构技术也进行了分析。在此基础上，本书对丸都山城宫殿址进行了平面复原，并以此为依据探讨了宫殿址的一些特点。在布局形制上，笔者认为该宫殿址或为前朝后寝式，其中前朝部分又可划分为宗教区和朝政区，两者又通过中央广场相结合。朝政区以 1 号建筑为核心，由于其地位特殊，因此该建筑或具有举行各类仪式的功能，另外有一条轴线贯穿于该建筑址，并一直延伸至北部突兀的山头，与地形结合比较紧密。宗教区则以 2、3 号两座八角形建筑为核心，周围的建筑均带有宗教性质。后寝部分则以 11 号建筑为核心，推测为高句丽王、后的寝宫，而其周围的建筑则多以储藏类性质为主。

此外，对于丸都山城宫殿址的源流，笔者认为受到几个方面的影响。首先，地形对于丸都山城宫殿址的布局具有重要的影响，不仅体现在防御建筑的布局位置上，而且与宫殿内的核心建筑一道构成了宫殿建筑群的轴线关系。其次，汉代庭院建筑的空间布局，尤其是"堂"的建筑对于丸都山城宫殿址也有很大影响，此外汉代早期的双开间建筑形制或也影响到了高句丽。最后，中原宫殿建筑文化在丸都山城宫殿址中也有一定的影响，其中推测尤以北魏平城宫殿建筑对其影响最大。

8.2 高句丽后期宫殿建筑的研究

朝鲜平壤的安鹤宫也是高句丽后期现存的惟一一处宫殿遗址，以朝鲜官方所出版的考古发掘报告为基础，本书对安鹤宫进行了初步的梳理，主要包括以下几个方面。

以对安鹤宫遗址现状的分析为基础，本书对安鹤宫的整体尺度进行了分析，认为当时东亚文化圈中广泛使用的三种不同尺长的尺中，以尺长 0.269m 的尺对其匹配度最高。在城门配置方面，以南侧正门的规格最高。在空间格局上，以南宫主殿院落为核心，中宫主殿、北宫主殿的院落呈现有规律的逐渐递进内收的特点。

在安鹤宫建筑址中，处于核心地位的当属南宫主殿，其柱网布局中没有发现北朝及隋代重要建筑位于角部所增加的角柱，因此推测其时间上限不会太早，很有可能处于高句丽的末期。而对宫殿南门址的研究，认为其形制为"一门三道"，推测受到了汉魏时期中原宫殿建筑城门形制的影响，其规制要低于隋唐时期的"一门五道"，或许是受到了当时等级制度的影响。

关于安鹤宫的源流与影响，本书认为安鹤宫与中期丸都山城宫殿址在规模、布局、轴线关系方面多有不同，由于两者的地位不同，因此两者并不具有一定的可比性。而与渤海龙泉上京宫殿两者在宫殿布局、空间组织及单体形制方面存在较多的相似性。此外，对于安鹤宫所处的东亚宫殿建筑体系，本书提出如下观点，即北朝之前的宫殿建筑存在两条轴线关系，一条以太极殿为核心，另一条则以东南方的朝堂院为核心，两者各自有其不同的功用。隋唐之后，中原地区的宫殿建筑强化了中轴线的关系，逐渐弱化了东南侧的朝堂院。与此相反，日本则继承了北朝的朝堂院轴线，在发展了一段时期之后，由于受到隋唐宫殿文化的影响，日本的宫殿也逐渐在中轴线的关系上有所加强。在此体系下，笔者认为高句丽的安鹤宫应属于前一种体系，即宫殿中轴线关系的体系。

8.3 高句丽宫殿建筑的样式要素与结构

宫殿建筑遗址仅反映了高句丽的建筑布局情况，但是并不能反映出当时高句丽宫殿建筑的外观形象及结构特点，而目前高句丽古坟中所保存至今的大量图像则弥补了这一缺憾。以高句丽古坟壁画中所保留的建筑形象为基础，本书对这些图像中所表现出的宫殿建筑样式进行了分析，其主要内容包括鸱尾、叉手、人字栱、双斗斗栱及柱子。

在东亚的样式体系中，鸱尾是一个很重要的内容，本书以鸱尾的起源为着手点，认为鸱尾来源于早期的凤鸟形式，而且目前仍然表现出其最初的构造做法。目前东亚范围内所保留的鸱尾，大致分为截断状和连续状两种。北朝时期是产生这一分化的阶段，而自隋代开始这种分化的情况比较明显，并且这种情况一直延续到了唐朝。高句丽受到北朝的影响较大，因此其截断状的鸱尾推测使用较多，而同属朝鲜半岛的百济和新罗则多以连续状鸱尾为主，因此两者的来源或有不同，进而这种影响也传至了日本，其现存的鸱尾以连续状鸱尾为主，截断式的鸱尾相对较少。

叉手和人字栱在本质上都是相同的，以三角形稳定性原理为基础，力求加强结构的稳定性与整体性，而叉手多用于建筑的剖面，人字栱则以建筑的立面为主。在早期大叉手结构的基础上，魏晋南北朝时期叉手结构应用较为广泛，但是到了隋唐之后脊檩主要依靠蜀柱及扶脊木承托，但是叉手结构并没有消失而是东传至朝鲜半岛，高句丽古坟中至今仍然保存着叉手的实例，日本的飞鸟建筑中也可见叉手的痕迹。此后，叉手结构在朝鲜的柱心包、李朝都有出现，而且其装饰性色彩也渐趋浓重。人字栱的演变关系也与之相似，在魏晋南北朝时期人字栱仍然表现出峻直的特点，但是到了北朝末期已经逐渐开始向弯曲状发展，隋唐之后人字栱装饰化的风格更加浓郁，这种情况最终影响到了日本，较鲜明的实例如日本平安时代的蟇股。

双斗斗栱即后期的一斗二升式结构，本书认为其源流呈现多元化的特点，北方的双斗斗栱呈现抬梁式的结构，而南方则呈现原始的枝丫状。到了汉代由于地域性的关系，双斗斗栱也表现出不同的特点。山东、徐州地域的双斗斗栱表现出恢宏的气势与古拙的风格，而四川地域的双斗斗栱则表现一种柔美的秀丽，河南地区的双斗斗栱多结合插栱，也表现出与山东、徐州地域相近的风格。此后，斗栱展现了双斗斗栱向三斗斗栱演变、单层向多层演变的特点，魏晋南北朝之后三斗斗栱在中原地区已基本取代了双斗斗栱，而处于中原文化边缘的西北及高句丽地区则仍然沿用早期的双斗斗栱。本书认为日本飞鸟时代的云形栱也属于双斗斗栱的一类，其形象与河南地域的斗栱体系比较接近，此外高句丽安岳1号墓中的斗栱也同样表现了类似的特点，因此本书认为飞鸟时期的云形栱有可能是中原地区的双斗斗栱通过朝鲜半岛传入日本的。

高句丽双楹冢中发现的八角形柱形制比较特殊，而学者们关注并不多，经过对古坟壁画的研究，笔者认为类似的柱在壁画中还存有两例，笔者称之为仰莲柱。北朝时期，中原地域的束帛柱与火珠柱使用的范围较广，笔者认为束帛柱有可能受到西域文化的影响，而火珠柱则广泛应用于中原的南朝和北朝，北朝东魏北齐与西魏北周交界的太原一带存在类似仰莲柱的实例，因此推测仰莲柱有可能为火珠柱的一种变异形式，这种形式通过北方的陆路传播到了朝鲜半岛的高句丽。

以宫殿形象及构成的样式要素研究为基础，笔者认为高句丽宫殿建筑在结构方面也有其显著特点。早期的高句丽宫殿建筑，可能存在以木骨泥墙性质为主的围合式结构，同时还存在以简单的柱梁或柱加栌斗形式的搭接方式。到了高句丽的中后期，随着中原建筑文化的不断引入，高句丽宫殿建筑的结构整体性与稳定性均得到了极大的提高，尤以柱头铺作的纵横向拉结为突出。斗栱的结构也从早期的简单栌斗、叠斗等方式，逐渐发展出单栱做法、重栱做法，形式多样且稳定性也得以提高。此外，在木结构发展演变的规律方面，高句丽宫殿建筑表现出纵架结构向横架结构发展的特点，而这一规律与中原北朝的木构建筑演变存在着较大的相似性，表明高句丽受到北朝早、中期建筑文化的影响较大，而此后由于种种原因，当这种影响关系停滞甚至中断之后，高句丽的宫殿建筑自身也在进行结构整体性与稳定性的摸索，这也表现出不同地域的人民对其所居住的建筑在品质上、技术上不断要求提高这一文化趋同性的特点。

8.4 专题研究

本书的专题研究分为三个部分，其中壁画莲花纹装饰是高句丽壁画中表现最多的一个形式，对其研究不可或缺，后两个部分即营造尺度与八角建筑，则与之前宫殿建筑联系比较紧密，涉及丸都山城建筑的性质及安鹤宫的布局等方面。

1. 壁画莲花纹装饰

壁画莲花纹装饰是高句丽古坟壁画中与建筑形象并重的一种装饰纹样，其大致可分为立面和平面莲花纹两类。将该莲花纹放置在东亚文化圈这个大背景下，可以发现最初的莲花纹来源于中原本土的四瓣、六瓣或八瓣柿蒂纹，当佛教逐渐传播于中原之后，佛教迅速与柿蒂纹相结合，并逐渐发展为莲花纹，此时的莲花纹纹样比较简单，莲瓣数目也比较少，而每瓣莲瓣则比较饱满，整体风格趋向平面化形式。此后，随着文化的迁徙，莲花纹装饰也不断向外传播，位于西域的河西地区与中原地区、东北地区的莲花纹装饰风格明显不同。中原地区的莲花纹在北魏时期则向立体化方向发展，隋唐时期的莲花纹逐渐向装饰化方向发展，最终发展成为了隋唐时期流行的宝装莲花纹样。河西地区由于地处西北与西域联系紧密，因此北朝时期的莲花纹依然呈现平面化，而隋唐之后的莲花纹逐渐向卷草纹样过渡。

东北地区尤其是高句丽的莲花纹继承了汉魏时期莲花纹的特征，并不断延续其风格。早期的莲花纹以单层为主，莲瓣数目较少，每片莲瓣都比较饱满。到了中期莲花纹传播至朝鲜半岛，此时层数出现两层，莲瓣数目也较之前朝有了很大提高，如12片、14片等，每片莲瓣体量也随之而减小，形状也由最初的饱满向细长、瘦弱的方向发展。隋、唐时期之后，中原王朝重新控制了朝鲜半岛的北部，此后唐朝的莲花纹样传播至此，最终使得半岛三国后期的莲花纹形式受到很大影响，此后的莲花纹逐渐向唐朝后期的宝装莲花纹形式靠近，并最终与之相融合。

2. 高句丽的营造尺度

在营造尺度方面，当时的东亚地区盛行至少两种尺，其尺长分别为 0.26~0.27m 和 0.35~0.36m。经过对现存东亚范围内建筑实例、墓葬、石塔、建筑遗址等重要建筑的尺寸推算，笔者认为以 0.26~0.27m 为尺长的尺实际上可归于北朝尺的一类，即北朝前期的尺度。受北魏影响，推测高句丽至少在中期已广泛使用了该尺，此后，由于高句丽、新罗与百济三国之间相互牵制、联盟以及战争、掠夺不断，使得北朝尺的传播深入至朝鲜半岛的腹地，影响到了与北朝相距较远的新罗与百济。百济素与日本列岛的倭国保持良好关系，并曾经派出使者协助日本建造宗教寺院，因此这种尺度或许也伴随这种交流传至日本。到了后期，由于国内道教思想的盛行，使得高句丽的大量僧人不断向外迁徙，很多僧人迁到日本列岛，并为当时的日本皇族所重视，因此日本的佛教寺院很有可能受到高句丽僧人的影响，转而在用尺制度上也受其影响。

另一种以 0.35~0.36m 为尺长的尺，一般认为是东魏尺，与北朝尺相比其应用的范围很小。有学者认为该尺有可能是一种地方性的尺，本身使用范围有限，因此其或仅存于中原的山东半岛。而随着当时航海技术的提高，这种尺有可能随着移民的迁徙漂洋过海，远及朝鲜半岛西侧，即百济的西南部。百济砂宅智积堂塔碑，百济武宁王陵墓的一些墓砖、墓志中的尺寸都与之匹配度较高，或许可以证明这种推论的可能性。由于实例有限，这个推论还有待于笔者今后进一步的研究。

3. 八角建筑

丸都山城中的两座八角形建筑，形制比较独特，以这两座建筑为对象深入发掘，可知东亚文化圈内类似的八角形建筑在一段时期内曾广泛使用，其中尤以日本列岛及隋唐的中原地区为盛，此外目前的高句丽中后期建筑遗址中还保留有多座八角形建筑址。经过研究，笔者认为这些八角形建筑或与当时的佛教大背景有关联，而当时佛教中的净土宗或对其影响较大。此外，根据丸都山城八角形建筑址的柱础形式，笔者认为其上部的结构或与日本荣山寺八角堂相近。

插图目录与来源

图 2-1　来源：《农业考古》1989 年 1 期 p102

图 2-2　来源：自摄

图 2-3　来源：《高句丽研究 5》p131

图 2-4　来源：《汉唐美术考古和佛教艺术》p197

图 2-5　来源：《东北亚考古资料译文集·高句丽渤海专号》p84

图 3-1　来源：《五女山城》

图 3-2　来源：自摄《五女山城》p73

图 3-3　来源：《五女山城》p84、90

图 3-4　来源：《朝鲜古迹图谱 1》p46

图 3-5　来源：《通沟》卷上 p20

图 3-6　来源：《文物》1984 年 01 期 p48

图 3-7　来源：《文物》1984 年 01 期 p50

图 3-8　来源：《国内城》p117、121、127

图 3-9　来源：《国内城》p119

图 3-10　来源：《通沟》卷上图版 13

图 3-11　来源：《高句丽的历史与遗迹》p208

图 3-12　来源：《高句丽的都城遗迹与古坟》p32

图 4-1　来源：《丸都山城》图 41

图 4-2　来源：根据《丸都山城》p5、p6 图改绘

图 4-3　来源：根据《丸都山城》图 40 改绘

图 4-4　来源：根据《丸都山城》图 40 改绘

图 4-5　来源：根据《丸都山城》图 40 改绘

图 4-6　来源：自绘

图 4-7　来源：自绘

图 4-8　来源：自绘

图 4-9　来源：自绘

图 4-10　来源：自绘

图 4-11　来源：自绘

图 4-12　来源：根据《丸都山城》图 自绘

图 4-13　来源：《沂南古画像石墓发掘报告》图版 49

图 4-14　来源:《中国画像石全集 第 2 卷》p19

图 4-15　来源:《中国古代建筑史》p51

图 5-1　来源:《대성산성의 고구려 유적》书内插页

图 5-2　来源《안학궁유적과 일본에 있는 고구려관계 유적, 유물》p104

图 5-3　来源：自绘

图 5-4　来源：自绘

图 5-5　来源：自绘

图 5-6　来源:《대성산성의 고구려 유적》p147

图 5-7　来源:《대성산성의 고구려 유적》p120

图 5-8　来源:《考古》1988 年 09 期

图 5-9　来源:《考古》2003 年 07 期

图 5-10　来源:《考古》1996 年 01 期

图 5-11　来源:《考古》1996 年 01 期

图 5-12　来源:《考古》1988 年 11 期

图 5-13　来源:《考古》2006 年 07 期

图 5-14　来源:《东京城》图 5

图 5-15　来源:《대성산성의 고구려 유적》p149

图 5-16　来源:《文物》1998 年 04 期

图 5-17　来源:《日中古代都城图录》p14

图 5-18　来源:《日中古代都城图录》32

图 5-19　来源:《日中古代都城图录》42

图 5-20　来源:《日中古代都城图录》p68

图 5-21　来源:《日中古代都城图录》70

图 5-22　来源：自绘

图 6-1　来源:《通沟》卷下 图 52

图 6-2　来源:《高句丽古坟壁画》47 页

图 6-3　来源:《高句丽研究》12 辑 548 页

图 6-4　来源:《考古》1960 年 1 期 60 页

图 6-5　来源:《敦煌壁画全集》21 辑 24 页

图 6-6　来源：自绘

图 6-7　来源:《考古》1962 年 11 期 569 页

图 6-8　来源:《敦煌壁画全集》21 辑 24 页

图 6-9　来源:《国内城》10 页

图 6-10　来源:《中国画像石全集》7 卷 100 页

图 6-11　来源:《敦煌壁画全集》21 辑 15 页

图 6-12　来源:《和林格尔汉墓壁画》17 页

图 6-13　来源:《高句丽古坟壁画》30-31 页

图 6-14　来源:《通沟》下 图 54

图 6-15　来源：自绘

图 6-16　来源:《考古》1964 年 2 期 69 页

图 6-17　来源：自绘

图 6-18　来源:《北韩的文化财与文化遗迹》1 辑 288 页

图 6-19　来源:《朝鲜古迹图谱》2 辑 185 页

图 6-20　来源:自绘

图 6-21　来源:《高句丽古坟壁画》24 页

图 6-22　来源:《高句麗壁畫古墳》85 页

图 6-23　来源:《考古》1964 年 10 期 7 页

图 6-24　来源:《云南晋宁石寨山古墓群发掘报告》图 121

图 6-25　来源:《日本建筑史图集》5 页

图 6-26　来源:《唐招提寺 金堂と講堂》13 页

图 6-27　来源:《日本建筑史图集》20 页

图 6-28　来源:《日本の美術 392》p18

图 6-29　来源:《麦积山石窟》图版 53

图 6-30　来源:《百济鸱尾考》p10

图 6-31　来源:《法隆寺玉虫厨子と橘夫人厨子》p18

图 6-32　来源:《日本の美術》卷 392

图 6-33　来源:《中国画像石全集 第 1 卷》p10

图 6-34　来源:张十庆老师

图 6-35　来源:《대성산성의고구려유적》p245

图 6-36　来源:《五世紀の高句麗文化》p148

图 6-37　来源:《弥勒寺遗迹发掘调查报告书 2》

图 6-38　来源:自摄

图 6-39　来源:《국립경주박물관 들여다보기》p88

图 6-40　来源:《百济鸱尾考》p8

图 6-41　来源:《唐招提寺金堂と讲堂》p45

图 6-42　来源:《日本の美術》卷 392 p13

图 6-43　来源:《日本の美術》卷 392 p53

图 6-44　来源:《日本の美術》卷 392p52

图 6-45　来源:《日本の美術》卷 392 p70

图 6-46　来源:《日本の美術》卷 392 p64

图 6-47　来源:《日本の美術》卷 392 p66

图 6-48　来源:《日本の美術》卷 392 p67

图 6-49　来源:《日本の美術》卷 392 p13

图 6-50　来源:《中国古代建筑史》p56

图 6-51　《龙门石窟》p160、自摄

图 6-52　来源:《文物》2006-10 期

图 6-53　来源:《文物》1984-6 期

图 6-54　来源:《敦煌石窟全集——建筑画卷》p18、p37;《中国画像石全集》第 8 卷 p9、p17

图 6-55　来源:《敦煌石窟全集——建筑画卷》p44、《敦煌莫高窟》第 2 卷 p7、p112、《龙门石窟》p60、《西安北周安伽墓》p30

图 6-56　来源:《唐长安城郊隋唐墓》p9

图 6-57　来源:《隋仁寿宫·唐九成宫 考古发掘报告》p175

图 6-58　来源：《中国古建筑》p57
图 6-59　来源：《敦煌莫高窟》第 3 卷 p34
图 6-60　来源：《敦煌莫高窟》第 3 卷 p35
图 6-61　来源：《昭陵》p3
图 6-62　来源：《隋仁寿宫·唐九成宫 考古发掘报告》p176
图 6-63　来源：《中国古代建筑技术史》p67
图 6-64　来源：《东京城》图版 86
图 6-65　来源：《西古城》p102
图 6-66　来源：《文物》1978 年 3 期 p68
图 6-67　来源：《柴泽俊古建筑文集》p115
图 6-68　来源：自摄
图 6-69　来源：自绘
图 6-70　来源：《傅熹年建筑史论文集》p132
图 6-71　来源：自摄
图 6-72　来源：《文物》2008 年 9 期 p30
图 6-73　来源：《傅熹年建筑史论文集》p130
图 6-74　来源：《北韩的文化财和文化遗迹 2》p33、37
图 6-75　来源：《法隆寺西院伽蓝》p15
图 6-76　来源：《建筑历史研究》p165
图 6-77　来源：《中国古代建筑史》p128
图 6-78　来源：《中国古代建筑史》第 2 卷 p501
图 6-79　来源：《韓國의 傳統建筑》p224、237
图 6-80　来源：《韓國의 傳統建筑》p228、234
图 6-81　来源：《韓國의 傳統建筑》p417、432
图 6-82　来源：《法隆寺西院伽蓝》p23《法隆寺玉虫厨子与橘夫人厨子》p19
图 6-83　来源：《日本建筑史基础资料集成 四 佛堂 1》p211、《日本建筑史图集》p21
图 6-84　来源：《中国画像石全集》第 8 卷 p3、7
图 6-85　来源：《建筑画卷》p37
图 6-86　来源：《中国石窟·敦煌莫高窟》第 1 卷 p25
图 6-87　来源：《中国画像石全集》第 8 卷 p2
图 6-88　来源：自摄
图 6-89　来源：《中国石窟 云冈石窟》第 2 卷 p51、89
图 6-90　来源：《中国石窟 龙门石窟》第 1 卷 p105
图 6-91　来源：《天龙山石窟》p12、98
图 6-92　来源：《文物》2008 年第 6 期 p18、2005 年第 3 期 p29
图 6-93　来源：《考古》1963 年第 6 期、《文物》1980 年第 2 期、1974 年第 2 期、《考古》1998 年第 12 期、《文物》1981 年第 12 期
图 6-94　来源：《建筑画卷》p65
图 6-95　来源：《建筑画卷》p43、74、77、79、85）《梁思成全集》第 6 卷 p15
图 6-96　来源：《傅熹年建筑史论文集》p201
图 6-97　来源：《建筑画卷》p139、145、149、143、157

图 6-98　来源：《建筑画卷》p166、127、197、234、235、234

图 6-99　来源：《古代建筑象形构件的形制及其演变》图 6

图 6-100　来源：《高句丽古坟壁画》p56、58，《朝鲜古迹图谱 2》p154

图 6-101　来源：《朝鲜古迹图谱 2》p164

图 6-102　来源：《高句丽古坟壁画》p32、《北韩的文化财与文化遗迹 1》p227、《通沟》下卷图版 6、38

图 6-103　来源：《法隆寺西院伽蓝》p6

图 6-104　来源：自绘

图 6-105　来源：《建筑考古学论文集》p260

图 6-106　来源：《韩国的传统建筑》p76

图 6-107　来源：《高句丽壁画古坟》p96

图 6-108　来源：《中国科学技术史·建筑卷》p94

图 6-109　来源：自摄

图 6-110　来源：《中国画像石全集 第 2 卷》p35

图 6-111　来源：《中国画像石全集 第 4 卷》p1

图 6-112　来源：《中国画像石全集 第 4 卷》p19、27、78、94《中国画像石全集 第 2 卷》p24、《和林格尔汉墓壁画》p79

图 6-113　来源：《中国画像石全集第 4 卷》p19、27、78、94《中国画像石全集 第 2 卷》p24、《和林格尔汉墓壁画》p79

图 6-114　来源：《中国画像石全集》第 2 卷 p174、第 4 卷 p77、84、104

图 6-115　来源：《조선의 문화 유물》P17、《文物》1991 年 4 期 P39

图 6-116　来源：《中国画像石全集》第 2 卷 p82、第 4 卷 p29、《文物》2003 年 4 期 p66

图 6-117　来源：《中国画像石全集》第 1 卷 p86、p150

图 6-118　来源：《中国画像石全集》第 4 卷 p82、第 2 卷 p37、80、183、209

图 6-119　来源《中国画像石全集》第 4 卷 p82、第 2 卷 p37、80、183、209

图 6-120　来源：《中国画像石全集》第 7 卷 p63、76、《沂南汉画像石》

图 6-121　来源：《中国画像石全集》第 7 卷 p63、76、《沂南汉画像石》

图 6-122　来源：《四川汉代石阙》p126、148

图 6-123　来源：《四川汉代石阙》p70、84《中国古代建筑史》p56

图 6-124　来源：《四川汉代石阙》p14

图 6-125　来源：《中国画像石全集》第 7 卷 p14、16、89、《文物》2004 年 9 期

图 6-126　来源：《四川汉代石阙》p62、66

图 6-127　来源：《建筑史论文集 17》p83

图 6-128　来源：《四川彭山汉代崖墓》p7、11

图 6-129　来源：《河南出土汉代建筑明器》p14、39、44、73

图 6-130　来源：《河南出土汉代建筑明器》p26、34、35、77

图 6-131　来源：《河南出土汉代建筑明器》p16、18、19、22

图 6-132　来源：《河南出土汉代建筑明器》p16、18、19、22

图 6-133　来源：《文物》2001 年 7 期、《中国科学技术史·建筑卷》p254、《中国古代建筑史·第 2 卷》p294

图 6-134　来源：《文物》2001 年 7 期、《中国科学技术史·建筑卷》p254、《中国古代建筑史·第

2 卷》p294

图 6-135　来源：《高句丽壁画古坟》p20
图 6-136　来源：《高句丽壁画古坟》30
图 6-137　来源：《北韩的文化财与文化遗迹 2》p27
图 6-138　来源：《通沟》卷下图版 3、42、《北韩的文化财与文化遗迹 1》p236
图 6-139　来源：《北韩的文化财与文化遗迹 1》p200
图 6-140　来源：《高句丽壁画古坟》p48
图 6-141　来源：《考古》1983 年 4 期
图 6-142　来源：《通沟》卷下图 54
图 6-143　来源：《中国画像石全集》第 1 卷 p141、第 4 卷 p33
图 6-144　来源：《沂南古画像石墓发掘报告》图 12
图 6-145　来源：自摄
图 6-146　来源：《高句丽壁画古坟》p48
图 6-147　来源：《高句丽壁画古坟》p49、《高句丽古坟壁画》p132、247
图 6-148　来源：《天龙山石窟》p72、73
图 6-149　来源：《宝山灵泉寺》p186、187
图 6-150　来源：自摄
图 6-151　来源：自摄、《中国石窟雕塑全集 6》p159
图 6-152　来源：《中国画像石全集》第 8 卷 p74、《傅熹年建筑史论文集》p109、《中国石窟 天水麦积山》p134、136、《麦积山石窟》p34
图 6-153　来源：《中国石窟 敦煌莫高窟 1》p88、《中国美术全集雕塑编 8》p51
图 6-154　来源：《中国石窟 敦煌莫高窟 1》p115、142、141、《中国石窟 敦煌莫高窟 2》p16
图 6-155　来源：《中国石窟 敦煌莫高窟 1》p153
图 6-156　来源：《中国石窟 敦煌莫高窟 1》p19
图 6-157　来源：《天龙山石窟》p11、18
图 6-158　来源：《考古》1961 年 01 期
图 6-159　来源：《东北考古与历史》p159
图 6-160　来源：《通沟》下图版 102
图 6-161　来源：《高句丽壁画古坟》p58
图 6-162　来源：《朝鲜古迹图谱 2》p141
图 6-163　来源：自绘
图 6-164　来源：《高句丽壁画古坟》p28
图 6-165　来源：《建筑考古学论文集》p113
图 6-166　来源：《中国古代建筑史》第五卷 p453
图 6-167　来源：《中国古代建筑史》第二卷 p288
图 7-1　来源：《通沟》卷下图版 21、23
图 7-2　来源：《东北考古与历史》p160、《朝鲜古迹图谱 1》p85
图 7-3　来源：《考古》1964 年 2 期
图 7-4　来源：《高句丽壁画古坟》p290
图 7-5　来源：《高句丽壁画古坟》p200
图 7-6　来源：《高句丽壁画古坟》p98、166、《高句丽古坟壁画》p26、《北韩的文化财与文化遗

		迹 2》p166
图 7-7	来源：《朝鲜古文化综鉴 4》图 25、《高句丽壁画古坟》p254、《北韩的文化财与文化遗迹 2》p181	
图 7-8	来源：《北韩的文化财与文化遗迹 2》p110、191、《高句丽壁画古坟》p229、《北韩的文化财与文化遗迹 1》p217、220	
图 7-9	来源：《高句丽研究 4》p226、《顺兴邑内里壁画古坟发掘调查报告》p77	
图 7-10	来源：《高句丽研究 4》p262、《武宁王陵》图版 84	
图 7-11	来源：《中国石窟 敦煌莫高窟 1》p85、156	
图 7-12	来源：《中国石窟 敦煌莫高窟 2》p35、80、78	
图 7-13	来源：《中国石窟 敦煌莫高窟 3》p47、55、79	
图 7-14	来源：《中国石窟 云冈石窟 2》p22、52、66	
图 7-15	来源：《中国石窟 龙门石窟 1》p47、151《中国石窟 龙门石窟 2》p65	
图 7-16	来源：《宝山灵泉寺》p150、《义县万佛堂石窟》p24、59	
图 7-17	来源：《考古学报》1985 年 1 期 p100、《考古》1963 年 9 期 p400、《山彪镇与琉璃阁》p92	
图 7-18	来源：《中国画像石全集》第 2 卷 p101、第 1 卷 p127、《沂南画像石墓》p6、8、9	
图 7-19	来源：《中国画像石全集》第 4 卷 p129、114	
图 7-20	来源：《长沙马王堆一号汉墓发掘简报》图版 1	
图 7-21	来源：《天龙山石窟》p67	
图 7-22	来源：《北魏洛阳永宁寺 1979—1994 年考古发掘报告》p14	
图 7-23	来源：《皇龙寺遗迹发掘调查报告书 1》p52	
图 7-24	来源：《感恩寺发掘调查报告书》p355	
图 7-25	来源：自摄	
图 7-26	来源：《感恩寺发掘调查报告书》p371、《石灯 浮屠碑》图 86	
图 7-27	来源：《国立公州博物馆》p14	
图 7-28	来源：《昭和十三年度古迹调查报告》图版 06、10	
图 7-29	来源：《五世纪的高句丽文化》p88、95	
图 7-30	来源：《高句丽历史与遗迹》p320	
图 7-31	来源：《高句丽历史与遗迹》p328	
图 7-32	来源：《法隆寺建筑研究》p243	
图 7-33	来源：《法隆寺建筑研究》p245	
图 7-34	来源：《日本建筑史基础资料集成》仏堂 1 p212、213	
图 7-35	来源：《日本建筑史基础资料集成》仏堂 1 p212、213	
图 7-36	来源：《中国画像石全集》第 3 卷 p80	
图 7-37	来源：《敦煌建筑全集 21- 建筑画卷》p48、76	
图 7-38	来源：《敦煌建筑全集 21- 建筑画卷》p144、196、198、206	
图 7-39	来源：《敦煌建筑全集 21- 建筑画卷》p166、193	
图 7-40	来源：《中国美术全集·建筑艺术编 宗教建筑》p82、《河南文史资料》2001 年第 3 期 p209	
图 7-41	来源：《北凉石塔艺术》p57、58、60	

参考文献

一、古籍文献

1. （东汉）班固. 汉书 [M]. 北京：中华书局，1962.
2. （南朝宋）范晔. 后汉书 [M]. 北京：中华书局，1965.
3. （晋）陈寿. 三国志 [M]. 北京：中华书局，1959.
4. （唐）房玄龄. 晋书 [M]. 北京：中华书局，1974.
5. （北齐）魏收. 魏书 [M]. 中华书局，1974.
6. （唐）令狐德棻. 周书 [M]. 北京：中华书局，1971.
7. （梁）沈约. 宋书 [M]. 北京：中华书局，1974.
8. （梁）萧子显. 南齐书 [M]. 北京：中华书局，2003.
9. （唐）姚思廉. 梁书 [M]. 北京：中华书局，1973.
10. （唐）李延寿. 南史 [M]. 北京：中华书局，1975.
11. （唐）魏征. 隋书 [M]. 北京：中华书局，1973.
12. （后晋）刘昫. 旧唐书 [M]. 北京：中华书局，1975.
13. （唐）李林甫. 唐六典 [M]. 北京：中华书局，1992.
14. （唐）杜佑. 通典 [M]. 北京：中华书局，2007.
15. （宋）李昉. 太平御览 [M]. 石家庄：河北教育出版社，1994.
16. （元）马端临. 文献通考 [M]. 北京：中华书局，1986.
17. （北魏）杨衒之. 洛阳伽蓝记 [M]. 济南：山东友谊出版社，2001.
18. （梁）释慧皎. 高僧传 [M]. 北京：中华书局，1992.
19. （唐）释道宣. 续高僧传 [C]. 见高僧传合集影印本 [M]. 上海：上海古籍出版社，1991.
20. （北魏）郦道元. 水经注 [M]. 北京：中华书局，2009.
21. （南北朝）萧统. 文选 [M]. 上海：上海古籍出版社，1986.
22. 中华书局编辑部. 景定建康志 [C]. 见宋元方志丛刊 [M]. 北京：中华书局，1990.
23. （高丽）金富轼. 三国史记 [M]. 长春：吉林文史出版社，2003.
24. （高丽）一然. 孙文范校. 三国遗事 [M]. 吉林：吉林文史出版社，2003.
25. 卢思慎. 李荇新增. 新增东国舆地胜览 [M]. 奎章阁嘉靖刊本.
26. 徐正浩. 大东地志 [M]. 奎章阁嘉靖刊本.
27. 舍人亲王等著，坂本太郎校注. 日本书纪 [M]. 东京：岩波书店，1994.

二、中文论著

1. 辽宁省文物考古研究所. 五女山城——1996~1999、2003 年桓仁五女山城调查发掘报告 [M]. 北京：文物出版社，2004.
2. 吉林省文物考古研究所，集安市博物馆. 集安高句丽王陵——1990~2003 年集安高句丽王陵调查报告 [M]. 北京：文物出版社，2004.
3. 吉林省文物考古研究所，集安市博物馆. 国内城——2000~2003 年集安国内城与民主遗址试掘报告 [M]. 北京：文物出版社，2004.
4. 吉林省文物考古研究所，集安市博物馆. 丸都山城——2001~2003 年集安丸都山城调查试掘报告 [M]. 北京：文物出版社，2004.
5. 吉林省文物考古研究所，集安市博物馆. 洞沟古墓群：1997 年调查测绘报告 [M]. 北京：科学出版社，2002.
6. 中国社会科学院考古研究所. 六顶山与渤海镇——唐代渤海国的贵族墓地与都城遗址 [M]. 北京：中国大百科全书出版社，1997.
7. 中国社会科学院考古研究所. 北魏洛阳永宁寺 1979~1994 年考古发掘报告 [M]. 北京：中国大百科全书出版社，1996.
8. 内蒙古自治区博物馆文物工作队. 和林格尔汉墓壁画 [M]. 北京：文物出版社，1978.
9. 湖南省博物馆，中国科学院考古研究所，文物编辑委员会. 长沙马王堆一号汉墓发掘简报 [M]. 北京：文物出版社，1972.
10. 马大正，耿铁华，李大龙等. 古代中国高句丽历史续论 [M]. 北京：中国社会科学出版社，2003.
11. 马大正，杨保隆，李大龙等. 古代中国高句丽历史丛论 [M]. 哈尔滨：黑龙江教育出版社，2001.
12. 耿铁华. 好太王碑一千五百八十年祭 [M]. 北京：中国社会科学出版社，2003.
13. 耿铁华. 高句丽古墓壁画研究 [M]. 长春：吉林大学出版社，2008.
14. 耿铁华. 中国高句丽史 [M]. 长春：吉林人民出版社，2002.
15. 耿铁华，尹国有. 高句丽瓦当研究 [M]. 长春：吉林人民出版社，2001.
16. 耿铁华，孙仁杰，迟勇. 高句丽研究文集 [M]. 延吉：延边大学出版社，1993.
17. 王绵厚. 高句丽古城研究 [M]. 北京：文物出版社，2002.
18. 王绵厚，李健才. 东北古代交通 [M]. 沈阳：沈阳出版社，1990.
19. 魏存成. 高句丽遗迹 [M]. 北京：文物出版社，2002.
20. 魏存成. 高句丽考古 [M]. 长春：吉林大学出版社，1994.
21. 刘子敏. 高句丽历史研究 [M]. 延吉：延边大学出版社，1996.
22. 李殿福. 东北考古研究 2[M]. 郑州：中州古籍出版社，1994.
23. 张博泉. 东北地方史稿 [M]. 长春：吉林大学出版社，1985.
24. 郑永振. 高句丽渤海靺鞨墓葬比较研究 [M]. 延吉：延边大学出版社，2003.
25. 全春元. 早期东北亚文化圈中的朝鲜 [M]. 延吉：延边大学出版社，1995.
26. 汤用彤. 汉魏两晋南北朝佛教史 [M]. 武汉：武汉大学出版社，2008.
27. 王国维. 观堂集林 [M]. 石家庄：河北教育出版社，2003.
28. 罗振玉. 好太王陵砖跋 [C]. 见罗雪堂合集之唐风楼金石文字跋尾卷 [M]. 杭州：西泠印社，2004.

29. （晋）陆翙等撰，许作民校注. 邺都佚志辑校注 [M]. 郑州：中州古籍出版社，1996.
30. 金毓黻. 东北通史 [M]. 缺：五十年代出版社（翻印），1981.
31. 韩养民. 秦汉文化史 [M]. 西安：陕西人民出版社，1986.
32. 杨曾文. 日本佛教史 [M]. 杭州：浙江人民出版社，1995.
33. 曾秀武. 中国历代尺度概述 [C]. 见历史研究 3[M]. 上海：上海人民出版社：1964.
34. 郭正忠. 三至十四世纪中国的权衡度量 [M]. 北京：中国社会科学出版社，1993.
35. 刘心长，马忠理. 邺城暨北朝史研究. 石家庄：河北人民出版社，1991.
36. 刘敦桢. 刘敦桢文集 3[M]. 北京：中国建筑工业出版社，1987.
37. 傅熹年. 中国科学技术史·建筑卷 [M]. 北京：科学出版社，2008.
38. 傅熹年. 中国古代建筑史 第二卷：两晋、南北朝、隋唐、五代建筑 [M]. 北京：中国建筑工业出版社，2001.
39. 傅熹年. 中国古代城市规划建筑群布局及建筑设计方法研究 [M]. 北京：中国建筑工业出版社，2001.
40. 郭湖生. 中华古都 [M]. 台北：空间出版社，1997.
41. 杨鸿勋. 建筑考古学论文集 [M]. 北京：文物出版社，1987.
42. 杨鸿勋. 宫殿考古通论 [M]. 北京：紫禁城出版社，2001.
43. 张良皋. 匠学七说 [M]. 北京：中国建筑工业出版社，2002.
44. 刘叙杰. 中国古代建筑史（第一卷）[M]. 北京：中国建筑工业出版社，2003.
45. 王鲁民. 中国古典建筑文化探源 [M]. 上海：同济大学出版社，1997.
46. 杨昌鸣. 东南亚与中国西南少数民族建筑文化探析 [M]. 天津：天津大学出版社，2004.
47. 张十庆. 中日古代建筑大木技术的源流与变迁 [M]. 天津：天津大学出版社，1992.
48. 常青. 西域文明与华夏建筑的变迁 [M]. 长沙：湖南教育出版社，1992.
49. 杨泓. 汉唐美术考古和佛教艺术 [M]. 北京：科学出版社，2000.
50. 李裕群，李钢. 天龙山石窟 [M]. 北京：科学出版社，2003.
51. 刘建华. 义县万佛堂石窟 [M]. 北京：科学出版社，2001.
52. 河南省古代建筑保护研究所编. 宝山灵泉寺 [M]. 郑州：河南人民出版社，1992.
53. 龙门文物保管所，北京大学考古系. 中国石窟龙门石窟 [M]. 北京：文物出版社，1991.
54. 敦煌文物研究所. 中国石窟·敦煌莫高窟 1[M]. 北京：文物出版社，1982.
55. 云冈石窟文物保管所. 云冈石窟 [M]. 北京：文物出版社，1994.
56. 孙儒僩，孙毅华. 敦煌石窟全集－建筑画卷 [M]. 香港：商务出版社（香港），2001.
57. 河南博物院. 河南出土汉代建筑明器 [M]. 郑州：大象出版社，2002.
58. 信立祥. 汉代画像石综合研究 [M]. 北京：文物出版社，2000.
59. 中国画像石全集编辑委员会. 中国画像石全集 [M]. 济南：山东美术出版社，2000.
60. 徐文彬. 四川汉代石阙 [M]. 北京：文物出版社，1992.
61. 南京博物院，山东省文物管理处编. 沂南古画像石墓发掘报告 [M]. 北京：文化部文物管理局，1956.
62. 临朐县博物馆. 北齐崔芬壁画墓 [M]. 北京：文物出版社，2002.
63. 甘肃省文物考古研究所. 敦煌佛爷庙湾西晋画像砖墓 [M]. 北京：文物出版社，1998.
64. 张宝玺. 北凉石塔艺术 [M]. 上海：上海辞书出版社，2006.
65. 汉宝德. 斗栱的起源与发展 [M]. 台北：明文书局，1988.
66. 杨鸿年. 隋唐宫廷建筑考 [M]. 西安：陕西人民出版社，1992.

67. 香港迪志文化出版有限公司. 文渊阁四库全书电子版. 香港，2003.

三、中文期刊

1. 吉林省博物馆. 吉林集安高句丽建筑遗址的清理 [J]. 考古，1961，（01）.
2. 吉林省博物馆. 吉林集安五盔坟四号和五号墓清理略记 [J]. 考古，1964，（01）.
3. 吉林省文物工作队，集安县文物保管所. 集安长川一号壁画墓 [J]. 东北考古与历史，1982，（01）.
4. 吉林省博物馆集安考古队. 吉林集安麻线沟一号壁画墓 [J]. 考古，1964，（10）.
5. 何明，张雪岩. 吉林集安高句丽国内城马面址清理简报 [J]. 北方文物，2003，（03）.
6. 阎毅之，林志德. 集安高句丽国内城址的调查与试掘 [J]. 文物，1984，（01）.
7. 方起东. 集安东台子高句丽建筑遗址的性质和年代 [J]. 东北考古与历史，1982，（01）.
8. 方起东. 吉林集安高句丽霸王朝山城 [J]. 考古，1962，（11）.
9. 方起东. 集安长川一号壁画墓 [J]. 东北考古与历史，1982，（01）.
10. 陈大为. 桓仁县考古调查发掘报告 [J]. 考古，1964，（10）.
11. 徐瀚煊，张志立，王洪峰. 高句丽罗通山城调查简报 [J]. 文物，1985，（02）.
12. 王承礼，韩淑华. 吉林集安通沟第十二号高句丽壁画墓 [J]. 考古，1964，（02）.
13. 洪晴玉. 关于冬寿墓的发现和研究 [J]. 考古，1959，（01）.
14. 刘子敏. "新城"即"平壤"质疑——兼说"黄城" [J]. 东北史地，2008，（01）.
15. 张福有. 好太王碑中的"平壤城"考实 [J]. 社会科学战线，2007，（04）.
16. 李淑英. 国内城及其位置考论 [J]. 通化师范学院学报，2007，（07）.
17. 高福顺.《高丽记》所记平壤城考 [J]. 长春师范学院学报，2004，（08）.
18. 熊义民. 高句丽长寿王迁都之平壤非今平壤辨 [J]. 中国史研究，2002，（04）.
19. 王绵厚. 关于高句丽后期都城平壤"三城一宫"的地理考证 [C]. 见历史地理第14辑 [M]. 上海：上海人民出版社，1998.
20. 王绵厚. 高句丽的城邑制度与都城 [J]. 辽海文物学刊，1997，（02）.
21. 王绵厚. 高句丽的城邑制度与山城 [J]. 社会科学战线，2001，（04）.
22. 王绵厚. 关于辽东城冢壁画中若干问题的考析 [C]. 见历史地理第16辑 [M]. 上海：上海人民出版社，2000.
23. 方学凤. 中国古代都城制对朝鲜、日本古代都城制的影响 [J]. 延边大学学报（社会科学版），1997，（01）.
24. 劳干. 跋高句丽大兄冉牟墓志兼论高句丽都城之位置 [C]. 见历史语言研究所集刊（第11册）[M]. 北京：中华书局，1987.
25. 魏存成. 高句丽初、中期的都城 [J]. 北方文物，1985，（02）.
26. 魏存成. 高句丽马具的发现与研究 [J]. 北方文物，1991，（04）.
27. 魏存成. 高句丽、渤海文化之发展及其关系 [J]. 吉林大学社会科学学报，1989，（04）.
28. 魏存成. 集安高句丽大型积石墓王陵研究 [J]. 社会科学战线，2007，（04）.
29. 魏存成. 再谈高句丽积石墓的类型和演变 [J]. 博物馆研究，1994，（01）.
30. 李殿福. 高句丽丸都山城 [J]. 文物，1982，（06）.
31. 李殿福. 集安山城子山城考略 [J]. 求是学刊，1982，（01）.
32. 李殿福. 高句丽山城研究 [J]. 北方文物，1998，（04）.
33. 李殿福. 高句丽丸都山城 [J]. 文物，1982，（06）.

34. 李殿福. 高句丽山城构造及其变迁[C]. 见东北考古研究2[M]. 中州古籍出版社: 郑州, 1994.
35. 李殿福. 高句丽古墓壁画反映高句丽社会生活习俗的研究[J]. 北方文物, 2001, (03).
36. 李殿福. 唐代渤海贞孝公主墓壁画与高句丽壁画比较研究[J]. 北方文物, 1983, (02).
37. 耿铁华. 集安高句丽农业考古概述[J]. 农业考古, 1989, (01).
38. 耿铁华, 李淑英. 高句丽壁画中的贵族生活[J]. 博物馆研究, 1987, 第02卷.
39. 耿铁华, 李淑英. 从高句丽壁画中的战争题材看高句丽军队与战争[J]. 北方文物, 1987, (03).
40. 耿铁华. 高句丽壁画中的社会经济[J]. 北方文物, 1986, (03).
41. 耿铁华. 高句丽墓上建筑及其性质[C]. 见高句丽研究文集[M]. 延吉: 延边大学出版社, 1993.
42. 牛润珍. 邺与中世纪东亚都城城制系统[J]. 河北学刊, 2006, 第26卷 (05).
43. 王维坤. 论20世纪的中日古代都城研究[J]. 文史哲, 2002, (04).
44. 王维坤. 日本平城京模仿隋唐长安城原型初探[J]. 文博, 1992, (03).
45. 王维坤. 隋唐长安城与日本平城京的比较研究——中日古代都城研究之一[J]. 西北大学学报(哲学社会科学版), 1990, (01).
46. 王维坤. 日本平城京模仿中国都城原型探究——中日古代都城研究之二[J]. 西北大学学报(哲学社会科学版), 1991, (02).
47. 韩宾娜. 近20年来中国关于日本古都研究的新特点[J]. 古代文明, 2007, 第01卷 (04).
48. 刘晓东. 日本古代都城形制渊源考察——兼谈唐渤海国都城形制渊源[J]. 北方文物, 1999, (04).
49. 王仲舒. 关于日本古代都城制度的源流[J]. 考古, 1982, (05).
50. 宿白. 隋唐长安城和洛阳城[J]. 考古, 1978, (06).
51. 张驭寰. 集安附近高句丽时代的建筑[J]. 文物参考资料, 1958, (04).
52. 黄兰翔. 中国古建筑の鸱尾の起源と变迁[J]. 仏教芸术, 2004, (01).
53. 傅熹年. 唐长安大明宫含元殿原状的探讨[J]. 文物, 1973, (07).
54. 傅熹年. 对含元殿遗址及原状的再探讨[J]. 文物, 1998, (04).
55. 张十庆. 古代建筑象形构件的形制及其演变[J]. 古建园林技术, 1994, (01).
56. 钟晓青. 北魏洛阳永宁寺塔复原探讨[J]. 文物, 1998, (05).
57. 刘临安. 中国古代建筑的纵向构架[J]. 文物, 1997, (06).
58. 胡戟. 唐代度量衡与亩里制度[J]. 西北大学学报, 1982, (04).
59. 梁方仲. 中国历代度量衡之变迁及其时代特征[J]. 中山大学学报, 1980, (02).
60. 陈梦家. 亩制与里制[J]. 考古, 1966, (01).
61. 王冠倬. 从一行测量北极高看唐代大小尺[J]. 文物, 1964, (06).
62. 朴润武. 高句丽都城与渤海都城的比较[C]. 见中国考古集成东北卷——两晋至隋唐2[M]. 北京: 北京出版社, 1994.
63. 刘萱堂, 刘迎九. 集安高句丽古墓壁画的装饰特色、纹样演变与汉文化的联系[J]. 北方文物, 2006, (02).
64. 苏长青. 高句丽早期平原城——下古城子[C]. 见辽宁省本溪、丹东地区考古会议论文集[M]. 沈阳: 辽宁省考古博物馆学会, 1985.
65. 俞伟超. 跋朝鲜平安南道顺川郡龙凤里辽东城塚调查报告[J]. 考古, 1960, (01).
66. 张朋川. 宇宙图式中的天穹之花——柿蒂纹辨[J]. 装饰, 2002, (12).

67. 孙仁杰. 谈高句丽壁画墓中的莲花图案 [J]. 北方文物, 1986, (04).
68. 杨泓. 中国古代马具的发展和对外影响 [C]. 见汉唐美术考古和佛教艺术 [M]. 北京: 科学出版社, 2000.
69. 董峰. 3至6世纪慕容鲜卑、高句丽、朝鲜、日本马具之比较研究 [J]. 文物, 1995, (10).
70. 潘畅和, 李海涛. 佛教在高句丽、百济和新罗的传播足迹考 [J]. 延边大学学报, 2009, 第42卷 (01).
71. 河南省博物院, 安阳地区文管会, 安阳县文管会. 河南安阳修定寺唐塔 [J]. 文物, 1979, (09).
72. 凤翔县文化馆, 陕西省文管会. 凤翔先秦宫殿试掘及其铜质建筑构件 [J]. 考古, 1976, (02).

四、韩国、朝鲜学者论著及期刊

1. 文化财研究所, 大邱大学校博物馆. 顺兴邑内里壁画古坟发掘调查报告 [M]. 首尔: 大邱大学校博物馆 (韩), 1995.
2. 秦弘燮. 荣州顺兴壁画古坟发掘调查报告 [M]. 首尔: 梨花女子大学校博物馆 (韩), 1984.
3. 慶州文化財研究所. 感恩寺發掘調查報告書 [M]. 慶州: 國立慶州文化財研究所, 1997.
4. 金日成綜合大學編, 呂南喆, 金洪圭訳. 五世紀の高句麗文化 [M]. 東京: 雄山閣, 1985.
5. 김일성종합대학고고학및민속학강좌집필. 대성산성의고구려유적 [M]. 평양: 김일성종합대학출판사, 1976.
6. 김일성종합대학. 동명왕릉과 그 부근의 고구려유적 [M]. 평양: 김일성종합대학출판사, 1976.
7. 安炳灿. 关于长寿山一带高句丽遗址和遗物 [J]. 朝鲜考古研究, 1990, (02).
8. 崔永泽著. 关于长寿山城1号建筑址 [J]. 郑仙华译. 历史与考古信息·东北亚, 1994, (02).
9. 金東賢. 高句麗壁畫古墳的拱包性格 [C]. 見三佛金元龍教授停退任紀念論叢 [M]. 首尔: 一志社, 1987.
10. 金東賢. 高句麗建築的對中交涉 [C]. 見高句麗美術的對外交涉 [M]. 예경: 서울, 1996.
11. 신정굉. 출운풍토기의 이정에 나타난 고한척 [J]. 백제연구, 2003, 第37卷.
12. 徐聲勳. 百濟鴟尾考 [J]. 고고미술, 1979, 第140, 141卷.
13. 서정호. 집안민주유적 건물지의 성격에 관한 연구 [C]. 見 고구려연구 제19집 [M]. 서울: 학연문화사, 2005.
14. 전호태. 高句麗 고분벽화 연구방법론 [C]. 見 高句麗 고분벽화의 세계 [M]. 서울: 서울대학교출판부, 2004.
15. 김도경. 일본 法隆寺 건축의 고구려적 성격 [C]. 見 대한건축학회 논문집 [M]. 서울: 대한건축학회, 2004.
16. 김도경. 集安 東臺子遺蹟의 建築的 特性에 關한研究 [C]. 見 대한건축학회 논문집 [M]. 서울: 대한건축학회, 2003.
17. 김도경. 주남철, 쌍영총에 묘사된 목조건축의 구조에 관한 연구 [C]. 見대한건축학회 논문집 [M]. 서울: 대한건축학회, 2003.
18. 서길수. 고구려 축성법 연구 (2) [J]. 문화사학, 1999, (11-13). .
19. 박창열. 고구려 정릉사지의 건축조영에 관한 복원적 고찰 [D]. 서울: 연세대학교, 1999.
20. 김성우. 고구려 불사계획의 변천 - 상오리사지를 중심으로 [J]. 대한건축학회 논문집, 1988, 第4卷 (5).

21. 蔡熙国. 高句丽历史研究 [M]. 평양: 김일성종합대학출판사, 1976.
22. 박진욱김종혁주영헌장상렬정찬영. 덕흥리 고구려 벽화무덤 [M]. 평양: 과학백과사전출판사, 1981.
23. 양정석. 고구려(高句麗) 안학궁(安鶴宮) 중앙(中央) 건축군(建築群)에 대한 고찰(考察) - 전전(前殿) 고대건축(高臺建築) 형제(形制)의 채용을 중심으로 - [J]. 중국사연구, 2008, 第56卷.
24. 이병건. 발해 사찰유적의 건축형식 연구 [J]. 고구려연구, 2006, 第22卷(0).
25. 이효종송용호. 석대자 고구려 산성의 복원 연구 [J]. 고구려연구, 2006, 第22卷(0).
26. 서정호. 고구려와 백제 건축문화 [J]. 고구려연구, 2005, 第20卷(0).
27. 서정호. 집안 민주유적 건물지의 성격에 관한 연구 [J]. 고구려연구, 2005, 第19卷(0).
28. 서정호이병건. 벽화를 통해 본 고구려 집문화(住居文化) [J]. 고구려연구, 2004, 第17卷(0).
29. 방기동정원철. 집안 고구려 벽화고분의 건축 [J]. 고구려연구, 2003, 第16卷(0).
30. 김버들. 조정식, 고대 일본건축과 고구려건축과의 관련성 [C]. 見대한건축학회논문집 [M]. 서울: 대한건축학회, 2001.
31. 김버들. 高句麗 古墳壁畵에 나타난 建築要素에 關한 硏究 [D]. 서울: 東國大學校, 2001.
32. 서정호. 고구려시대 성곽 문루에 관한 연구 [J]. 고구려연구, 2000, 第9卷(0).
33. 尹張燮. (新版) 韓國建築史 [M]. 서울: 동명사, 2003.
34. 張慶浩. 韓國의 傳統建築 [M]. 서울: 문예출판사, 1996.
35. 金正基. 三國時代의 木造建築 [J]. 미술사학연구(구 고고미술), 1981, (150).
36. 金正基. 高句麗 壁畵古墳에서 보이는 木造建築 [C]. 見 김재원박사회갑기념논총 [M]. 서울: 을유 문화사, 1969.
37. 이병건. 高句麗 建築의 起源에 關한 考察 [EB/OL]. http://www.palhae.org/zb4/view.php?id=pds2&no=273, 2009-02-02.

五、日文学者论著及期刊

1. 田中俊明. 高句麗の平壤遷都 [J]. 朝鮮學報, 2004, 第190輯.
2. 田中俊明. 高句丽前期王都卒本的营筑 [C]. 見东北亚考古资料译文集(高句丽、渤海专号) [M]. 长春: 北方文物出版社, 2001.
3. 田中俊明. 百済漢城時代における王都の変遷 [J]. 朝鮮古代研究, 1999, (01).
4. 田中俊明. 高句麗長安城の位置と遷都の有無 [J]. 史林, 1984, 第67卷(04).
5. 高桥诚一. 东亚的都城与山城——以高句丽的都城遗址为中心 [J]. 日本研究, 1993, (04).
6. 千田剛道. 高句麗・高麗の瓦 - 平壤地域を中心として [C]. 見朝鮮の古瓦を考える [M]. 奈良: 帝塚山考古学研究所, 1996.
7. 鳥居龍藏. 南满洲调查报告 [C]. 見鳥居龍藏全集第10卷 [M]. 东京: 朝日新闻社, 1976.
8. 關野貞. 丸都城考 [C]. 見朝鮮の建築と藝術 [M]. 东京: 岩波书店, 1942.
9. 關野貞. 高句麗の平壤城及び長安城に就いて [C]. 見朝鮮の建築と藝術 [M]. 东京: 岩波书店, 1942.
10. 關野貞. 滿洲國集安縣に於ける高句麗時代の遺跡 [C]. 見朝鮮の建築と藝術 [M]. 东京: 岩波书店, 1942.
11. 關野貞. 平壤附近に於ける高勾麗時代の墳墓及繪畫 [C]. 見朝鮮の建築と藝術 [M]. 東京:

岩波書店，1942.
12. 關野貞. 平城京及大内裏考 [C]. 見東京帝国大学紀要 [M]. 东京：東京帝国大学，1907.
13. 關野貞. 法隆寺金堂塔婆及中門非再建論 [J]. 建築雜誌，1905，第 19 卷.
14. 岸俊男. 日本の宮都と中国の都城 [C]. 見都城 [M]. 东京：社会思想社，1976.
15. 米田美代治. 朝鮮上代建築の研究 [M]. 東京：慧文社，2007.
16. 木宮泰彦. 日中文化交流史 [M]. 北京：商务印书馆，1980.
17. 藤島亥治郎. 朝鮮建築史論其一 [J]. 建築雜誌，1930，第 44 卷.
18. 長谷川輝雄. 四天王寺建築論 [J]. 建築雜誌，1925，第 39 卷.
19. 村田治郎. 中国鸱尾史略（上）[J]. 学凡译. 古建园林技术，1998，（01）.
20. 松本文三郎. 鸱尾考 [J]. 东方学报，1942，第 13 卷.
21. 原田淑人. 鸱尾に就いて [J]. 东洋学报，1924，第 14 卷（01）.
22. 田村晃一. 高句麗積石塚の構造と分類について [J]. 考古学雑誌，1982，第 68 卷（01）.
23. 田村晃一. 有关高句丽寺院遗址的若干考察 [J]. 李云铎译. 历史与考古信息（东北亚），1985，（04）.
24. 田村晃一. 楽浪と高句麗の考古学 [M]. 東京：同成社，2001.
25. 新井宏. 日韓古代遺跡における高麗尺検出事例に対する批判的検討 [J]. 朝鮮学報，2005，第 195 卷（04）.
26. 新井宏. まほろしの古代尺：高麗尺はなかった [M]. 東京：吉川弘文館，1992.
27. 關口欣也. 朝鮮三國時代建築と法隆寺金堂の樣式的系統 [C]. 見太田博太郎還曆紀念論文集 [M]. 東京：巖波書店，1976.
28. 深津行德. 高句麗 古墳壁畵를 통해서 본 宗敎와 思想에 관한 연구 [C]. 見 고구려연구제 4 집 [M]. 서울：학연문화사，1997.
29. 東潮，田中俊明. 高句麗の歷史と遺跡 [M]. 東京：中央公論社，1995.
30. 東潮. 高句麗考古学研究 [M]. 東京：吉川弘文館，1997.
31. 池内宏，梅原末治. 通溝（卷上，下）[M]. 東京：日滿文化協会，1938-1940.
32. 朝鮮総督府. 朝鮮古蹟図譜 [M]. 名著刊行会 1915-1916.
33. 杉山信三，小笠原好彦. 高句麗の都城遺跡と古墳 [M]. 京都：同朋社，1992.
34. 日本建築學會. 日本建築史圖集 [M]. 東京：彰國社，2005.
35. 村田治郎. 法隆寺の研究史 [M]. 東京：中央公論美術出版社，1987.
36. 太田博太郎. 法隆寺建築 [M]. 東京：彰國社，1943.
37. 太田博太郎主编. 仏堂 1、2、4 [M]. 東京：中央公論美術出版，1975-2006.
38. 飯田須賀斯. 中国建築の日本建築に及ばせる影響 [M]. 東京：相模書房，1953.
39. 吉田歓. 日中宮城の比較研究 [M]. 東京：吉川弘文館，2002.
40. 三上次男. 高句麗と渤海 [M]. 東京：吉川弘文館，1990.
41. 浅野清. 奈良時代建築の研究 [M]. 東京：中央公論美術出版，1969.
42. 浅野清. 昭和修理を通して見た法隆寺建築の研究 [M]. 東京：中央公論美術出版，1983.
43. 浅野清. 奈良の寺－法隆寺西院伽藍 [M]. 東京：岩波書店，1974.
44. 奈良文化財研究所編. 日中古代都城図録 [M]. 奈良：文化財研究所奈良文化財研究所，2002.